"十四五"职业教育国家规划教材

全国高职高专院校药学类与食品药品类专业第三轮规划教材

# 基础化学

## （2022 年修订）

（供药学类、药品与医疗器械类、食品类专业使用）

主　编　张雪昀　董会钰　俞晨秀

副主编　李明梅　蒋　文　燕来敏　梁光平

编　者　（以姓氏笔画为序）

刘俊宁（山东医学高等专科学校）

许　标（湖南食品药品职业学院）

李明梅（江苏医药职业学院）

吴　晟（安徽中医药高等专科学校）

狄敬旭（江苏省常州技师学院）

张心宇（湖南食品药品职业学院）

张雪昀（湖南食品药品职业学院）

陈晓姣（长沙卫生职业学院）

俞晨秀（安徽中医药高等专科学校）

梁光平（遵义医药高等专科学校）

董会钰（山东药品食品职业学院）

蒋　文（重庆医药高等专科学校）

潘立新（山东药品食品职业学院）

燕来敏（长江职业学院）

中国健康传媒集团

中国医药科技出版社

## 内容提要

本教材为“全国高职高专院校药学类与食品药品类专业第三轮规划教材”之一。本教材结合高职高专院校药学类与食品药品类专业的特点和药学、食品药品行业对从业人员的要求，考虑现阶段高等职业教育学生的认知水平和理解能力，吸收近年来药学类与食品药品类高等职业教育化学教学改革的新成果编写而成。本教材分为上、下两篇，即理论知识和实训部分，理论知识部分包括原子结构、分子结构、溶液与胶体溶液、化学反应速率与化学平衡、定量分析基础、酸碱平衡与酸碱滴定法、沉淀溶解平衡与沉淀滴定法、化合物与配位滴定法、氧化还原反应与氧化还原滴定法、常见非金属元素及其化合物、常见金属元素及其化合物等。实训部分包括实训室规则、实训常用仪器简介及实训指导。本教材同时配套有“医药大学堂”在线学习平台（包括电子教材、视频、PPT、课件、题库等），从而使教材内容立体化、生动化，便教易学。

本教材供药学类、药品与医疗器械类、食品类各专业使用。

**图书在版编目（CIP）数据**

基础化学／张雪昀，董会钰，俞晨秀主编．—北京：中国医药科技出版社，2019.7（2024.9 重印）

全国高职高专院校药学类与食品药品类专业第三轮规划教材

ISBN 978－7－5214－0999－4

Ⅰ．①基… Ⅱ．①张…②董… ③俞… Ⅲ．①化学—高等职业教育—教材 Ⅳ．①D．6

中国版本图书馆 CIP 数据核字（2019）第 126685 号

**美术编辑** 陈君杞
**版式设计** 诚达誉高

出版 **中国健康传媒集团**｜中国医药科技出版社
地址 北京市海淀区文慧园北路甲 22 号
邮编 100082
电话 发行：010－62227427 邮购：010－62236938
网址 www. cmstp. com
规格 889×1194mm $\frac{1}{16}$
印张 $17\frac{3}{4}$
彩插 1
字数 315 千字
版次 2019 年 7 月第 1 版（2022 年 12 月修订）
印次 2024 年 9 月第 8 次印刷
印刷 北京印刷集团有限责任公司
经销 全国各地新华书店
书号 ISBN 978－7－5214－0999－4
**定价 49.00 元**

获取新书信息、投稿、为图书纠错，请扫码联系我们。

# 数字化教材编委会


主　编　张雪昀　董会钰　俞晨秀

副主编　李明梅　蒋　文　燕来敏　梁光平

编　者　(以姓氏笔画为序)

危冬梅（湖南食品药品职业学院）

刘俊宁（山东医学高等专科学校）

许　标（湖南食品药品职业学院）

李明梅（江苏医药职业学院）

吴　晟（安徽中医药高等专科学校）

狄敬旭（江苏省常州技师学院）

张心宇（湖南食品药品职业学院）

张雪昀（湖南食品药品职业学院）

陈晓姣（长沙卫生职业学院）

俞晨秀（安徽中医药高等专科学校）

梁光平（遵义医药高等专科学校）

董会钰（山东药品食品职业学院）

蒋　文（重庆医药高等专科学校）

潘立新（山东药品食品职业学院）

燕来敏（长江职业学院）

# 前言
# PREFACE

基础化学是药学类与食品药品类专业非常重要的一门基础课程，熟悉和掌握基础化学的基本理论、基本知识和基本技能，能为学好药学类与食品药品类的专业课程打下坚实的基础。

本教材为“全国高职高专院校药学类与食品药品类专业第三轮规划教材”之一，系在教育部新颁布的《普通高等学校高等职业教育（专科）专业目录（2021年）》指导下，根据本套教材编写总体原则和《基础化学》课程标准的基本要求、课程特点以及行业对从业人员的知识、技能需求编写而成。本教材内容紧密联系行业实际，以药学、食品药品实践案例设计“案例导入”，以分析案例所必需的基础化学知识构建教材内容，并根据内容需要适当穿插“课堂互动”“拓展阅读”，使学生能在实际案例情景下更好地理解基础化学的基础知识，并能与实际问题结合起来加以解决，提高学生解决实际问题的能力，增强教材的趣味性和实用性。在教材内容的选取上，删除了一些与专业联系不密切、实用性不强的内容及过深的纯理论知识，降低了学生学习的难度。本教材突出职业能力培养，以学生为本，结合社会对药学类与食品药品类职业人才的要求，以“应用”为目的，以“必需、够用”为度，注重教材的针对性、实用性、职业性和创新性，不盲目苛求基础理论的深度；注重构建基础化学与相关专业课程之间的桥梁。本教材同时配套有“医药大学堂”在线学习平台（包括电子教材、视频、PPT课件、题库等），从而使教材内容立体化、生动化，便教易学。本教材供全国高职高专院校药学类、药品与医疗器械类、食品类各专业教学使用，也可供行业从业人员继续教育和培训使用。

本教材由张雪昀、董会钰、俞晨秀担任主编，李明梅、蒋文、燕来敏、梁光平担任副主编，具体编写分工如下（按章节顺序排列）：张雪昀编写绪论、第三章和实训一、二、实训室规则、实训常用仪器简介及附录一、六，梁光平编写第一章，蒋文编写第二章，许标编写第四章，董会钰、潘立新编写第五章和实训三、四，俞晨秀、吴晟编写第六章和实训五、六、七、八及附录四、五，李明梅编写第七章和实训九及附录七，陈晓姣编写第八章和实训十及附录八、九，燕来敏编写第九章和实训十一、十二、十三及附录十，刘俊宁编写第十章和实训十四，狄敬旭编写第十一章及附录二、三，张心宇负责按《中国药典》（2020年版）修订全书药品检验检测相关内容和编写全书的“扫码读一读”内容。

编写本教材过程中，参考了大量的文献资料，可以说是在前人基础上的再创作；同时得到了各位编者及相关院校领导、专家的大力支持与帮助，在此一并表示衷心感谢。由于编者水平有限，加上时间仓促，不足之处在所难免，恳请广大师生批评指正。

编　者

2022年12月

目录

CONTENTS

# 上篇 理论知识

第十一章 常见金属元素及其化合物

# 下篇　实训部分

# 上篇　理论知识

## 绪　　论

扫码“学一学”

化学是一门富有创造性和极具实用价值的自然科学。随着科学技术的发展，人类在赖以生存和发展的大自然旁边又创造出更为丰富多彩的物质世界，人类的现代生活已离不开化学。化学不仅与人类的衣、食、住、行密切相关，而且已发展成为生命科学、材料科学、能源科学、环境科学、信息科学和工程技术科学的重要基础，在促进人类文明可持续发展中发挥着日益重要的作用，也是揭示元素到生命奥秘的核心力量。

### 一、化学的研究内容

化学是在原子、分子的层次上研究物质的组成、结构、性质、变化规律及变化过程中能量关系的一门科学。其特征是从微观层次认识物质，以符号形式描述物质，在不同层面创造物质。化学是一门以实践为基础的科学，涉及所有存在于自然界的物质，主要是指地球上的矿物质，海洋里的水和盐，空气中的混合气体，植物、动物或人体内存在的各种化学物质，以及由人类合成的新物质。化学研究的内容涉及自然界物质的变化，包括与生命有关的化学变化，还有由化学家发明和创造的新变化。因此，化学不仅研究自然界中已存在的物质并试图了解其组成、结构、性质、变化规律及其应用，还研究如何创造自然界不存在的新物质并完成其所需的对环境友好的化学变化，坚持“绿色化学”理念。

化学学科在发展过程中，依照所研究的对象、手段、目的、任务的不同，派生出许多的分支。传统分为无机化学、有机化学、分析化学和物理化学四大分支。现在随着科学技术的进步和生产的发展，各门学科之间的相互渗透日益增强，化学已经渗透到药学、食品科学、生物学、环境科学、材料科学、海洋科学等众多领域之中，形成了许多应用化学的新分支和交叉边缘学科，如药物化学、天然药物化学、药物分析、食品化学、生物化学、环境化学、材料化学、海洋化学、放射化学等。

### 二、化学的发展对人类社会进步影响巨大

人类生活的自然界是个物质世界，人类生存和生活离不开物质世界，化学则是人们认识和改造物质世界的主要方法和手段之一。随着人类社会的前进，人口不断增长，人均寿命越来越长，人类对美好生活的向往会越来越强，人类的生活水平必然会越来越高，人类生活的方式、对物质的需求都必然会发生变化。在这种情况下，有限的地球，有限的资源，必然面临着物质短缺，而且这种趋势也会越来越明显。解决的方法很多，其中最主要的方法之一就是化学的方法。通过化学方法，提供各种各样的物质，来满足人类生活的需要。

化学经历几个世纪的发展，对经济和社会的进步也曾有过非常重大的影响，尤其是20世纪以来，化学的发展突飞猛进，向人们呈现了一个丰富多彩、复杂而有序的物质世界。

在20世纪初，合成氨催化剂（约500℃，$3\times10^4$kPa，Fe）的研制、氨的催化氧化法制

硝酸（Pt－Rh，800～1000℃）获得成功，氮肥产量快速增加，使粮食产量大大提高。

20世纪20年代末，随着聚合物尼龙的研制成功，塑料、合成纤维和合成橡胶等三大合成材料立即闯进了人类的衣、食、住、行之中，同时也跨入建筑、纺织、汽车以及其他工业中，三大合成材料迅速代替了多种天然材料。

20世纪30年代，发现磺胺有抗菌的治疗作用以后，立即开辟了近代化学治疗的新领域，许多新药如青霉素、链霉素、可的松、强的松等随之问世，为药物化学增添了新的内容。

20世纪40年代左右，铀的工业提纯取得成功，使人们得以制造了原子弹、氢弹，并开创了应用核动力和放射性同位素的新时代。

1965年，我国在世界上首先合成了有生物活性的蛋白质——结晶牛胰岛素。1981年，我国在世界上首先合成了具有完全生物活性的酵母丙氨酸转移核糖核酸。牛胰岛素和酵母丙氨酸转移核糖核酸的全合成，就意味我们已踏上探索生命奥秘的征程。

化学发展到现在已经是人们衣、食、住、行，各行各业，无所不包，无所不在了。农业（农药和化肥）、能源（煤、石油、天然气）、水利、建筑材料、核能、导弹、人造卫星（耐高温、耐辐射材料、核燃料、高能燃料等）等都离不开化学。

当前人类共同关心的和着重研究的一些课题，如增加食物生产、保护环境、控制人口、探索生命的奥秘等，都需要化学科学技术作为基础。

由科学（science）、技术（technology）、社会（society）、环境（environment）构成的STSE教育强调科学、技术与社会、环境的相互关系，重视科学技术在社会生产、生活环境和社会发展中的作用。科学技术的迅速发展在为人类创造高度物质文明的同时，也带来了能源、资源、材料、环境、健康等问题，并严重威胁着人类的生存和发展，而这些问题的解决都与化学研究有关，化学已成为自然科学的中心学科，与人类生活、社会环境、经济的发展以及新技术领域的关系十分密切，并在其中得到广泛应用，化学在推动人类社会发展的进程中正发挥着越来越重要的作用。

## 三、化学与药学、食品药品类专业联系紧密

人体内的生理现象和物质转化都以化学反应为基础。化学变化是生理活动的动力，人体的一切生理现象都和体内的化学变化有关。

从化学的视角来看，人体就是一个化学系统，是一个每时每刻都在发生着化学反应的反应器。人体的各种组织是由蛋白质、核酸、脂肪、糖类、维生素、无机盐和水等物质组成，这些物质由60多种化学元素构成，多达上万种。整个生命过程包含着极其复杂的物理化学变化。人体的基本营养物质是糖类、蛋白质、脂肪、维生素、无机盐和水等，这些物质在体内的代谢也同样遵循着化学的基本原理和规律。

药物的药理作用和疗效是与其化学结构及性质相关的。例如碳酸氢钠、乳酸钠等药物，因为在水溶液中呈碱性，所以是临床上常用的抗酸药，主要用于治疗糖尿病及肾炎等引起的代谢性酸中毒。枸橼酸钠能通过将体内的铅转变为稳定无毒的$[Pb(C_6H_5O_7)]^-$配离子，使之经肾脏排出体外，以治疗铅中毒。顺式二氯二氨合铂（Ⅳ）是第一代抗癌药物，能破坏癌细胞DNA的复制能力，抑制癌细胞的生长，从而达到治疗的目的。

食品药品的真伪鉴别和质量控制离不开化学。如：水果中维生素C的含量测定，食用白醋中醋酸的含量测定，莫尔法测定食盐中$Cl^-$的含量，补充营养素钙的保健食品中钙的

含量测定等都可以使用化学分析法进行。碘制剂可以测定食品中残留二氧化硫的含量。洋金花含生物碱以东莨菪碱不得少于0.3%，比以形态为主的质控标准更科学、更客观。

食品的加工、药品的制备调配、中药的合理炮制都离不开化学。在加工食品、制备调配药品和炮制中药时，要联系食品、药品、中药材的理化性质，才能了解食品、药品、中药材可能发生的变化，以及这些变化是否影响产品质量、疗效和产生毒性，并进而选择最适宜的加工、制备调配、炮制方法。如：人们炒菜时不会一开始就放味精（谷氨酸钠），一般都会等菜将出锅时才添加味精，就是考虑到味精的热稳定性不高的原因。茶叶中咖啡碱能促进胃酸分泌，增加胃液的浓度，故患溃疡病的人饮茶会使病情加重。营养不良的人也不宜饮茶，因茶叶中含茶碱和鞣酸，可影响人体对铁和蛋白质等的吸收，对缺铁性贫血患者尤其不宜。碘盐中添加的是化学性质稳定的 $NaIO_3$。甘汞（$Hg_2Cl_2$）与碱性药物（如 $NaHCO_3$）调配在一起很容易产生 Hg 和 $HgCl_2$（毒性很大）；$VB_1$遇碱性药物易被破坏失效；所以，一定要防止类似的药物搭配。$I_2$不易溶于水，加 KI（适量），能增溶，又不妨碍 $I_2$的作用。青霉素钠遇酸、碱、水、多元醇、氧化剂不稳定，只能制成固体粉针剂。醋制元胡，是使其镇痛有效成分生物碱成盐而易煎出而增效。附子炮制制毒原理，是使有毒成分乌头碱类减少，并水解成毒性仅为其 1/2000 的乌头原碱。

食品药品的储存保管离不开化学。麻醉乙醚受日光、湿气及空气中氧的作用，产生有毒的过氧化物，应避光、密封保存于冷暗处。阿司匹林接触湿气易水解产生水杨酸和醋酸，应密封保存在干燥处。多数生物制剂，在室温中不稳定，应保存在冷处；许多食物也需要在低温下保存，都是因为温度升高会加快食品变质反应速率。

扩大食品资源、寻找开发新药离不开化学。找出一些中草药的有效成分，弄清其化学结构后，再采用化学方法合成；还可探索其结构与药效的关系，改造其结构，就可能得到药效更高，毒、副作用更低的新药。如：从秋水仙碱结构改造所得的秋水仙酰胺，抗癌效果不变，而毒性降低 10～20 倍。高毒性的对氨基酚结构改造后可制得常用药对乙酰氨基酚（扑热息痛），毒性大大降低。青篙素结构改造成的双氢青篙素、篙甲醚、青篙酯钠，其抗疟作用更强。古柯叶中有效成分古柯碱有很强的麻醉作用，但毒性很大，易成瘾，据此结构改造合成的普鲁卡因等一系列结构较简单，毒性较低的局部麻醉药。

此外，中药的合理采集，选择药物的适宜用法等，也都离不开化学知识做基础。

化学学科知识及其核心素养是现代社会公民必备的科学素养，是每个人终身发展的重要基础。化学课程对于科学文化的传承和高素质专业人才的培养具有不可替代的作用。因此，我们应该努力学好化学。

（张雪昀）

第一章

# 原子结构

## 学习目标

知识要求　**1. 掌握**　多电子原子核外电子排布规律；元素周期律。

**2. 熟悉**　元素周期表的结构和使用；元素电负性的大小变化规律。

**3. 了解**　描述原子核外电子运动状态四个量子数的取值和物理意义；多电子原子轨道的近似能级图；s、p、d 电子云的形状和空间伸展方向；原子半径及电离能。

技能要求　1. 会使用元素周期表查阅元素的相关性质。

2. 能运用原子结构的基础知识解释一些食品、药品加工炮制后发生化学变化的原因。

## 案例导入

**案例**：1897 年，英国物理学家汤姆逊将一块涂有硫化锌的小玻璃片放在阴极射线所经过的路径上，看到硫化锌会闪光，他发现一般情况下，阴极射线是直线行进的，但加上电场，阴极射线都发现了偏折。1911 年，英国物理学家卢瑟福用一束 α 粒子（带 2 个单位正电荷的氦原子核）轰击金箔时，发现大部分 α 粒子都能顺利穿过金箔，而且不改变原来前进的方向，只有万分之一的 α 粒子被反弹回来，好像碰到了坚不可摧的质点而被反弹回来（图 1－1）。

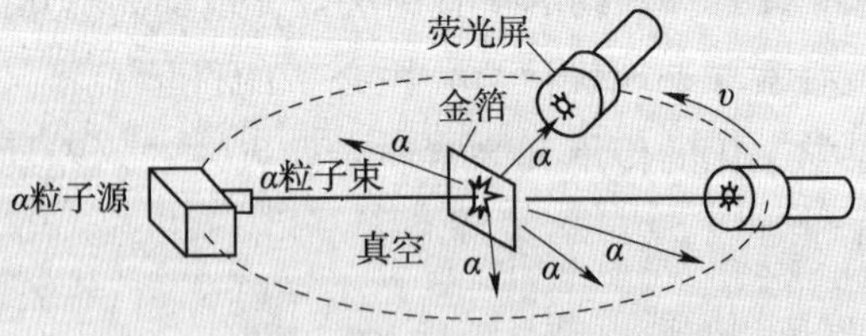


图 1－1　用 α 粒子轰击金箔

**讨论**：汤姆逊根据偏折的方向，判断阴极射线带负电荷，并证明了电子的存在。卢瑟福 α 粒子散射实验确定了原子核的存在，提出了原子的天体模型。每一个原子的中心都有一个带正电荷的原子核，核外有若干电子绕核高速运转。核外电子数取决于原子核带的正电荷数。20 世纪初，实现了人工的核裂变，发现了原子核是由质子和中子组成的。由此开启了探索物质的微观结构的新时代。

扫码“读一读”

早在公元前 400 年，希腊哲学家德谟克利特就提出了万物由“原子”组成的思想。到

19 世纪初，英国化学家道尔顿提出了原子论学说，认为一切物质都是由不可见、不可再分的原子组成的。19 世纪末，俄国化学家门捷列夫系统地研究了元素的性质，发现了元素周期律。20 世纪初，随着电子、质子、中子、放射性核素等新的发现，人们建立了具体的原子模型，原子从假说变成了实物，人们也终于认识到原子有复杂的结构。当今，生命科学的研究已深入到微观层次，微观粒子的物理量普遍具有量子化特征，对微观粒子运动规律的认识依靠现代量子力学，对原子结构的认识是理解元素周期律的理论基础。本章将重点介绍原子核外电子运动状态、核外电子的排布规律、元素周期律。

扫码“看一看”

扫码“学一学”

## 第一节　原子核外电子的运动状态

### 一、原子核外电子的运动

原子是由带正电的原子核与核外带负电的电子构成，原子核又由带正电荷的质子和不带电的中子组成，原子核所带的正电量与核外电子所带的负电量相等，整个原子呈电中性（图 1 －2）。核外电子受原子核的作用，在核外直径约为 $10^{-10}$m 的空间高速运动。实验证明，高速运动的电子除了具有粒子性外，还具有波动性，即电子具有波粒二象性。

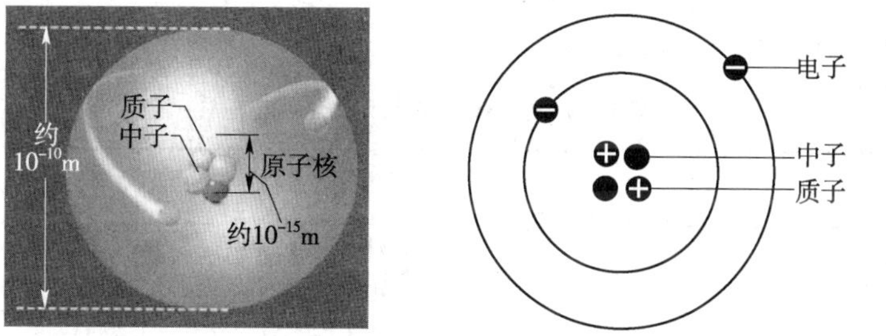


图 1 －2　氦原子结构示意图

由于电子在原子核外做高速运动，人们无法准确的测定某一瞬间电子在某一区域所处的位置。为了形象的表示电子在原子中的运动状态，常用密度不同的小黑点来表示。黑点密集的地方，表示电子出现的概率大；黑点稀疏的地方，表示电子出现的概率小，这种用小黑点的疏密形象地描述电子在原子核外空间出现概率的密度分布图称为电子云。也就是说，电子云可以直观、形象地显示电子出现概率的密度分布。但电子云只是原子核外电子行为统计结果的一种形象化比喻，并不代表原子核外电子的数量。如氢原子核外只有 1 个电子，该电子在氢原子核外的运动状态统计后形成的电子云有很多小黑点，如图 1 －3 所示。

由图 1 －3 可看出，氢原子的电子云为球形对称。离氢原子核越近，小黑点密度越大；离氢原子核越远，密度越小。即表示氢原子核外的电子在离核越近的空间内，出现的概率越大；在离氢原子核越远的空间内，出现的概率越小。或者说，氢原子核外的电子主要在一个离核较近的球形空间内做高速运动。通常把电子出现几率最大而且密度相等的地方连接起来作为电子云的界面，如图 1 －4 所示。界面内电子出现的概率达 95%，界面外出现的概率小于 5%。每一种具有一定形状和伸展方向的电子云所占据的空间称为 1 个原子轨道，简称轨道。原子轨道是核外电子运动的主要区域。

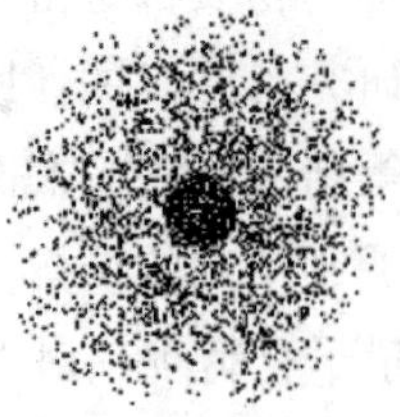

图 1-3　氢原子电子云示意图

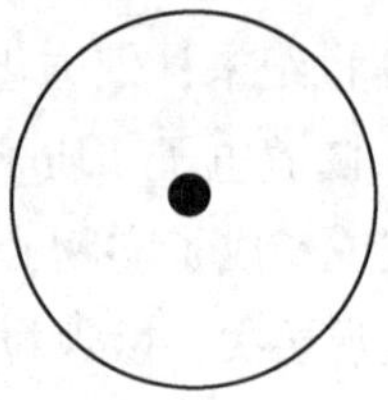

图 1-4　氢原子电子云界面图

## 二、原子核外电子运动状态的描述

众所周知，电子在原子核外的一定空间区域内做高速运动，由于其运动状态比较复杂，有一系列可能的运动状态。根据量子力学可知，量子数是用来描述微观粒子运动状态的一些特定数字，而确定某一核外电子的运动状态则需要用 4 种量子数来进行描述。

### （一）主量子数（$n$）

主量子数是用来描述电子离核距离的远近。在描述时，通常将原子核外的主量子数进行分层描述，用“$n$”表示。$n$ 的取值是从 1 开始的自然数，即 1、2、3、4、5……$n$。$n$ 越小，表示电子离核越近，其能量越低；$n$ 越大，表示电子离核越远，其能量越高。$n$ 是决定电子能量的主要量子数。$n$ 又代表电子层数，不同的电子层用不同的符号表示，主量子数与电子层的关系见表 1-1。

**表 1-1　主量子数与电子层的关系**

| $n$ 的取值 | 1 | 2 | 3 | 4 | 5 | 6 | 7 |
|---|---|---|---|---|---|---|---|
| 电子层符号 | K | L | M | N | O | P | Q |
| 电子层 | 一 | 二 | 三 | 四 | 五 | 六 | 七 |
| 能量高低 | 低 → 高 | | | | | | |

### （二）角量子数（$l$）

在多电子原子中，同一电子层的电子的能量还稍有差别，运动状态也有所不同，即一个电子层还可分为若干个能量稍有差别、电子云形状不同的亚层。角量子数 $l$ 用来描述电子云的形状。角量子数 $l$ 的取值受主量子数的限制，可取 0、1、2、3、…（$n-1$），共 $n$ 个整数值。

每一个 $l$ 值对应着一个电子亚层，当 $l=0$、1、2、3 时，可分别用符号 s、p、d、f 表示。当 $n=1$ 时，$l$ 只能取 0；$n=2$ 时，$l$ 可以取 0 和 1；依此类推。

例如，$n=4$ 时，$l$ 有 4 个取值 0，1，2，3，它们分别代表核外第四电子层的 4 种电子云形状不同的电子亚层。

$l=0$，表示 s 亚层，电子云形状为球形，即 4s 亚层；

$l=1$，表示 p 亚层，电子云形状为哑铃形，即 4p 亚层；

$l=2$，表示 d 亚层，电子云形状为花瓣形，即 4d 亚层；

$l=3$，表示 f 亚层，电子云形状更复杂，即 4f 亚层。

角量子数 $l$ 与主量子数 $n$ 的关系见表 1-2。

**表1-2 主量子数与角量子数的关系**

| $n$ | 1 | 2 | 3 | 4 |
|---|---|---|---|---|
| 电子层 | 第一 | 第二 | 第三 | 第四 |
| $l$ | 0 | 0 1 | 0 1 2 | 0 1 2 3 |
| 亚层 | 1s | 2s 2p | 3s 3p 3d | 4s 4p 4d 4f |

同一电子层中，随着角量子数 $l$ 的增大，电子亚层的能量也依次升高，即 $E_{ns} < E_{np} < E_{nd} < E_{nf}$。在多电子原子中，原子轨道的能量由主量子数和角量子数共同决定。

**（三）磁量子数（$m$）**

磁量子数用来描述电子云在空间的伸展方向，用“$m$”表示。其值取决于角量子数（$l$），当 $l$ 确定时，$m$ 取从 $-l$ 至 $+l$（包括0）在内的所有整数，即 $m=0$、$\pm1$、$\pm2\cdots\pm l$，共取 $2l+1$ 个值，每个 $m$ 值代表电子云的一种伸展方向。具有一定形状和伸展方向的电子云所占据的空间又可以称为原子轨道。

$l=0$ 时，s 电子云是球形对称的，没有方向性，$m=0$；或者说 s 亚层只有一个轨道，即 s 轨道，如图1-5所示。

$l=1$ 时，$m$ 有 $-1$、0、$+1$ 等3个值，说明 p 电子云在空间有3种伸展方向，分别为沿 x，y，z 轴分布的 $p_x$，$p_y$，$p_z$ 等3个 p 轨道，如图1-6所示。

$l=2$ 时，$m$ 有 $-2$、$-1$、0、$+1$、$+2$ 等5个值，即 d 电子云在空间有5种伸展方向，可以有5个 d 轨道。

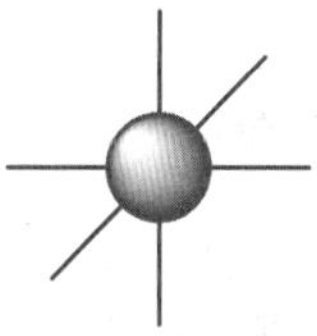

图1-5 s电子云示意图

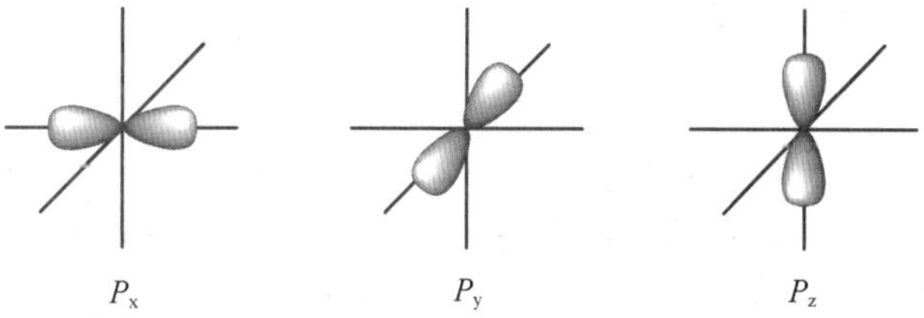


图1-6 p电子云示意图（存在3个不同的伸展方向）

主量子数和角量子数相同的轨道称为简并轨道或等价轨道，它们之间能量相等。例如：$l=1$，为 p 亚层，$m$ 取值为3个，有3个轨道，p 轨道为三重简并。同样，d 轨道为五重简并，f 轨道为七重简并。

**（四）自旋量子数（$m_s$）**

电子不仅围绕着原子核运动，而且也绕着自身的轴转动，其运动状态类似于地球围绕太阳公转以及自身自转。电子绕着自身的轴转动称为电子的自旋，用自旋量子数 $m_s$ 表示。电子的自旋方向只有2个，即顺时针方向和逆时针方向。因此，$m_s$ 的取值也只有 $+\frac{1}{2}$ 和 $-\frac{1}{2}$ 两种，通常用“↑”和“↓”表示自旋方向相反的2个电子。每个原子轨道最多可容纳2个自旋相反的电子。

综上所述，电子在原子核外的运动状态是非常复杂的，必须由其所处的电子层（主量子数)、电子亚层（角量子数)、电子云伸展方向（磁量子数）和电子的自旋（自旋量子数）来共同确定，即需要采用 $n$，$l$，$m$，$m_s$ 四个量子数才能描述清楚。其中，前三个因素决定了电子所处的原子轨道，即电子活动的主要空间区域。

扫码“学一学”

## 第二节　原子核外电子的排布规律

### 一、近似能级图

原子轨道具有的能量是由电子层（主量子数 $n$)、电子亚层（角量子数 $l$）决定的。美国化学家鲍林经过大量的光谱实验，根据实验数据提出了多电子原子的原子轨道近似能级图。鲍林提出的近似能级图是将原子轨道按照能量从低到高的顺序排列起来，像台阶一样，分成了 7 个能级组，如图 1－7 所示。每个方框为 1 个能级组，每个小圆圈代表 1 个原子轨道。相邻两个能级组之间的能量相差较大，但每个能级组内，不同电子亚层的轨道能量相差不大。

从图 1－7 可看出，多电子原子中原子轨道能级高低具有如下的规律。

（1）$n$ 相同，$l$ 越大，原子轨道的能量越高，如 $E_{ns} < E_{np} < E_{nd} < E_{nf}$。

（2）$l$ 相同，$n$ 越大，电子离原子核越远，电子能量越高，如 $E_{1s} < E_{2s} < E_{3s} < E_{4s}$；$E_{2p} < E_{3p} < E_{4p}$。

（3）由于“屏蔽效应”和“钻穿效应”，使某些主量子数 $n$ 大的原子轨道的能量低于某些主量子数 $n$ 小的原子轨道的能量，这种现象称为能级交错，如 $E_{4s} < E_{3d}$；$E_{6s} < E_{4f} < E_{5d}$。

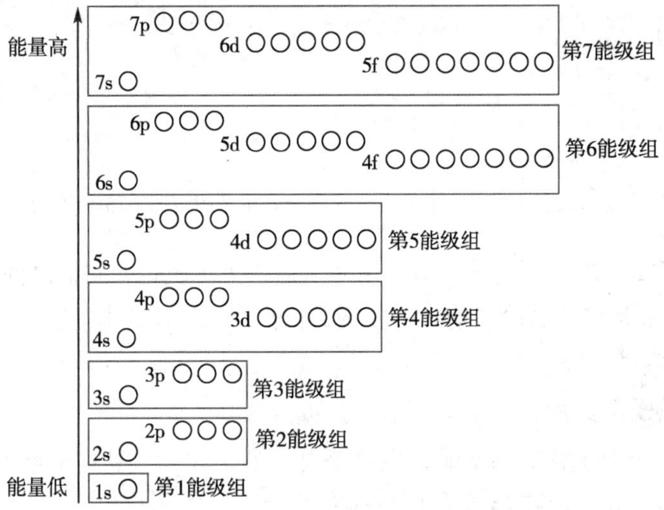


图 1－7　多电子原子轨道的近似能级图

## 拓展阅读

### 屏蔽效应和钻穿效应

对于多电子原子来说，外层电子既受到原子核的吸引，又受到其他电子的排斥，前者使电子靠近原子核，后者使电子远离原子核。对于某一电子来说，其他电子的存在势必削弱原子核对该电子的吸引力，这样相当于抵消了一部分核电荷，这种现象称为“屏蔽效应”。该效应使得原子核对电子的吸引力减小，电子的能量增大。离原子核越近的电子对外层电子的屏蔽作用越强；离原子核越远的电子受到其他电子的屏蔽效应越强。

离原子核较远的电子具有可以钻入离原子核较近的空间，从而更靠近原子核的现象称为“钻穿效应”。电子钻穿的结果可以避开其他电子的屏蔽作用，起到增加有效核电荷、降低能量的作用。钻穿能力的相对大小为 ns >np >nd >nf，电子受到的屏蔽效应大小顺序为 ns <np <nd <nf。由于 s 电子的钻穿能力强于 d 电子和 f 电子，因此造成了（n -1）d 的能级高于 ns，即$E_{(n-1)d} > E_{ns}$。

## 二、原子核外电子的排布规律

原子核外有多个电子存在时，其运动状态各不相同，电子在核外的排布主要遵循能量最低原理、泡利不相容原理、洪德规则等三个规律。

### （一）能量最低原理

能量越低越稳定，这是自然界的一个普遍规律，原子中的电子排布也是如此。原子核外电子总是优先占有能量最低的轨道。只有在能量低的轨道被占满后，电子才依次进入到能量较高的轨道，这个规律称为能量最低原理。

根据多电子原子的近似能级图和能量最低原理，可以确定电子填入各轨道的先后顺序，如图 1 -8 所示。

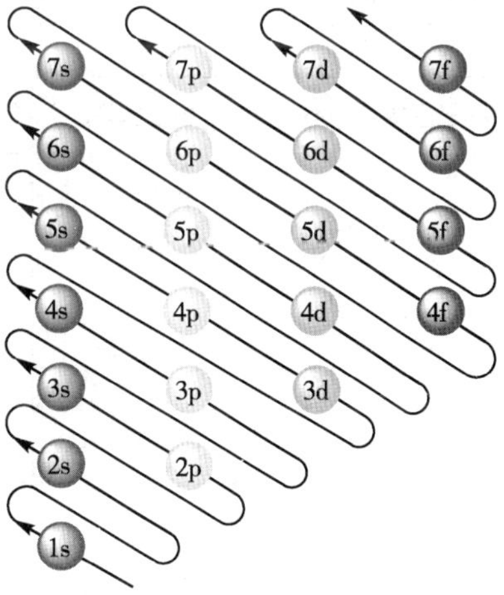

图 1 -8 原子核外电子填充的顺序图

### （二）泡利不相容原理

1925 年，奥利地物理学家泡利研究发现，同一原子中不可能有运动状态完全相同的 2 个电子同时存在，即每 1 个原子轨道中最多只能容纳 2 个自旋方向相反的电子。因此，每 1 个电子层中最多可容纳电子的数目为 $2n^2$，这个规律称为泡利不相容原理。

核外电子的排布情况常用电子排布式来表示。以原子核外各亚层的分布情况表示，按照电子填充顺序，能级由低到高进行排列。其中，亚层符号前面的数字表示第几电子层；亚层符号右上角的数字表示该亚层中填充电子的数目。

例如，20 号元素 Ca 的电子排布式为：$1s^2 2s^2 2p^6 3s^2 3p^6 4s^2$。

### （三）洪特规则

德国物理学家弗里德希·洪特根据大量光谱实验数据总结出，在同一亚层的各个轨道中，电子尽可能分占不同的轨道，且自旋方向相同。原子中同一亚层的轨道（$n$，$l$ 相同），电子的能量相同，被称为等价轨道或简并轨道。如 $2p_x$，$2p_y$，$2p_z$ 互为能量相等的等价轨道。在等价轨道中，电子尽可能以相同的自旋方向分占不同的轨道，这样排布使得整个原子的能量最低。常用圆圈“○”或方框“□”表示 1 个轨道。

例如，N 原子的核外有 7 个电子，其电子排布方式为 $1s^22s^22p^3$。在原子轨道中的填充情况可表示为：[↑↓] [↑↓] [↑|↑|↑]。

等价轨道电子全充满（$p^6$ 或 $d^{10}$ 或 $f^{14}$）、半充满（$p^3$ 或 $d^5$ 或 $f^7$）或全空（$p^0$ 或 $d^0$ 或 $f^0$）的状态比较稳定。如 Cu 原子的核外电子排布式为，Cu：$1s^22s^22p^63s^23p^63d^{10}4s^1$。

实验证明，当电中性的原子失去电子形成阳离子时，总是首先失去最外层电子（也称为价层电子），内层电子结构一般不变。因此，为避免电子排布式过长，在书写核外电子排布式时，当内层电子结构与稀有气体的电子构型相同时，可用该稀有气体的元素符号加中括号来表示原子的内层电子构型，称为原子实。如 [He] 代表类氦原子实，[Ne] 和 [Ar] 分别表示类氖和类氩原子实。例如，33 号元素 As 的电子排布式为：$1s^22s^22p^63s^23p^63d^{10}4s^24p^3$。其中，$1s^22s^22p^63s^23p^6$ 部分与稀有气体 Ar 的结构相同，用原子实表示 33 号元素 As 的电子排布式为：[Ar] $3d^{10}4s^24p^3$。

电子可以在能量不同的轨道上按照不同的方式分布，多电子原子可能处于多种不同的状态。但当电子按照能量最低原理、泡利不相容原理、洪特规则在各轨道分布时，原子的能量最低。这种能量最低的状态称为原子的基态，其他状态均为原子的激发态。同一原子的激发态有多种，而基态只有 1 种。部分原子的基态电子构型见表 1-3。

**表 1-3　部分原子的基态电子构型**

| 原子序数 | 元素 | 电子构型 | 原子序数 | 元素 | 电子构型 | 原子序数 | 元素 | 电子构型 |
|---|---|---|---|---|---|---|---|---|
| 1 | H | $1s^1$ | 11 | Na | [Ne] $3s^1$ | 21 | Sc | [Ar] $3d^14s^2$ |
| 2 | He | $1s^2$ | 12 | Mg | [Ne] $3s^2$ | 22 | Ti | [Ar] $3d^24s^2$ |
| 3 | Li | [He] $2s^1$ | 13 | Al | [Ne] $3s^23p^1$ | 23 | V | [Ar] $3d^34s^2$ |
| 4 | Be | [He] $2s^2$ | 14 | Si | [Ne] $3s^23p^2$ | 24 | Cr | [Ar] $3d^54s^1$ |
| 5 | B | [He] $2s^22p^1$ | 15 | P | [Ne] $3s^23p^3$ | 25 | Mn | [Ar] $3d^54s^2$ |
| 6 | C | [He] $2s^22p^2$ | 16 | S | [Ne] $3s^23p^4$ | 26 | Fe | [Ar] $3d^64s^2$ |
| 7 | N | [He] $2s^22p^3$ | 17 | Cl | [Ne] $3s^23p^5$ | 27 | Co | [Ar] $3d^74s^2$ |
| 8 | O | [He] $2s^22p^4$ | 18 | Ar | [Ne] $3s^23p^6$ | 28 | Ni | [Ar] $3d^84s^2$ |
| 9 | F | [He] $2s^22p^5$ | 19 | K | [Ar] $4s^1$ | 29 | Cu | [Ar] $3d^{10}4s^1$ |
| 10 | Ne | [He] $2s^22p^6$ | 20 | Ca | [Ar] $4s^2$ | 30 | Zn | [Ar] $3d^{10}4s^2$ |

## 第三节 元素周期律与元素周期表

扫码“学一学”

### 案例分析

**案例**：1869 年，35 岁的门捷列夫发表了第一张元素周期表，他在周期表中没有机械地完全按照原子量数值的顺序排列。他敏感地认识到当时已知的 63 种元素远非整个元素大家族，大胆地预言了类似硼、铝、硅的未知元素（门捷列夫叫它类硼、类铝和类硅，即以后发现的钪、镓、锗），为它们在表中留下空位，预言了它们的性质。若干年后，他的预言都得到了证实，引起了科学界的震动。

**讨论**：门捷列夫之所以能预测未知元素，是因为他发现了元素周期律。什么是元素周期律呢？

### 一、元素周期律

扫码“读一读”

元素周期律是指元素的性质（如元素的主要化合价、金属性和非金属性、电负性等）随着原子序数（核电荷数）的递增而呈现周期性变化的规律。是由俄国化学家门捷列夫于 1869 年对元素性质变化规律进行总结后提出的，它将化学变成了一门系统的科学，是化学发展史上一个重要的里程碑。在元素周期律中，与原子结构密切相关的主要包括原子半径、电离能、电负性。

#### （一）原子半径

常用的原子半径主要有共价半径、范德华半径、金属半径三种。

当两个同种原子以共价键结合时，原子核间距离的一半即为该原子的共价半径；金属半径是指金属单质的晶体中相邻两个原子核间距离的一半。例如，Na 元素处于 Na 蒸气状态时，它以双原子分子 $Na_2$ 的形式存在，就有一个共价半径；当它以固体状态存在时，它以密堆积方式相互接触，此时就存在一个金属半径。范德华半径指两分子因范德华力接近到一定距离时，两相邻原子核间距离的一半。

三种原子半径中，共价半径和金属半径是原子处于键合状态的半径，比范德华半径要小得多。例如 Na 原子的共价半径为 157pm，金属半径为 186pm，范德华半径为 231pm。在比较元素的某些性质时，原子半径最好采用同一种数据。

元素的原子半径取决于电子层数、有效核电荷和电子构型。原子半径的变化有以下规律。

**1. 同一周期元素的原子半径从左到右依次减小** 同一周期元素的电子层数相同，而随着原子的有效核电荷逐渐增大，原子核对核外电子的吸引力逐渐增强，故原子半径依次减小。但最后一个稀有气体的原子半径变大，这是由于稀有气体的原子半径采用范德华半径所致。原子半径的这种变化在短周期中表现的比较突出。在长周期中，从左到右，原子半径的变化总体趋势与短周期相似，也是依次减小。对于过渡元素，由于所增加的电子填充在次外层的 d 轨道上，所受的屏蔽效应较大，过渡元素的原子半径依次减小的幅度较为缓慢。

**2. 同一主族元素的原子半径自上而下逐渐增大** 对于同一主族从上到下的元素，由于电子层逐渐增加所起的作用大于有效核电荷增加的作用，所以原子半径逐渐增大。同一副族元素，原子半径的变化比较复杂，从上到下原子半径的变化趋势总体上与主族相似，但原子半径增大的幅度不大。从ⅣB族元素开始，第五、六周期的同族元素，由于镧系收缩，造成它们的原子半径很接近，从而导致元素性质极为相似。

### （二）电离能

元素的电离能是用来衡量元素原子或离子失去电子的难易程度，从而说明元素金属性的强弱。电离能越小，表示原子失去电子所消耗的能量越少，越容易失去电子，则该元素的金属性越强。

某元素的1个气态原子在基态时失去1个电子成为气态一价阳离子时所消耗的能量称为该元素的第一电离能，用符号 $I_1$ 表示，常用单位为 kJ/mol。气态的一价阳离子再失去1个电子成为气态正二价阳离子所消耗的能量称为第二电离能，用符号 $I_2$ 表示，以此类推。各级电离能的大小顺序为：$I_1 < I_2 < I_3 \cdots$。元素的电离能在周期表中呈明显的周期性变化，一般常用第一电离能进行比较，其规律如下。

**1. 同一主族元素，自上而下电离能逐渐减小**　同一主族元素的价电子构型相同，但随着有效核电荷的增加，原子半径逐渐增大，原子核对外层电子的吸引力逐渐减小，失去电子的倾向逐渐增大。因此，第一电离能逐渐减小。

**2. 同一周期元素，从左到右电离能变化总体呈递增趋势**　这是由于有效核电荷增加而原子半径减小，导致原子核对外层电子的吸引力增强，使电子不容易失去，第一电离能逐渐增大。此外，当具有稳定的构型（如全充满、半充满、全空）时，对应的第一电离能较大而出现某些特例，这体现了电子构型对电离能的影响。

### （三）电负性

电负性由鲍林在综合考虑电离能和电子亲和能的基础上，于1932年首先提出的。鲍林指定F的电负性为4.0，并以此为基准通过对比求出了其他元素的电负性数值。元素的电负性是指原子在分子中吸引成键电子的能力，它从吸引电子能力的强弱方面全面的描述了元素的金属性和非金属性的强弱。电负性越大，表示原子在分子中吸引电子的能力越强，元素的非金属性越强，金属性越弱；电负性越小，表明原子在分子中吸引电子的能力越弱，元素的非金属性越弱，金属性越强。值得注意的是元素的金属性与非金属性之间并没有严格的界限，部分元素的电负性数值见表1-4。

**表1-4　部分元素的电负性数值**

| | | | | | | | | | | | | | | | | |
|---|---|---|---|---|---|---|---|---|---|---|---|---|---|---|---|---|
| H | | | | | | | | | | | | | | | | |
| 2.10 | | | | | | | | | | | | | | | | |
| Li | Be | | | | | | | | | | | B | C | N | O | F |
| 0.98 | 1.57 | | | | | | | | | | | 2.04 | 2.55 | 3.04 | 3.44 | 4.00 |
| Na | Mg | | | | | | | | | | | Al | Si | P | S | Cl |
| 0.93 | 1.31 | | | | | | | | | | | 1.61 | 1.90 | 2.19 | 2.58 | 3.16 |
| K | Ca | Sc | Ti | V | Cr | Mn | Fe | Co | Ni | Cu | Zn | Ga | Ge | As | Se | Br |
| 0.82 | 1.00 | 1.36 | 1.54 | 1.63 | 1.66 | 1.55 | 1.80 | 1.88 | 1.91 | 1.90 | 1.65 | 1.81 | 2.01 | 2.18 | 2.55 | 2.96 |
| Rb | Sr | Y | Zr | Nb | Mo | Tc | Ru | Rh | Pd | Ag | Cd | In | Sn | Sb | Te | I |
| 0.82 | 0.95 | 1.22 | 1.33 | 1.60 | 2.16 | 1.90 | 2.28 | 2.20 | 2.20 | 1.93 | 1.69 | 1.73 | 1.96 | 2.05 | 2.10 | 2.66 |
| Cs | Ba | La | Hf | Ta | W | Re | Os | Ir | Pt | Au | Hg | Tl | Pb | Bi | Po | At |
| 0.79 | 0.89 | 1.10 | 1.30 | 1.50 | 2.36 | 1.90 | 2.20 | 2.20 | 2.28 | 2.54 | 2.00 | 2.04 | 2.33 | 2.02 | 2.00 | 2.20 |

从表1－4可看出，元素的电负性呈周期性变化。同一周期元素，随着原子序数的增加，从左到右电负性逐渐增大；同一主族元素，从上至下元素的电负性逐渐减小。但副族元素的电负性及金属性变化不太规律。非金属元素的电负性一般大于2.0，金属元素的电负性一般小于2.0。

## 二、元素周期表

元素周期表是元素周期律的具体表现形式。

### （一）周期

根据鲍林提出的近似能级图，按照原子核外电子层数的不同，把全部元素横向排成7行，每一个能级组对应元素周期表的一个周期，即7个周期，用1、2、3等数字表示周期序数。周期的序数等于该周期元素原子具有的电子层数。周期与能级组存在一一对应的关系，元素在周期表中所处的周期序数为电子填充的最高能级组序数，详见表1－5。1、2、3周期统称为短周期，4、5、6、7周期称为长周期，每一周期具体包含的元素详见附录的元素周期表。

**表1－5 周期与能级组的关系**

| 周期 | 能级组 | 起止元素 | 含元素数目 | 能级组内各亚层电子填充顺序 |
|---|---|---|---|---|
| 1（特短周期） | 1 | $^{1}H \rightarrow ^{2}He$ | 2 | $1s^{1\sim2}$ |
| 2（短周期） | 2 | $^{3}Li \rightarrow ^{10}Ne$ | 8 | $2s^{1\sim2} \rightarrow 2p^{1\sim6}$ |
| 3（短周期） | 3 | $^{11}Na \rightarrow ^{18}Ar$ | 8 | $3s^{1\sim2} \rightarrow 3p^{1\sim6}$ |
| 4（长周期） | 4 | $^{19}K \rightarrow ^{36}Kr$ | 18 | $4s^{1\sim2} \rightarrow 3d^{1\sim10} \rightarrow 4p^{1\sim6}$ |
| 5（长周期） | 5 | $^{37}Rb \rightarrow ^{54}Xe$ | 18 | $5s^{1\sim2} \rightarrow 4d^{1\sim10} \rightarrow 5p^{1\sim6}$ |
| 6（特长周期） | 6 | $^{55}Cs \rightarrow ^{86}Rn$ | 32 | $6s^{1\sim2} \rightarrow 4f^{1\sim14} \rightarrow 5d^{1\sim10} \rightarrow 6p^{1\sim6}$ |
| 7（特长周期） | 7 | $^{87}Fr \rightarrow ^{118}Og$ | 32 | $7s^{1\sim2} \rightarrow 5f^{1\sim14} \rightarrow 6d^{1\sim10} \rightarrow 7p^{1\sim6}$ |

### （二）族

将基态原子的价电子层结构相似的元素排在同一列，即元素周期表的列，称为族。周期表共分为18列。其中，第8、9、10三列统称为第Ⅷ族，其余每一列为一族，分为7个主族、7个副族和1个0族。

**1. 主族和0族** 有7个主族，包括ⅠA到ⅦA族。0族元素由于最外层电子均已填满，呈稳定结构。0族元素又称为稀有气体或惰性气体元素。

主族元素的族序数与元素的最外层电子数相等。例如，元素S的电子排布式为$1s^2 2s^2 2p^6 3s^2 3p^4$，价层电子构型为$3s^2 3p^4$，故为ⅥA族元素。

**2. 副族** 在族序号罗马数字后加“B”表示。周期表中从ⅠB到ⅦB共有7个副族，凡最后1个电子填入（n－1）d或（n－2）f亚层的都属于副族。ⅢB～ⅦB族元素的价层电子总数等于其族序数。对于ⅠB和ⅡB族元素，它们已经完成了（n－1）$d^{10}$电子结构，ns电子数是1和2，等于族序数。

第Ⅷ族包括元素周期表第8、9、10列的元素。第Ⅷ族和所有副族元素统称为过渡元素，这些元素都是金属，所以也把它们称为过渡金属元素。

### （三）周期表的分区

根据电子构型的特点，元素周期表共划分为s区、p区、d区、ds区和f区，见

图 1-9 所示。

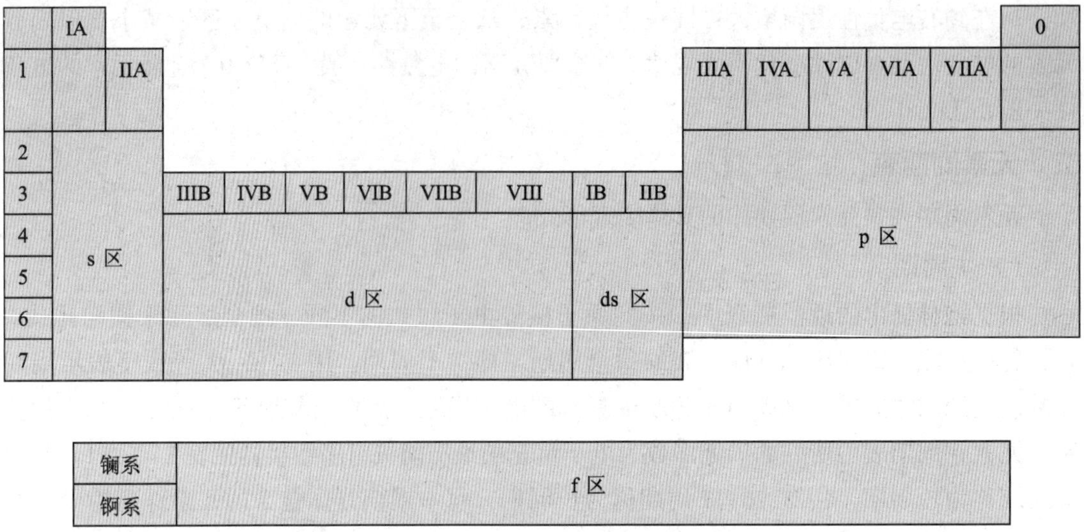


图 1-9 元素周期表中元素的分区

**1. s 区元素** 包括ⅠA 和ⅡA 族，其价层电子构型是 $ns^1$ 和 $ns^2$。除 H 以外都是金属，在化学反应中容易失去 1 个和 2 个 s 电子变成 +1、+2 价离子。

**2. p 区元素** 包括ⅢA ~ ⅦA 族和 0 族元素，价层电子构型是 $ns^2np^{1-6}$（除 He 为 $1s^2$ 外），大部分是非金属元素。

**3. d 区元素** 包括ⅢB ~ ⅦB 族和Ⅷ族，价层电子构型是（n-1）$d^{1-8}ns^{1-2}$ 或 $(n-1)d^9ns^1$ 或（n-1）$d^{10}ns^0$，都是金属元素，且在物理和化学性质方面表现出很多共性。

**4. ds 区元素** 包括ⅠB 和ⅡB 副族元素，价层电子构型为（n-1）$d^{10}ns^{1-2}$，都是金属元素。ds 区元素与 d 区元素的不同之处在于 ds 区元素次外层（n-1）d 轨道是充满的。

**5. f 区元素** 包括镧系和锕系元素，价层电子构型一般为（n-2）$f^{0-14}$（n-1）$d^{0-2}ns^2$，都是金属元素。它们的最外层电子数目、次外层电子数目大都相同，只有（n-2）f 亚层电子数目不同。因此，镧系或锕系内各元素化学性质极为相似。

## 拓展阅读

### 过渡元素和稀土元素

过渡元素是指全部副族元素，分布在 d、ds 和 f 区，由于都是金属元素，过渡元素又称为过渡金属。其中的镧系和锕系元素称为内过渡元素，因为它们有电子填充在内层的（n-2）f 轨道上。大多数过渡金属都是以氧化物或硫化物的形式存在于地壳中，只有金、银等几种单质可以稳定存在。过渡金属导热和导电性能良好，有较高的熔点、沸点和密度。在溶液中，过渡金属可形成有色的配离子。过渡金属有许多用途，如汞（水银），它是一种有毒的、银白色的、液体金属。它主要存在于丹砂 HgS 中，它通常用来制作温度计、气压计、制作日光灯、荧光灯、水银灯。汞合金亦用于牙科治疗中。锇的氧化物（四氧化锇）可用于治疗发炎性关节炎。铱可用作放射性植入控制肿瘤的药物，它和白金一起制作心脏起搏器。铂可用于制作固定人骨的各种销。此外，铁（Fe）、锌（Zn）、铜（Cu）等多种过渡元素还是人体必需的微量元素。

稀土元素在地壳中含量稀少，且它们的氧化物像土，故而得名。稀土元素主要包括镧系元素镧(La)、铈(Ce)、镨(Pr)、钕(Nd)、钷(Pm)、钐(Sm)、铕(Eu)、钆(Gd)、铽(Tb)、镝(Dy)、钬(Ho)、铒(Er)、铥(Tm)、镱(Yb)、镥(Lu)及与之在化学性质上相近的钪(Sc)和钇(Y)共17个元素。由于都是金属元素，稀土元素又称为稀土金属。我国稀土金属储量达3700万吨，占世界总量的四分之三，是稀土资源最多的国家。稀土金属具有许多优异的性能和特殊的使用效果，这与它们的电子结构和性质有关。研究表明，稀土元素具有抗凝血、治疗烧伤、抗炎、抗菌、降血糖、抗癌肿、抗动脉硬化以及免疫调节作用，但在这些方面的应用还处于研究探索阶段。此外，由于大多数稀土元素呈现顺磁性，用它们制成的磁疗器械也已经广泛用于治疗高血压、心脏病、关节炎等，还做成了磁腰带、磁腰枕、磁项链、磁疗背心和护膝等。

## 重点小结

1. 原子核外电子的运动状态由主量子数（$n$）、角量子数（$l$）、磁量子数（$m$）、自旋量子数（$m_s$）进行描述。

2. 原子核外电子的排布遵循能量最低原理、泡利不相容原理、洪特规则。

3. 元素的性质随着原子序数（核电荷数）的递增而呈现周期性变化的规律称为元素周期律。

4. 元素周期表分为7个周期、7个主族和1个0族、7个副族和1个Ⅷ族；元素周期表划分为s区、p区、d区、ds区和f区等5个区。

## 目标检测

扫码“练一练”

### 一、单项选择题

（一）单项选择题

1. 碳原子的基态电子构型为$1s^2 2s^2 2p_x^2 p_y^0 p_z^0$，违背了（　　）

A. 能量最低原理　　B. 泡利不相容原理

C. 洪特规则　　D. 能量相近原理

2. 20号元素Ca在元素周期表中属于（　　）

A. 第三周期，ⅠA族　　B. 第三周期，ⅡA族

C. 第四周期，ⅠA族　　D. 第四周期，ⅡA族

3. 元素周期表第二周期Li到Ne原子的电离能总的变化趋势是（　　）

A. 从大变小　　B. 从小变大

C. 从Li到N逐渐增加，从N到Ne逐渐下降

D. 没有多大变化

4. 主量子数 $n=4$ 电子层的亚层数是（　　）

A. 3　　B. 4　　C. 5　　D. 6

5. 已知某元素原子的价电子层为 $3s^23p^5$，则该元素在元素周期表中的位置为（　　）

A. 第三周期第ⅡA 族　　B. 第三周期第ⅡB 族

C. 第三周期第ⅦA 族　　D. 第三周期第ⅦB 族

6. 下列元素中，电负性最小的是（　　）

A. Cl　　B. K　　C. Na　　D. O

7. 按能量由低到高的顺序排列，正确的一组是（　　）

A. 1s、2p、3d、4s　　B. 1s、2s、3s、2p

C. 2s、2p、3s、3p　　D. 4p、3d、4s、3p

8. 下列说法不正确的是（　　）

A. 元素的第一电离能（$I_1$）是元素的单质失去最外层 1 个电子所需要吸收的能量，同周期从左到右元素的 $I_1$ 逐渐增大。

B. 元素的电负性是衡量元素在化合物中吸引电子能力大小的一种标度，同主族从上到下元素的电负性逐渐减小。

C. 原子晶体中一定含有共价键；离子晶体中一定含有离子键，可能含有共价键；分子晶体中一定存在分子间作用力。

D. 含有阴离子的晶体中一定含有阳离子，含有阳离子的晶体中不一定含有阴离子。

9. X、Y、Z 三种主族元素，已知 X 和 Y 的原子核外电子层数相同，Y 和 Z 的原子最外层电子数相同，又知三种元素的原子最外层电子数总和为 14、质子数总和为 28，符合此条件的元素组的数目为（　　）

A. 1　　B. 2　　C. 3　　D. 4

10. 下列说法中正确的是（　　）

A. 第三周期中钠的第一电离能最小

B. 在所有元素中氟的第一电离能最大

C. 钾的第一电离能比镁的第一电离能大

D. 铝的第一电离能比镁的第一电离能大

11. 在原子中，下列关系一定正确的是（　　）

A. 质子数 = 核电荷数

B. 相对原子质量 = 质子数 + 中子数

C. 相对原子质量 = 质子数 + 核外电子数

D. 质子数 ≠ 中子数

12. 医学界通过用放射性 $^{14}C$ 标记的 $C_{60}$，发现一种 $C_{60}$ 的羧酸衍生物在特定条件下可通过断裂 DNA 杀死细胞，从而抑制艾滋病，则有关 $^{14}C$ 的叙述正确的是（　　）

A. 与 $^{14}N$ 含有的中子数相同

B. 是 $C_{60}$ 的同素异形体

C. 与 $^{12}C$ 互为同位素

D. 与 $C_{60}$ 中普通碳原子的化学性质不同

13. X 元素的阳离子和 Y 元素的阴离子具有与氩原子相同的电子层结构，下列叙述正确

的是（　　）

A. X 的原子序数比 Y 的小　　B. X 原子的最外层电子数比 Y 的大

C. X 的原子半径比 Y 的大　　D. X 的元素的最高正价比 Y 的大

14. 下列基态原子的电子排布式错误的是（　　）

A. 钾：$1s^22s^22p^63s^23p^64s^1$　　B. 铁：$1s^22s^22p^63s^23p^63d^54s^3$

C. 氪：$1s^22s^22p^63s^23p^63d^{10}4s^24p^6$　　D. 氟：$1s^22s^22p^5$

15. 描述一确定的原子轨道，需用以下参数（　　）

A. $n$，$l$　　B. $n$　　C. $n$，$l$，$m$，$m_s$　　D. $n$，$l$，$m$

（二）多项选择题

1. 根据原子的电子层结构，可将元素周期表中的元素分为（　　）

A. s 区　　B. p 区　　C. d 区　　D. ds 区　　E. f 区

2. 多电子原子核外电子排布的填充应遵循的规则有（　　）

A. 能量最低原理　　B. 吕·查德里原理

C. 洪特规则　　D. 泡利不相容原理

E. 能量守恒原理

3. 下列基态原子的外层电子构型中，正确的是（　　）

A. $3d^94s^2$　　B. $3d^84s^1$　　C. $3d^{10}4s^1$　　D. $3d^44s^2$　　E. $3d^54s^1$

4. 对于多电子原子来说，关于主量子数的下列说法正确的是（　　）

A. 原子轨道的能量只由 $n$ 决定　　B. $n$ 是决定原子轨道能量的主要因素

C. $n$ 越大，轨道能量一定越高　　D. $n$ 决定角量子数 $l$ 的取值范围

E. $n$ 决定原子轨道的形状

5. 下列说法正确的是（　　）

A. 当主量子数为 2 时，有自旋相反的两个轨道

B. 当 $n$、$l$ 确定时，该轨道的能量也就能确定

C. 角量子数为 1 时有 3 个简并轨道；角量子数为 2 时有 5 个简并轨道

D. 确定一个原子轨道必须用四个量子数

E. p 轨道的角度分布图为哑铃型，这表明电子是按“∞”字形运动的

## 二、简答题

1. 量子数 $n$、$l$、$m$、$m_s$的物理意义是什么？

2. 已知某元素位于周期表第二周期ⅦA 族，该元素的原子序数是多少？

3. 为什么一个原子轨道只能容纳 2 个电子？

4. 铁在人体内的运输和代谢需要铜的参与。在血浆中，铜以铜蓝蛋白形式存在，催化氧化 $Fe^{2+}$ 成 $Fe^{3+}$，从而使铁被运送到骨髓。试运用原子结构的基本知识解释为什么 $Fe^{2+}$ 易被氧化成 $Fe^{3+}$？

（梁光平）

第二章

# 分子结构

## 学习目标

知识要求 **1. 掌握** 离子键、共价键、氢键的概念及特点；价键理论及杂化轨道理论的基本要点。

**2. 熟悉** 分子间作用力的类型、特点。

**3. 了解** 离子晶体、原子晶体、分子晶体的特点；氢键的应用。

技能要求 1. 能根据化学键的成键方式，解释物质的相关性质。

2. 能根据分子间作用力和氢键理论，解释物质的相关性质。

分子是物质中相对稳定并保持该物质基本化学性质的最小微粒，是参与化学反应的基本单元。分子的性质不仅取决于分子的化学组成，还取决于分子的结构。分子的结构通常包括分子或晶体中相邻原子间强烈的相互作用力，即化学键；以及分子中的原子在空间的排列，即空间构型。不同空间构型的分子具有不同的物理化学性质，也决定着分子与分子之间的作用方式，并最终表现为宏观物质的性质。相邻分子之间的作用称作分子间作用力，也称范德华力。通过分子结构的学习，将有助于从分子水平认识食品药品，并为解决食品药品的设计、研发、生产和储存过程中的问题奠定良好的理论基础。

根据原子间相互作用力的不同，化学键分为离子键、共价键和金属键。

## 第一节 离子键

扫码“学一学”

### 案例导入

**案例：**青霉素又称为青霉素 G，是能破坏细菌细胞壁并在细菌细胞的繁殖期起杀菌作用的一类抗生素。医药上通常将青霉素 G 制成钾盐供注射使用。

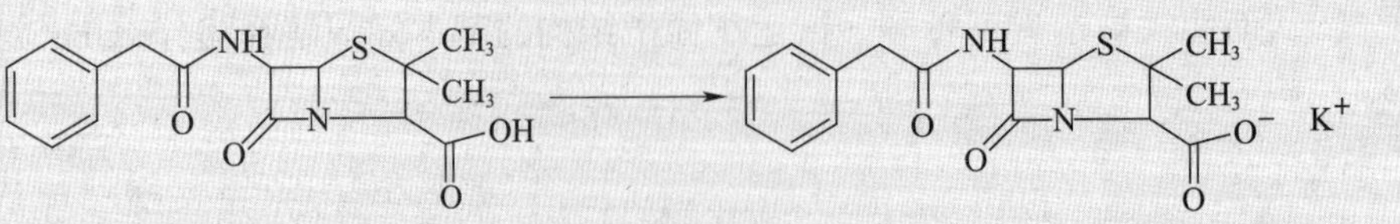


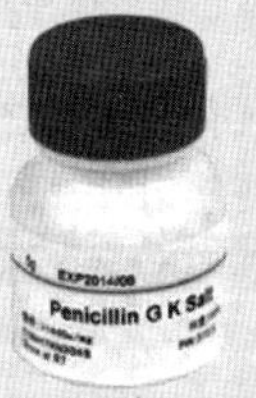


**讨论：**青霉素 G 是分子量大的难溶于水的共价键型药物，利用分子中羧基的酸性，将其制成易溶于水的离子键型的钾盐供注射用。离子键、共价键是如何形成的？有什么区别呢？

1916 年，德国化学家柯塞尔根据稀有气体原子具有稳定结构的实验事实，提出了离子键理论，认为离子键的本质是正、负离子间的相互作用。离子化合物的熔融盐导电和离子化合物的水溶液导电是离子键存在的实验依据。

## 一、离子键的形成

当活泼金属原子和活泼非金属原子在一定条件下互相接近时，由于双方原子的电负性相差较大，金属原子容易失去最外层电子成为带正电荷的阳离子，非金属原子容易得到电子成为带负电荷的阴离子，从而都有达到稀有气体原子稳定结构的倾向。当阴阳离子接近到一定程度时，吸引力和排斥力达到平衡，阴、阳离子间便形成了稳定的化学键。这种由阴、阳离子之间通过静电作用所形成的化学键称为离子键。

以金属钠和氯气生成氯化钠为例，说明离子键的形成过程，如图 2 – 1 所示。

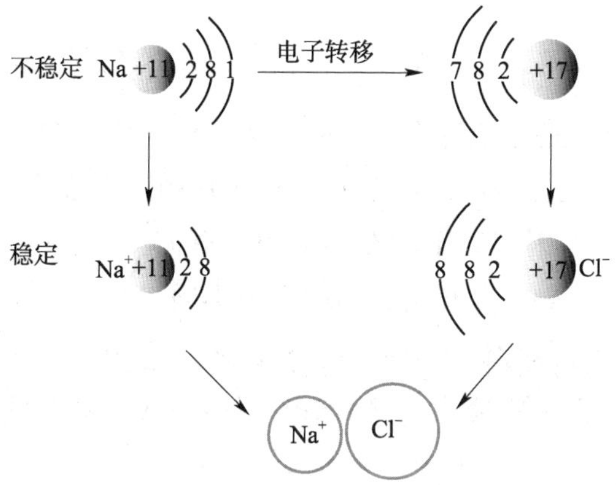


图 2 – 1　氯化钠中离子键的形成过程

NaCl 的形成过程用电子式表示为：

$$\mathrm{Na}\times + \cdot\ddot{\underset{\cdot\cdot}{\mathrm{Cl}}}: \longrightarrow \mathrm{Na}^{+}[\,{}_{\times}^{\cdot}\ddot{\underset{\cdot\cdot}{\mathrm{Cl}}}:]^{-}$$

一般活泼的非金属元素和活泼的金属元素，即电负性相差很大的两种元素（电负性差值在 1.7 以上）相互化合时一般形成离子键。如氧化镁、氯化钙、溴化钾等都是以离子键结合的化合物。

**课堂互动**

以金属镁和氯气生成氯化镁为例，画出氯化镁中离子键的形成过程。

## 二、离子键的特点

离子键既无方向性又无饱和性。

离子的电荷呈球形对称，可以在空间任何方向上同等地吸引相反电荷的离子，没有空间选择性，因此离子键没有方向性。同时，只要离子周围空间允许，它就倾向于吸引尽可能多的带相反电荷的离子，因此，离子键也没有饱和性。

例如，在氯化钠晶体中，每个 $Na^+$ 和 $Cl^-$ 周围都有 6 个带相反电荷的离子。因此，离子化合物中不存在单个分子，NaCl 这样的化学式仅仅表示离子化合物中阴阳离子数目的简单整数比。

## 三、影响离子键强度的因素

离子键的本质是静电作用力，影响静电作用力大小的因素主要有离子的电荷和离子的半径。

**1. 离子的电荷** 离子键的本质是静电作用，离子所带电荷越多，与带相反电荷的离子间的静电作用力越强，形成的离子键强度越大，相应的化合物就越稳定。例如，CaO 的熔点（2572℃）比 $Na_2O$ 的熔点（1275℃）高得多，MgO 和 $Al_2O_3$ 等常用作耐高温材料。

**2. 离子半径** 离子键的稳定性也与阴、阳离子间的距离有关。离子半径越小，离子间的作用力越大，离子键就越牢固。

## 四、离子的极化

一离子使另一离子的正、负电荷重心发生相对位移的作用称为离子的极化。被外电场极化而发生离子电子云变形的性能称为该离子的变形性。阳离子对阴、阳离子有极化作用，阴离子对阴、阳离子也有极化作用。离子间的极化是阴、阳离子同时发生的，导致了阴、阳离子不同程度的变形。但因阳离子具有多余的正电荷，半径较小，在外层上缺少电子，因此它对相邻的阴离子起诱导作用显著；而阴离子则因半径较大，在外层上有较多的电子容易变形，容易被诱导产生诱导偶极。所以，对阳离子来说，极化作用应占主要地位，而对阴离子来说，变形性应占主要地位。影响离子变形性的因素有离子的半径、离子的电荷和离子的电子构型。

离子极化使离子化合物的溶解度、熔点、颜色等物理性质发生变化。例如，在卤化银（AgX）中，卤素离子 $F^-$、$Cl^-$、$Br^-$、$I^-$ 的变形性依次增强，离子键向共价键转变，化合物相应地由离子型向共价型过渡，分子中的共价成分依次增多，AgF、AgCl、AgBr、AgI 的水中溶解度依次降低，化合物的颜色（无色、白色、浅黄色、黄色）逐渐加深。

## 五、离子晶体

由离子键结合而成的化合物称为离子化合物，如 NaCl 就是离子化合物；由离子键结合而成的晶体称为离子晶体，如 NaCl、$CaF_2$ 晶体都是离子晶体。以 NaCl 来说，它在液态、固态时都是离子化合物，但是只有在形成有规则排列的固体时才是离子晶体。

离子化合物一般具有以下通性：熔点和沸点较高，常温下通常以离子晶体形式存在。常温下硬度较高。晶体本身不导电，但溶于水或熔融状态时能导电。易溶于水，难溶于有机溶剂。如：氧化钙的熔、沸点分别为 2572℃、2850℃；氯化钠的熔、沸点分别为 801℃、1413℃。自然界中的离子晶体见图 2 - 2

萤石（$CaF_2$）

明矾[$KAl(SO_4)_2 \cdot 12H_2O$]

重晶石（$BaSO_4$）

图 2 - 2 自然界中的离子晶体

扫码"学一学"

# 第二节 共价键

## 案例导入

**案例**：$CH_4$是正四面体结构，$H_2O$是V形结构，$NH_3$呈三角锥形结构。为什么？

**讨论**：在$CH_4$、$H_2O$和$NH_3$分子中，C、O、N均为$sp^3$杂化，但在$CH_4$分子中C为等性$sp^3$杂化，而$H_2O$和$NH_3$分子中O和N均为不等性$sp^3$杂化。因此，$CH_4$是正四面体结构，$H_2O$是V形结构，$NH_3$呈三角锥形结构。

离子键理论不能说明相同原子形成单质分子，也不能说明不同的非金属原子如何形成化合物分子。

1916年，美国化学家路易斯提出了八隅理论——经典的共价键理论，认为分子中每个原子应该具有稀有气体原子的稳定结构（8电子结构），该结构可以通过原子间共用电子对的方式来实现。该理论只能解释一些简单共价分子的形成，不能解释有些分子中原子的最外层电子并不满足八电子稳定结构，也不能解释$BF_3$、$PCl_5$等分子结构。直到1927年，德国化学家海特勒和伦敦首先把量子力学原理应用到分子结构中，初步阐明了共价键的本质。后来美国化学家鲍林等人又加以发展，提出了杂化轨道理论，使共价键理论得以进一步完善。

## 一、价键理论

### （一）共价键的形成

现以氢气分子（$H_2$）的形成为例，分析共价键的形成，如图2－3所示。

两个氢原子各提供一个自旋方向相反的未成对的电子，相互接近，两个氢原子的1s轨道发生重叠，使得两个原子核间电子云密集，形成稳定的$H_2$分子。

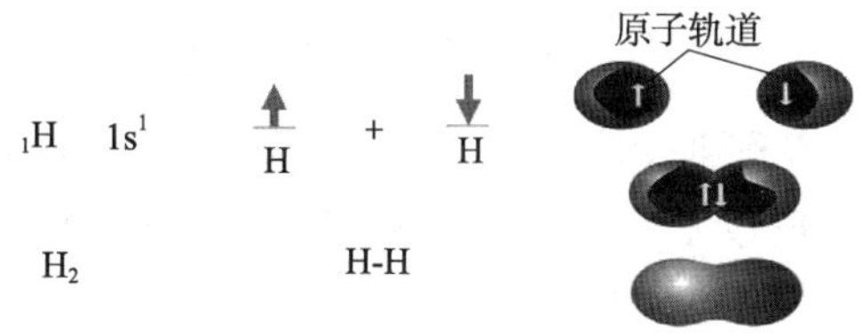


图2－3 $H_2$中共价键的形成过程

这种原子间通过原子轨道重叠（或共用电子对）所形成的化学键称为共价键。共价键的形成过程可用电子式表示。$H_2$分子的形成可表示为：

$$H\cdot + \cdot H \longrightarrow H:H$$

共用电子对围绕两个成键原子的原子核运动，为两个成键原子所共有。

常用一根短线"－"表示一对共用电子，所以氢分子又可以表示为H－H。

非金属元素之间化合时易形成共价键。如$Cl_2$、HCl、$H_2O$、$NH_3$、$CH_4$等分子中的化学键都是共价键。

### （二）价键理论的基本要点

价键理论起源于早期路易斯的电子配对概念，其本质有两点。

**1. 电子配对原理** 成键的两原子接近时，各提供一个自旋方向相反的电子进行配对，形成共价键。一个原子有几个未成对的电子，就能与几个自旋方向相反的电子配对成键。

**2. 原子轨道最大重叠原理** 在形成共价键时，成键的原子轨道重叠越多，两核间电子云密度就越大，形成的共价键就越牢固。因此，成键的两原子总是尽可能采取原子轨道最大重叠的方向形成共价键。

### （三）共价键的类型

根据原子轨道重叠方式的不同，共价键可以分为 σ 键和 π 键两种类型。

**1. σ 键** 两原子的原子轨道沿键轴（成键原子核间连线）方向以“头碰头”方式进行重叠，形成的共价键称为 σ 键，如图 2－4（a）所示。

σ 键的特点是原子轨道的重叠部分对于键轴呈圆柱形对称，可沿键轴方向任意旋转。σ 键的重叠程度大，较稳定，不易断裂，化学活性小，能独立存在于两原子之间。

**2. π 键** 两原子的原子轨道以“肩并肩”方式进行重叠，所形成的化学键称为 π 键。如图 2－4（b）所示。

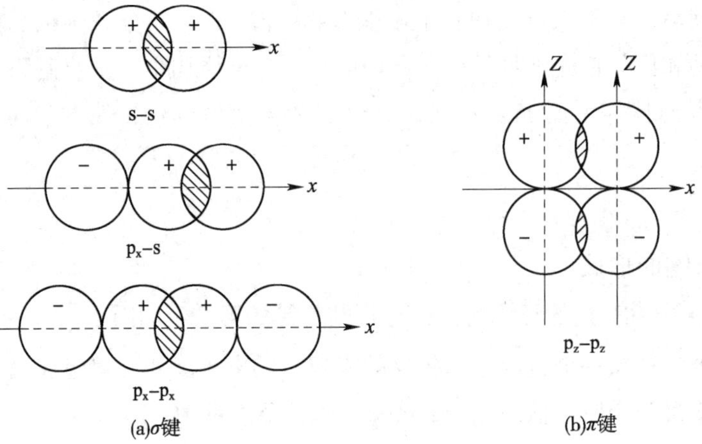


图 2－4 σ 键和 π 键形成示意图

π 键的特点是不能围绕着键轴任意旋转，重叠程度要比 σ 键的重叠程度小，因此 π 键的键能要小于 σ 键的键能，所以 π 键的稳定性低于 σ 键，π 键电子比 σ 键电子活泼，容易发生化学反应。

当两个原子形成共价单键时，原子轨道总是沿键轴方向达到最大程度的重叠，所以单键都是 σ 键；形成共价双键时，有一个 σ 键和一个 π 键；形成共价叁键时，有一个 σ 键和两个 π 键。π 键不能单独存在。例如，N 原子的基态价层电子排布为 $2s^2 2p_x^1 2p_y^1 2p_z^1$，有 3 个未成对电子，当两个 N 原子沿 x 轴接近时，一个 N 原子的 $p_x$ 轨道与另一个 N 原子的 $p_x$ 轨道头碰头重叠，形成一个 σ 键，而彼此的 $p_y$ 轨道和 $p_z$ 轨道只能垂直于键轴（x 轴）肩并肩重叠，形成两个互相垂直的 $p_y - p_y$ 和 $p_z - p_z$ π 键，如图 2－5 所示，$N_2$ 分子的结构可表示为 $N \equiv N$。

σ 键与 π 键的比较见表 2－1。

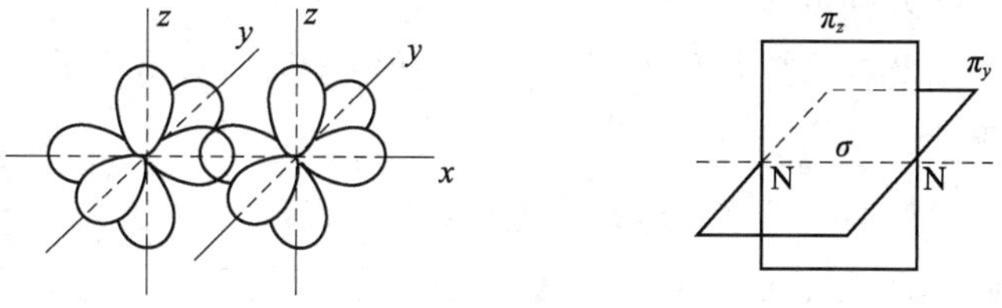


(a)　　　　(b)

图 2－5　$N_2$分子共价键示意图

**表 2－1　σ键与π键的比较**

| | σ键 | π键 |
|---|---|---|
| 成键轨道 | 由 s－s、s－p、p－p 原子轨道重叠形成 | 由 p－p、p－d 原子轨道重叠形成 |
| 成键方式 | 原子轨道以“头碰头”方式重叠 | 原子轨道以“肩并肩”方式重叠 |
| 存在形式 | 存在于单键、也存在于双键或叁键中 | 仅存在于双键或叁键中 |
| 键的性质 | 能自由旋转，重叠程度大，键能大，稳定性高 | 不能自由旋转，重叠程度小，键能小，稳定性低 |

### （四）配位键

共用电子对仅由成键原子的一方单独提供、归两个原子所共有，另一个原子只提供空轨道所形成的特殊的共价键称为配位共价键，简称配位键。例如 $NH_4^+$ 离子有 4 个共价键，其中 1 个就是配位键。$NH_4^+$ 离子的形成如下：

$$H^+ + :NH_3 \longrightarrow [H \leftarrow NH_3]^+$$

配位键的形成必须满足两个条件：一是提供共用电子对的原子价电子层有孤对电子；二是接受共用电子对的原子的价电子层有空轨道。配位键使用符号“→”表示，箭头从孤对电子提供者指向接受者。

应该指出的是，正常共价键与配位共价键的差别仅仅表现在化学键的形成过程中，虽然共用电子对的提供方式不同，但在形成化学键后，两者是没有差别的，如 $NH_3$ 与 $H^+$ 间形成的 $NH_4^+$ 中四个 N－H 键是一样的，该离子为正四面体结构。

**课堂互动**

根据成键时原子轨道的重叠方式，判断 C—C、C＝C、N≡N 共价键的类型。

推断下列分子中的化学键的类型：

（1）$NH_4NO_3$　　（2）KCl　　（3）HBr　　（4）MgO

### （五）共价键的特点

价键理论的基本要点决定了共价键具有饱和性和方向性。

**1. 共价键的饱和性**　在形成共价键时，一个电子只能与另一个自旋方向相反的电子配对，配对后就不能再与其他原子的电子配对。所以，原子能够形成共价键的数目受原子中未成对电子数目的限制，这就决定了共价键具有饱和性。例如，氢原子只有一个未成对电子，只能形成一个共价键。

**2. 共价键的方向性**　根据最大重叠原理可推知，成键电子的原子轨道总是尽可能地沿着原子轨道最大重叠的方向成键。除了 s 轨道呈球形对称外，其他的 p、d、f 轨道在空间都有一定的伸展方向，因此在形成共价键时，p、d、f 原子轨道只有沿着一定的方向未成健才能发生最大程度的重叠。

例如，当 H 的 1s 轨道与 Cl 的 $3p_x$ 轨道发生重叠形成核间距为 d 的 HCl 分子时，H 的 1s 轨道只有沿着 x 轴才能与 Cl 的 $3p_x$ 轨道发生最大程度的重叠，形成稳定的共价键，如图 2 -6（a）所示；而沿其他方向相互接近，则原子轨道重叠很少或不能有效重叠，如图 2 -6（b）和图 2 -6（c）所示，不能形成稳定的共价键。

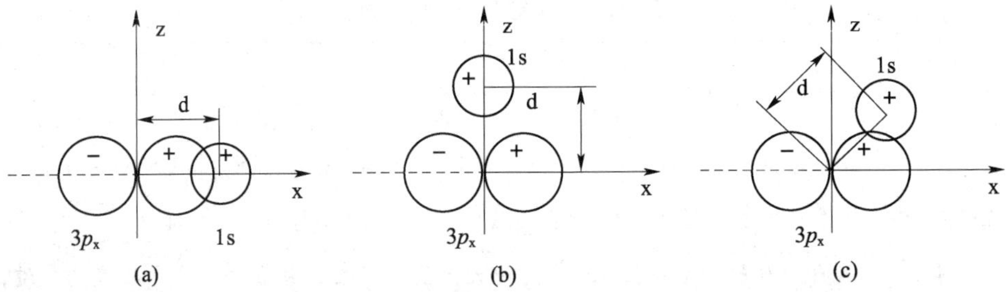


图 2 -6　H 的 1s 轨道与 Cl 的 $3p_x$ 轨道三种方向重叠示意图

## 二、杂化轨道理论

价键理论说明了共价键的形成，解释了共价键的方向性和饱和性，但是不能说明多原子分子的空间构型。例如根据价键理论，C 原子只有 2 个未成对的电子，只能形成 2 个共价键的 $CH_2$ 分子，而且键角应该是大约 90°，然而自然界中形成的是正四面体的 $CH_4$ 分子。为了解释这一现象，鲍林于 1931 年提出了杂化轨道理论，该理论认为：在同一个原子中能量相近的不同类型（s，p，d，…）的几个原子轨道可以相互混合，而组成同等数目的杂化轨道。虽然杂化轨道理论实质上仍属于现代价键理论，但是它在成键能力、分子的空间构型等方面丰富和发展了现代价键理论。

### （一）杂化轨道理论的基本要点

（1）在形成分子的过程中，同一原子中能量相近的不同原子轨道可以相互混合，重新组合成一组新的原子轨道。组合成的新轨道称为杂化轨道，轨道重新组合的过程称为杂化。

（2）杂化轨道的数目等于参与杂化的原子轨道的总数。

（3）杂化后，轨道能量、形状、伸展方向发生改变，杂化轨道的一端变得突出肥大，形成共价键时重叠程度增大，成键能力增强；杂化轨道之间尽可能取最大夹角分布，形成相互排斥力最小的杂化轨道构型，形成的共价键更稳定。杂化类型不同，杂化轨道的构型就不同，从而形成了不同空间构型的分子。

### （二）杂化轨道的类型

根据参与杂化的原子轨道数目和类型的不同，常见的杂化类型有 sp（sp、$sp^2$、$sp^3$）型和 spd（$sp^3d$、$sp^3d^2$、$dsp^2$、$dsp^3$、$d^2sp^3$）型，本章只讨论 sp 型的杂化。

**1. sp 杂化**　同一原子内由 1 个 ns 轨道和 1 个 np 轨道参与的杂化称为 sp 杂化，所形成的两个杂化轨道称为 sp 杂化轨道。每个 sp 杂化轨道含有 1/2 的 s 轨道成分和 1/2 的 p 轨道成分；sp 杂化轨道的形状是一头大，一头小；杂化轨道间的夹角为 180°，这样相互间的斥力最小，形成直线形分子。

以 $BeCl_2$ 分子的形成为例，Be 原子的电子层结构为 $1s^22s^22p^0$，当它与 Cl 原子成键形成

$BeCl_2$分子时，价电子层2s轨道中的1个电子激发跃迁到2p轨道上，使Be原子处于激发态$1s^22s^12p^1$。Be原子的2s轨道和刚跃进1个电子的2p轨道发生杂化，形成2个等同的sp杂化轨道。Be原子的杂化过程如图2－7所示。

扫码“看一看”

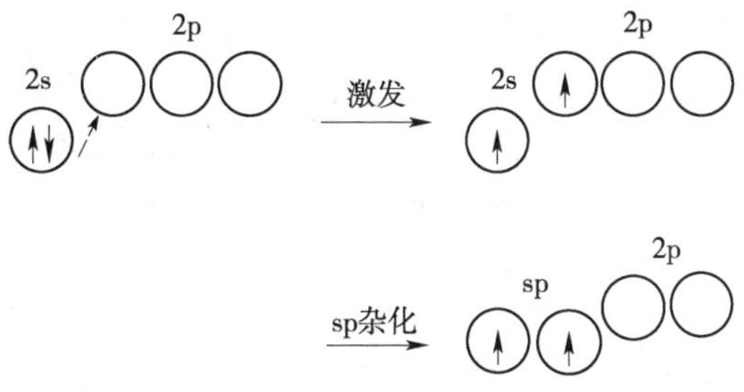


图2－7　Be原子的sp杂化过程

成键时，Be原子用每个sp杂化轨道的大头与氯原子中成单电子的3p原子轨道以“头碰头”的方式发生重叠，形成2个sp－p的σ键。杂化轨道的夹角为180°，因此，$BeCl_2$分子的空间构型是直线形。$BeCl_2$分子的形成过程如图2－8所示。

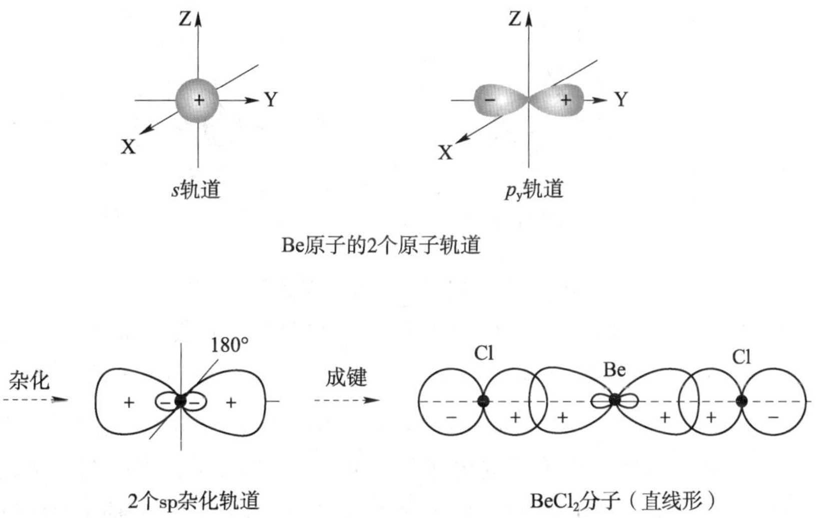


图2－8　$BeCl_2$分子形成过程示意图

**2. $sp^2$杂化**　同一原子内由1个ns轨道和2个np轨道参与的杂化称为$sp^2$杂化，所形成的3个杂化轨道称为$sp^2$杂化轨道。每个$sp^2$杂化轨道含有1/3的s轨道成分和2/3的p轨道成分；$sp^2$杂化轨道的形状也是一头大，一头小；杂化轨道间的夹角为120°。当三个$sp^2$杂化轨道分别与其他3个相同原子成键后，就形成平面正三角形分子。

扫码“看一看”

以$BF_3$分子的形成为例，B原子的电子层结构为$1s^22s^22p^1$，当它与F原子成键形成$BF_3$分子时，价电子层2s轨道中的1个电子激发跃迁到2p轨道上，使B原子处于激发态$1s^22s^12p^2$。B原子的2s轨道和具有单电子的2个2p轨道发生杂化，形成3个等同的$sp^2$杂化轨道。B原子的杂化过程如图2－9所示。

成键时，B原子用每个$sp^2$杂化轨道的大头与F原子中成单电子的2p原子轨道以“头碰头”的方式发生重叠，形成3个$sp^2$－p的σ键。杂化轨道的夹角为120°，因此，$BF_3$分子的空间构型是平面正三角形。$BF_3$分子的形成过程如图2－10所示。

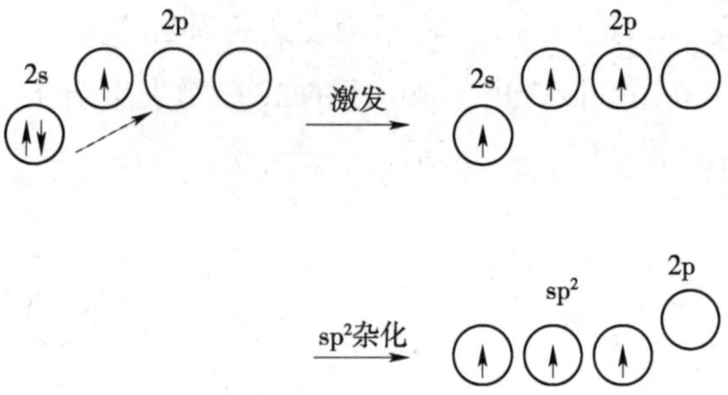


图 2－9　B 原子的 $sp^2$ 杂化过程

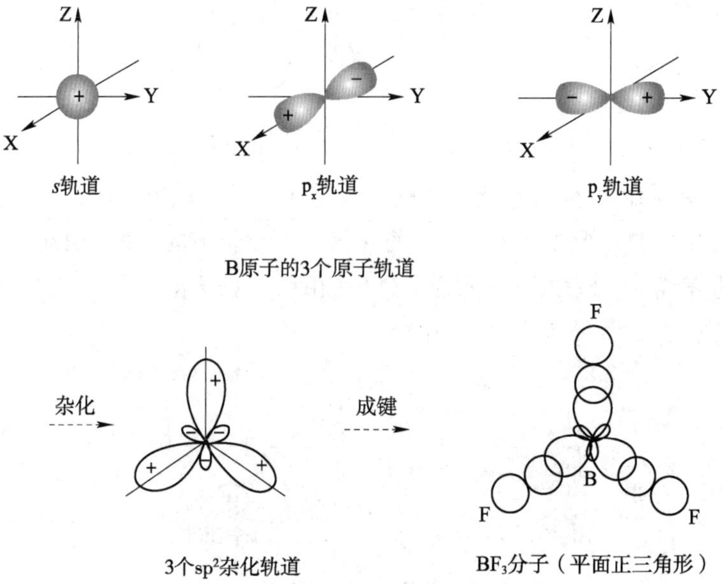


图 2－10　$BF_3$ 分子形成过程示意图

**3. $sp^3$ 杂化**　同一原子内由 1 个 ns 轨道和 3 个 np 轨道参与的杂化称为 $sp^3$ 杂化，所形成的 4 个杂化轨道称 $sp^3$ 杂化轨道。每个 $sp^3$ 杂化轨道含有 1/4 的 s 成分和 3/4 的 p 成分；$sp^3$ 杂化轨道的形状也是一头大，一头小；杂化轨道间的夹角为 109°28′，空间构型为正四面体。

扫码"看一看"

以 $CH_4$ 分子的形成为例，C 原子的电子层结构为 $1s^22s^22p^2$，当它与 H 原子成键形成 $CH_4$ 分子时，价电子层 2s 轨道中的 1 个电子激发跃迁到 2p 轨道上，使 C 原子处于激发态 $1s^22s^12p^3$。C 原子的 2s 轨道和具有单电子的 3 个 2p 轨道发生杂化，形成 4 个等同的 $sp^3$ 杂化轨道。C 原子的杂化过程如图 2－11 所示。

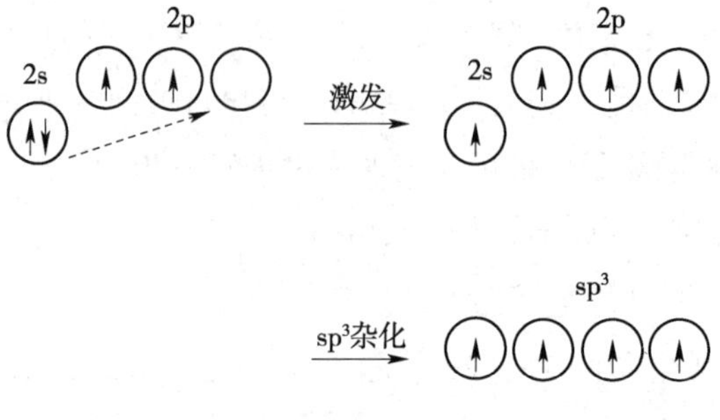


图 2－11　C 原子的 $sp^3$ 杂化过程

成键时，C 原子用每个 $sp^3$ 杂化轨道的大头与 H 原子有成单电子的 1s 原子轨道以"头碰头"的方式发生重叠，形成 4 个 $sp^3-s$ 的 σ 键。杂化轨道的夹角为 109°28′，因此，$CH_4$ 分子的空间构型是正四面体。$CH_4$ 分子的形成过程如图 2－12 所示。

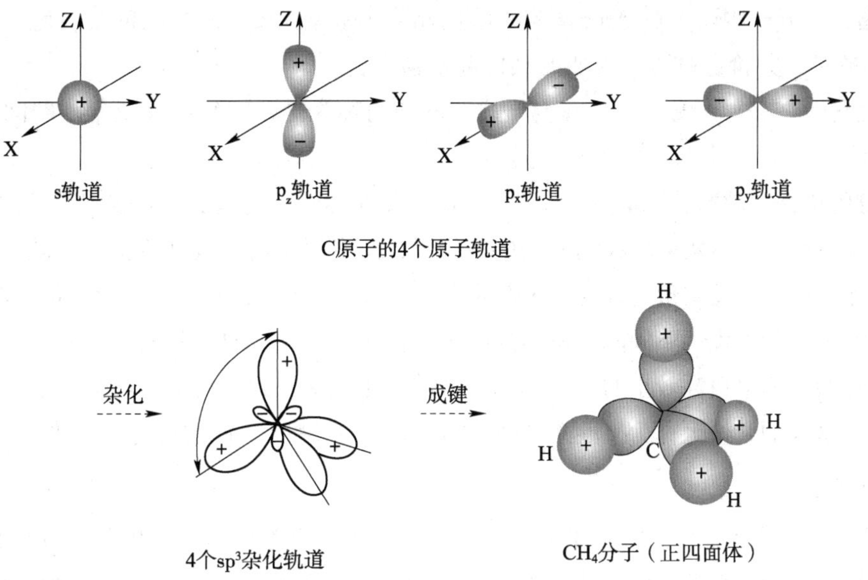


图 2－12　$CH_4$分子形成过程示意图

**4. 不等性 $sp^3$ 杂化**　若有 $sp^3$ 杂化轨道被未共用电子对（不参与成键的孤对电子）占据，则这种 $sp^3$ 杂化称为不等性 $sp^3$ 杂化。由于孤对电子对成键电子的排斥作用比成键电子间的排斥作用大，使所形成的共价键之间的夹角变小。

$H_2O$ 分子中，氧原子的 2s、$2p_x$、$2p_y$ 和 $2p_z$ 四个原子轨道是采取不等性 $sp^3$ 杂化的，有两对孤对电子占据两个 $sp^3$ 杂化轨道，由于孤对电子与成键电子对间的排斥作用较大，使得两个 O－H 键之间的夹角不再是 109°28′，而是缩小为 104.5°，分子呈“V”字形，如图 2－13（a）所示。$NH_3$ 分子中，N 原子也是采用不等性 $sp^3$ 杂化，但仅有一对孤对电子，孤对电子对成键电子的排斥作用比 $H_2O$ 中弱，故 N－H 键之间的键角是 107.3°，分子呈三角锥形，如图 2－13（b）所示。

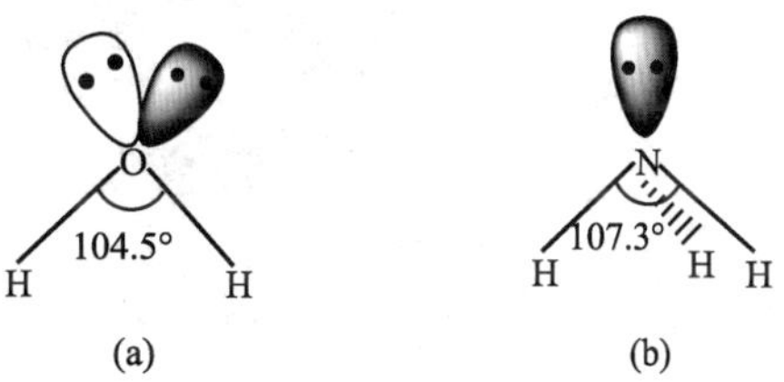


图 2－13　$H_2O$ 分子（a）和 $NH_3$ 分子（b）的空间结构

## 课堂互动

1. 指出下列分子的中心原子采用的杂化轨道类型，并判断其空间构型。

（1）$CS_2$　　（2）$SiH_4$　　（3）$BBr_3$　　（4）$BeH_2$

2. 试解释 $H_2O$ 和 $CO_2$ 都是三原子分子，为何前者为 V 形，后者为直线形？

## 三、共价键参数

共价键参数是用于表征共价键性质的物理量，常见的共价键参数有键能、键长、键角和键的极性等。

**1. 键能**　键能是衡量化学键强弱的物理量，单位 kJ/mol。在标准状态下，使 1mol 的气态分子 AB（g）解离成气态原子 A 和 B 所需要的能量称为键能。不同类型的化学键有不同的键能，键能越大，表明键愈牢固，由该键构成的分子也就越稳定。

**2. 键长** 分子中两个成键原子核间的平均距离称为键长。同类型的键，键长越小，表明核间距越小，共价键越强，形成的共价键就越牢固。

**3. 键角** 在多原子分子中，键与键之间的夹角称为键角，它是反映分子空间几何构型的重要参数。

**4. 键的极性** 键的极性是由于成键原子的电负性不同而引起的。当成键原子的电负性相同时，核间的电子云密集区域在两核的中间位置，两个原子所形成共价键的正电荷重心和负电荷重心重合，这样的共价键称为非极性共价键。例如，H－H 键，Cl－Cl 键都是非极性共价键。当成键原子的电负性不同时，核间的电子云密集区域偏向电负性较大的原子一端，使之带部分负电荷，而电负性较小的原子一端则带部分正电荷，共价键的正电荷重心与负电荷重心不重合，这样的共价键称为极性共价键。例如，H－Cl 和 N－H 键均是极性键。

## 四、原子晶体

扫码"读一读"

原子间通过共价键形成的晶体称为原子晶体。因为这类晶体中的基本结构粒子是原子，原子间是以共价键结合的，由于共价键的强度比离子键还强，所以原子晶体的熔、沸点很高，硬度也很大，不导电，不导热，溶解性差。如金刚石（C）（图 2－14）、单质硅（Si）、碳化硅（SiC）、石英（$SiO_2$）（图 2－14）等，金刚石的熔点是 3550℃，在目前已知的所有物质中它的硬度最大。

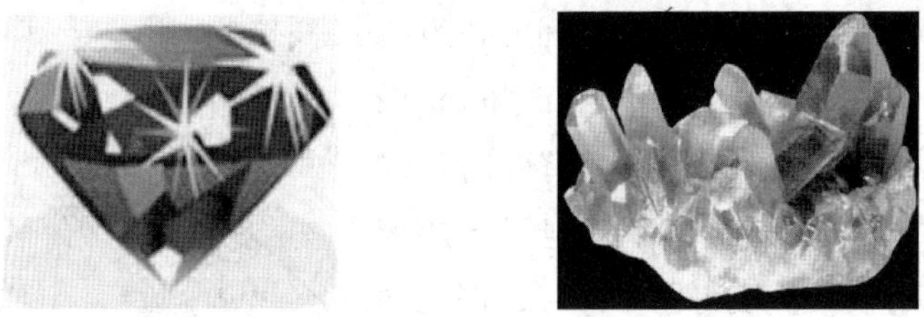

金刚石（C）　　石英（$SiO_2$）

图 2－14 自然界中的原子晶体

### 拓展阅读

**鲍林与化学键理论**

莱纳斯·卡尔·鲍林(1901 年 2 月 28 日—1994 年 8 月 19 日)，美国著名化学家，量子化学和结构生物学的先驱者之一。

1925 年，鲍林以出色的成绩获得化学哲学博士。他系统地研究了化学物质的组成、结构、性质三者的联系，同时还从方法论上探讨了决定论和随机性的关系。他最感兴趣的问题是物质结构，他认为，人们对物质结构的深入了解，将有助于人们对化学运动的全面认识。

传统理论认为，原子在未化合前外层有未成对的电子，这些未成对电子如果自旋方向相反，则可两两结成电子对，在原子间形成共价键。一个电子与另一电子配对以后，就不能再与第三个电子配对。在原子相互结合成分子时，靠的是原子外层轨道重叠，重叠越多，形成的共价键就越稳定，这种理论，却无法解释甲烷的正四面体结构。

为了解释甲烷的正四面体结构，说明碳原子四个键的等价性，鲍林在 1928—1931 年，提出了杂化轨道的理论。该理论的根据是电子运动不仅具有粒子性，同时还有波动性。而波是可以叠加的。所以鲍林认为，碳原子与周围四个氢原子成键时，所使用的轨道不是原来的 s 轨道或 p 轨道，而是二者经混杂、叠加而成的“杂化轨道”，这种杂化轨道在能量和方向上的分配是对称均衡的。杂化轨道理论，很好地解释了甲烷的正四面体结构。

1954 年，鲍林因在化学键方面的工作获得诺贝尔化学奖，1962 年因反对核弹在地面测试的行动获得诺贝尔和平奖，成为获得不同诺贝尔奖项的两人之一。鲍林被认为是 20 世纪对化学科学影响最大的人物之一，他所撰写的《化学键的本质》被认为是化学史上最重要的著作之一。他所提出的许多概念：电负性、共振理论、价键理论、杂化轨道理论、蛋白质二级结构等概念和理论，如今已成为化学领域最基础和最广泛使用的观念。

## 第三节　分子间作用力和氢键

扫码“学一学”

### 案例导入

**案例：** 水有三种存在状态，即固态的冰、液态的水和气态的水蒸气。三态之间通过吸热或放热可以相互转化。

**讨论：** 冰融化为水、水汽化为水蒸气，以及冰升华为水蒸气的过程都需要吸热；而水蒸气液化为水、水凝固为冰，以及水蒸气凝华为冰的过程都放出热量。这些过程说明水分子之间存在相互作用力，因为状态的改变，分子间距离发生了改变，相应地分子间作用力也发生改变。什么是分子间作用力？分子间作用力对物质的性质有哪些影响？

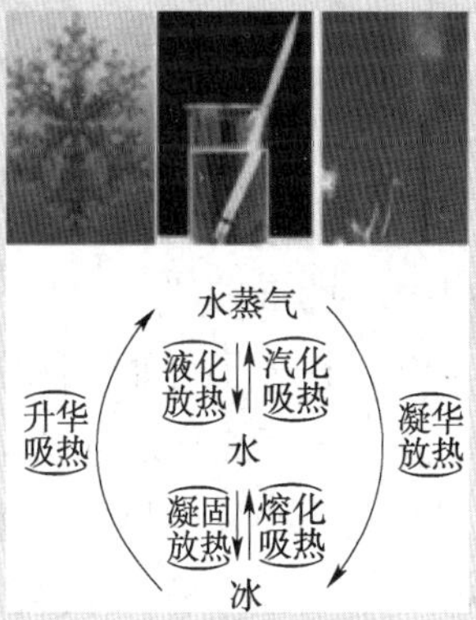


实验发现，常温常压的气体在一定条件下可以凝聚成液体、甚至可凝结成固体，这表明分子与分子之间还存在着一种比化学键弱得多的相互作用力，即分子间作用力。

### 一、分子的极性

正、负电荷重心不重合的分子称为极性分子，如图 2 - 15（a）所示；正、负电荷重心重合的分子称为非极性分子，如图 2 - 15（b）所示。

分子的极性是由化学键的极性引起的。若化学键都无极性，则分子无极性，如同核双原子或同核多原子分子 $H_2$、$Cl_2$、$N_2$、$S_8$等都是非极性分子。若化学键有极性，则要看分子的空间构型，若整个分子构型不对称，如 HCl、CO、NO、$H_2O$、$H_2S$ 和 $NH_3$等分子则有极

扫码“读一读”

性；若整个分子构型完全对称，如 $CO_2$ 和 $CCl_4$ 等则为非极性分子。因此，以极性键结合的多原子分子可能是极性分子，也可能是非极性分子。

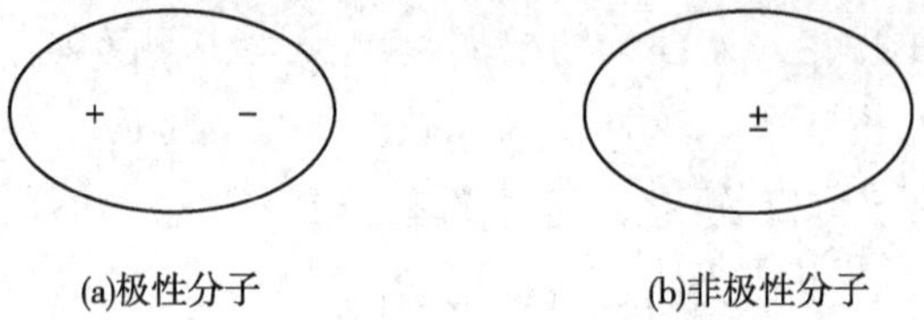


图 2－15　分子极性的结构示意图

分子的极性对物质的溶解性有较大的影响。一般来说，极性物质易溶于极性溶剂，而难溶于非极性溶剂；非极性物质易溶于非极性溶剂或弱极性溶剂，而难溶于极性溶剂，这就是“相似相溶”原理。如：$NH_3$ 易溶于水，$I_2$ 则难溶于水而易溶于 $CCl_4$。

## 二、分子间作用力

1873 年荷兰物理学家范德华首先提出了分子间存在作用力，因此分子间作用力也称为范德华力。分子间作用力是比化学键的键能小 1 ~ 2 个数量级的微弱作用力，但与物质的熔点、沸点、溶解度等物理性质密切相关。

分子间作用力根据产生的原因和特点，分为取向力、诱导力和色散力。

### （一）取向力

取向力产生在极性分子与极性分子之间。当两个极性分子相互接近时，同极排斥，异极相吸，使分子按一定的取向排列，如图 2－16 所示。这种因极性分子固有偶极而产生的使分子定向排列的力称为取向力。

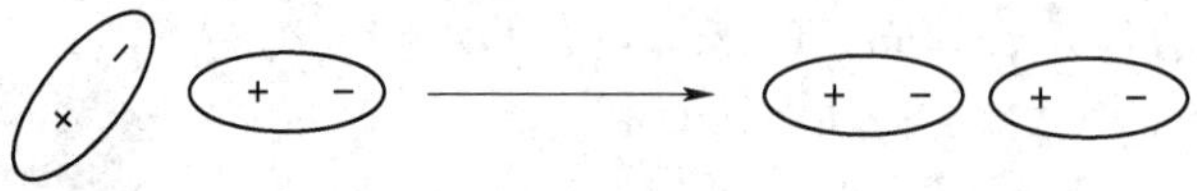

图 2－16　取向力的产生过程

### （二）诱导力

当极性分子与非极性分子相互接近时，由于极性分子的固有偶极所产生的电场，使非极性分子电子云变形（即电子云偏向极性分子偶极的正极），结果使非极性分子原来重合的正负电荷中心发生相对位移，从而形成诱导偶极，如图 2－17 所示。这种在极性分子固有偶极与非极性分子诱导偶极间存在的作用力称为诱导力。

图 2－17　诱导力的产生过程

在极性分子之间，由于固有偶极间的相互作用，每一个分子也会由于变形而产生诱导偶极，使极性分子极性增加，从而使分子间的相互作用力进一步增强，产生诱导力。因此，极性分子之间也存在诱导力，对极性分子来说，诱导力是一种附加的作用力。

### （三）色散力

非极性分子由于电子的运动及原子核的不断振动，在极短的一瞬间，会出现分子的正、负电荷重心不重合，因而产生瞬时偶极而发生相互作用，这种分子间由于瞬时偶极而产生的作用力称为色散力，如图 2－18 所示。由于在任何分子内部，分子的瞬时偶极都是可以不断产生的，所以色散力存在于一切分子之间。

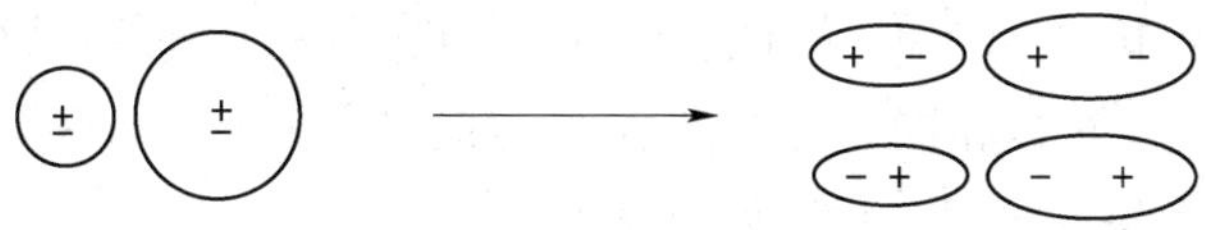

图 2－18　色散力的产生过程

综上所述，分子间可以有三种作用力，均为电性引力。它们既没有方向性也没有饱和性。根据不同情况，存在于各种类型分子之间：在非极性分子之间只有色散力的作用；而在极性分子和非极性分子之间有诱导力和色散力的作用；在极性分子之间，除了有取向力作用外，还有色散力和诱导力的作用。色散力普遍存在于各种分子之间，除极少数强极性分子（如 HF、$H_2O$）外，大多数分子间的作用力以色散力为主。三种力的相对大小一般是：色散力 > 取向力 > 诱导力。

分子间作用力与物质的熔点、沸点、溶解度等物理性质密切相关。一般说来，结构相似的物质，随着相对分子质量增大，分子间作用力就增强，它们的熔点和沸点就相对地要高一些。如在常温下 $F_2$ 和 $Cl_2$ 是气体，$Br_2$ 是液体，而 $I_2$ 是固体，熔点随相对分子量增大而依次升高。

## 三、氢键

通常结构相似的同系列物质的熔点、沸点一般随着分子量的增大而升高。但在氢化物中唯有 HF、$NH_3$、$H_2O$ 的熔点、沸点出现“反常”的高，如图 2－19 所示。其原因是这些分子间除了分子间力外，还存在一种特殊的作用力，即氢键。

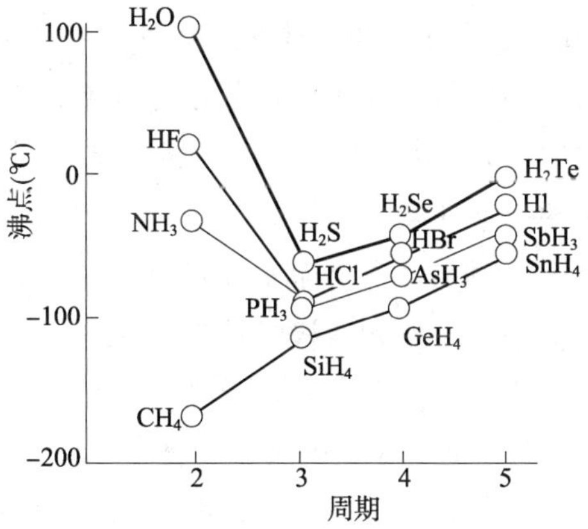


图 2－19　不同氢化物的沸点图

### （一）氢键的形成

在 HF 分子中，由于氟吸引电子的能力远远大于氢，H—F 键的极性很大，共用电子对强烈地偏向氟原子一边，氢原子的电子云被吸引到氟原子一边，致使氢原子几乎成为“裸露”的质子。带有正电荷的氢核与邻近带负电荷且有孤对电子的氟原子作用，就形成了氢键。图 2－20 为氟化氢分子间形成氢键的示意图。

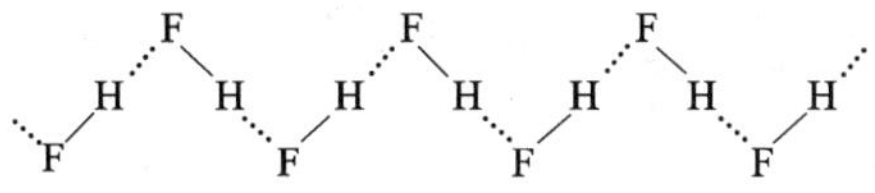

图 2－20　HF 分子间的氢键

凡是与电负性很大、原子半径小的原子 X（F、O、N）结合的氢原子，还能再与另一个电负性很大、半径小且外层有孤对电子的原子 Y 相结合，这种结合力称为氢键。通常用 X—H…Y 来表示，其中 X 和 Y 代表 F、O、N 等电负性很大而半径很小的非金属原子，“…”代表氢键。X 与 Y 可以相同，也可以不同，如：O—H…O、F—H…F、N—H…O。

由上可知，形成氢键必须具备以下两个条件。

（1）有一个与电负性很大、半径小的元素原子形成极性键的氢原子。

（2）有一个带孤对电子、电负性很大而半径小的原子，如 F、O、N 等原子。

氢键的键能一般在 42kJ/mol 以下，比共价键小得多，比范德华力稍大一些，但和范德华力的数量级相同，所以氢键不是化学键，而是分子间的一种特殊的作用力。

**（二）氢键的类型**

氢键可以分为分子间氢键和分子内氢键两种。$H_2O$ 分子间、$NH_3$ 分子间或 $H_2O$ 分子与 $NH_3$ 分子间形成的都是分子间氢键，分子间氢键是大量存在的。同一分子内部形成的氢键称为分子内氢键，如邻硝基苯酚可形成分子内氢键，如图 2－21 所示。

扫码“读一读”

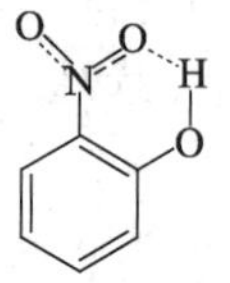

图 2－21 邻硝基苯酚分子内氢键

**（三）氢键对物质物理性质的影响**

氢键的形成对物质的性质会产生重大影响。

**1. 对熔点、沸点的影响** 分子间氢键的形成，使固体熔化或液体气化时，必须要破坏分子间的氢键，需要消耗较多的能量，导致物质的熔点和沸点升高。所以，具有分子间氢键的化合物的熔点和沸点要比没有氢键的同类化合物的熔沸点要高。如 HF、$H_2O$ 和 $NH_3$ 的熔、沸点比同类化合物都高的反常现象，就是由于分子间氢键的影响。

**2. 对溶解度的影响** 如果溶质分子与溶剂分子间能形成氢键，将有利于溶质分子的溶解，溶质在溶剂中的溶解度会增大。例如氨极易溶解于水中，乙醇、甘油可以与水以任意比例混溶。

以上讨论的都是分子间氢键。如果分子内形成氢键，由于分子极性变小，一般会使化合物的熔、沸点降低，在水中的溶解度变小。如：邻硝基苯酚分子内形成了氢键，因此在水中的溶解度小于对硝基苯酚。

**课堂互动**

指出下列各分子间存在哪几种分子间作用力（包括氢键）。

（1）$N_2$ 分子间　（2）$I_2$ 分子间　（3）$H_2O$ 分子间

（4）$CO_2$－$CCl_4$ 分子间　（5）$NH_3$－$H_2O$ 分子间　（6）$H_2O$－ $O_2$ 分子间

## 四、分子晶体

分子间通过范德华力而形成的晶体称为分子晶体。由于在分子晶体中的基本结构粒子是分子，分子间的相互作用力较弱，所以分子晶体一般具有较低的熔点、沸点和硬度，挥发性大，常温常压下呈气态或液态，如 $O_2$、$CO_2$ 是气体，$CCl_4$、乙醇、醋酸是液体。因为分子不带电，分子晶体在固态或熔融状态下均不导电。

## 拓展阅读

### 氢键对生物体的影响

扫码“读一读”

氢键在蛋白质和核酸等生命大分子结构中普遍存在，在生命过程中起着重要作用，氢键对生物体的主要影响如下。

1. 所有重要的生命物质都含有氢，并且通过形成氢键在各种生命进程里发生作用。

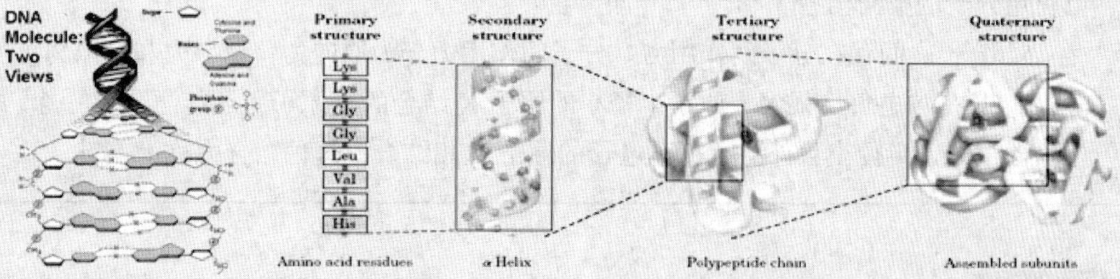


2. 生命的最基本遗传物质 DNA 通过氢键形成双螺旋结构，碱基之间分别通过两个和三个氢键互补配对，是形成 DNA 双螺旋的基础，可以说没有氢键就没有 DNA 双链，也就没有高等生物。

3. 生物体系中最普遍和最基础的物质——蛋白质的结构和功能都与氢键密切相关，在结构上，蛋白质的最重要的二级结构是由氢键决定的，如 α 螺旋、β 折叠等；另外蛋白质的三级及四级结构也与氢键有关，正是由于氢键的作用，才维持了与蛋白质和核酸相应生物功能有关的空间结构，保持相应的生物活性。所以说，没有氢键，作为生命最重要表征的蛋白质就无法行使功能，也就不存在多姿多彩的生物了。

4. 其他生物大分子的生理结构，也都有氢键参与其中。

5. 生命体系是一个水溶液体系，所有的生化反应都是在水中进行，而这些反应一般都涉及到与水分子之间的氢键。

6. 所有的生化反应都是酶反应，而所有的酶在空间结构上，以及催化功能上都有氢键的参与。

7. 生物大分子之间的相互作用，一般涉及到氢键的形成，特别是生物分子之间的结合一般都是可逆结合，而氢键这种强度适中的作用，正适合于这种结合。

8. 所有重要的细胞进程都会涉及到氢键，如 DNA 的复制、转录、翻译、蛋白质的折叠、信号转导、细胞凋亡通路、激素调节等。

## 重点小结

1. 化学键分为离子键、共价键和金属键三种类型。

2. 阴、阳离子之间通过静电作用所形成的化学键称为离子键。影响离子键强度的因素有离子的半径和离子的电荷。

3. 原子间通过原子轨道重叠（或共用电子对）所形成的化学键称为共价键。共价键既有方向性，也有饱和性；共价键有 σ 键和 π 键两种类型。

4. 杂化轨道理论的基本要点

（1）能量相近的轨道可以重组形成杂化轨道。

（2）杂化前后轨道数目不变。

（3）杂化后，轨道能量、形状、伸展方向发生改变，成键能力增强。杂化类型决定分子的空间构型。

5. 分子之间存在分子间作用力。分子间作用力分为取向力、诱导力和色散力。

6. 凡是与电负性很大、原子半径小的原子 X 结合的氢原子，还能再与另一个电负性很大、半径小且外层有孤对电子的原子 Y 相结合，这种结合力称为氢键。

## 目标检测

扫码“练一练”

### 一、选择题

（一）单项选择题

1. 氮气分子中的化学键是（　　）

A. 3 个 σ 键　　B. 1 个 σ 键、2 个 π 键

C. 2 个 σ 键、1 个 π 键　　D. 3 个 π 键

2. $CH_4$分子中，C 以 $sp^3$杂化轨道成键，则该分子的空间构型是（　　）

A. 直线形　　B. 正四面体

C. 平面正三角形　　D. 三角锥形

3. $BeCl_2$是直线形分子，则 B 的杂化方式是（　　）

A. sp　　B. $sp^2$　　C. $sp^3$等性杂化　　D. $sp^3$不等性杂化

4. 水的沸点出现“反常现象”，是由于水分子间存在（　　）

A. 范德华力　　B. 离子键　　C. 共价键　　D. 氢键

5. 下列物质中，既含离子键、又含共价键和配位键的是（　　）

A. $H_2O$　　B. $H_2S$　　C. $NH_4Cl$　　D. HCl

6. 下列物质中不属于离子化合物的是（　　）

A. KCl　　B. HCl　　C. $NH_4Cl$　　D. $K_2CO_3$

7. 下列物质中，可以形成分子间氢键的是（　　）

A. HI　　B. $H_2O$　　C. HCl　　D. $H_2S$

8. 下列分子中，属于极性分子的是

A. $BeCl_2$　　B. $CCl_4$　　C. $NH_3$　　D. $N_2$

9. 下列分子中，由极性键形成的非极性分子是（　　）

A. $H_2$　B. $H_2O$　C. $NH_3$　D. $CH_4$

10. 下列分子中，分子间只存在色散力的是（　）

A. HBr　B. $H_2O$　C. $NH_3$　D. $CO_2$

（二）多项选择题

1. 液态氨中存在的分子间力是（　）

A. 色散力　B. 诱导力　C. 取向力　D. 氢键　E. 离子键

2. 下列属于键参数的是（　）

A. 键长　B. 键能　C. 键角　D. 氢键　E. 极性

3. HCl 分子和 $N_2$ 分子间存在的作用力有（　）

A. 色散力　B. 诱导力　C. 取向力

D. 氢键　E. 不能确定的作用力

4. 下列说法正确的是（　）

A. 同一原子中能量相近的原子轨道可以进行杂化

B. 几个原子轨道参与杂化，就可以形成几个杂化轨道

C. 分子的空间构型与杂化类型有关

D. 利用杂化轨道理论可以预测分子的空间构型

E. 原子轨道杂化后成键能力增强

5. 有关 $NH_4Cl$ 分子，下列说法正确的是（　）

A. $NH_4Cl$ 分子中存在离子键

B. $NH_4Cl$ 分子中存在共价键

C. $NH_4Cl$ 分子中存在配位键

D. $NH_4Cl$ 是离子化合物

E. $NH_4Cl$ 是共价化合物

6. 下列说法正确的是（　）

A. 氢键对物质的物理性质（如熔点、沸点）影响较大

B. 范德华力对物质的物理性质（如熔点、沸点）影响较大

C. 极性分子之间只存在取向力

D. 色散力存在所有分子之间

E. 氢键是一种特殊的共价键

7. 下列分子中，属于非极性分子的有（　）

A. $BeCl_2$　B. $CH_4$　C. $NH_3$　D. $BF_3$　E. $CO_2$

8. 下列说法正确的是（　）

A. 原子间形成共价单键，该共价键可以是 π 键

B. 原子间形成共价双键，其中 1 个是 π 键

C. 不同的原子间形成的共价键一定是极性共价键

D. 非极性化合物中的共价键一定是非极性共价键

E. 离子化合物中可以存在共价键

9. 下列分子中，由极性共价键形成的非极性分子是（　）

A. $BF_3$　B. $CCl_4$　C. $H_2O$　D. $N_2$　E. $CO_2$

10. 下列说法正确的是（　）

A. 如果某一个原子没有单电子，则不能形成共价键

B. 原子间形成的共价双键或三键，只有一个 σ 键

C. 杂化轨道理论可用来解释分子的空间构型

D. 凡是中心原子采用 $sp^3$ 杂化成键的分子，其空间构型均为四面体

E. 几个原子轨道参与杂化，就形成几个新的杂化轨道

**二、简答题**

1. 用价键理论说明为什么 $H_2$ 能稳定存在，而 $He_2$ 不存在?

2. 按价键理论，碳原子只有 2 个未成对的电子，只能形成 2 个共价键的 $CH_2$ 分子，而且键角应该是大约 90°，但自然界中形成的却是正四面体的 $CH_4$ 分子，为什么?

3. 一般而言，极性溶质易溶于极性溶剂，非极性溶质易溶于非极性溶剂，即所谓“相似相溶”原理。根据这一原理，判断 HCl、$NH_3$、$I_2$、$CH_4$ 中哪些易溶于水? 哪些易溶于 $CCl_4$?

（蒋　文）

第三章

# 溶液与胶体溶液

## 学习目标

知识要求 **1. 掌握** 溶液浓度的表示方法及换算、渗透压的基本概念、溶胶和高分子化合物溶液的组成。

**2. 熟悉** 稀溶液的依数性的基本内容及其计算、分散系的分类、胶粒带电的原因、溶胶的稳定性和聚沉、高分子化合物溶液和凝胶的基本性质。

**3. 了解** 表面张力与表面能、表面吸附、表面活性物质。

技能要求 1. 会进行有关溶液浓度的计算，能熟练地配制一定浓度的溶液。

2. 能根据渗透现象及渗透压的概念，解释一些临床和制剂上常见的现象和应用；能够判断哪些是低渗、等渗或高渗溶液。

3. 能根据三大分散系的性质区别，确定分散系的类别；能根据溶胶的稳定因素，选择使溶胶聚沉的方法。

溶液和胶体溶液是自然界常见的物质形态，日常生活中，很多物质以溶液或胶体溶液的形式存在。人体内的血液及其他体液是溶液或胶体溶液，药物的研究、生产和使用中或人体内的许多化学反应通常是在溶液或胶体溶液中进行，食物、药物在体内的吸收和代谢过程也是在溶液和胶体溶液中进行，食物、药物的分析检验工作的许多操作也多在溶液或胶体溶液中进行。由此可见，溶液和胶体溶液与食品药品、药学的联系非常密切。图 3－1 为生活中常见的溶液和胶体溶液。

实验室中的溶液

眼药水

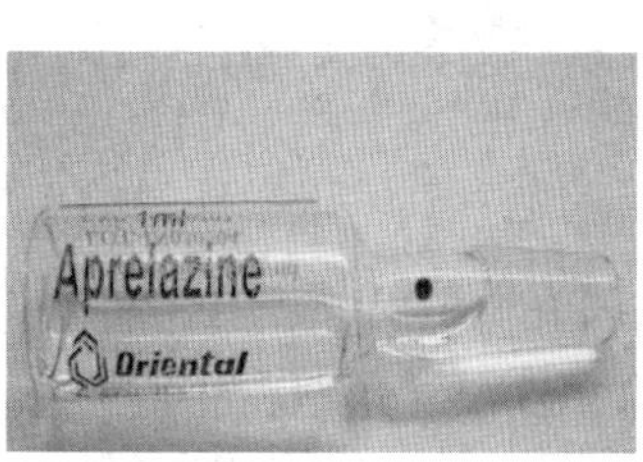


皮下注射针剂

图 3－1　溶液和胶体溶液

扫码“学一学”

## 第一节　溶液的浓度

### 案例导入

**案例：** 李慧胃炎犯了去医院看病，输液时护士先把需要注射的药剂溶解在生理盐水或葡萄糖注射液中后，再对她进行了静脉点滴。躺在病床上，闲着无聊的李慧看着生理盐水瓶上的0.9%，想起化验单上不认识的mmol/L、μmol/L、g/L和mg/L等符号，很想知道它们到底是什么意思？

**讨论：** 溶液浓度的表示方法通常有物质的量浓度、质量浓度、质量分数和体积分数等，李慧看到的mmol/L、μmol/L、g/L和mg/L等其实是这些浓度单位的符号。它们代表什么含义呢？

### 一、溶液浓度的表示方法

溶液的浓度是指一定量的溶液（或溶剂）中所含溶质的量。溶液浓度的表示方法有很多，常用的有以下几种。

**（一）物质的量浓度**

用1升溶液中所含溶质的物质的量来表示的溶液浓度，称为物质的量浓度。对于溶质为B的溶液，其物质的量浓度称为“B的物质的量浓度”，用符号$c_B$或$c$（B）表示。

物质的量浓度的数学表达式为：

$$c_B = \frac{n_B}{V} \qquad (3-1)$$

根据此公式，物质的量浓度的单位为摩尔/升（mol/L）。事实上物质的量浓度的国际单位是mol/m$^3$，但常用mol/L、mmol/L、μmol/L等单位来表示。

**例1**　按照《中国药典》（2020年版）规定，注射生理盐水的规格是0.5L生理盐水中含NaCl 4.5g，求此生理盐水的物质的量浓度是多少？如某病人滴注生理盐水800ml，问进入病人体内的氯化钠为多少克？

**解：** ∵ 氯化钠的相对分子质量是58.5，其摩尔质量是58.5g/mol。4.5g氯化钠的物质的量为：

$$\therefore \quad n_{NaCl} = \frac{m_{NaCl}}{M_{NaCl}} = \frac{4.5g}{58.5g/mol} \approx 0.0769mol$$

$$c_{NaCl} = \frac{n_{NaCl}}{V} = \frac{0.0769mol}{0.5L} \approx 0.154mol/L$$

$$\because \quad V = 800ml = 0.8L$$

$$\therefore \quad n_{NaCl} = c_{NaCl} \cdot V = 0.154mol/L \times 0.8L = 0.1232mol$$

$$m_{NaCl} = n_{NaCl} \cdot M_{NaCl} = 0.1232mol \times 58.5g/mol \approx 7.2g$$

答：该生理盐水的物质的量浓度是0.154mol/L，进入病人体内的氯化钠为7.2g。

生理盐水中氯化钠的物质的量浓度可表示为：$c_{NaCl}$ = 0.154mol/L 或 $c$(NaCl) =

0. 154mol/L，也可写成 [NaCl] = 0. 154mol/L。

**课堂互动**

100ml 正常人的血清中含 10. 0mg $Ca^{2+}$ 离子，计算正常人血清中 $Ca^{2+}$ 离子的物质的量浓度。

**（二）质量浓度**

用 1L 溶液中所含溶质的质量来表示的浓度，称为质量浓度。对于溶质为 B 的溶液，其质量浓度称为"B 的质量浓度"，用符号 $\rho_B$ 或 $\rho(B)$ 表示。

质量浓度的数学表达式为： $$\rho_B = \frac{m_B}{V} \qquad (3-2)$$

根据此公式，质量浓度的单位为克/升（g/L）。事实上质量浓度的国际单位是 $kg/m^3$，但常用 g/L、mg/L 等单位来表示。

如 40g/L 的 $NaHCO_3$ 溶液是敌敌畏中毒的催吐剂，即 1L 的 $NaHCO_3$ 溶液中含有 $NaHCO_3$ 40g，表示为 $\rho_{NaHCO_3} = 40g/L$ 或 $\rho(NaHCO_3) = 40g/L$。

**例 2** 配制 200ml40g/L 的 $NaHCO_3$ 溶液的作为敌敌畏中毒者的催吐剂，问需要称取 $NaHCO_3$ 多少克？

**解**：∵ $\rho(NaHCO_3) = 40g/L \quad V = 200ml = 0.2L$

∴ $m(NaHCO_3) = \rho(NaHCO_3) \cdot V = 40g/L \times 0.2L = 8g$

答：配制 200ml 40g/L 的碳酸氢钠溶液，需要称取碳酸氢钠 8g。

**课堂互动**

在 100ml 葡萄糖注射液中含有 5g 葡萄糖，计算葡萄糖注射液的质量浓度。

**（三）质量摩尔浓度**

用 1kg 溶剂中所含溶质的物质的量来表示的浓度，称为质量摩尔浓度。对于溶质为 B 的溶液，其质量摩尔浓度称为"B 的质量摩尔浓度"，用符号 $b_B$ 或 $b(B)$ 表示。

质量摩尔浓度的数学表达式为： $$b_B = \frac{n_B}{m_A} \qquad (3-3)$$

根据此公式，质量摩尔浓度的国际单位是 mol/kg。

质量摩尔浓度与体积无关，故不受温度变化的影响。对于较稀的水溶液来说，由于其密度与水的密度非常接近，当质量摩尔浓度的单位为 mol/kg，物质的量浓度的单位为 mol/L 时，质量摩尔浓度在数值上近似等于物质的量浓度。

**（四）质量分数**

用溶质的质量占全部溶液质量的分数来表示的浓度，称为质量分数。对于溶质为 B 的溶液，其质量分数称为"B 的质量分数"，用符号 $\omega_B$ 或 $\omega(B)$ 表示。

质量分数的数学表达式为：

$$\omega_B = \frac{m_B}{m_{液}} \quad (3-4)$$

质量分数无单位，可用小数表示，也可用百分数表示。如浓盐酸的质量分数为 0.36 或 36%，它表示 100g 浓盐酸溶液中含氯化氢 36g。

扫码“读一读”

### （五）体积分数

用溶质（液态）的体积占全部溶液体积的分数来表示的浓度，称为体积分数。对于溶质为 B 的溶液，其体积分数称为“B 的体积分数”，用符号 $\varphi_B$或 $\varphi(B)$表示。

体积分数的数学表达式为：

$$\varphi_B = \frac{V_B}{V_{液}} \quad (3-5)$$

体积分数无单位，可用小数表示，也可用百分数表示。如：消毒酒精的体积分数为 0.75 或 75%，表示 100ml 酒精溶液中含乙醇 75ml。

## 二、溶液浓度的换算

溶液浓度的换算只是变换表示浓度的方法，溶液浓度换算前后，数值和单位虽然不同，但溶液的量和溶质的量并未发生任何变化。

### （一）质量浓度和物质的量浓度之间的换算

$$c_B = \frac{\rho_B}{M_B} \quad (3-6)$$

或：

$$\rho_B = c_B \cdot M_B \quad (3-7)$$

**课堂互动**

50g/L 葡萄糖注射液的物质的量浓度是多少？已知葡萄糖的相对分子质量为 180。

### （二）物质的量浓度和质量分数之间的换算

物质的量浓度常用的单位是 mol/L，质量分数是比值，无单位，二者的换算必须用密度（$\rho$）做桥梁。在使用符号时应注意，密度（$\rho$）和质量浓度（$\rho_B$）的区别。

已知物质的量浓度为 $c_B$，质量分数为 $\omega_B$，溶液的密度为 $\rho$，溶质的摩尔质量为 $M_B$

则：

$$c_B = \frac{\omega_B \cdot \rho}{M_B} \quad (3-8)$$

$$\omega_B = \frac{c_B \cdot M_B}{\rho} \quad (3-9)$$

## 三、溶液的配制与稀释

### （一）溶液的配制

**1. 配制溶液所需的仪器**

（1）吸量管　是准确量取一定体积液体的量具，又称移液管。吸量管分为直型和肚型两种，直型吸量管上有刻度（如图3－2左所示），实验室中常用的有1ml、5ml、10ml几种规格，可以准确地量取1ml、5ml、10ml以下的溶液。肚型吸量管为中间膨大的玻璃管（如图3－2右所示），只有一个标线，只能量取一个体积的溶液，实验室中常用的有10ml、25ml、50ml几种规格。

（2）容量瓶　容量瓶（如图3－3所示）常用于准确配制一定浓度、一定体积的溶液，为细颈梨型平底玻璃瓶，瓶口有磨口玻璃塞，颈部有一标线，瓶上还标有容量和使用温度，实验室常用容量有50ml、100ml和250ml几种规格。

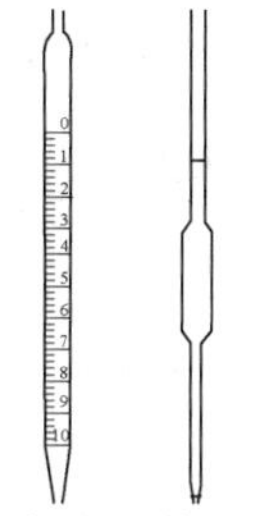

直型　肚型

图3－2　吸量管

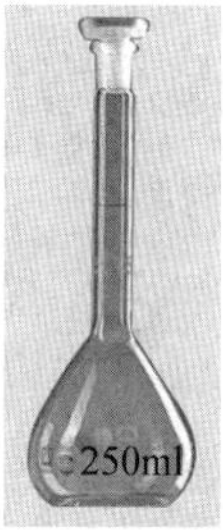


图3－3　容量瓶

**2. 配制溶液的步骤**　用溶质直接配制一定浓度的溶液，如：用氯化钠配制9g/L的氯化钠溶液100ml。（配制过程如图3－4所示）

（1）计算　根据配制要求，计算所需溶质的量。

$$\because \quad \rho(\mathrm{NaCl}) = 9\mathrm{g/L} \qquad V = 100\mathrm{ml} = 0.1\mathrm{L}$$

$$\therefore \quad m = \rho(\mathrm{NaCl}) \cdot V = 9\mathrm{g/L} \times 0.1\mathrm{L} = 0.9\mathrm{g}$$

（2）称量　根据计算结果，准确称取溶质的质量。用天平称取氯化钠0.9g。

（3）溶解　将已称量好的溶质放入烧杯溶解。将0.9g氯化钠放入烧杯中，加入约20～30ml蒸馏水，用玻璃棒搅拌，使之完全溶解。

（4）转移　将烧杯中的溶液定量转移到容量瓶中。将氯化钠的溶解液用玻璃棒引流至100ml容量瓶中，用少量蒸馏水洗涤烧杯和玻璃棒2～3次，并将洗涤液全部转移至容量瓶中。

（5）初步混匀　在已经转移好的容量瓶中加蒸馏水稀释至约2/3处，然后手拿容量瓶上端摇动容量瓶成圆周运动使溶液初步混匀。

（6）定容　往容量瓶中加水至标线下1cm处，改用胶头滴管滴加蒸馏水至溶液凹液面的最低点与标线相切。

（7）摇匀　盖好瓶塞，一手食指顶着瓶塞，拇指和中指轻扶瓶颈，另一手的各指尖顶住瓶底四周，倒置，复原，如此重复10～15次，使其充分混匀，倒入指定的容器中备用。

（二）**溶液的稀释**

**1. 稀释公式**　稀释就是在溶液中加入溶剂，使溶液浓度变小的过程。溶液稀释的特点就是稀释后溶液的体积变大，浓度变小，但溶质的量不变。用“1”代表稀释前的溶液，“2”代表稀释后的溶液，根据浓度的表示方法不同，有如下几个公式：

$$c_{B1} \cdot V_1 = c_{B2} \cdot V_2 \qquad (3-10)$$

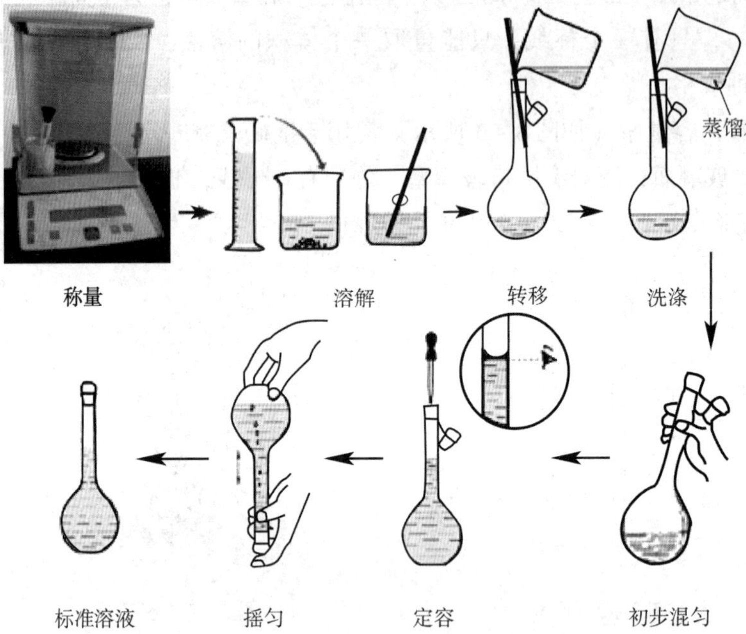


图 3-4 准确配制一定浓度溶液步骤

$$\rho_{B_1} \cdot V_1 = \rho_{B2} \cdot V_2 \qquad (3-11)$$

$$\varphi_{B_1} \cdot V_1 = \varphi_{B_2} \cdot V_2 \qquad (3-12)$$

$$\omega_{B_1} \cdot m_1 = \omega_{B_2} \cdot m_2 \qquad (3-13)$$

注意：使用稀释公式时，稀释前后溶液浓度的单位必须相同，体积单位也必须相同。

**2. 稀释的步骤**

**例 3** 用 $\omega = 0.98$，密度 $\rho = 1.84\text{kg/L}$ 的浓硫酸配制 1.5mol/L 硫酸溶液 500ml。

（1）计算 计算配制一定体积稀溶液所需浓溶液的体积。

①浓度换算

$\because \omega(H_2SO_4) = 0.98 \quad \rho = 1.84\text{Kg/L} = 1840\ \text{g/L} \quad M(H_2SO_4) = 98\text{g/mol} \quad V = 500\text{ml}$

$\therefore c_1 = \dfrac{\omega_B \cdot p}{M} = \dfrac{0.98 \times 1840\text{g/L}}{98\text{g/mol}} = 18.4\text{mol/L}$

②稀释

$\because c_1 = 18.4\text{mol/L} \quad c_2 = 1.5\text{mol/L} \quad V_2 = 500\text{ml}$

$\therefore$ 根据 $c_{B_1} \cdot V_1 = c_{B_2} \cdot V_2$

$$V_1 = \frac{c_2 \cdot V_2}{c_1} = \frac{1.5\text{mol/L} \times 500\text{ml}}{18.4\text{mol/L}} = 40.8\text{ml}$$

（2）量取 用量筒量取所需的浓溶液。量取 40.8ml 的浓硫酸，量筒必须干燥。

（3）稀释 将已量取好的浓溶液放在烧杯中稀释。将 40.8ml 的浓硫酸慢慢加入盛有 200～300 ml 蒸馏水的烧杯中，边加边用玻璃棒搅拌均匀，冷却至室温，再慢慢加蒸馏水至 500ml，用玻璃棒搅拌均匀，贮存于试剂瓶备用。

## 拓展阅读

### 配制溶液的十字交叉法

在工厂及药房工作中，常常会遇到用同一种溶质的浓溶液和稀溶液混合配制中间浓度溶液，通常可使用一种简捷的经验方法——十字交叉法。

浓溶液浓度 $c_{浓}$　　　　浓溶液体积 $V_{浓}=c-c_{稀}$

↘　　↗

所需浓度 $c$

↗　　↘

稀溶液浓度 $c_{稀}$　　　　稀溶液体积 $V_{稀}=c_{浓}-c$

在使用十字交叉法时必须注意如下问题。

1. $c_{浓}$、$c_{稀}$与 $c$ 可以是溶液浓度表示法 $c_B$、$\rho_B$、$\omega_B$和 $\varphi_B$中的任一种表示法。
2. $c_{浓}$、$c_{稀}$与 $c$ 必须采用同一种溶液浓度的表示方法并采用同一单位。
3. $V_{稀}$和 $V_{浓}$必须采用同一单位并要忽略溶液混合前后体积的变化。
4. 交叉相减得到的 $V_{稀}$和 $V_{浓}$不是实际值而是计算用的比例值。

例如：药剂室现有 $\varphi_B=0.85$ 和 $\varphi_B=0.05$ 的乙醇，怎样配制成消毒酒精 500 ml？

解：

0.85　　　　$V_{浓}=0.75-0.05=0.70$（$\varphi_B=0.85$ 的乙醇）

↘　　↗

0.75

↗　　↘

0.05　　　　$V_{稀}=0.85-0.75=0.10$（$\varphi_B=0.05$ 的乙醇）

配制方法：取 $\varphi_B=0.85$ 的乙醇 70ml 与 $\varphi_B=0.05$ 的乙醇 10ml 混合，得到 80ml$\varphi_B=0.75$ 乙醇，或者把 $\varphi_B=0.85$ 与 $\varphi_B=0.05$ 的两种浓度酒精按体积 7∶1 的比例混合得到 $\varphi_B=0.75$ 乙醇。

配制 500 ml$\varphi_B=0.75$ 乙醇时

$$\varphi_B=0.85\ 酒精的体积=500\times\frac{7}{7+1}=437.5\text{ml}$$

$$\varphi_B=0.05\ 酒精的体积=500\times\frac{1}{7+1}=62.5\text{ml}$$

# 第二节　稀溶液的依数性

扫码“学一学”

## 案例导入

**案例**：由于水结冰后体积会增大，在寒冷的冬季为了防止汽车水箱中的水结冰而冻裂水箱，人们会在汽车水箱的水中加入乙二醇来防冻。

讨论：为什么在汽车水箱的水中加入乙二醇能防冻呢?这是稀溶液的依数性在生活中的应用。什么是稀溶液的依数性？稀溶液的依数性包括有哪些性质？

溶液的性质（如密度、颜色、气味、导电性等）通常取决于溶质的性质。但是溶液的某些性质却与溶质的本性无关，而只与溶液中溶质粒子数目有关，这些性质称为溶液的依数性。溶液的依数性只有在溶液的浓度很稀时才规律明显，而且溶液浓度越稀，其依数性的规律性越强。稀溶液的依数性有蒸气压下降、沸点升高、凝固点下降和渗透压。本节主要讨论难挥发非电解质稀溶液的依数性。

## 一、蒸气压下降

在一定的温度下，将纯水置于密闭容器中，当水的蒸发速率和凝聚速率相等时，水的液体和它的蒸气就处于两相平衡状态，此时的蒸气所产生的压强称为饱和蒸气压，简称蒸气压，常用单位为 kPa。

在一定的温度下，纯水的蒸气压是一个定值。若在纯水中溶入少量难挥发非电解质（如蔗糖、葡萄糖等）后，则发现在同一温度下，稀溶液的蒸气压总是低于纯水的蒸气压。

由于溶质是难挥发的物质，因此溶液的蒸气压实际上是溶液中水的蒸气压。溶液的蒸气压之所以低于纯水的蒸气压，是由于难挥发非电解质溶质溶于水后，溶质分子一方面占据了溶液的一部分表面，使溶液表面上水分子数减少，另一方面还束缚了一部分水分子，使单位时间内蒸发出来的水分子数减少，产生的压力降低，因此溶液的蒸气压就比相同温度下纯水的蒸气压低，显然溶液的浓度越大，溶液的蒸气压就越低。

若某温度下纯溶剂的蒸气压为 $p_A^*$ ，溶液的蒸气压为 $p$，则

$$\Delta p = p_A{}^* - p$$

$$\Delta p = Kb_B \qquad (3-14)$$

式中，$\Delta p$ 为难挥发非电解质稀溶液的蒸气压下降值；$b_B$ 为溶质的质量摩尔浓度；$K$ 为蒸气压下降常数。

上式表明：在一定温度下，难挥发非电解质稀溶液的蒸气压下降（$\Delta p$）与溶质的质量摩尔浓度成正比，而与溶质的种类和本性无关。

## 二、沸点升高

溶液的蒸气压与外界压强相等时的温度称为溶液的沸点。通常所说的沸点是指外界压强为 101.3kPa 时的沸点，如在 101.3kPa 时水的沸点为 100℃。而在稀溶液中，由于加入了难挥发的溶质，致使溶液的蒸气压下降。从图 3－5 中可见，在 $T_b^*$ 时溶液的蒸气压与外界的大气压（101.3kPa）并不相等，只有在大于 $T_b^*$ 的某一温度 $T_b$ 时才能相等。也就是说，溶液的沸点要比纯溶剂的沸点高。很明显，稀溶液沸点的升高与溶液的蒸气压下降有关，而蒸气压降低又与溶质的质量摩尔浓度成正比，可见沸点升高也与溶质的质量摩尔浓度成正比，而与溶质的种类和本性无关。

$$\Delta T_b = T_b - T_b^* = K_b b_B \qquad (3-15)$$

式中，$\Delta T_b$ 为沸点升高数值；$b_B$ 为溶质的质量摩尔浓度；$K_b$ 为溶剂的沸点升高常数，它是溶剂的特征常数，随溶剂的不同而不同。几种常见溶剂的 $K_b$ 列于表 3－1。

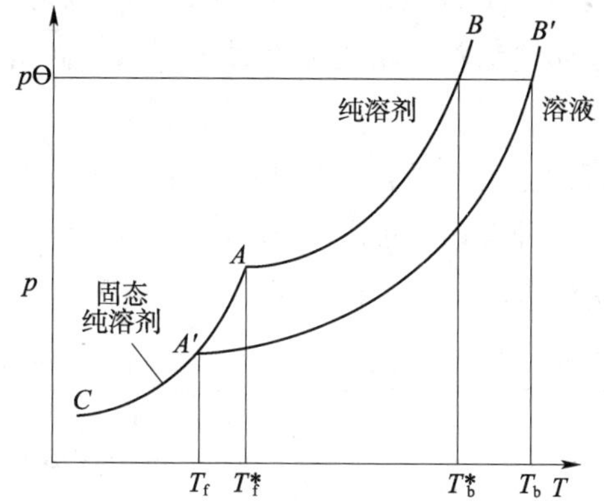


图 3-5 溶液的蒸气压下降、沸点升高、凝固点下降

**表 3-1 几种溶剂的 $K_b$ 和 $K_f$**

| 溶剂 | 沸点/℃ | $K_b$/（℃ · kg/mol） | 凝固点/℃ | $K_f$/（℃ · kg/mol） |
|---|---|---|---|---|
| 水 | 100 | 0.512 | 0 | 1.86 |
| 乙醇 | 78.5 | 1.22 | -117.3 | - |
| 丙酮 | 56.2 | 1.71 | -95.4 | - |
| 苯 | 80.1 | 2.53 | 5.53 | 5.12 |
| 乙酸 | 117.9 | 3.07 | 16.6 | 3.9 |
| 萘 | 218.0 | 5.80 | 80.3 | 6.94 |

## 三、凝固点降低

液体的凝固点是指在某外压时，其液相和固相的蒸气压相等并能共存时的温度。如外压为101.3kPa时，纯水和冰在0℃时的蒸气压均为0.611kPa，0℃即为水的凝固点。而溶液的凝固点通常是指溶液中纯固态溶剂开始析出时的温度，对于水溶液而言，就是指水开始变成冰析出时的温度。与稀溶液中沸点升高的原因相似，水溶液和冰的蒸气压只有在0℃以下的某一温度 $T_f$ 时才能相等，也就是说，在0℃以下才出现溶液的凝固点，如图3-5所示。很明显，$T_f < T_f^*$，溶液的凝固点降低了。由于溶液的凝固点降低也是由溶液的蒸气压降低所引起的，因此，凝固点的降低也与溶液的质量摩尔浓度 $b_B$ 成正比，而与溶质的种类和本性无关。

$$\Delta T_f = T_f^* - T_f = K_f b_B \qquad (3-16)$$

式中，$\Delta T_f$ 为稀溶液的凝固点降低数值；$K_f$ 为溶剂的凝固点降低常数，也是溶剂的特征常数，随溶剂的不同而不同。一些常见溶剂的 $K_f$ 列于表3-1中。

溶液凝固点降低或沸点升高的性质被广泛应用。如，在汽车水箱中加乙二醇冬季防冻，夏季防沸腾；冰雪天往路面上撒盐可使冰雪融化；常用凝固点降低法来测定溶质的相对分子质量；常用测定化合物的熔点或沸点的办法来检验化合物的纯度（含有杂质的化合物的熔点比纯化合物的低，沸点比纯化合物的高，而且熔点的降低值和沸点的升高值与杂质含量有关）等。

## 四、渗透压

### （一）渗透现象和渗透压

如果在一杯纯水中加入少量浓的蔗糖溶液，静置一段时间后，整杯水都会有甜味，最后得到浓度均匀的蔗糖溶液，这个过程称为扩散。扩散是一种双向运动，是溶质分子和溶剂分子相互运动的结果。任何纯溶剂和溶液或两种不同浓度的溶液相互接触，都会发生扩散现象。

有一种性质特殊的薄膜，它的上面有很多细小的孔，只允许较小的溶剂分子自由通过，而大的溶质分子很难通过，这种膜叫半透膜（图3－6）。如生物的细胞膜、动物的膀胱膜、毛细血管壁、肠衣以及人造的火棉胶膜、羊皮纸等都是半透膜。

扫码“看一看”

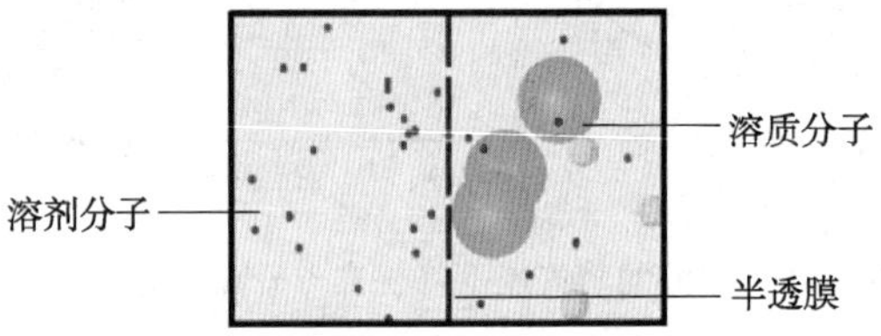


图3－6　半透膜

如果用一长颈漏斗，在漏斗口上用丝线缚上一层半透膜，这种半透膜只让水分子通过，而蔗糖分子很难通过。向漏斗里注入蔗糖溶液，然后把它倒悬在一个盛有纯水的烧杯中，使漏斗内蔗糖溶液的液面与烧杯中水面相平，如图3－7（a）所示。约30分钟后，就可以观察到漏斗内的液面上升，如图3－7（b）所示。这是由于水分子可以同时向两个相反的方向通过半透膜扩散。在单位面积内，纯水中水分子的数目比蔗糖溶液中的水分子多。因此，在单位面积内从纯水中透过半透膜进入蔗糖溶液中的水分子数，必然多于从蔗糖溶液进入纯水中的水分子数，所以漏斗内液面上升。如果将烧杯内的纯水换成较稀的蔗糖溶液，也会发生以上现象。这种溶剂分子通过半透膜由纯溶剂进入溶液或由稀溶液进入浓溶液的扩散现象，称为渗透现象，简称渗透。产生渗透现象必须具备两个条件：一是有半透膜存在，二是半透膜两侧溶质粒子的总浓度不相等。

在液面上升的同时，产生静水压，阻止水分子向溶液中渗透。随着液面的不断升高，这种静水压逐渐增大。当静水压增大到一定程度，上升的液面高度为h时，液面就会停止上升，如图3－7（c）所示。此时，水分子进出半透膜的速度相等，即渗透达到动态平衡。这种施加于溶液液面而恰能阻止更多溶剂向溶液渗透的额外压强，称为溶液的渗透压。

渗透压的国际单位是Pa（帕斯卡），常用kPa（千帕）表示。

扫码“读一读”

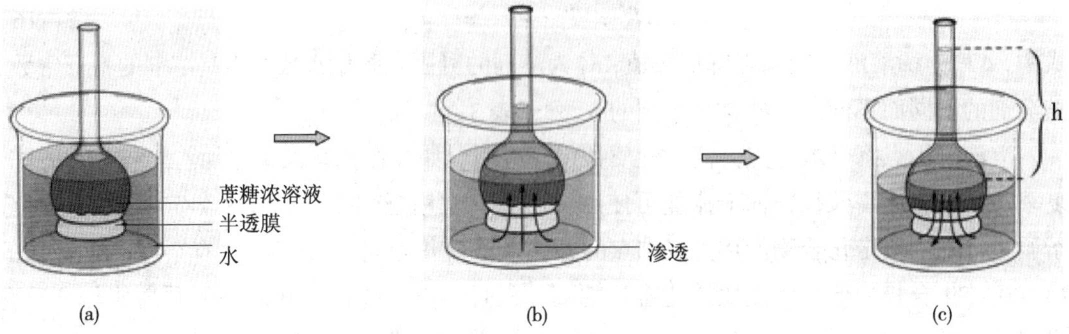


图3－7　渗透和渗透压

### （二）渗透压与渗透浓度的关系

渗透压的大小与溶液的浓度密切相关，溶液的浓度越大，单位体积内溶质粒子数就越多，溶剂水分子就越少。因此，纯水中渗透进入浓溶液的水分子数目就会越多，渗透压就越大。

实验证明，在一定温度下，稀溶液渗透压的大小与单位体积内溶液中所含溶质的粒子（分子或离子）数成正比，与粒子的性质和大小无关。所以不论溶质是离子（如 $Na^+$、$Cl^-$）、小分子（如葡萄糖）还是大分子（如蛋白质），只要相同体积的溶液中，所含溶质的粒子总数目相等，它们的渗透压就相等。溶液中能产生渗透现象的溶质粒子的总浓度称为渗透浓度，用符号 $c_{os}$ 表示，常用单位是 mmol/L。因此，如要比较两种溶液的渗透压的大小，只要比较这两种溶液的渗透浓度大小即可。

**例 4** 比较 0.1mol/L NaCl 溶液、0.1mol/L $CaCl_2$ 溶液和 0.1mol/L 葡萄糖溶液渗透压大小。

**解**：见表 3－2

**表 3－2 几种溶液渗透浓度的计算**

| 溶液 | 溶质粒子浓度 | 溶质粒子总浓度（渗透浓度） |
|---|---|---|
| 0.1mol/L NaCl | 0.1mol/L $Na^+$ | 0.2mol/L |
| | 0.1mol/L $Cl^-$ | |
| 0.1mol/L $CaCl_2$ | 0.1mol/L $Ca^{2+}$ | 0.3mol/L |
| | 0.2mol/L $Cl^-$ | |
| 0.1mol/L 葡萄糖 | 0.1mol/L 葡萄糖分子 | 0.1mol/L |

答：0.1mol/L 葡萄糖溶液的渗透压最小，0.1mol/L $CaCl_2$ 溶液的渗透压最大。

### （三）低渗、等渗和高渗溶液

在相同温度下，渗透压相等的溶液称为等渗溶液，若两种溶液的渗透压不等，相对来说，渗透压高的称高渗溶液，渗透压低的称为低渗溶液。

医学上，等渗、低渗和高渗溶液是以血浆渗透压作为比较标准。正常人血浆的渗透压为 720～800kPa，相当于血浆中能产生渗透作用的各种粒子的总浓度（渗透浓度）为 280～320mmol/L，凡是渗透浓度在此范围内的溶液均称等渗溶液，渗透浓度低于 280mmol/L 的溶液称低渗溶液，渗透浓度高于 320mmol/L 的溶液称高渗溶液。

医药上常用的等渗溶液有 9g/L 的 NaCl 溶液、50g/L 的葡萄糖溶液、1/6mol/L 的乳酸钠溶液等。常用的高渗溶液有 100g/L 的 NaCl 溶液、100g/L 的葡萄糖溶液、1mol/L 的乳酸钠溶液等。

在给病人输液时，通常要考虑溶液的渗透压。这是因为红细胞内液为等渗溶液，当红细胞置于高渗溶液中时，溶液的渗透压高于细胞内液的渗透压，水分子透过细胞膜向细胞外渗透，红细胞将逐渐皱缩，这种现象在医学上称为胞浆分离，见图 3－8（a）。皱缩后的细胞失去了弹性，当它们相互碰撞时，就可能粘连在一起而形成血栓。当红细胞置于低渗溶液中时，溶液的渗透压低于细胞内液的渗透压，水分子透过细胞膜向细胞内渗透，红细胞将逐渐膨胀，当膨胀到一定程度后，红细胞就会破裂，释出血红蛋白，这种现象在医学上称为溶血现象，见图 3－8（b）。只有在等渗溶液中时，红细胞才能保持其正常形态和生理活性，见图 3－8（c）。形成血栓和溶血现象在临床上都可能会造成严重的后果。

临床上，除了大量补液一般需要等渗外，配制眼用制剂也要考虑等渗。眼组织对渗透压变化比较敏感，为防止刺激或损伤眼组织，眼用制剂必须进行等渗调节。

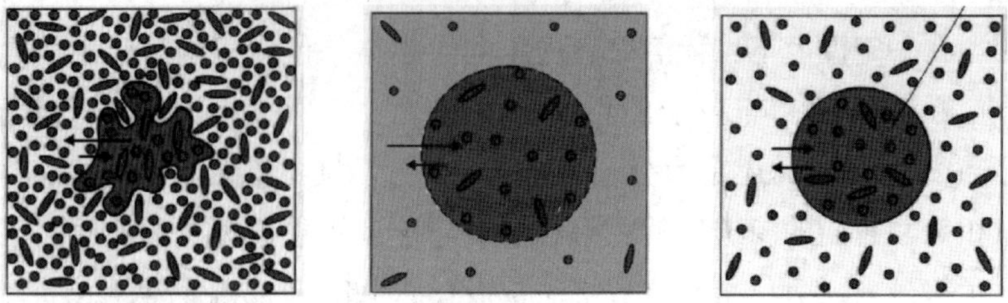

(a)在高渗溶液中　(b)在低渗溶液中　(c)在等渗溶液中

图 3－8　红细胞在高渗溶液、低渗溶液和等渗溶液中的变化

**（四）晶体渗透压与胶体渗透压**

人体体液中含有多种电解质（如 NaCl 等）、小分子物质（如葡萄糖等）和高分子化合物（如蛋白质等）。其中电解质解离出的小离子和小分子物质产生的渗透压称为晶体渗透压，蛋白质等高分子化合物产生的渗透压称为胶体渗透压。人体血浆的正常渗透压约为 770kPa，其中晶体渗透压约为 766kPa，胶体渗透压仅为 3.85kPa 左右。

由于生物半透膜（如细胞膜和毛细血管壁）对各溶质的通透性并不相同，所以晶体渗透压和胶体渗透压有不同的生理功能。细胞膜是一种功能极其复杂的半透膜，不但蛋白质等大分子物质不能透过，小分子物质和电解质离子也不能自由透过，只有水分子可以自由透过细胞膜。由于晶体渗透压远大于胶体渗透压，所以细胞外液晶体渗透压对维持细胞内外的水盐平衡和细胞正常形态起重要作用。毛细血管壁也是半透膜，它可以让水、小离子和小分子物质自由通过，而不允许蛋白质等高分子化合物的分子和离子透过，所以血浆中胶体渗透压对维持毛细血管内外的水、盐平衡也起着重要作用。如果因某种原因而使血浆蛋白含量减少，导致血浆胶体渗透压降低，血浆内的水、盐就会通过毛细血管壁进入组织间液，引起水肿。

## 拓展阅读

### 水中毒

有些人在热天干渴得难受，或在运动、劳作出汗之后，一口气来个“牛饮”，甚觉痛快，其实这是一种错误的饮水方法，容易导致“水中毒”。原来，人在大量出汗后，不仅丢失水分，也丢失了不少盐分。如果大量饮水而不补充盐分，就会使细胞外液浓度降低，造成细胞外液的渗透压低于细胞内液的渗透压，从而引发细胞外液中的水分子向细胞内渗透，致使细胞水肿而发生“水中毒”。

水中毒对人体损害很大，特别是对大脑细胞的损害较重，因为脑组织固定在坚硬的颅骨内，一旦脑细胞水肿，颅内压力会增高，因此，会出现一系列的神经刺激症状，如头痛、呕吐、嗜睡、呼吸及心跳减慢，严重者还会产生昏迷、抽搐甚至危及生命。

要避免水中毒，必须掌握好喝水的技巧。一要适当补充盐分，在 500ml 饮用水里加上 1g 盐，适时饮用，这样既可补充机体需要，同时也可防电解质紊乱。二是口渴时不能一次猛喝，应少量多次，以利于人体吸收。

扫码"学一学"

## 第三节 胶体溶液

### 案例导入

**案例**：人体血液中碳酸钙、磷酸钙等微溶性无机盐，为什么能稳定存在而不聚沉？

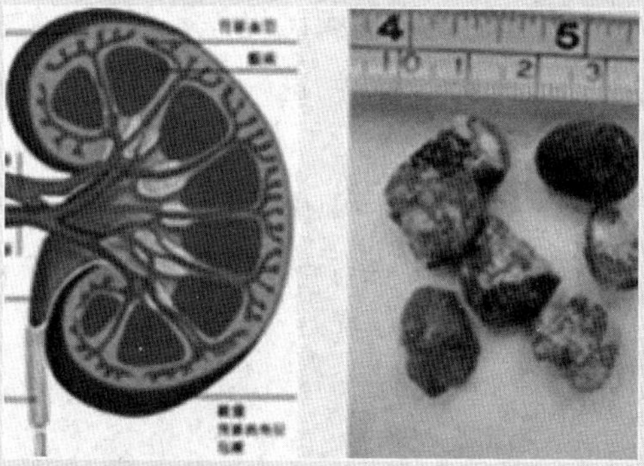

**讨论**：原来它们是以溶胶的形式存在的。再加上血液中的蛋白质等高分子化合物对这些溶胶起了保护作用，所以它们分散在血液中的浓度虽然比溶解在水中的浓度大，但仍然能稳定存在而不聚沉。但当发生某些疾病使血液中的蛋白质减少时，就会减弱其对这些溶胶的保护作用，则微溶性盐类就可能沉积在肾等器官中，这就是形成结石的原因之一。那么，什么是溶胶？为什么血液中的蛋白质对碳酸钙、磷酸钙等盐类溶胶能起保护作用？

### 一、分散系

一种或几种物质的微粒分散在另一种物质中所形成的体系称为分散系。其中被分散的物质称为分散相或分散质，而容纳分散相的物质则称为分散介质或分散剂。

根据分散系中分散相粒子大小（直径）不同，可将分散系分为三类，见表3－3。

**表3－3 分散系的分类**

| 分散系 | | 分散相粒子 | 粒子大小 | 特征 | 举例 |
|---|---|---|---|---|---|
| 粗分散系 | 悬浊液 | 固体颗粒 | >100nm | 浑浊、不透明、不均匀、不稳定、容易聚沉 | 泥浆 |
| | 乳浊液 | 液体小滴 | | | 鱼肝油乳 |
| 胶体分散系 | 溶胶 | 由多分子聚集成的胶粒 | 1～100nm | 透明度不一、不均匀、有相对稳定性、不易聚沉 | $Fe(OH)_3$ 溶胶 $As_2S_3$ 溶胶 |
| | 高分子溶液 | 单个高分子 | | 透明、均匀、稳定、不聚沉 | 蛋白质、明胶水溶液 |
| 分子或离子分散系 | 真溶液 | 低分子或离子 | <1nm | 澄清、透明、均匀、稳定、不聚沉 | 生理盐水 葡萄糖注射液 |

三大分散系以分散相粒子大小作为分类依据，是相对的，虽然分子或离子分散系、粗分散系和胶体分散系有明显区别，但是没有明显的界线，某些体系可以同时表现出两种或三种分散系的性质。

扫码“读一读”

## 拓展阅读

### 混悬剂和乳剂

悬浊液在医药上称为混悬剂。它在口服混悬剂、洗剂、涂剂和搽剂等药物剂型中都有应用，如用于杀菌的外用药硫磺合剂和氧化锌搽剂、收敛止痒的炉甘石洗剂等。乳浊液在医药上称为乳剂。它在药剂上应用也较广，如防治骨软化症的鱼肝油乳，松节油搽剂等。

混悬剂和乳剂一般都不稳定，在使用前应该摇匀。药液制成乳剂时还要加入乳化剂，以便在液体分散相的小液滴上形成一层乳化剂薄膜，使小液滴不能聚集，增强乳剂的稳定性。

## 二、溶胶

胶体分散系主要包括溶胶和高分子化合物溶液。胶体分散系按照分散介质可以分成三类，如分散介质是固体，则形成固溶胶，例如珍珠等；如分散介质是气体，则形成气溶胶，例如烟等；如分散介质是液体，则形成液溶胶，简称溶胶，例如 $Fe(OH)_3$溶胶等。下面着重介绍溶胶。

**（一）胶团的结构**

以 AgI 溶胶的形成来说明胶团的结构。将 $AgNO_3$溶液和 KI 溶液混合即可得到 AgI 溶胶，由 m 个 AgI（约 $10^3$个）聚集成固体粒子，它是溶胶分散相粒子的核心，称为胶核。由于胶核能选择性吸附和它组成相似的离子，因此当 $AgNO_3$过量时，胶核表面优先吸附 n(n 比 m 要小得多) 个 $Ag^+$离子而带电，带相反电荷的（n－x）个 $NO_3^-$离子（称为反离子）则分布在周围的介质中。所形成的带电层称为吸附层。胶核和吸附层组成胶粒，胶粒带 x 个正电荷，如图 3－9(a)所示。在吸附层外面，还有 x 个 $NO_3^-$离子疏散地分布在胶粒周围，称为扩散层。扩散层与胶粒所带电荷符号相反，电量相等，组成 AgI 正溶胶，呈电中性。

AgI 正溶胶的胶团结构可用简式表示为：

$$\underbrace{\underbrace{[\underbrace{(AgI)_m}_{\text{胶核}}\cdot \underbrace{nAg^+\cdot(n-x)NO_3^-]^{x+}}_{\text{吸附层}}}_{\text{胶粒}}\cdot \underbrace{x\,NO_3^-}_{\text{扩散层}}}_{\text{胶团}}$$

相反，若制备 AgI 溶胶时 KI 过量，则胶核优先吸附 $I^-$离子而使胶粒带负电荷，如图 3－9（b）所示。AgI 负溶胶的胶团结构简式为：

$$[(AgI)_m\cdot nI^-\cdot(n-x)K^+]^{x-}\cdot xK^+$$

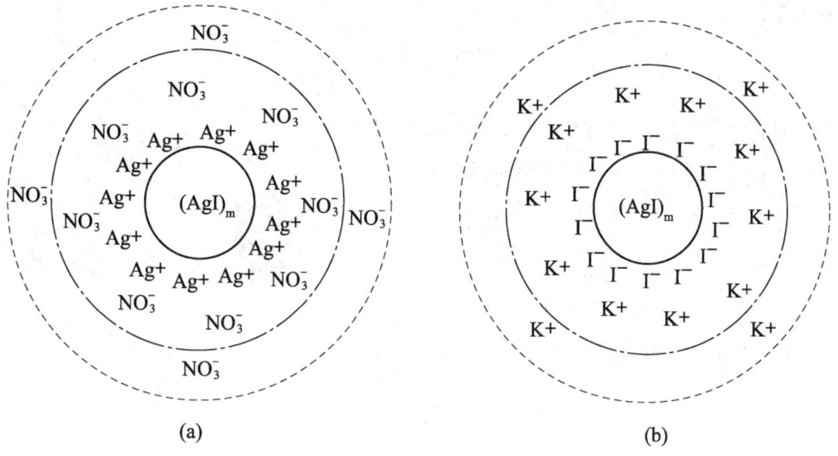


图 3－9　胶团结构

（二）溶胶的性质

**1. 丁达尔效应**　在暗室中，用一束聚集的白光照射溶胶，在与光束垂直的方向观察，可以看到溶胶中出现一束明亮的光柱，这种现象称为丁达尔效应。丁达尔效应的产生是由于胶体粒子对光的散射而形成的。粗分散系粒子过大、真溶液粒子很小都不产生丁达尔效应。如图 3－10 所示。

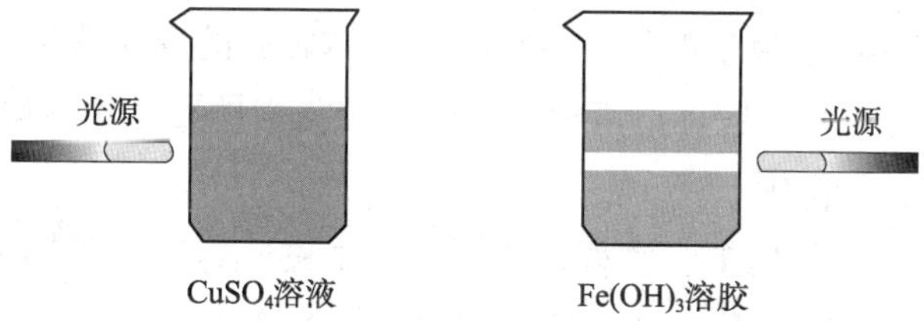


图 3－10　溶胶的丁达尔效应

**2. 布朗运动**　胶粒在分散介质中不断地作无规则的运动称为布朗运动。这是由于分散介质的分子从各个方向以不等的力不断撞击胶粒而造成的。

**3. 扩散和透析**　当溶胶中存在浓度差时，胶粒将从浓度大的区域向浓度小的区域运动，这种现象称为胶粒的扩散。浓度差越大，扩散越快。需要指出的是，胶粒颗粒较大，其扩散速度要比真溶液小得多。

因为滤纸的孔径在 1000～5000nm 之间，半透膜孔径一般小于 0.2nm，所以胶粒的扩散能透过滤纸，但不能透过半透膜。利用胶粒不能透过半透膜而小分子和小离子能通过这一性质，可除去溶胶中的小分子或小离子杂质，使溶胶净化的这种方法称为透析（或渗析）。透析时，可将溶胶放在装有半透膜的容器内，膜外放溶剂。由于膜内外杂质的浓度有差别，膜内的小离子和小分子杂质就会向外迁移。

## 拓展阅读

### 血液透析

听说过血液透析吗？这首先要了解人的肾功能知识。人体的肾是一个特殊的渗透器，它让代谢过程中产生的废物（如尿素、尿酸等）经渗透随尿液排出体外，而将血细胞、蛋白质等保留下来。当人患有肾功能障碍时，肾就会失去功能，血液中大量的代谢废物就不能随尿液排出体外，引起中毒。病人必须按时做血液透析排出代谢废物。

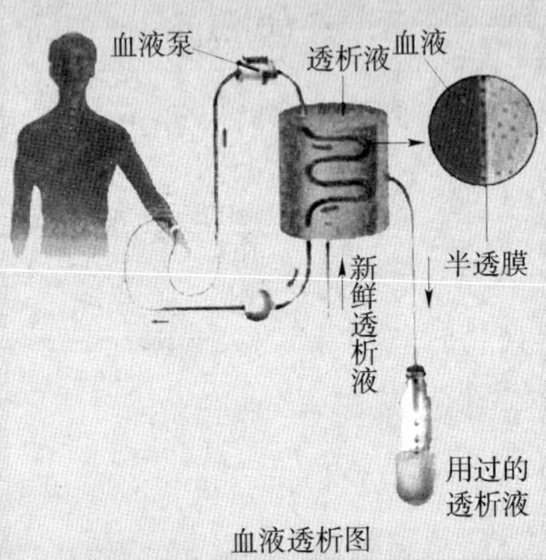

血液透析图

血液透析，简称血透，是净化血液的一种技术。当病人的血液通过浸在透析液中的透析膜进行体外循环和透析时，利用半透膜原理，血液中重要的胶体蛋白质和血细胞不能透过，血液内的毒性物质（各种有害的代谢废物和过多的电解质）则可以透过，扩散到透析液中而被除去。病人靠它获得暂时的身体健康。

**4. 吸附作用** 气体或溶液里的物质被吸附在固体表面的现象称为吸附。固体物质的表面积越大，其吸附能力越强。胶体溶液中，由于胶粒（固体）很小，胶粒总的表面积很大，所以胶粒具有强烈的吸附作用。

**5. 电泳** 在外电场的作用下，胶粒在分散介质中按一定方向移动的现象称为电泳。溶胶的电泳现象证明胶粒带有电荷，从电场中定向移动的方向可以判断胶粒带的正、负电荷种类。胶粒带正电荷称为正溶胶，例如大多数金属氢氧化物溶胶、医药上有血红素、酸性溶液中的蛋白质等；胶粒带负电荷称为负溶胶，例如大多数金属硫化物、医药上有淀粉、碱性溶液中的蛋白质等。溶胶的电泳具有很好的应用价值，医药上常用电泳法分离各种蛋白质和病毒等。

### （三）溶胶的稳定性和聚沉

**1. 溶胶的稳定性**

（1）布朗运动 由于胶粒本身比较小，受重力的影响也就小，因此布朗运动产生的动能足以克服胶粒重力而致的下沉，从而使溶胶具有一定的稳定性。

（2）胶粒带电 同一溶胶的胶粒都带有相同电荷，胶粒之间必然产生的斥力会阻止胶粒相互接近和聚集成较大的颗粒而沉降。

（3）胶粒的溶剂化作用 被吸附在胶粒表面上的离子也有吸附能力，它能将溶剂分子吸附到胶粒表面，这样在胶粒表面就形成一层溶剂化膜，这层溶剂化膜使胶粒彼此隔开不易聚集。溶剂化膜越厚，胶粒越稳定。

溶胶稳定的最主要因素是胶粒带电，其次是溶剂化膜的存在。

**2. 溶胶的聚沉** 溶胶的稳定性是相对的，减弱或消除溶胶的稳定性因素，就可以促使胶粒聚集成较大的颗粒而沉淀下来，这个过程称为溶胶的聚沉。

使溶胶聚沉的主要方法有以下几种。

（1）加入少量的电解质　加入电解质以后，胶粒吸引带相反电荷的离子，减少甚至完全中和了胶粒本身带的电荷，同时溶剂化膜也被破坏，从而使溶胶失去保持稳定的主要因素，胶粒就会聚集成较大的颗粒而沉淀下来。实验表明，电解质中与胶粒电性相反的离子所带的电荷数越多，使溶胶聚沉的能力就越强。

（2）加入带相反电荷的溶胶　当两种带相反电荷的溶胶按适当比例混合时，因胶粒所带电荷电性相反，可彼此吸引，相互中和所带的电荷，而发生聚沉。

（3）加热　许多溶胶加热时会发生聚沉。因为升高温度，增强了胶粒的运动速度，加大了胶粒间的碰撞机会，同时使胶粒的表面吸附能力减小，削弱了胶粒的溶剂化作用，促使胶粒在碰撞时发生聚沉。

## 三、高分子化合物溶液

### （一）高分子化合物溶液的特征

当把高分子化合物放入溶剂中时，溶剂分子能进入卷曲成团的高分子化合物分子链空隙中而使其高度溶剂化，可形成稳定的高分子溶液。当高分子化合物溶于水时，在其表面上牢固地吸引着许多水分子而形成了水化膜，这层水化膜与胶粒的水化膜相比，在厚度和紧密程度上都要大得多，这也是高分子溶液稳定性大的主要原因。

高分子溶液的分散相粒子的直径通常在胶体分散系的范围内，因而具有溶胶的某些性质，如不能通过半透膜、扩散速率慢等。但是，由于高分子溶液的分散相粒子是单个分子，其组成和结构与胶粒不同，并且该溶液又是稳定的均相体系，所以高分子溶液的更多的性质与溶胶不同而类似于真溶液。

对于溶胶来说，加入少量的电解质就可以使它聚沉。而对于高分子溶液，要使分散相粒子从溶液中沉淀出来，就必须加入大量的电解质。加入大量电解质使高分子化合物从溶液中沉淀出来的作用，称为盐析。例如，向蛋白质溶液中加入大量的电解质，如 $(NH_4)_2SO_4$（称为盐析剂）等，可使蛋白质在水中的溶解度降低而析出沉淀。这是由于电解质离子的强烈水化作用，破坏了蛋白质的水化膜，加之蛋白质吸引电解质中与其电荷相反的离子，又破坏了蛋白质的带电而发生沉淀。盐析并不破坏蛋白质的结构，不会引起蛋白质变性。加溶剂稀释后，蛋白质可以重新溶解。

### （二）高分子溶液对溶胶的保护作用

在一定量的溶胶中，加入足量的高分子溶液，可显著提高溶胶的稳定性，当外界因素干扰时也不易发生聚沉，这种现象称为高分子溶液对溶胶的保护作用。高分子溶液之所以对溶胶具有保护作用，是因为高分子化合物分子易被胶粒吸附在它的表面上，将整个胶粒包裹起来，形成了保护层。同时，由于高分子化合物含有亲水基团，在它的外面又形成了一层水化膜，阻止了胶粒之间的聚集，从而提高了溶胶的稳定性。

高分子溶液对溶胶的保护作用在生理过程中具有重要意义。正常人血液中 $CaCO_3$、$Ca_3(PO_4)_2$等难溶电解质都是以溶胶的形式存在，由于血液中蛋白质等高分子化合物对这些溶胶起到了保护作用，所以他们在血液中的浓度虽然比其在水中的溶解度大，但仍能稳定存在而不沉降。如果由于某些疾病使血液中蛋白质减少，那么就会减弱其对溶胶的保护作用，这些难溶盐就会在肾、胆囊等器官中沉积，这也是形成各种结石的原因之一。

## 四、凝胶

### （一）凝胶的形成

大多数高分子溶液在一定条件下，黏度逐渐变小，最后失去流动性，形成具有一定形态的半固体物质称为凝胶，此过程称为胶凝。例如，将琼脂、动物胶等物质放在热水中溶解，冷却静置后便形成凝胶。

凝胶可分为弹性凝胶和刚性凝胶两大类。柔性的线形高分子化合物所形成的凝胶一般是弹性凝胶，如明胶、琼脂、橡胶的凝胶等。这类凝胶经干燥后，体积明显缩小而仍具有弹性，可以拉长而不断裂。若将这种干燥的凝胶再放到合适的溶剂中，体积又会变大，甚至完全溶解。无机凝胶大多数是刚性凝胶，如硅酸凝胶、氢氧化铁凝胶等。这类凝胶干燥后体积变化不大，并且失去弹性而变脆，易磨成粉。

### （二）凝胶的性质

**1. 溶胀** 将干燥的弹性凝胶放入合适的溶剂中，能自动吸收溶剂而使体积增大的过程称为溶胀。例如，植物的种子只有在溶胀后才能发芽生长；生物体中凝胶的溶胀能力随着年龄的增大而降低。老年人皮肤出现皱纹就是有机体溶胀能力减小的缘故。刚性凝胶不具有溶胀这种性质。

**2. 离浆** 将凝胶放置一段时间，一部分液体会自动从凝胶中分离出来，使凝胶的体积逐渐缩小，这种现象称为离浆或脱液收缩。也可以把离浆看成是胶凝过程的继续，即组成网状结构的高分子化合物间的连接点在继续发展增多，凝胶的体积逐渐缩小，结果把液体挤出网状骨架。脱液收缩后，凝胶体积虽变小，但仍能保持最初的几何形状。离浆现象十分普遍，例如，浆糊、果浆等脱水收缩，腺体的分泌，细胞失水，老年皮肤变皱等都属离浆现象。临床化验用的血清就是从放置的血液凝块中慢慢分离出来的。

凝胶在生物体的组织中占有重要地位，生物体中的肌肉组织、皮肤、脏器、细胞膜、软骨等都可看作是凝胶。一方面它们具有一定强度的网状骨架维持某种形态，另一方面又可使代谢物质在其间进行交换。人体中约占体重三分之二的水，也基本上保存在凝胶里。

扫码“学一学”

# 第四节 表面现象

**案例导入**

**案例：** 如右图所示，下点点小雨在树叶形成的水珠或清晨树叶上的露珠，都是圆圆的。自来水开关里滞留的水滴也是呈圆形落下来的。

**讨论：** 水滴为什么总是呈圆形的呢?这是由于表面张力引起的。什么是表面张力？还有哪些表面现象呢？

物质在两相之间密切接触的过渡区称为界面，如水与油接触的面；若其中一相为气体，则通常称为表面，如水面、桌面。习惯上，界面上所发生的一切物理化学现象统称为表面现象。溶胶所具有的吸附作用、胶粒带电、不稳定的特性都与表面现象有关。

## 一、表面张力与表面能

表面层的分子具有一些特殊性质，主要是因为表面层分子与其内部分子所处的环境不同，以液体表面为例，如图 3 - 11 所示。

在液体内部的 A 分子，周围分子对它的吸引力相等，彼此互相抵消，所受的合力等于零，在液体内部移动时并不需要消耗功。而表面的 B 分子，由于下方密集的液体分子对它的吸引力远大于上方稀疏气体分子对它的吸引力，所受的合力不能相互抵消，这些力的总和垂直于液面指向液体内部，即液体表面分子受到向内的拉力，从而使液体表面有自动缩小的趋势。对一滴液体来说，它总是趋向于形成球形，如清晨树叶上的露珠，人洗脸后感觉面部发紧等。这种表面分子受到的指向内部的力称为表面张力。

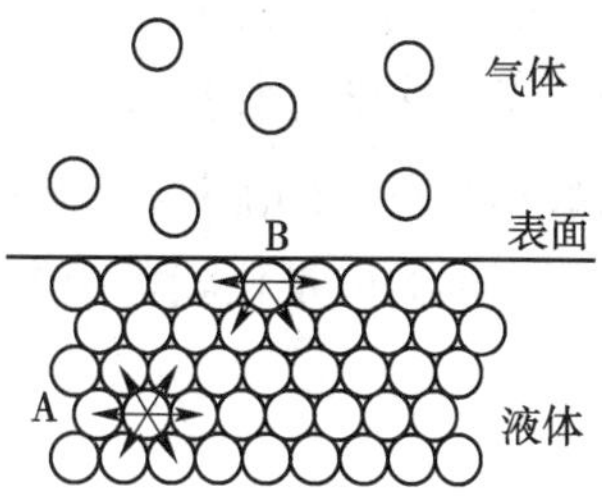

图 3 - 11 液体内层及表面分子受力情况

如果要扩散液体的表面，即把部分分子由内部移到表面上来，则需要克服向内的拉力而消耗功。表面张力越大，需要消耗的功越多；扩散的表面越大，需要消耗的功也越多。这表明表面分子比液体内部的分子具有更高的能量，这种液体表面层分子比内部分子所多出的能量称为表面能。如 1g 水作为一个球体存在时，表面积为 $4.85cm^2$，表面能约为 $3.5\times10^{-5}$J，能量小，常常忽略。但若把这 1g 水分为半径为 $10^{-7}$cm 的小球时，表面能约为 220J，相当于使这 1g 水温度升高 50℃ 所需要的能量。很显然一定质量的物质分得越细小，其表面积越大，因此表面能越高，体系越不稳定。溶胶是高度分散的具有巨大表面能的不稳定体系。

## 二、表面吸附

表面吸附是物质在两相界面上浓度与内部浓度不同的现象。其中吸附其他物质的物质称为吸附剂，被吸附的物质称为吸附质。吸附作用可以在固体表面上发生也可以在液体表面上发生。

**1. 固体表面的吸附** 位于固体表面的原子具有指向内部的表面张力，能对碰到固体表面上的分子、离子产生吸引力，使这些微粒在固体表面上发生相对的聚集，其结果能减小表面张力，降低固体的表面能，使固体表面变得较为稳定。

当其他条件相同时，固体表面积越大，固体吸附剂的吸附能力也越大。细粉状物质和多孔性物质具有很大的表面积，常用作吸附剂。如活性炭、硅胶、分子筛、活性氧化铝等，常用于吸附大气中的有毒有害气体或体内的重金属毒物，除去中草药中植物色素，净化水中的杂质，治疗肠炎，干燥药物等。

**2. 液体表面的吸附** 液体表面也会因某种溶质的加入而产生吸附，使液体表面张力发生相应的变化。实验表明有些物质溶于水可使水的表面张力显著降低，溶质在表面层的浓度大于其在溶液内部的浓度；有些物质溶于水会使水的表面张力增大，溶质在表层的浓度小于其在溶液内部的浓度。凡是能够显著降低液体表面张力的物质称为表面活性物质或表面活性剂；凡是能增大液体表面张力的物质称为表面惰性物质。

## 三、表面活性物质

### （一）表面活性物质的基本性质

表面活性物质的分子在结构上都是不对称的，均由亲水的极性基团和疏水的非极性基团（亲油基）两部分组成，是一种两亲分子，如十二烷基磺酸钠等合成洗涤剂是表面活性物质。当表面活性物质溶于水后，根据相似相溶规则，其极性基团倾向于留在水中，而非极性基团倾向于翘出水面，或朝向非极性的有机溶剂中。因此表面活性物质的分子一部分在液面形成一层定向排列的单分子膜，使水和空气的接触面减小，溶液的表面张力急剧降低；而另一部分在溶液内部逐渐聚集起来，互相把疏水基靠在一起，形成亲水基朝向水而疏水基向内（向非极性的有机溶剂）的直径在胶粒范围的胶束，以胶束形式存在于水中的表面活性物质是比较稳定的，如图 3－12 所示。

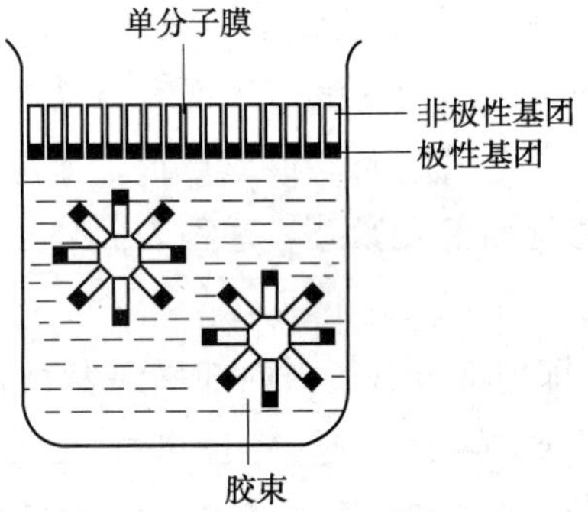


图 3－12　表面活性物质在水溶液内部和表面层的分布

### （二）表面活性物质的应用

表面活性物质在日常生活、生产、科研和医药学中有广泛应用，可用作洗涤剂、消毒剂、乳化剂、润湿剂、增溶剂等。

**1. 乳化剂**　由油和水形成的乳浊液，静置后即分层，不能得到稳定的乳浊液。要得到稳定的乳浊液，必须有使乳浊液稳定的物质存在，这种物质称为乳化剂。乳化剂所起的作用称为乳化作用。常用的乳化剂是一些表面活性物质，将表面活性物质加到乳浊液中，其分子的亲水基朝向水相，疏水基朝向油相，在两相界面上定向排列，不仅降低了相界面表面张力，而且在细小液滴周围形成一层保护膜，使乳浊液得以稳定存在。

**拓展阅读**

**乳　剂**

由乳化剂、水和油（这里油是指一切不溶于水的有机液体）形成的乳浊液在医学上称为乳剂。乳剂有两种类型，一种是油分散在水中，称为水包油型（O/W，如下图（a）所示）乳剂，如鱼肝油乳剂；一种是水分散在油中，称为油包水型（W/ O，如下图（b）所示）乳剂，如石灰搽剂。把消毒和杀菌用的药剂制成乳剂，可以大大提高其效力。

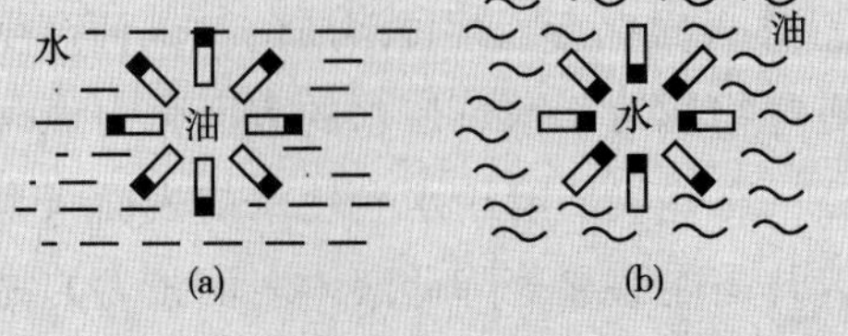

**2. 润湿剂** 润湿是液体在固体表面黏附的现象。在固体与液体相接触的界面上，如果加入表面活性物质，能降低固液界面张力，使液体在固体表面很好黏附润湿。其中能改善润湿程度的表面活性物质称为润湿剂。润湿剂广泛应用于外用软膏，可提高药物与皮肤的润湿程度，更好地发挥药效。农药杀虫剂也普遍使用润湿剂，以改善药物与植物叶片和虫体的润湿程度，以发挥更大的药效。

**3. 增溶剂** 有些药物在水中的溶解度很低，达不到有效浓度。将药物加入到能形成胶束的表面活性剂的溶液中，药物分子可以钻进胶束的中心或夹缝中，使溶解度明显增大，这种现象称为增溶作用。其中能形成胶束的表面活性剂称为增溶剂，增溶作用在制药工业经常使用，如消毒防腐药煤酚在水中的溶解度为2%，加入肥皂作为增溶剂，可使其溶解度增大到50%；氯霉素的溶解度为0.25%，加入吐温作增溶剂可使溶解度增大到5%等。

## 重点小结

1. 溶液浓度常用的表示方法有物质的量浓度、质量浓度、质量摩尔浓度、质量分数、体积分数等。

2. 溶液稀释前后溶液中所含溶质的量不变。

3. 稀溶液的依数性包括稀溶液的蒸气压下降、沸点升高、凝固点下降和渗透压。稀溶液的依数性的本质是稀溶液的蒸气压下降。

4. 相对于正常人血浆而言，渗透浓度在280～320mmol/L的溶液为等渗溶液，渗透浓度低于280mmol/L的溶液为低渗溶液，渗透浓度高于320mmol/L的溶液为高渗溶液。

5. 根据分散系中分散相粒子大小（直径）不同，可将分散系分为分子或离子分散系、胶体分散系、粗分散系三类。

6. 溶胶能产生丁达尔效应；胶粒能透过滤纸，但不能透过半透膜；胶粒具有强烈的吸附作用并能电泳。溶胶稳定的最主要因素是胶粒带电，其次是溶剂化膜的存在。高分子溶液对溶胶有保护作用。加热、加入电解质或带相反电荷的溶胶都能使溶胶聚沉。

7. 物质的表面分子与内部分子性质的差异产生表面现象。吸附是表面现象的主要性质。表面能越大，体系越不稳定。表面活性物质可用作洗涤剂、消毒剂、乳化剂、润湿剂、增溶剂等。

## 目标检测

扫码“练一练”

### 一、选择题

（一）单项选择题

1. 下列对“5%的高锰酸钾溶液”涵义的解释中，正确的是（　　）

A. 100g水中溶解了5g高锰酸钾

B. 100g高锰酸钾溶液中最多能溶解5g高锰酸钾

C. 100g高锰酸钾溶液中溶解有5g高锰酸钾

D. 将高锰酸钾与水按1∶25的质量比配成溶液

2. 一种抗生素为粉末状固体，每瓶含0.5g，注射时应配成质量分数为20%的溶液，则

使用时每瓶需加入蒸馏水（　　）

A. 1.5 ml　　B. 2 ml　　C. 3 ml　　D. 4 ml

3. 1mol/L 硫酸溶液的含义是（　　）

A. 1L 水中溶解 1mol$H_2SO_4$　　B. 1L 溶液中含 1mol$H^+$

C. 将 98g$H_2SO_4$溶于 1L 水所配成的溶液　　D. 指 1L 硫酸溶液中含有 98g$H_2SO_4$

4. 将 4gNaOH 溶于水配成 200ml 溶液，取出 10ml，这 10ml 溶液中 NaOH 的物质的量浓度是（　　）

A. 2mol/L　　B. 1 mol/L　　C. 0.1 mol/L　　D. 0.5 mol/L

5. 将 50g98% 的浓硫酸溶于 450g 水中，所得溶液中溶质的质量分数为（　　）

A. 9.8%　　B. 10.2%　　C. 10.9%　　D. 19.6%

6. 将 20ml0.5mol/L $Na_2CO_3$溶液加水稀释到 500ml，稀释后 $Na_2CO_3$溶液的物质的量浓度为（　　）

A. 0.2mol/L　　B. 0.05mol/L　　C. 0.02mol/L　　D. 0.04 mol/L

7. 准确配置一定浓度的 NaOH 溶液时，造成实际浓度偏高的原因可能是（　　）

A. 定容时仰视观察液面　　B. 定容时俯视观察液面

C. 有少量 NaOH 溶液残留在烧杯中　　D. 容量瓶中原来有少量蒸馏水

8. 实验室中需要配制 2 mol/L 的 NaOH 溶液 250ml，配制时应选用的容量瓶的规格和要称取的 NaOH 的质量分别是（　　）

A. 250ml，20g　　B. 250ml，10g　　C. 125ml，10g　　D. 125ml，20g

9. 大剂量静脉滴注 0.9 g/L NaCl 溶液，结果可能会导致（　　）

A. 正常　　B. 基本正常　　C. 胞浆分离　　D. 溶血

10. 下列质量浓度相同的四种溶液，在相同温度下渗透压最大的是（　　）

A. 葡萄糖溶液　　B. 氯化钠溶液　　C. 氯化钙溶液　　D. 蔗糖溶液

11. 欲使被半透膜隔开的两种溶液处于渗透平衡，则必须有（　　）

A. 两溶液物质的量浓度相同　　B. 两溶液体积相同

C. 两溶液的质量浓度相同　　D. 两溶液渗透浓度相同

12. 表面活性剂加入液体后（　　）

A. 能增大液体表面张力　　B. 能显著降低液体表面张力

C. 不影响液体表面张力　　D. 对液体表面张力影响不大

13. 防治骨软化症的鱼肝油乳属于（　　）

A. 混悬液　　B. 溶液　　C. 溶胶　　D. 乳浊液

14. 下列分散系最稳定的是（　　）

A. 悬浊液　　B. 溶液　　C. 胶体　　D. 乳浊液

15. 溶液、胶体和浊液这三种分散系的分类依据是（　　）

A. 是否是大量分子或离子的集合体

B. 分散质粒子直径的大小

C. 能否透过滤纸或半透膜

D. 是否均一、稳定、透明

16. 下列溶液中，与血浆等渗的是（　　）

A. 90g/L NaCl 溶液　　B. 100g/L 葡萄糖溶液

C. 9g/L NaCl 溶液　　D. 50g/L $NaHCO_3$溶液

17. 某患者需补 $5.0\times10^{-2}$mol $Na^+$，应补生理盐水的体积为（　　）

A. 300ml　　B. 500ml　　C. 233ml　　D. 325ml

18. 生理盐水的物质的量浓度为（　　）

A. 0.154mol/L　　B. 308mol/L　　C. 0.0154mol/L　　D. 15.4mol/L

19. 下列溶液能使红细胞发生皱缩的是（　　）

A. 12.5g/L $NaHCO_3$溶液　　B. 1.0g/L NaCl 溶液

C. 9.0g/L NaCl 溶液　　D. 100g/L 葡萄糖溶液

20. 37℃时 NaCl 溶液和葡萄糖溶液的渗透压均等于 770kPa，则两溶液的物质的量浓度的关系为（　　）

A. $c_{NaCl}=c_{葡萄糖}$　　B. $c_{NaCl}=2c_{葡萄糖}$

C. $c_{葡萄糖}=2c_{NaCl}$　　D. $c_{os,葡萄糖}=2c_{NaCl}$

21. 表面活性剂在结构上的特征是（　　）

A. 一定具有磺酸基或高级脂肪烃基　　B. 只具有亲油基

C. 一定具有亲水基和亲油基　　D. 只具有亲水基

22. 使溶胶稳定的最主要原因是（　　）

A. 高分子溶液的保护作用　　B. 胶粒表面存在水化膜

C. 胶粒的布朗运动　　D. 胶粒带电

23. 如聚沉 $As_2S_3$溶液（负溶胶），下列电解质中聚沉能力最大的是（　　）

A. $AlCl_3$　　B. $K_2SO_4$　　C. $BaCl_2$　　D. $K_3PO_4$

24. 将 0.08mol/L KI 溶液与 0.1mol/L $AgNO_3$溶液等体积混合，制成 AgI 溶胶，最易使其聚沉的电解质是（　　）

A. $K_3[Fe(CN)_6]$　　B. $CaCl_2$　　C. $MgCl_2$　　D. $KNO_3$

25. 关于电解质对溶胶的聚沉作用，下列说法不正确的是（　　）

A. 电解质的聚沉作用主要取决于反离子　　B. 反离子价数愈高，聚沉能力愈强

C. 反离子降低了胶粒的荷电量　　D. 电解质的聚沉作用主要取决于阴离子

26. 下列不能用胶体的性质来解释的是（　　）

A. 尿毒症的“血透”疗法

B. 一束平行光照射蛋白质溶液时，从侧面看到光亮的“通路”

C. 向 $FeCl_3$溶液中滴入 NaOH 溶液，出现红褐色沉淀

D. 明矾净水法

27. 东阿阿胶是一种常用药，它具有补血养血，美容养颜，延年益寿，强筋健骨，提高免疫力等作用，在其制作过程中，驴皮经煎煮后过滤所得的滤液中要加入少量白矾粉搅拌，静置数小时，待杂质沉淀后，再收取上层溶液加热浓缩。加入少量白矾粉是应用了溶胶聚沉的哪种方法（　　）

A. 透析法　　B. 加入少量的电解质法

C. 加热法　　D. 加入带相反电荷的溶胶法

28. 当皮肤被划破时可用 $FeCl_3$溶液应急止血，其主要原因是（　　）

A. $FeCl_3$溶液能促进血液中胶粒聚沉

B. $FeCl_3$溶液具有杀菌作用

C. $FeCl_3$溶液遇血液产生了氢氧化铁沉淀

D. $FeCl_3$能氧化血红蛋白

（二）多项选择题

1. 容量瓶是准确配制一定浓度溶液的仪器。在容量瓶上标有的是（　　）

A. 温度　　B. 浓度　　C. 容量　　D. 压强　　E. 刻度线

2. 下列因素中，与非电解质稀溶液的渗透压有关的是（　　）

A. 溶液的温度　B. 溶液的体积　C. 溶质的性质

D. 溶液的浓度　E. 溶液的颜色

3. 与血浆相比较，下列溶液属于等渗溶液的是（　　）

A. 90g/LNaCl 溶液　　B. 9g/L NaCl 溶液　　C. 50g/L 葡萄糖溶液

D. 生理盐水与50g/L 葡萄糖溶液等体积混合液

E. 100mmol/L $Na_2CO_3$溶液

4. 将 $AgNO_3$溶液与过量 KCl 溶液混合制备 AgCl 溶胶，下列说法正确的是（　　）

A. 胶核是由 AgCl 组成的　　B. 胶核选择性地吸附 $Cl^-$离子

C. 反离子是 $Ag^+$离子　　D. 胶粒在电场中向负极移动

E. 胶粒在电场中向正极移动

5. 溶胶稳定的原因是（　　）

A. 胶粒带电　　B. 胶粒布朗运动

C. 丁达尔现象　　D. 胶粒表面水化膜的存在

E. 电渗

6. 使溶胶聚沉的方法有（　　）

A. 加热　　B. 加入电解质

C. 加大溶胶的浓度　　D. 加入明胶溶液

E. 加入带相反电荷的溶胶

**二、计算题**

1. 碳酸氢钠注射液的规格是：每500ml $NaHCO_3$注射液中含 $NaHCO_3$ 25g，分别计算该注射液的质量浓度和物质的量浓度。

2. 硫贲妥钠是静脉全麻药，用0.5g 固体硫贲妥钠可配制质量浓度为15g/L 的溶液多少毫升？

3. 欲配制物质的量浓度 $c_B = 2mol/L$ 的 $H_2SO_4$溶液 500ml，需质量分数 $\omega_B = 98\%$，溶液密度 $\rho = 1.84kg/L$ 的浓 $H_2SO_4$多少 ml？

4. 欲配制物质的量浓度 $c_B = 0.2mol/L$ 的 NaCl 溶液 200ml，需质量浓度 $\rho_B = 117g/L$ 的 NaCl 溶液多少 ml？

5. 欲配制 400ml 体积分数 $\varphi_B = 0.75$ 的消毒酒精，需体积分数 $\varphi_B = 0.95$ 的药用酒精多少 ml？

6. 试计算下列溶液的渗透浓度，并判断它们相对于人的血浆是等渗溶液、低渗溶液还是高渗溶液？

（1）0.3mol/L 的 NaCl 溶液。

（2）0.3mol/L 的葡萄糖溶液。

7. 将 10.0g NaCl 溶于 90.0g 水中，测得此溶液的密度为 1.07g/ml，求此溶液的质量分数、物质的量浓度和质量浓度。

8. 在抢救某一肝昏迷病人时，每日用每支为 5.75g/20ml 的谷氨酸钠（$NaC_5H_8NO_4$）针剂 4 支，加入 50g/L 葡萄糖溶液中静脉注射，试计算：

（1）每支谷氨酸钠溶液中含谷氨酸钠的物质的量；

（2）病人每日输入 $Na^+$ 的物质的量。

9. 从人尿中提取出一种中性含氮化合物，将 90mg 纯品溶解在 12g 蒸馏水中，所得溶液的凝固点比纯水降低了 0.233K，试计算此化合物的摩尔质量。

（张雪昀）

# 第四章

# 化学反应速率与化学平衡

## 学习目标

知识要求 **1. 掌握** 化学平衡的概念、特点、意义及相关计算；化学平衡移动的原理及应用。

**2. 熟悉** 化学反应速率的概念及表示方法。

**3. 了解** 浓度、温度、压强、催化剂等外界条件对化学反应速率的影响。

技能要求 1. 能根据化学反应速率的影响因素，来采取合适的方法控制某些化学反应的反应速率。

2. 能写出可逆反应的平衡常数表达式，会运用平衡常数表达式进行简单的计算。

3. 能根据化学平衡移动的原理，来采取合适的方法改变某种物质的产率。

自然界中的化学反应，进行的快慢差别很大。有些反应很快，如火药爆炸、汽油燃烧。也有些反应很慢，如钢铁的生锈、食物的变质。即使是同一反应，条件不同，进行的快慢也不同。化学反应的发生，大多数时候并不是反应物完全转变成生成物，而是有一个限度的问题。如何使化学反应的发生符合人们的需要，就需要我们掌握化学反应速率和化学平衡的有关知识。

扫码“学一学”

## 第一节 化学反应速率

### 案例导入

**案例：** 冰箱现在已经成了每个家庭必备的家用电器。从市场上买来的肉类等生鲜食物，需要放到冰箱里冷藏或冷冻。如果不放到冰箱里，则容易腐败变质，夏天尤其如此。

**讨论：** 食物变质是不是发生了化学反应？冰箱为什么能延缓食物的腐败变质？

### 一、化学反应速率及其表示方法

化学反应的快慢，我们通常用化学反应速率来描述。化学反应速率有平均速率和瞬时速率之分。平均速率是以单位时间内反应物或生成物浓度的改变量的绝对值来表示，符号为 $\bar{v}$。其表达式为：

$$\bar{v} = \left|\frac{\Delta c}{\Delta t}\right|$$

$\Delta c$ 为浓度的改变量，常用单位为 mol/L，$\Delta t$ 为反应时间，常用单位为秒（s）、分钟（min）和小时（h）。因此化学反应速率的单位为 mol/(L·s)、mol/(L·min)、mol/(L·h)。

例如，在合成氨的反应中，$N_2(g) + 3H_2(g) \rightleftharpoons 2NH_3(g)$，某条件下，开始时 $N_2$、$H_2$ 的浓度分别为 1mol/L 和 3mol/L，2 秒后，测得 $N_2$、$H_2$、$NH_3$ 的浓度分别为 0.8 mol/L、2.4 mol/L、0.4 mol/L，则反应速率可分别表示为：

$$\nu_{N_2} = \frac{1-0.8}{2} = 0.1\ \text{mol/(L·s)}$$

$$\nu_{H_2} = \frac{3-2.4}{2} = 0.3\ \text{mol/(L·s)}$$

$$\nu_{NH_3} = \frac{0.4}{2} = 0.2\ \text{mol/(L·s)}$$

$$\nu_{N_2} : \nu_{H_2} : \nu_{NH_3} = 1:3:2$$

计算结果表明：对于同一反应，用不同物质浓度的变化表示该反应速率，其数值各不相同，但各数值之间存在一定的比例关系，因此均能代表同一反应的反应速率。

对于任意一个化学反应：

$$mA + nB \rightleftharpoons pC + qD$$

各物质的反应速率之间存在着下列关系：

$$\frac{1}{m}\bar{v}_A = \frac{1}{n}\bar{v}_B = \frac{1}{p}\bar{v}_C = \frac{1}{q}\bar{v}_D \quad (4-1)$$

因此，表示反应速率时，必须注明是用哪一种物质浓度的变化来表示的。

反应过程中，绝大部分化学反应不会匀速进行，反应的平均速率并不能说明反应进行的真实情况。瞬时速率表示化学反应在某一时刻的速率，它能衡量反应过程中的反应速率变化情况，但其计算方法比较复杂，我们一般用时间间隔很短的平均速率数值来代替瞬时速率。

本教材后面介绍的化学反应速率指的是瞬时速率。

## 二、基元反应和复杂反应

一步就能完成的化学反应称为基元反应，或称为简单反应。例如：

$$2NO_2 \longrightarrow 2NO + O_2$$

绝大多数化学反应并不能一步完成，往往是分成几步进行的，这样的化学反应称为复杂反应，又称非基元反应。一个反应是否是基元反应，从表面上很难判断，而必须要通过实验才能证实。

化学反应速率的快慢与反应机理有关。例如，下列反应：

$$NO_2 + CO = NO + CO_2$$

是个复杂反应，分成如下两步进行：

$$2NO_2 = NO_3 + NO \text{（慢）}$$

$$NO_3 + CO = NO_2 + CO_2 \text{（快）}$$

在上述两步反应中，第一步反应为慢反应，第二步反应为快反应，对总反应来说，反应速率取决于最慢的一步基元反应。决定复杂反应的反应速率的基元反应称为限速步骤，它控制整个复杂反应的反应速率。

## 三、影响化学反应速率的因素

化学反应速率的大小，主要取决于参加反应的物质的本性，此外还与温度、浓度、压强、催化剂等外界因素有关。掌握这些外界因素对化学反应速率的影响规律，可以通过改变外界条件来控制反应速率的快慢，使之更有利于人们的生产生活需要。

**（一）浓度对化学反应速率的影响**

把快熄灭的火柴放到纯氧气瓶中，火柴重新燃烧。这就是因为氧气瓶中氧气的浓度比空气中大，从而使反应速率加快。1867 年，挪威科学家古德贝格和瓦格在总结大量实验数据的基础上，提出了反应速率与反应物浓度之间的定量关系：在一定温度下，基元反应的反应速率与各反应物浓度的幂的乘积成正比，其中各浓度的幂指数分别为化学反应方程式中反应物的系数。这种定量关系称为质量作用定律，其数学表达式称为反应速率方程式，简称速率方程。例如，对于基元反应：

$$mA + nB \longrightarrow pC + qD$$

其速率方程为：

$$v = kc_A^m \cdot c_B^n \qquad (4-2)$$

式中，$k$ 称为反应速率常数，数值上等于在给定条件下，反应物浓度为单位浓度时的反应速率。反应速率常数是一个反应的特征物理常数，它的大小反映了在给定条件下化学反应速率的快慢。在相同条件下，$k$ 越大，反应速率越快；反之，$k$ 越小，反应速率越慢。速率常数的大小与反应物的本性有关，不因反应物浓度的改变而变化，但受温度、溶剂、催化剂等因素的影响。

对于复杂反应，速率方程中反应物浓度的幂指数要通过实验测定，与反应方程式中的系数无关，研究化学反应速率时，通常将化学反应按反应级数来进行分类，所谓反应级数是指反应速率方程中各反应物浓度的幂指数之和。反应级数既适用于基元反应，也适用于复杂反应，不同的是基元反应的反应级数就等于反应物的系数之和，都是正整数，复杂反应的反应级数则有可能不是正整数。

## 课堂互动

1. 金属镁与盐酸反应能很快产生氢气，而镁与水反应却很慢，这是因为哪种离子在盐酸中的浓度比在水中大？
2. 为什么人到高原上会产生高原反应？

**（二）压强对化学反应速率的影响**

对于有气体物质参与的化学反应，在一定温度下，压强发生改变，气体物质的浓度也会发生改变，从而影响化学反应速率，如图 4－1所示。当增大该气体物质压强时，相当于增加该物质的浓度，使反应速率加快。当降低该气体物质压强时，相当于减少该物质的浓度，使反应速率减慢。对于没有气体参与的化学反应，压强的改变对化学反应速率的影响很小，可以忽略。

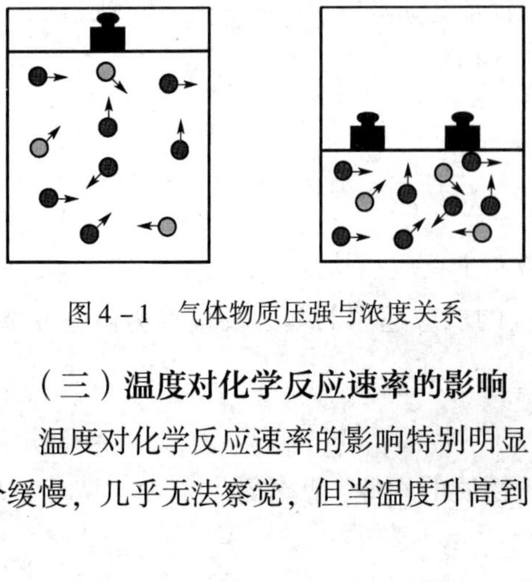

图 4－1　气体物质压强与浓度关系

**（三）温度对化学反应速率的影响**

温度对化学反应速率的影响特别明显，远大于浓度的影响。如常温下 $H_2$ 和 $O_2$ 的反应十分缓慢，几乎无法察觉，但当温度升高到 600℃ 时，反应非常剧烈，发生猛烈爆炸。

一般化学反应速率随温度的升高而加快。实验结果表明：温度每升高 10℃，反应速率增加到原来的 2 ~4 倍。

在化学实验和食品药品生产中，经常采用加热的方法加快化学反应的进行。某些食品药品则须保存在冰箱中或阴凉处，以防变质。

**（四）催化剂对化学反应速率的影响**

催化剂是一种能改变反应速率，而本身的组成、质量、性质在反应前后不发生改变的物质。凡能加快反应速率的催化剂称为正催化剂，凡能减慢反应速率的催化剂称为负催化剂。一般情况下提到的催化剂均指正催化剂，负催化剂一般称抑制剂。

催化剂能够加快反应速率的原因，是催化剂参与了化学反应，改变了反应历程，使反应的活化能降低，从而极大的加快了反应速率。

催化剂具有选择性，通常只能对某些特定的化学反应起催化作用。生物体内的酶是更高效的催化剂，能催化生物体内的各种化学反应，并具有高度的选择性。

## 课堂互动

1. 胃蛋白酶能不能催化淀粉消化水解？
2. 化学反应速率与哪些因素有关？有哪些方法可以延长食品的保质期？

扫码“读一读”

影响反应速率的因素很多，除浓度、压强、温度、催化剂外，还有光、超声波、激光、放射线、电磁波、固体表面积等也可以影响化学反应速率。例如，光照能使溴化银很快分解析出银，这个原理被应用在照相上。

## 拓展阅读

### 有效碰撞理论与活化能

1918 年，英国化学家路易斯在气态分子运动论的基础上，提出了反应的碰撞理论。碰撞理论认为：

1. 化学反应是通过分子之间的碰撞而发生，碰撞频率越高，化学反应速率越快。
2. 不是任何两个分子之间发生碰撞都能发生化学反应。只有运动速度足够快（动能足够大）的分子之间发生碰撞，才能发生反应。能发生化学反应的碰撞称为有效碰撞。
3. 发生有效碰撞时，反应物分子除了具有足够的能量外，还需从合适的方向来碰撞。

具有较大动能并能发生有效碰撞的反应物分子称为活化分子。通常活化分子只占分子总数的少部分。活化分子具有的最低能量与反应物分子的平均能量之差，称为活化能。活化能越低，活化分子所占的比例越大，有效碰撞就会越多，反应速率也越快。反之，活化能越高，活化分子所占的比例越少，有效碰撞就会越少，反应速率也越慢。因此，活化能是决定化学反应速率的内在因素。不同的化学反应，其反应的活化能各不相同。

反应物浓度增大，活化分子的绝对数量就会增加，有效碰撞也相应增加，反应速率就会加快。温度升高使分子获得能量，运动速度加快，也能使活化分子的数量增加，从而反应速率加快。催化剂能降低反应所需的活化能，使活化分子的比例增加，导致反应速率加快。

扫码“学一学”

## 第二节 化学平衡

### 案例导入

**案例：** 工业上合成硫酸需要经过多步化学反应，其中 $SO_2$ 和 $O_2$ 反应生成 $SO_3$ 这一步反应最困难。为了顺利进行反应，需要采取加热、加压、加入催化剂等手段。这些条件均能加快反应速率。

**讨论：** 采用加热、加压、加入催化剂等措施能不能使 $SO_2$ 完全反应生成 $SO_3$？怎样才能生成更多的 $SO_3$？

一个化学反应是否有实用价值，不仅仅取决于反应的速率，更主要的是要看反应进行的程度如何，即反应物有多少能转化为生成物。因此，学习化学平衡理论就显得十分必要，对生产实践和科学实验都有重大的指导意义。

### 一、可逆反应与化学平衡

#### （一）可逆反应与不可逆反应

自然界中的有些化学反应，其反应物能完全转变为生成物，即反应能进行到底。例如，氯酸钾加热分解为氯化钾和氧气：

$$2KClO_3 \xlongequal[\Delta]{催化剂} 2KCl + 3O_2\uparrow$$

反过来，在同一条件下，氯化钾和氧气是不能结合生成氯酸钾的。这种在一定条件下，只能向一个方向进行的反应称为不可逆反应。实际上，自然界中的大多数反应，在反应物转变成生成物的同时，生成物也能转变成反应物。例如，氮气与氢气可以合成氨，同时氨气也可分解为氮气和氢气：

$$N_2(g) + 3H_2(g) \rightleftharpoons 2NH_3(g)$$

这种在同一条件下，既能向正反应方向进行又能向逆反应方向进行的化学反应，称为可逆反应。可逆反应用符号“$\rightleftharpoons$”表示。通常把从左到右进行的反应称为正反应，从右到左进行的反应称为逆反应。正反应和逆反应是相对的。可逆反应必然导致化学平衡的出现。

扫码“看一看”

#### （二）化学平衡

可逆反应不能完全进行到底，反应物不能完全转化为生成物，反应体系中反应物和生成物总是同时存在的。

反应开始时，反应物浓度大，正反应的反应速率快。随着反应的进行，反应物的浓度会不断降低，正反应的反应速率也逐渐减慢。同时，由于生成物的生成，逆反应也开始发生，且随着生成物浓度的不断增加，其反应速率也逐渐加快。当反应进行到一定程度时，正反应速率与逆反应速率相等，此时反应体系中，反应物和生成物的浓度不再发生变化，反应处于相对静止的状态，反应达到了最大限度，如图 4－2 所示。

在一定条件下，可逆反应的正反应速率与逆反应速率相等时，反应体系所处的状态称为化学平衡。处于平衡状态下的各物质浓度称为平衡浓度。

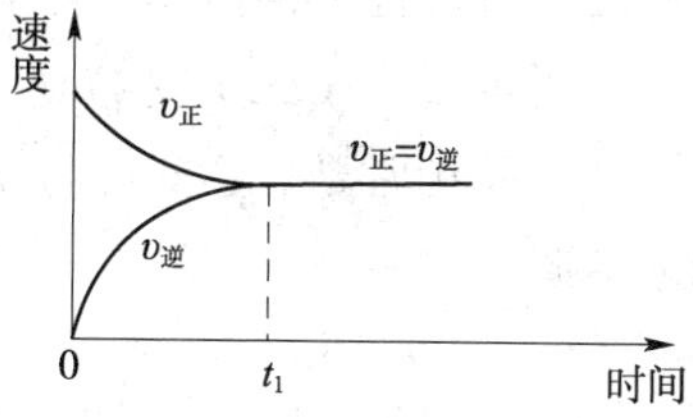

图 4－2　化学平衡状态示意图

可逆反应达到化学平衡时，具有以下六个特征。

（1）逆　化学平衡是在一定条件下，正、逆两个反应过程的平衡，因此只有可逆反应才能建立化学平衡。

（2）等　化学平衡状态的基本特征是正反应速率和逆反应速率相等。也就是说在单位时间内有多少反应物变成了生成物，那么在同样的时间内，这些生成物又变成了同样多的反应物。

（3）定　在达到化学平衡状态时，反应混合物中各组成成分的百分含量保持不变，即有一定的平衡浓度，有一定的百分组成，有一定的转化率。

（4）动　化学平衡是一种动态平衡，达到化学平衡时，虽然各物质的浓度和百分含量不再发生变化，但化学反应并没有停止，正反应和逆反应都仍然继续进行着，它们的速率都不等于零。

（5）变　化学平衡跟其他动态平衡一样，是有条件的、暂时的、相对的。当条件发生变化时，平衡状态就会被破坏，由平衡变为不平衡，再在新的条件下建立新的平衡。

（6）同　对于某一可逆反应，在条件相同的情况下，无论从正反应开始或从逆反应开始，最终都能达到同一平衡状态，与途径无关。

## 二、化学平衡常数

### （一）化学平衡常数的表示方法

实验表明，在一定温度下，可逆反应达到平衡时，生成物浓度幂的乘积与反应物浓度幂的乘积之比（浓度的幂次在数值上等于反应方程式中各物质的化学计量数）是一个常数。该常数称为化学平衡常数，简称平衡常数，用符号 $K$ 表示。各物质的平衡浓度一般指物质的量浓度，故平衡常数也可用 $K_C$ 表示。平衡常数的大小可以通过实验测得，用于工业生产和科学研究。

对于可逆反应：

$$aA + bB \rightleftharpoons dD + eE$$

在一定温度下达到化学平衡时，其平衡常数的表达式为：

$$K_c = \frac{[D]^d \cdot [E]^e}{[A]^a \cdot [B]^b} \tag{4-3}$$

例如，可逆反应：

$$N_2(g) + 3H_2(g) \rightleftharpoons 2NH_3(g)$$

其平衡常数表达式为：

$$K_C = \frac{[NH_3]^2}{[N_2] \cdot [H_2]^3}$$

平衡常数是可逆反应的特征常数。平衡常数 $K$ 值取决于反应的本性和温度，仅随温度而变化，而与反应物的初始浓度及反应途径无关。

平衡常数 $K$ 的大小，表示在一定条件下，可逆反应进行的程度。$K$ 值越大，表明在一定条件下反应物转化为生成物的程度越大；$K$ 值越小，表明在一定条件下反应物转化为生成物的程度越小。

### （二）书写化学平衡常数表达式的规则

（1）平衡常数关系式中，各物质的浓度均为平衡时的浓度，气体反应可以用分压表示。

（2）纯固体、纯液体和稀溶液中的溶剂参加反应时，不列入平衡常数表达式中。例如：

$$CaCO_3\,(s) \rightleftharpoons CaO\,(s) + CO_2\uparrow \qquad K_C = [CO_2]$$

（3）平衡常数表达式应与化学反应方程式相一致，若反应方程式的写法不同，其 $K_c$ 值也就不同。例如：

$$N_2O_4\,(g) \rightleftharpoons 2NO_2\,(g) \qquad K_C = \frac{[NO_2]^2}{[N_2O_4]}$$

$$\frac{1}{2}N_2O_4\,(g) \rightleftharpoons NO_2\,(g) \qquad K_C = \frac{[NO_2]}{[N_2O_4]^{\frac{1}{2}}}$$

$$2NO_2\,(g) \rightleftharpoons N_2O_4\,(g) \qquad K_C = \frac{[N_2O_4]}{[NO_2]^2}$$

### 课堂互动

请写出下列可逆反应的平衡常数表达式。

(1) $2SO_2(g) + O_2(g) \rightleftharpoons 2SO_3(g)$

(2) $Fe_3O_4(s) + 4CO(g) \rightleftharpoons 3Fe(s) + 4CO_2(g)$

(3) $NH_3 \cdot H_2O \rightleftharpoons NH_4^+ + OH^-$

## 三、影响化学平衡移动的因素

化学平衡是一种有条件的动态平衡，只有在一定条件下才能维持暂时的平衡状态，一旦条件改变，对正、逆反应速率发生不同程度的影响，使正、逆反应速率不再相等，原有的平衡状态就遭到破坏，直到在新的条件下又建立了新的平衡。

当外界条件（浓度、压强、温度等）改变，可逆反应由一种平衡状态转变到另一种平衡状态，这个过程称为化学平衡的移动。化学平衡移动后，体系中各物质的浓度都会跟着发生变化。影响化学平衡移动的主要因素有浓度、压强和温度。

### （一）浓度对化学平衡的影响

在温度一定的条件下，对于已经达到平衡状态的可逆反应，此时正反应速率与逆反应速率相等。如果增大反应物的浓度，则使正反应速率加快，即正反应速率大于逆反应速率，将有一部分反应物转变成生成物，化学平衡向正反应方向移动。如果增大生成物的浓度，则使逆反应速率加快，即逆反应速率大于正反应速率，将有一部分生成物转变成反应物，化学平衡向逆反应方向移动。

反之，如果减少反应物的浓度，则使正反应速率减慢，即正反应速率小于逆反应速率，将有一部分生成物转变成反应物，化学平衡向逆反应方向移动。如果减少生成物的浓度，则使逆反应速率减慢，即逆反应速率小于正反应速率，将有一部分反应物转变成生成物，化学平衡向正反应方向移动。

例如，在某温度下，在密闭容器中的可逆反应：

$$CO\,(g) + H_2O\,(g) \rightleftharpoons CO_2\,(g) + H_2\,(g)$$

当 CO 和 $H_2O$ 的起始浓度均为 1.0 mol/L 时，经实验测得 CO 的转化率为 62.5%；当 CO 和 $H_2O$ 的起始浓度分别为 1.0 mol/L 和 5.0 mol/L 时，则 CO 的转化率提高到 93.0%。由此证明，增加反应物水蒸气的浓度时，平衡向正反应方向移动，使 CO 的转化率提高。

在食品药品生产中，常利用这一原理，加大价格低廉原料的投料比，使价格较贵的原料得到充分利用，从而降低成本，提高经济效益。

**（二）压强对化学平衡的影响**

由于压强对固体和液体的体积影响极小，因此在固体和液体反应的平衡体系中，压强基本不会对反应速率产生影响，也不会对化学平衡产生影响。而压强对气体物质的体积影响却很大，因此有气体物质参与的可逆反应，改变压强，常常会使化学平衡发生移动。

用50ml 注射器吸入约20 ml $NO_2$和$N_2O_4$的混合气体，再将注射器的尖端用橡皮塞封闭，形成一个封闭体系，如图4－3 所示。反应方程式为：

$$2NO_2\ (g)\ (\text{红棕色}) \rightleftharpoons N_2O_4\ (g)\ (\text{无色})$$

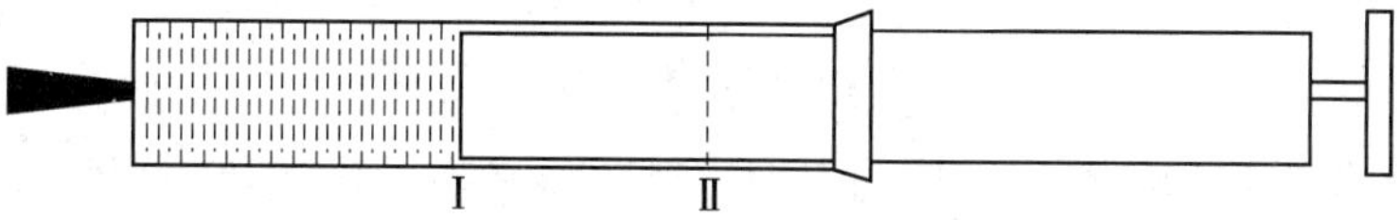


图4－3　压强对化学平衡的影响

当体系达成平衡后，把活塞往外拉至II处，使体系压强减少，我们发现混合气体的颜色先变浅后又逐渐加深。这是因为平衡向逆反应方向移动，生成了更多的有色气体$NO_2$。如果把活塞往里压至I处，使体系压强增加，则混合气体的颜色先变深后又逐渐变浅。这是因为平衡向正反应方向移动，生成了更多的无色气体$N_2O_4$。

通过大量实验，可以得出结论：对于有气体物质参与的可逆反应，在其他条件不变的情况下，增加压强，化学平衡向气体分子总数减少（气体体积缩小）的方向移动；降低压强，化学平衡向气体分子总数增加（气体体积增大）的方向移动。

有些可逆反应，反应前后气体物质的分子总数没有变化，即气体物质的总体积不变，改变压强，不会使平衡体系发生移动。例如：

$$CO\ (g)\ + H_2O\ (g) \rightleftharpoons CO_2\ (g)\ + H_2\ (g)$$

$$2HI\ (g) \rightleftharpoons I_2\ (g)\ + H_2\ (g)$$

**（三）温度对化学平衡的影响**

物质发生化学反应时，有的伴随着放热或吸热现象的发生。放出热量的反应称为放热反应，放出的热量常用“＋”号表示在化学方程式的右边；吸收热量的反应称为吸热反应，吸收的热量常用“－”号表示在化学方程式的右边。对于可逆反应，如果正反应是放热反应，则逆反应一定是吸热反应，而且放出的热量与吸收的热量相等。反之亦然。例如：

$$2NO_2\ (g) \rightleftharpoons N_2O_4\ (g) + 56.9\text{kJ/mol}$$

此方程式表明，正反应为放热反应，逆反应为吸热反应。

在两个连通的烧瓶里充入$NO_2$和$N_2O_4$的混合气体，用夹子夹住连接两个烧瓶的橡皮管，然后把一个烧瓶浸入热水中，另一个烧瓶浸入冰水中，如图4－4 所示。

可以看到，浸在热水中的烧瓶颜色加深，表明$NO_2$浓度增大，即平衡向逆反应方向移动；浸在冰水中的烧瓶颜色变浅，表明$NO_2$浓度减少，即平衡向正反应方向移动。

通过大量的实验，可以得出结论：在其他条件不变时，升高温度，化学平衡向吸热反应方向移动；降低温度，化学平衡向放热反应方向移动。

需要指出的是：温度对化学平衡的影响与浓度和压强的影响有着本质的区别。浓度和压强的改变只能引起平衡点（平衡浓度）的改变，而温度的变化，则导致了平衡常数的改变，从而改变平衡点。

图 4－4　温度对化学平衡的影响

法国化学家勒夏特列把浓度、压强、温度对化学平衡的影响概括成：如果改变平衡体系的条件之一（如浓度、压强或温度），平衡就会向着减弱这种改变的方向移动。这个规律称为勒夏特列原理，也称化学平衡移动原理。

必须指出，平衡移动原理不适用于没有达到平衡的体系。没有达到平衡的体系的移动方向只有一个，就是向着平衡的方向移动。

由于催化剂能同等程度地改变正反应和逆反应的速率，因此它对化学平衡的移动没有影响。但因为它能大大缩短反应达到平衡的时间，所以在工业生产中广泛使用催化剂来提高生产效率。

## 课堂互动

工业上合成氨的反应是可逆反应，其反应方程式如下：

$$N_2(g) + 3H_2(g) \rightleftharpoons 2NH_3(g) + 92.2kJ/mol$$

采取下列措施，是否能使氢气的转化率增加？

①增加 $N_2$ 的浓度；②升高温度；③加入催化剂；④把反应体系中产生的 $NH_3$ 不断用水吸收；⑤增加体系的压强。

## 拓展阅读

### 高压氧舱治疗

血液中的血红蛋白（Hb）具有输送氧的功能，遇氧结合成氧合血红蛋白（$HbO_2$）。血红蛋白输送氧的功能是基于可逆反应：$Hb + O_2 \rightleftharpoons HbO_2$，由于吸入氧气，肺部氧气浓度增大，平衡向生成氧合血红蛋白的方向移动；当氧合血红蛋白随血液流经身体组织，氧气被利用，其浓度降低，平衡就向氧合血红蛋白分解的方向移动，以维持身体组织对氧的需求。临床输氧正是利用这一原理。

高压氧舱是一种将患者置于1.5~2.5大气压下的氧舱内给予纯氧治疗疾病的特殊装置。对于急性一氧化碳中毒和迟发性脑病，及天然气中毒均有特殊疗效。对颅脑外伤后遗症，中风后遗症，特发性耳聋，骨髓炎，骨头无菌性坏死，皮肤创面不易愈合等治疗有很好的效果。

随着年龄的增加，部分细胞（如脑细胞）会出现缺氧、缺血，有氧代谢不足，最后死亡的情况。如在这些细胞死亡之前，定期的给予充分的氧供给（高压氧供应），可以延缓和减少细胞死亡的速度和数量，从而起到保健作用。

## 重点小结

1. 化学反应速率常用单位时间内物质浓度的改变量来表示。
2. 反应物浓度、温度、压强、催化剂等因素会影响化学反应速率。
3. 在一定条件下，只能向一个方向进行的反应称为不可逆反应；既能向正反应方向进行又能向逆反应方向进行的化学反应，称为可逆反应。
4. 当可逆反应体系的正反应速率与逆反应速率相等时，称为化学平衡状态。此时各物质的浓度不再变化。
5. 当浓度、压强、温度发生改变时，化学平衡就会向着减弱这种改变的方向移动。

## 目标检测

扫码“练一练”

### 一、选择题

（一）单项选择题

1. 把同样大小的锌粒投入下列溶液，反应速率最小的是（　　）

A. 0.1 mol/L 盐酸　　B. 0.5 mol/L 盐酸

C. 1.0 mol/L 盐酸　　D. 5.0 mol/L 盐酸

2. 下列有关化学平衡的叙述，正确的是（　　）

A. 凡能影响反应速率的因素，都能使化学平衡移动

B. 加热能加快吸热反应速率、减慢放热反应速率，因此平衡向吸热反应方向移动

C. 增大反应物的浓度，平衡向生成物浓度减小的方向移动

D. 增大反应物的浓度，平衡向生成物浓度增大的方向移动

3. 可逆反应 $2SO_2$（g）+ $O_2$（g）$\rightleftharpoons$ $2SO_3$（g）+ Q（热量）达到平衡时，若在恒温时扩大体积，则（　　）

A. $v_{正}$、$v_{逆}$均不变，平衡不移动

B. $v_{正}$减小，$v_{逆}$减小，平衡向逆反应方向移动

C. $v_{正}$减小，$v_{逆}$减少，平衡向正反应方向移动

D. $v_{正}$减小，$v_{逆}$不变，平衡向逆反应方向移动

4. 以下平衡不属于化学平衡的是（　　）

A. 酸碱电离平衡　　B. 氧化还原平衡

C. 常温下水的蒸发与凝结平衡　　D. $N_2 + 3H_2 \rightleftharpoons 2NH_3$

5. 下列说法中，可以充分说明反应 P（g）+Q（g）$\rightleftharpoons$R（g）+S（g）在恒温下已经达到平衡的是（　　）

A. 反应容器内的压强不随时间变化

B. 反应容器内 P、Q、R、S 四者共存

C. 体系中 P 和 S 的生成速率相等

D. 再加入一定量的 Q，其他物质的浓度不发生变化

6. 为使平衡体系中有更多银析出，$Ag^+ + Fe^{2+} \rightleftharpoons Ag(s) + Fe^{3+}$ + Q（热量），可采取的措施是（　　）

A. 加压　　B. 升温

C. 增大 $Fe^{2+}$浓度　　D. 增大 $Fe^{3+}$浓度

7. 反应 $2A + B \rightleftharpoons 2C$ 已达到化学平衡状态，如果升高温度，生成物 C 的浓度增加，则正反应是（　　）

A. 放热反应　　B. 吸热反应

C. 没有明显的热效应　　D. 无法判断

8. 下列因素对化学平衡无影响的是（　　）

A. 温度　　B. 浓度　　C. 压强（有气体参与反应）　　D. 催化剂

9. 已知：$2SO_2 + O_2 \rightleftharpoons 2SO_3$反应达平衡后，加入 $V_2O_5$催化剂，则 $SO_2$的转化率（　　）

A. 增大　　B. 不变　　C. 减小　　D. 无法确定

10. 下列叙述正确的是（　　）

A. 催化剂不能改变反应的途径　　B. 催化剂能使平衡发生移动

C. 催化剂不参与反应　　D. 催化剂同等程度地加快正逆反应的速度

11. $V^{2+}$离子被催化还原为 V 的反应机理被认为是：

$V^{2+} + Cu \rightarrow V + Cu^{2+}$（慢），　$Cu^{2+} + Fe \rightarrow Cu + Fe^{2+}$（快）

反应中的催化剂的可能是（　　）

A. Cu　　B. $Cu^{2+}$　　C. $Fe^{2+}$　　D. $Fe^{3+}$

12. 可逆反应 $mA + nB \rightleftharpoons pC + qD$ 的反应速率的关系为 $v_A : v_B : v_C : v_D = 1:3:2:1$，则 m : n : p : q =（　　）

A. $1:\frac{1}{3}:\frac{1}{2}:1$　　B. 1:3:2:1

C. 3:1:2:3　　D. 6:2:3:6

13. 已知反应 $N_2O_4(g) \rightleftharpoons 2NO_2(g)$ 在 873K 时，$N_2O_4$的转化率为 60%，在 1273K 时，$N_2O_4$的转化率为 85%，则下列叙述正确的是（　　）

A. 此正反应为吸热反应，逆反应为放热反应

B. 此正反应为吸热反应，逆反应也为吸热反应

C. 此正反应为放热反应，逆反应为吸热反应

D. 此正反应为放热反应，逆反应也为放热反应

（二）多项选择题

1. 一定温度下，可逆反应 A（g）+3B（g）$\rightleftharpoons$2C（g）达到平衡的标志是（　　）

A. C 生成的速率与 C 分解的速率相等

B. A、B、C 的浓度不再变化

C. 单位时间生成 $n$molA，同时生成 3$n$molB

D. A、B、C 的分子数之比为 1:3:2

E. A 生成的速率与 C 分解的速率相等

2. 可逆反应，C（s）+$H_2O$（g）$\rightleftharpoons$CO（g）+$H_2$（g）−Q，下列说法正确的是（　　）

A. 达到平衡时，反应物的浓度和生成物的浓度相等

B. 达到平衡时，反应物和生成物的浓度不随时间的变化而变化

C. 由于反应前后分子数相等，所以增加压力对平衡没有影响

D. 加入催化剂可以加快反应达到平衡的速度

E. 升高温度，使正反应速率增大而使逆反应速率减小，结果平衡向右移动

3. 常温下的密闭容器中，建立如下平衡：3$NO_2$（g）+$H_2O$ $\rightleftharpoons$NO（g）+2$HNO_3$，其他条件不变时，若往容器中通入少量的氧气后，原体系将会发生的变化是（　　）

A. 平衡向正反应方向移动

B. NO 的物质的量可能会增加

C. NO 的物质的量可能会减少

D. $HNO_3$的物质的量会增加

E. 平衡向逆反应方向移动

4. 下列叙述正确的有（　　）

A. 在封闭平衡体系中加入惰性气体，平衡不发生移动

B. 在化学平衡体系中加入惰性气体，平衡一定发生移动

C. 恒压下，在反应前后气体分子数相同的体系中加入惰性气体，化学平衡不发生移动

D. 在封闭平衡体系中加入惰性气体，平衡向气体分子数减小的方向移动

E. 在封闭平衡体系中加入惰性气体，平衡向气体分子数增多的方向移动

5. 下列关于催化剂的作用，下列叙述正确的有（　　）

A. 可以加速反应的进行

B. 有时可以抑制反应的进行

C. 可以等同加快正、逆反应速率

D. 可以改变反应进行的方向

E. 可以使平衡发生移动

6. 下列有关勒夏特列原理的说法，错误的有（　　）

A. 只适用于气体间的可逆反应

B. 适用所有化学反应

C. 适用于平衡时状态下的物理变化

D. 适用于平衡状态下的所有化学体系

E. 只适用于液体间的可逆化学反应

7. 一定温度下，反应 $PCl_5$（g）$\rightleftharpoons$$PCl_3$（g）+$Cl_2$（g）达平衡时，已有 50% 的 $PCl_5$

分解，下列方法可使 $PCl_5$ 分解程度增大的是（　　）

A. 其他条件不变，体积增大一倍

B. 其他条件不变，体积减小一倍

C. 其他条件不变，增大 $Cl_2$ 的含量

D. 其他条件不变，压强增大一倍

E. 其他条件不变，压强减小一倍

8. 反应 $2A(g) \rightleftharpoons 2B(g) + C(g) - Q$（热量），在未用催化剂的条件下已达平衡，现要使正反应速率降低，同时使平衡向正反应方向移动，应采取的措施是（　　）

A. 升温　　B. 增大反应容器的体积

C. 增加 A 物质的量　　D. 降温

E. 降低体系压强

**二、写出下列各反应的平衡常数表达式**

1. $2SO_2(g) + O_2(g) \rightleftharpoons 2SO_3(g)$

2. $C(s) + H_2O(g) \rightleftharpoons CO(g) + H_2(g)$

3. $BaSO_4(s) \rightleftharpoons Ba^{2+} + SO_4^{2-}$

4. $CH_4(g) + Cl_2(g) \rightleftharpoons CH_3Cl(g) + HCl(g)$

**三、简答题**

1. 什么叫可逆反应？

2. 什么是化学平衡？化学平衡状态有哪些特征？

3. 对于反应：$C(s) + CO_2(g) \rightleftharpoons 2CO(g) - Q$。若改变下列条件，则反应速率 $v_正$、$v_逆$ 以及平衡移动的方向等将如何变化？分别填入下表中。

| | $v_正$ | $v_逆$ | 平衡移动方向 |
|---|---|---|---|
| 增加碳的量 | | | |
| 增加 $CO_2$ 的量 | | | |
| 缩小体系的体积 | | | |
| 升高温度 | | | |
| 加催化剂 | | | |

**四、计算题**

在容积为 15.0L 的容器中有可逆反应：$2NO(g) + Cl_2(g) \rightleftharpoons 2NOCl(g)$，在 230℃时反应达到平衡，测得有 1.5mol 的 NO、1.0mol 的 $Cl_2$、2.5mol 的 NOCl。求该反应在该温度下的 $K_C$。

（许　标）

第五章

# 定量分析基础

## 学习目标

知识要求 **1. 掌握** 误差、偏差的表示方法；准确度和精密度两者的关系；提高分析结果准确度的方法。

**2. 熟悉** 有效数字的定义、修约和运算规则。

**3. 了解** 定量分析方法的分类和定量分析的一般程序。

技能要求 1. 能正确取样，预处理试样，能根据分析对象选择合适的分析方法。

2. 会配制、标定滴定液，会计算溶液浓度和待测组分含量。

3. 能正确对多次平行测定结果进行误差、偏差的计算，并能利用其评价分析结果的准确度和精密度。

分析化学是关于研究物质的组成、含量、结构和形态等化学信息的分析方法及理论的一门学科。根据分析方法的测定原理，分析化学分为化学分析和仪器分析。本章主要介绍化学分析的基础知识。

## 第一节 概述

扫码“学一学”

**案例导入**

**案例：**《中国药典》（2020 年版）规定维生素 C 的含量测定方法：取本品约 0.2g，精密称定，加新沸过的冷水 100ml 与稀醋酸 10ml 使溶解，加淀粉指示液 1ml，立即用碘滴定液（0.05mol/L）滴定，至溶液显蓝色并在 30 秒钟内不褪。每 1ml 碘滴定液（0.05mol/L）相当于 8.806mg 的 $C_6H_8O_6$。

**讨论：**为完成维生素 C 的含量测定，通常需要哪些步骤呢？

### 一、定量分析方法的分类

定量分析方法是分析化学的重要组成部分，其目的是准确测定样品中某一或某些组分的含量。

**（一）化学分析和仪器分析**

根据测定原理不同，定量分析方法可分为化学分析和仪器分析。

化学分析是以物质的化学反应为基础的分析方法。化学分析法是基础化学的重要内容，主要包括滴定分析法（也称容量分析法）和重量分析法。根据化学反应的类型不同，滴定分析法又可分为酸碱滴定法、沉淀滴定法、配位滴定法和氧化还原滴定法。化学分析具有应用范围广泛、所用仪器简单、操作简便、分析结果准确等特点，适合于常量组分分析。

仪器分析是以物质的物理或物理化学性质为基础的分析方法，主要有电化学分析、光学分析、色谱分析和质谱分析等。仪器分析具有取样量少、灵敏、快速和自动化等特点，最近几十年发展极快，应用很广泛，特别适合于微量组分或复杂体系分析。

**（二）常量分析、半微量分析、微量分析和超微量分析**

根据试样的用量不同，分析方法可分为常量分析（试样质量大于0.1g或试样体积大于10ml）、半微量分析（试样质量为0.01~0.1g或试样体积为1~10ml）、微量分析（试样质量为0.1~10mg或试样体积为0.01~1ml）和超微量分析（试样质量小于0.1mg或试样体积小于0.01ml）。在无机定性分析中，一般采用半微量分析法；在滴定分析中，一般采用常量分析法。

## 二、定量分析的一般程序

定量分析的任务是测定样品中有关组分的含量。定量分析的过程实际上是获得物质定量信息的过程。完成一项分析任务，通常包括以下程序。

**（一）取样**

从大量样品中取出能代表样本整体质量的少数样品称为取样。取样要考虑科学性、真实性和代表性。一般来说要多点取样，然后将各点取得的样品粉碎后混合均匀，再从混合均匀的样品中取少量试样进行分析。

分析任何样品都要从取样开始，取样必须严格按照制定的取样标准操作规程进行操作，选用取样工具按批取样，取样量需要按照被取样品的总件数确定。

**（二）预处理**

在定量分析中，待测样品通过制备和分解处理后，通常是以溶液或气体的状态用于测定。但有些时候，待测组分经过上述处理后，其存在形式与测定形式并不完全相符，此时还需对样品作进一步处理。例如利用氧化还原滴定法测定铁矿石中总铁的质量分数时，样品经过溶解后，部分铁以 $Fe^{3+}$ 形态存在，若采用重铬酸钾标准溶液滴定，则需先用三氯化钛将 $Fe^{3+}$ 还原为 $Fe^{2+}$，然后进行测定。这种在滴定前将全部待测组分转变为适宜测定形态的处理步骤，称为样品的预处理。

关于样品的预处理需注意以下问题：①反应必须能够定量地进行完全，使待测组分全部转变为适宜测定的形态，且反应速率要快；②过量的试剂必须易于除去（可采用加热分解、过滤沉淀和其他分离方法），并对待测组分不产生影响；③反应必须具有足够的选择性，以免其他共存组分的干扰。

**（三）测定**

根据试样的性质和分析要求选择合适的分析方法进行测定。测定样品时应在满足测定准确度要求的前提下，选择测定步骤简便、测定速度快的方法。例如酸碱性物质可选择酸碱滴定法测定；大多数的金属离子可选择配位滴定法测定；具有氧化性或还原性的组分可选择氧化还原滴定法测定等。

**（四）结果表示**

**1. 分析检验记录**　分析检验记录是对分析检验项目整个分析检测过程的真实写照，是出具检验报告的原始凭证与依据。填写检验记录时要注意用墨水笔书写、字迹整洁、用语规范、书写正确、结论准确。记录内容必须真实、具体、完整，并应归档保存。数据记录应尽量采用国家标准规定的计量单位，并按测量仪器的有效读数位记录。更改记错的数据时，应在错误处划单（双）斜线，在右上角写上正确的字或数字，并由更改人签章。数据整理应用清晰简明的格式把大量原始数据表达出来，并保持原始数据应有的信息。

检验记录一般包含以下内容：（1）品名、规格、批号、数量、来源、检验依据；（2）取样日期、记录日期；（3）检验数据、计算过程、实验现象和简要操作步骤；（4）结论判定；（5）检验人、复核人、部门负责人。

**2. 数据处理** 根据分析过程中有关反应的化学计量关系、样品的用量、测量得到的结果，计算待测组分的含量，并对分析结果及其误差用统计学方法进行处理和评价。

**3. 形成检验报告** 检验报告是对原材料、中间产品或最终产品（成品）质量作出的技术鉴定，是指导生产和具有法律效力的技术文件。检验报告一般包含以下内容：①品名、规格、批号、数量、来源、检验依据；②取样日期、报告日期；③检验结果；④结论；⑤检验人、复核人、部门负责人。

填写检验报告书时要注意结论明确，内容必须完整、简明。

**课堂互动**

定量分析的一般步骤有哪些？

## 第二节 定量分析误差及分析数据处理

扫码“学一学”

**案例导入**

**案例：**甲、乙两位同学同时做自来水中钙镁离子含量测定实验，两人所用试剂和仪器完全相同，但是测定结果却不完全相同。

**讨论：**为什么两人测定结果不同？误差的来源是什么呢？如何减小误差呢？

在定量分析中，由于测量方法、所用仪器和试剂及外界环境等因素的影响，测定结果不可能达到真实值。测量值和真实值之差称为误差。根据误差的来源和性质的不同，误差可分为系统误差和偶然误差。

### 一、系统误差与偶然误差

#### （一）系统误差（可测误差）

系统误差是由分析过程中某些确定的、经常性的原因所引起的误差。系统误差的数值对分析结果的影响比较固定，其大小具有一定的规律性，即在多次平行测定中系统误差会重复出现，使测量结果总是偏高或偏低。

根据系统误差的来源，可分为方法误差、仪器误差、试剂误差、操作误差。

**1. 方法误差** 由于分析方法本身不够完善所造成的误差。例如在滴定分析中，滴定终点与化学计量点不完全吻合，都将使测定结果偏高或偏低，产生误差。

**2. 试剂误差** 由于试剂的纯度不够或蒸馏水中含有微量杂质而引起的误差。

**3. 仪器误差** 由于仪器本身精度不够或未经校准而引起的误差。例如天平灵敏度不符合要求，砝码质量未经校正，所用滴定管、容量瓶、移液管的刻度值与真实值不相符等，都会在使用过程中使测定结果产生误差。

**4. 主观误差** 在正常操作情况下，由于操作人员主观原因所造成的误差。例如滴定管读数偏高或偏低，滴定终点颜色辨别偏深或偏浅等。

### （二）偶然误差（随机误差）

偶然误差是由分析过程中某些不确定的因素所造成的。例如在分析过程中，环境条件（温度、湿度、气压等）和测量仪器微小波动，分析人员对样品处理有微小的差异等。这类误差对测定结果的影响程度不确定。在同一条件下进行多次平行测定所出现的偶然误差时正时负，误差的数值也不固定，时大时小，不可预测，也难以控制，故该误差又称为不可测误差。

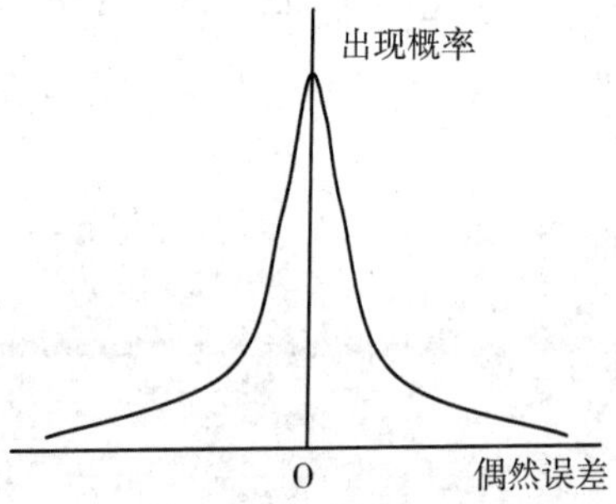

图 5－1 偶然误差的正态分布规律

偶然误差虽然既不可避免又无法校正，但多次重复测定时符合正态分布规律。如图 5－1 所示，即绝对值相等的正负误差出现的概率基本相等；小误差出现的概率大，大误差出现的概率小。因此可以通过增加平行测定的次数，减免测定结果中的偶然误差。

在分析过程中，由于操作者粗心大意、错误操作等引起的失误，称为“过失”，不属于误差。例如加错试剂、溶液溅失、记录错误等，有过失的实验数据必须弃去。

## 二、准确度与精密度

### （一）准确度与误差

准确度是指测量值与真实值相接近的程度，常用误差大小来衡量。误差一般可分为绝对误差和相对误差。

**1. 绝对误差（*E*）** 测量值（$x$）与真实值（$\mu$）之差。

$$E = x - \mu \tag{5-1}$$

**例 1** 用电子天平称取两物体的重量分别为 1.2135g 和 0.1213g，假定二者的真实重量各为 1.2136g 和 0.1214g，则两者的绝对误差分别为：

$$E_1 = x_1 - \mu_1 = 1.2135 - 1.2136 = -0.0001\text{g}$$

$$E_2 = x_2 - \mu_2 = 0.1213 - 0.1214 = -0.0001\text{g}$$

绝对误差越小，测量值与真实值越接近，测量结果越准确。但是相对误差可以用来比较不同情况下测定结果的准确度，更具有实际意义。

**2. 相对误差（*RE*）** 绝对误差（$E$）在真实值（$\mu$）中所占比值。

$$RE = \frac{E}{\mu} \times 100\% \tag{5-2}$$

上述例子中两者的相对误差为：

$$RE_1 = \frac{E_1}{\mu_1} \times 100\% = \frac{-0.0001}{1.2136} \times 100\% = -0.008\%$$

$$RE_2 = \frac{E_2}{\mu_2} \times 100\% = \frac{-0.0001}{0.1214} \times 100\% = -0.08\%$$

由此可见，相对误差越小，准确度越高。由于相对误差能够反映误差在真实值中所占的比值，故常用相对误差来表示各种情况下测定结果的准确度。

在实际分析工作中，一般是进行多次平行测定，然后取测定结果的平均值作为该样品的测量值。

**例2** 标定 HCl 溶液浓度，3 次平行测定结果：0.1041mol/L、0.1043mol/L、0.1042mol/L，如果 HCl 浓度的真实值为 0.1041mol/L，求 HCl 溶液浓度的绝对误差和相对误差。

**解**：HCl 溶液的平均浓度 $\bar{x} = \frac{0.1041 + 0.1043 + 0.1042}{3} = 0.1042$（mol/L）

HCl 溶液浓度的绝对误差 $E = \bar{x} - \mu = 0.1042 - 0.1041 = 0.0001$（mol/L）

HCl 溶液浓度的相对误差 $RE = \frac{E}{\mu} \times 100\% = \frac{0.0001}{0.1041} \times 100\% = 0.1\%$

### （二）精密度与偏差

精密度是指在相同条件下一组平行测定结果之间相互接近的程度，表示测定结果的再现性。精密度的高低常用偏差大小来衡量。一般分析项目常用平均偏差（$\bar{d}$）、相对平均偏差（$R\bar{d}$）表示分析结果的精密度；在分析项目要求较高时，则用标准偏差（$S$）和相对标准偏差（$RSD$）表示分析结果的精密度。

**1. 偏差** 单次测量值（$x_i$）与多次测定结果的平均值（$\bar{x}$）之差称为偏差。偏差越小，表示测定结果的精密度越高。偏差可分为绝对偏差和相对偏差。

绝对偏差（$d_i$）是单次测量值（$x_i$）与平均值（$\bar{x}$）的差值。

$$d_i = x_i - \bar{x} \tag{5-3}$$

相对偏差（$d_r$）是绝对偏差（$d_i$）在平均值（$\bar{x}$）中所占比值。

$$d_r = \frac{d_i}{\bar{x}} \times 100\% \tag{5-4}$$

**2. 平均偏差和相对平均偏差** 平均偏差（$\bar{d}$）是各次测量绝对偏差绝对值的平均值。

$$\bar{d} = \frac{1}{n}\sum_{i=1}^{n} |d_i| = \frac{1}{n}\sum_{i=1}^{n} |x_i - \bar{x}| \tag{5-5}$$

相对平均偏差（$R\bar{d}$）是平均偏差（$\bar{d}$）在平均值（$\bar{x}$）中所占比值。

$$R\bar{d} = \frac{\bar{d}}{\bar{x}} \times 100\% \tag{5-6}$$

平均偏差和相对平均偏差均为正值。

**3. 标准偏差和相对标准偏差** 用统计方法处理数据时，常用标准偏差（$S$）表示分析结果的精密度，它能更好地将较大的偏差和测定次数对精密度的影响反映出来。其数学表达式为：

$$S = \sqrt{\frac{\sum_{i=1}^{n}(x_i - \bar{x})^2}{n-1}} \tag{5-7}$$

如有两组偏差数据：

+0.3，-0.2，-0.4，+0.2，+0.1，+0.4，0.0，-0.3，+0.2，-0.3；

0.0，+0.1，-0.7，+0.2，-0.1，-0.2，+0.5，-0.2，+0.3，+0.1；

两组数据的平均偏差均为 0.24，用平均偏差反映不出这两组数据的好坏，而用标准偏差 $S_1 = 0.28$、$S_2 = 0.33$，可以反映这两组数据的好坏。第一组数据的精密度较好，更可靠。

由于测量数值大小不同，只用标准偏差不足以说明测定的精密度情况，可以用相对标准偏差（*RSD*）来说明精密度。

$$RSD = \frac{S}{x} \times 100\% \tag{5-8}$$

## 拓展阅读

**公　差**

在生产部门通常并不强调误差与偏差的区别，而是用“公差”范围来表示允许误差的大小。

公差是生产部门的分析结果允许误差的一种限量，又称为允许误差。如果分析结果超出允许的公差范围称为超差，遇到这种情况，则该项分析应该重做。公差范围的确定一般是根据生产需要和实际情况而制定的，所谓实际情况主要指样品组成的复杂情况以及所用分析方法的准确程度。对于每一项具体的分析工作，各主管部门都规定了具体的公差范围。

## 课堂互动

测定某样品中钙的含量，所得结果为43.88%、44.04%、43.98%、44.07%。计算分析结果的平均值、平均偏差、相对平均偏差、标准偏差和相对标准偏差。

### （三）准确度与精密度的关系

准确度和精密度都是判断分析结果是否准确的依据，但两者在概念上又是有区别的。准确度是检验测量值与真值的符合程度，取决于测定过程中所有误差；而精密度则表示测定结果的重现性，与真实值无关，取决于测量的偶然误差，因此应该从准确度和精密度两个方面评价数据优劣。

例如，甲、乙、丙、丁四人同时测定同一样品中铁的含量，测定结果如图5-2所示。

由四人的测定结果可见，甲的测定值精密度虽高，但准确度低，可能存在系统误差；乙的精密度和准确度都不高；丙虽然平均值接近真实值，但精密度低，所得的平均值不可靠；丁的测定值彼此接近，平均值也接近真实值，表明精密度和准确度都较高，结果可靠。

从上例分析可知，精密度是保证准确度的先决条件，只有高的精密度才可能有高的准确度，只有准确度和精密度都高的测定值才最为可靠，结果才准确。

## 三、提高分析结果准确度的方法

要想获得准确的分析结果，必须尽可能减少测定过程中的误差。

**1. 减小测量误差**　在测定方法选定后，为了保证分析结果的准确度，必须尽量减小测量误差。

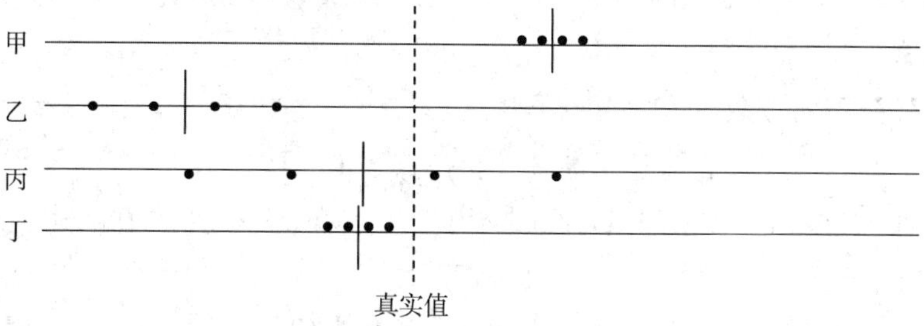


图 5-2　不同分析人员测定结果分布图

例如，在称量时要设法减小称量误差，一般分析天平的称量误差为 ±0.0001g，用减重法称量两次，可能引入的最大误差是 ±0.0002g。为了使称量的相对误差小于 0.1%，取样量就不能小于 0.2g。

又如在滴定分析中，滴定管读数一般有 ±0.01ml 的误差，一次滴定通常读数两次，这样可能造成 ±0.02ml 的误差。为了使滴定的相对误差小于 0.1%，消耗滴定液的体积应不少于 20.00ml。

**2. 减小系统误差**　系统误差的减免可通过校准仪器、对照试验和空白试验等方法来实现。

（1）校准仪器　消除仪器不准所引起的系统误差。如对电子天平、容量瓶、移液管和滴定管进行校准。

（2）对照试验　对照试验是检查系统误差的有效方法。把含量已知的标准试样或纯物质当作样品，采用同样的分析方法进行测定，由测定结果与其已知含量的差值，便可得出测定的误差，用此误差值可对测定结果加以校正。应当指出，用纯物质作样品进行对照试验不如用标准试样好，因为纯物质中不存在样品中的非被测成分，情况和实际不一样。

（3）空白试验　在不加试样的情况下，按照与试样分析完全相同的操作步骤和条件而进行的测定称为空白试验。空白试验所得到的结果称为“空白值”。从试样的分析结果中扣除空白值，即可得到比较可靠的分析结果。由实验器皿、试剂和纯化水等带入的杂质所引起的系统误差，可以通过空白试验来校正。

**3. 减小偶然误差**　由偶然误差的统计规律可见，在消除系统误差的前提下，适当增加平行测定次数，就可将大小相等的正负误差相互抵消，使测定平均值接近于真实值。因此，增加平行测定次数是减小偶然误差的有效方法。

## 四、有效数字及其运算规则

在定量分析中，实验数据的记录和运算结果要保留多少位数不是任意的，要根据测量仪器、分析方法的准确程度来确定。为此，在记录实验数据和计算分析结果时应当注意有效数字的保留问题。

### （一）有效数字

有效数字是指在分析工作中实际能测量得到的有实际意义的数字，包括所有准确测量的数字和最后一位不确定（即可疑）的数字。不确定的数字根据测量仪器的准确度来估计。在记录数据时，不确定的数字只能保留一位。例如，用分析天平称得某样品的质量为 0.2650g，在这一数值中，0.265 是准确的，最后一位数字“0”是不准确的，即其实际质量是在 0.2650g ± 0.0001g 范围内的某一数值。记录测量数据时，绝不能因为最后一位数字是零而随意舍去。

在记录有效数字的位数时应注意以下几点。

（1）数字“0”在数据中具有双重意义。在数字 1 ~ 9 之前的“0”只起定位作用，不是有效数字；而在数字 1 ~ 9 中间或之后的“0”是有效数字。如 0.03020，前面两个“0”都不是有效数字，后面两个“0”才是有效数字。

（2）对数有效数字的位数只取决于小数部分的数字位数，整数部分相当原数值的方次，不是有效数字。如 $\lg(2.6 \times 10^3) = 3.41$、$\mathrm{pH} = 5.02$、$\mathrm{p}K\mathrm{a} = 10.75$，有效数字均为两位。

（3）$a \times 10^n$ 或 b%（a、b 为任意正数，n 为任意整数）这样的数值，其 a、b 的有效数字即为 $a \times 10^n$ 或 b% 数值的有效数字。

（4）数学上的常数 e、π 以及倍数、分数等不是实际测量的数字，应视为无误差数字或无限多位有效数字。

（5）首位数字是 8 或 9 的数据，其有效数字可多计一位。如 8.27 可以认为是四位有效数字。

### （二）有效数字的修约及运算规则

**1. 有效数字的修约** 在数据的处理过程中，根据有效数字的要求，通常要弃去多余的数字，然后再进行计算，把弃去多余数字的过程称为数字的修约。数字的修约应遵循“四舍六入五留双”原则。

（1）被修约数字小于或等于 4 时，则舍。如 4.5642 修约为三位有效数字，应写成 4.56。

（2）被修约数字等于或大于 6 时，则入。如 3.6762 修约为三位有效数字，应写成 3.68。

（3）被修约数字等于 5 时，若“5”后面有不为零的数字，则入；若“5”后面无数字或全部为零，则看“5”的前一位是奇数还是偶数，若为奇数，则入；若为偶数则舍。如 3.16501 修约为三位有效数字应写成 3.17；5.1850 和 1.655 修约为三位有效数字应写成 5.18 和 1.66。

数字修约应一次完成，不能分次修约。例如 2.3549 修约为三位有效数字，不能先修约为 2.355，再修约为 2.36；应一次修约为 2.35。

**2. 有效数字的运算规则** 在计算过程中，每个测量值的误差都会传递到分析结果。当一些准确度不同的数据进行运算时，为了确保分析结果数字的准确性，要遵守有效数字的运算规则。运算规则的步骤一般是先修约、后计算，结果再修约。

（1）加减运算 在加减运算中，以小数点后位数最少（即绝对误差最大）的数据为标准，进行有效数字的保留。如计算 0.2524 + 1.14 + 2.159，各数据中小数点后位数最少的是 1.14，因此最后结果有效数字的保留应以此数据为准，保留到小数点后两位，但计算前修约时可多保留一位。

$$0.2524 + 1.14 + 2.159$$
$$= 0.252 + 1.14 + 2.159 \text{（先修约）}$$
$$= 3.551 \text{（后计算）}$$
$$= 3.55 \text{（再修约）}$$

（2）乘除运算　在乘除运算中，以有效数字位数最少（即相对误差最大）的数据为标准，进行计算结果有效数字的保留。如计算 2.623 ×0.237 ×1.5，各数据中有效数字位数最少的是 1.5，因此最后结果有效数字的保留应以此数据为准，保留两位有效数字。

2.623 ×0.237 ×1.5
=2.62 ×0.237 ×1.5（先修约）
=0.93141（后计算）
=0.93（再修约）

现在计算器使用非常普遍，不论计算前是否对各数据进行修约，一定要正确保留最后结果的有效数字位数。

**课堂互动**

**计算题**

1. 0.0124 +20.12 +1.236 −2.25 = ?
2. 0.0121 × 25.64 × 1.05782 = ?

## 五、可疑值的取舍

在分析检验工作中，往往有个别数据与其他数据相差较远，这一数据称为可疑数据。可疑数据的取舍，对平均值影响很大。对确知原因的可疑数据应弃之不用；对不知原因的可疑数据应根据随机误差的分布规律决定取舍。取舍的方法很多，目前常用的方法有 Q－检验法和 G－检验法。

### （一）Q－检验法

Q－检验法又叫做舍弃商法，是迪克森在 1951 年专为分析化学中少量观测次数（$n<10$）提出的一种简易判据式。其检验步骤如下。

（1）将测得的数据按由小到大顺序排列：$x_1$、$x_2$、⋯、$x_n$。

（2）求出最大值与最小值的差值（极差）：$x_n - x_1$。

（3）求出可疑值与其相邻数据之间的差值：$x_n - x_{n-1}$或 $x_2 - x_1$。

（4）计算出 Q 值：

$$Q=\frac{x_n - x_{n-1}}{x_n - x_1} \quad 或 \quad Q=\frac{x_2 - x_1}{x_n - x_1} \tag{5-9}$$

（5）根据测定次数 $n$ 和要求的置信度查 Q 值表。

（6）判断：若 $Q_{计算值} > Q_{查表值}$，相应的可疑值应舍去；若 $Q_{计算值} < Q_{查表值}$，相应的可疑值应予以保留。

**表 5－1　不同置信度下的 Q 值**

| 项目 | 3 | 4 | 5 | 6 | 7 | 8 | 9 | 10 |
|---|---|---|---|---|---|---|---|---|
| 90% | 0.94 | 0.76 | 0.64 | 0.56 | 0.51 | 0.47 | 0.44 | 0.41 |
| 95% | 0.98 | 0.85 | 0.73 | 0.64 | 0.59 | 0.54 | 0.51 | 0.48 |
| 99% | 0.99 | 0.93 | 0.82 | 0.74 | 0.68 | 0.63 | 0.60 | 0.57 |

**例 3**　检测人员对试样中钙的含量进行了 6 次测定，测定结果分别为 38.51%、

38.45%、38.47%、38.50%、38.62%、38.40%，试用 Q 检验法判断可疑值 38.62% 是否应弃去（置信度为 95%）。

**解：**（1）将各数据按由小到大进行排列：38.40%、38.45%、38.47%、38.50%、38.51%、38.62%。

（2）求出最大值与最小值之差：38.62% − 38.40% = 0.22%。

（3）求出可疑值与其相邻数据之差：38.62% − 38.51% = 0.11%。

（4）计算 Q 值：$Q_{计} = \frac{0.11\%}{0.22\%} = 0.50$。

（5）查表 5－1 得，当 $n = 6$ 时，$Q_{0.95} = 0.64$。

（6）判断：$Q_{计} < Q_{0.95}$，所以可疑值 38.62% 应保留。

## 拓展阅读

### 置信区间与置信概率

在实际的工作中，通常把测定数据的平均值作为分析结果报告，但测得的少量数据得到的平均值总是带有一定的不确定性，它不能明确的说明测定结果的可靠性。偶然误差的分布规律告诉我们，对于有限次的测定，测定值总是围绕算数平均值而集中的。真实值所在的范围称为置信区间；真实值落在置信区间的概率称为置信度，常用 P 来表示。置信度越高，置信区间的范围就越宽，相应判断失误的机会就越小。在工作中，通常取 95% 的置信度。

真实值与平均值之间的关系为：

$$\mu = \bar{x} \pm \frac{ts}{\sqrt{n}}$$

式中：s 为标准偏差，n 为测定次数，t 为在选定的某一置信度下的概率系数，可根据测定次数从下表中查得。

不同测定次数及不同置信度的 t 值

| 测定次数 | 置信度 | | | | |
|---|---|---|---|---|---|
| | 50% | 90% | 95% | 99% | 99.5% |
| 2 | 1.000 | 6.314 | 12.706 | 63.657 | 127.32 |
| 3 | 0.816 | 2.920 | 4.303 | 9.925 | 14.089 |
| 4 | 0.765 | 2.353 | 3.182 | 5.841 | 7.453 |
| 5 | 0.741 | 2.132 | 2.776 | 4.604 | 5.598 |
| 6 | 0.727 | 2.015 | 2.571 | 4.032 | 4.773 |
| 7 | 0.718 | 1.943 | 2.447 | 3.707 | 4.317 |
| 8 | 0.711 | 1.895 | 2.365 | 3.500 | 4.029 |
| 9 | 0.706 | 0.860 | 2.306 | 3.355 | 3.832 |
| 8 | 0.703 | 1.833 | 2.262 | 3.250 | 2.690 |
| 11 | 0.700 | 1.812 | 2.228 | 3.169 | 3.581 |
| 21 | 0.687 | 1.725 | 2.086 | 2.845 | 3.153 |
| ∞ | 0.674 | 1.645 | 1.960 | 2.576 | 2.807 |

### （二）G－检验法

G－检验法的适用范围较广，可用于10个以上测量值中数据可疑值的检验，当测量值中存在多个可疑值时，通常用G－检验法。G检验法的具体步骤为。

（1）计算包括可疑值在内的均值和标准偏差。

（2）计算G值，G值的定义式为：$G=\dfrac{|x_{可疑}-\overline{x}|}{S}$　　（5－10）

（3）根据可测次数和所要求的置信度，查G值表。

（4）将计算的G值与查表所得到的G值进行比较，若计算值大于查表值，则可疑值舍弃，否则予以保留。

**表5－2　G值临界值表**

| n | $G_{0.95}$ | $G_{0.99}$ | n | $G_{0.95}$ | $G_{0.99}$ |
|---|---|---|---|---|---|
| 3 | 1.15 | 1.16 | 10 | 2.18 | 2.41 |
| 4 | 1.46 | 1.49 | 11 | 2.23 | 2.48 |
| 5 | 1.67 | 1.75 | 12 | 2.28 | 2.55 |
| 6 | 1.82 | 1.94 | 13 | 2.33 | 2.61 |
| 7 | 1.94 | 2.10 | 14 | 2.37 | 2.66 |
| 8 | 2.03 | 2.22 | 15 | 2.41 | 2.70 |
| 9 | 2.11 | 2.32 | 16 | 2.56 | 2.88 |

## 第三节　滴定分析法概述

扫码“学一学”

**案例导入**

**案例：** 刘亮同学接到一份任务：用基准物质无水碳酸钠标定盐酸滴定液（0.1mol/L）的浓度。刘亮很纳闷，盐酸滴定液的浓度不是0.1mol/L吗？为什么还要标定？

**讨论：** 什么是基准物质？基准物质应该满足什么条件？什么是标定？盐酸滴定液（0.1mol/L）是什么意思？

### 一、基本概念和主要滴定方法

#### （一）基本概念

滴定分析法（也称容量分析）是将一种已知其准确浓度的试剂溶液（标准溶液或滴定液）滴加到被测组分的溶液中，直到所滴加的标准溶液与被测组分按照确定的化学计量关系完全反应为止。然后根据化学计量关系、标准溶液的浓度和消耗的体积，求得被测组分含量的分析方法。

通过滴定管将标准溶液滴加到被测组分溶液的操作过程称为滴定。当加入的标准溶液与被测定组分按照化学计量关系恰好完全反应时，就到达了化学计量点（即理论终点）。为了指示反应到达化学计量点，通常要加入一种在化学计量点附近有明显颜色变化的辅助试剂，这种辅助试剂称为指示剂。指示剂颜色发生突变时应立即停止滴定，称为滴定终点。指示剂往往不能恰好在化学计量点发生颜色变化，即化学计量点与滴定终点不能恰好一致，往往存在一定的误差，这一误差称为滴定误差。

### （二）主要滴定方法

按照滴定分析时所依据的化学反应不同，滴定分析方法主要包括酸碱滴定法、配位滴定法、氧化还原滴定法和沉淀滴定法。

**1. 酸碱滴定法** 以酸、碱之间质子传递反应为基础的一种滴定分析法。可用于测定酸、碱及其他能够与酸碱直接或间接发生反应的物质。

**2. 配位滴定法** 以配位反应为基础的一种滴定分析法。可以测定几乎所有的金属离子。

**3. 氧化还原滴定法** 以氧化还原反应为基础的一种滴定分析法。可用于测定氧化性物质、还原性物质及其他能间接发生反应的非氧化性或非还原性物质。

**4. 沉淀滴定法** 以沉淀反应为基础的滴定分析方法。可以测定银盐、卤化物、硫氰酸盐等。

## 二、基本条件和滴定方式

### （一）基本条件

化学反应有很多，但是能够用于滴定分析的化学反应必须具备以下条件。

1. 反应必须定量进行。滴定反应必须能按照化学反应方程式所示的计量关系定量地进行，没有副反应。

2. 反应必须进行完全。反应完全程度达到99.9%以上。

3. 反应速率要快。滴定反应最好能在瞬间定量完成。对于反应速率较慢的反应，可通过加热或加入催化剂等措施来加快反应速率。

4. 要有适宜的指示剂或其他简便可靠的方法确定终点。

### （二）主要滴定方式

滴定分析法的滴定方式主要包括直接滴定法、返滴定法、置换滴定法和间接滴定法。

**1. 直接滴定法** 用标准溶液直接滴定溶液中的待测组分，称为直接滴定法。例如 NaOH 作为标准溶液，直接滴定测定 HCl 的浓度。

直接滴定法是滴定分析中常用、最基本的滴定方式，操作简便、快速，引入的误差较小，测定结果比较准确。凡能满足上述滴定分析对化学反应要求的反应，都可以用直接滴定法。

**2. 返滴定法** 在待测试液中准确加入适当过量的标准溶液，待反应完全后，再用另一种标准溶液返滴剩余的第一种标准溶液。返滴定法适用于反应速度慢或反应物是固体，加入滴定剂后不能立即定量反应或没有适当指示剂的滴定反应。

例如大理石中 $CaCO_3$ 含量的测定，因 $CaCO_3$ 难溶于水，不宜采用直接滴定法进行测定。因而在测定时，可先加入过量的 HCl 标准溶液，待其与样品完全反应后，再用 NaOH 标准溶液滴定剩余的 HCl，根据所消耗的 NaOH 及 HCl 标准溶液的浓度和体积，即可计算出大理石中 $CaCO_3$ 的含量。

**3. 置换滴定法** 若被测物质与滴定剂不能完全按照化学反应方程式所示的计量关系定量反应，或伴有副反应时，可向试液中加入一种适当的化学试剂，使其与待测组分反应，并定量地置换出另一种可被滴定的物质，再用标准溶液滴定该生成物，然后根据滴定剂的消耗量以及反应生成的物质与待测组分的化学计量关系计算出待测组分的含量。

例如 $Na_2S_2O_3$浓度的标定实验，以 $K_2Cr_2O_7$作为基准物质，与过量 KI 发生氧化还原反应，先置换出单质 $I_2$，然后用 $Na_2S_2O_3$标准溶液滴定置换出的 $I_2$，从而求得 $Na_2S_2O_3$溶液的浓度。

**4. 间接滴定法** 被测定组分不能与标准溶液直接反应时，将样品通过一定的反应后，再用适当的标准溶液滴定反应物。

例如欲测定溶液中 $Ca^{2+}$，先让 $Ca^{2+}$ 与 $C_2O_4^{2-}$ 作用形成 $CaC_2O_4$沉淀，经过滤洗净后，加入 $H_2SO_4$使其溶解，以 $KMnO_4$为自身指示剂，$KMnO_4$作为标准溶液，滴定与 $Ca^{2+}$结合的 $C_2O_4^{2-}$，从而间接测定 $Ca^{2+}$的含量。

## 三、滴定液

### （一）滴定液的配制

在滴定分析中，滴定液的配制方法有两种：直接法和间接法。

扫码"看一看"

**1. 直接法** 精密称定一定量基准物质，溶解后定量转移到容量瓶中，稀释至刻度。根据所称基准物质的质量和溶液的体积，即可计算出滴定液的准确浓度。直接法配制滴定液的一般步骤，见图 5-3 所示。

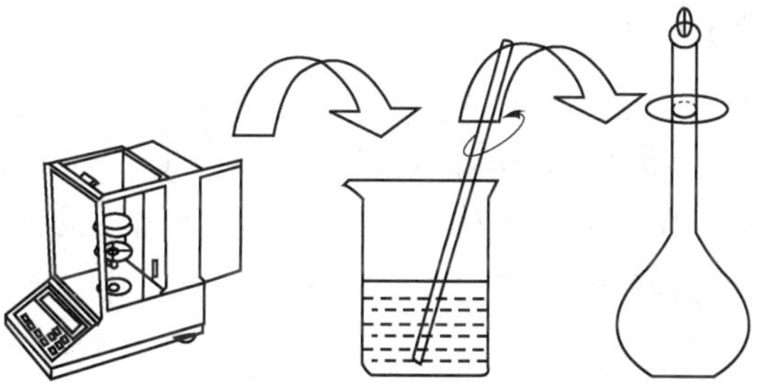

图 5－3　直接法配制滴定液的一般步骤

能用直接法配制滴定液的试剂必须是基准物质。基准物质应符合以下条件。

（1）试剂纯度高，纯度要求一般在 99.9% 以上。

（2）物质的组成与化学式完全相符。

（3）性质稳定，加热干燥时不分解，不易吸收空气中的水、二氧化碳和氧气等。

（4）摩尔质量较大，以减少称量误差。

常用的基准物质见表 5－3。

**表 5－3　常用的基准物质**

| 基准物质 | 化学式 | 干燥条件 | 标定对象 |
|---|---|---|---|
| 无水碳酸钠 | $Na_2CO_3$ | 270～300℃干燥至恒重 | 盐酸 |
| 邻苯二甲酸氢钾 | $KHC_6H_4(COO)_2$ | 105℃干燥至恒重 | 氢氧化钠、高氯酸 |
| 氯化钠 | NaCl | 110℃干燥至恒重 | 硝酸银 |
| 草酸钠 | $Na_2C_2O_4$ | 105℃干燥至恒重 | 高锰酸钾、硫酸铈 |
| 氧化锌 | ZnO | 约 800℃灼烧至恒重 | 乙二胺四醋酸二钠 |
| 重铬酸钾 | $K_2Cr_2O_7$ | 120℃干燥至恒重 | 硫代硫酸钠 |
| 苯甲酸 | $C_6H_5COOH$ | 在 $P_2O_5$干燥器中减压干燥至恒重 | 甲醇钠 |
| 对氨基苯磺酸 | $C_6H_4(NH_2)(SO_3H)$ | 120℃干燥至恒重 | 亚硝酸钠 |

**2. 间接法** 对于不符合基准物质条件的试剂，可采用间接法配制。通常先将试剂配制成所需近似浓度的溶液，再用另一种基准物质或另一种已知浓度的标准溶液与其反应，从而计算出该溶液的准确浓度，这个过程称为标定。因此间接法配制滴定液的方法又叫标定法。间接法配制溶液分为两步，即配制和标定。间接法配制滴定液的一般步骤见图5-4。

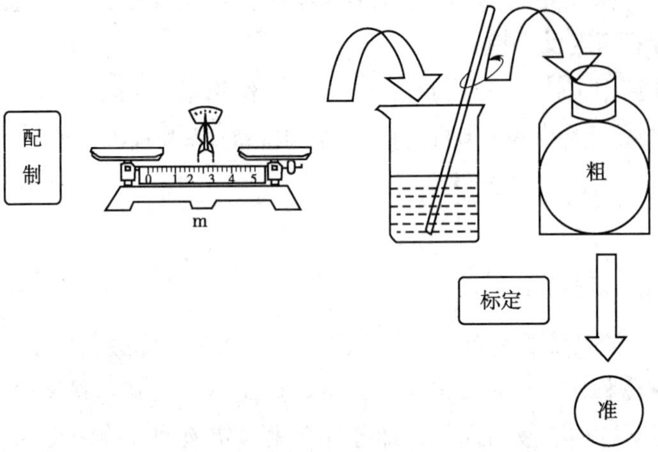


图5－4 间接法配制滴定液的一般步骤

溶液的标定方法通常有以下两种。

（1）用基准物质标定

1）称量法 精密称定几份基准物质，分别置于锥形瓶中，加适量溶剂溶解，然后用待标定溶液滴定。根据基准物质的质量和待标定标准溶液所消耗的体积，即可计算出待标定溶液的准确浓度。称量法标定待测溶液的一般步骤见图5-5。

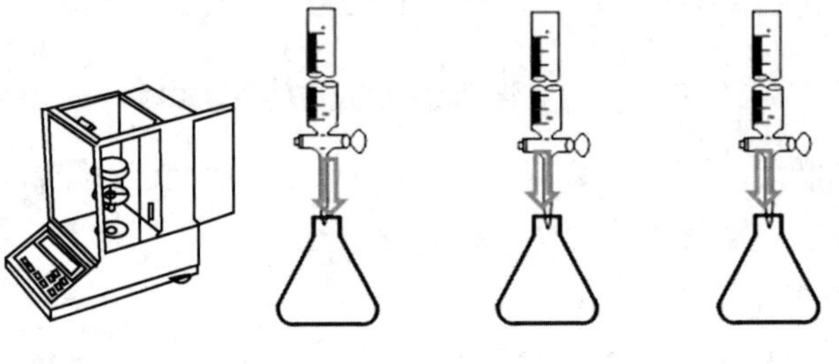

图5－5 称量法标定待测溶液的一般步骤

2）移液管法 精密称定一份基准物质于烧杯中，加适量溶剂溶解后，定量转移至容量瓶中，加溶剂稀释至刻度，摇匀。用移液管移取几份该溶液于锥形瓶中，用待标定溶液滴定，从而计算出待标定溶液的准确浓度。移液管标定待测溶液的一般步骤见图5-6。

上述两种方法各有优缺点。称量法的优点是称量的份数较多，偶然误差易发现，在实际工作中应用最多。移液管法的优点在于一次称取较多的基准物质，可作几次平行测定，即可节省称量时间，又可降低称量相对误差，但偶然误差不易发现。称量法和移液管法既适用于滴定液标定，又适用于样品中待测组分的测定。

（2）比较标定法 准确移取一定量的待标定溶液，用另外一种已知准确浓度的滴定液滴定；或准确移取一定量的滴定液，用待标定溶液滴定。根据两种溶液所消耗的体积和滴定液的浓度，即可计算出待标定溶液的浓度。这种标定待测溶液浓度的方法叫比较标定法。

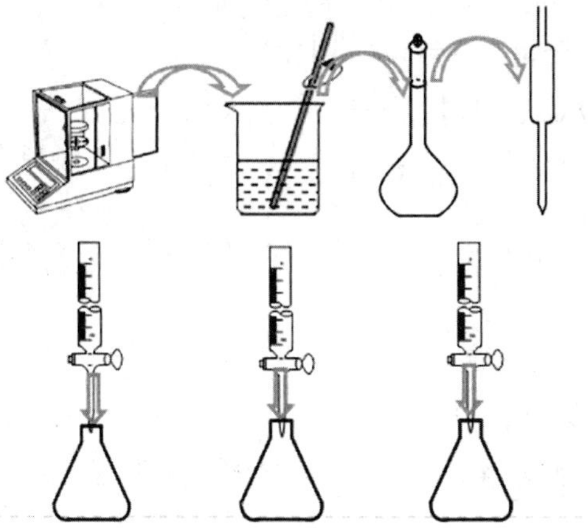

图 5－6　移液管法标定待测溶液的一般步骤

比较标定法操作简便，但在操作过程中引入了两次滴定误差。因此待测溶液一般用基准物质标定，且最好采用称量法。

### （二）滴定液浓度的表示方法

**1. 物质的量浓度**　单位体积（1L）溶液中所含溶质的物质的量（mol），用 $c_B$表示，单位为 mol/L。这是最常用的表示方法。

$$c_B = \frac{n_B}{V} \tag{5-11}$$

**2. 滴定度**　在滴定分析中，常用滴定度表示滴定液的浓度。滴定度是指每毫升（ml）B 标准溶液相当于被测组分 A 的质量（g），用 $T_{A/B}$表示，单位为 g/ml。

$$T_{A/B} = \frac{m_A}{V_B} \tag{5-12}$$

如 $T_{Na_2CO_3/HCl} = 0.005316$g/ml，表示每毫升该 HCl 溶液相当于 0.005316g $Na_2CO_3$。

## 四、滴定分析计算

### （一）滴定分析计算的依据

在滴定分析中，无论发生哪种反应，反应物之间都存在确定的化学计量关系，所以定量分析计算的依据就是物质的量之比规则。

对于一般的滴定反应

$$aA + bB \xlongequal{} cC + dD$$

当反应到达化学计量点时，各物质的量之比等于化学反应方程式中计量系数之比。即：

$$n_A : n_B = a : b \tag{5-13}$$

### （二）滴定分析计算的基本公式

对于溶液之间的反应，因为 $n = cV$，故上式可以转化为

$$c_A V_A : c_B V_B = a : b \tag{5-14}$$

若称取试样的质量为 $m_s$，则被测组分 A 的质量分数为：

$$\omega_A = \frac{m_A}{m_s} \times 100\% = \frac{\frac{a}{b} \times c_B V_B M_A}{m_s} \times 100\% \tag{5-15}$$

### （三）滴定分析计算示例

**例 4**　用浓度为 0.1030mol/L 的盐酸滴定 20.00ml 的氢氧化钠溶液，到达滴定终点时，

消耗盐酸溶液22.60ml，求该氢氧化钠溶液的物质的量浓度。

**解**：反应式为：$HCl + NaOH \longequal NaCl + H_2O$

化学计量关系：$n_{HCl} : n_{NaOH} = 1:1$

$$c_{HCl}V_{HCl} : c_{NaOH}V_{NaOH} = 1:1$$

$$c_{NaOH} = \frac{c_{HCl}V_{HCl}}{V_{NaOH}} = \frac{0.1030 \times 22.60}{20.00} = 0.1164\ (mol/L)$$

**例5** 用无水碳酸钠标定盐酸（0.1mol/L）溶液，精密称定无水碳酸钠0.4600g，溶解后稀释至100ml，然后用移液管移取25.00ml于锥形瓶中，用待标定的盐酸溶液滴定至终点时，消耗盐酸溶液的体积为20.42ml，计算该盐酸溶液的浓度。已知碳酸钠的摩尔质量为105.99g/mol。

**解**：反应式为：$2HCl + Na_2CO_3 \longequal 2NaCl + H_2O + CO_2$

化学计量关系：$n_{HCl} : n_{Na_2CO_3} = 2:1$

$$c_{HCl} = \frac{2 \times m_{Na_2CO_3}}{M_{Na_2CO_3}V_{HCl}} = \frac{2 \times \frac{25.00}{100.00} \times 0.4600}{105.99 \times 20.42 \times 10^{-3}} = 0.1063\ (mol/L)$$

**例6** 《中国药典》(2020年版) 规定，每1ml碘滴定液（0.05 mol/L）相当于0.008806 g维生素C，用上述碘滴定液滴定维生素C至终点时用去21.67 ml。则该维生素C的质量为多少?

**解**：$m_{Vc} = T_{Vc/I_2} \times V_{I_2} = 0.008806 \times 21.67 = 0.1908\ (g)$

## 重点小结

1. 定量分析的一般步骤是取样、预处理、测定、数据处理。

2. 定量分析误差包括系统误差和偶然误差。系统误差主要包括方法误差、试剂误差、仪器误差、主观误差。系统误差是可测的，可通过校准仪器、对照试验和空白试验等方法来减免。偶然误差不可预测，增加平行测定次数可减小偶然误差。在分析检验过程要做到避免或减少误差，提高分析结果的准确性。

3. 测定数据的精密度用偏差来表示，一般用平均偏差、相对平均偏差表示分析结果的精密度即可；但在分析项目要求较高时，则用标准偏差表示分析结果的精密度。

4. 在数据处理时，对可疑值进行取舍的方法很多，常用的方法有Q－检验法和G－检验法。

5. 在分析计算中，有效数字的位数应与分析天平或容量分析仪器的读数保持一致，遵循“四舍六入五留双”原则。运算规则的步骤一般是先修约、后计算，结果再修约。

6. 滴定分析法包括酸碱滴定法、配位滴定法、氧化还原滴定法和沉淀滴定法。滴定方式包括直接滴定法、返滴定法、置换滴定法和间接滴定法。

7. 基准物质应满足纯度高、组成与化学式相符、性质稳定和摩尔质量较大等条件。

8. 滴定液浓度的表示方法主要有物质的量浓度和滴定度。滴定液的配制方法有直接法和间接法两种。间接法通常将滴定液配成近似浓度溶液，再用基准物质标定，进而计算其准确浓度。

9. 滴定分析计算的依据是物质的量比规则。对于一般的滴定反应 aA + bB ══ cC + dD，

当反应达化学计量点时，满足 $n_A : n_B = a : b$。

对于溶液之间的反应，因为 $n = cV$，故上式可以转化为 $c_A V_A : c_B V_B = a : b$

若称取试样的质量为 $m_s$，则被测组分 A 的质量分数为：

$$\omega_A = \frac{m_A}{m_s} \times 100\% = \frac{\frac{a}{b} \times c_B V_B M_A}{m_s} \times 100\%$$

## 目标检测

扫码“练一练”

### 一、选择题

（一）单项选择题

1. 在滴定分析中一般利用指示剂颜色的突变来判断化学计量点的到达，在指示剂颜色突变时停止滴定，这一点称为（　　）

A. 化学计量点　B. 理论变色点　C. 滴定终点　D. 以上说法都可以

2. 做对照试验的目的是（　　）

A. 提高实验的精密度　B. 使标准偏差变小

C. 检查系统误差是否存在　D. 清除随机误差

3. 称取无水碳酸钠 0.232g，符合要求的称样量是（　　）

A. 0.232g　B. 0.2320g　C. 0.2315 ~ 0.2325g　D. 0.2316 ~ 0.2324g

4. 下列物质能用直接法配制标准溶液的是（　　）

A. $K_2Cr_2O_7$　B. $KMnO_4$　C. NaOH　D. HCl

5. 下面论述中正确的是（　　）

A. 精密度高，准确度一定高　B. 准确度高，一定要求精密度高

C. 精密度高，系统误差一定小　D. 分析中先要求准确度，其次才是精密度

6. 20ml 的移液管移出的溶液体积应记为（　　）

A. 20ml　B. 20.0ml　C. 20.00ml　D. 20.000ml

7. 在进行样品称量时，由于隔壁实验室在施工附近引起天平震动是属于（　　）

A. 系统误差　B. 偶然误差　C. 过失误差　D. 操作误差

8. 终点误差的产生是由于（　　）

A. 滴定终点与化学计量点不符　B. 滴定反应不完全

C. 样品不够纯净　D. 滴定管读数不准确

9. 现需要配制 0.1000mol/L $K_2Cr_2O_7$溶液，下列量器中最合适的是（　　）

A. 容量瓶　B. 量筒　C. 刻度烧杯　D. 酸式滴定管

10. 基准物质 NaCl 在使用前预处理方法为（　　），再放于干燥器中冷却至室温。

A. 在 105℃ 干燥至恒重　B. 在 270 ~ 300℃ 干燥至恒重

C. 在110℃干燥至恒重　　D. 在120℃干燥至恒重

11. 测定$CaCO_3$的含量时，加入一定量过量的HCl标准溶液与其完全反应，过量部分HCl用NaOH溶液滴定，此滴定方式属（　　）

A. 直接滴定方式　　B. 返滴定方式

C. 置换滴定方式　　D. 间接滴定方式

12. $T_{A/B}$表示的意义是（　　）

A. 1ml滴定液相当于被测物质的质量　　B. 1ml滴定液所含溶质的质量

C. 1L滴定液相当于被测物质的质量　　D. 1L滴定液所含溶质的质量

13. 用间接法配制溶液，确定其准确浓度的操作过程称为（　　）

A. 测定　　B. 定容　　C. 标定　　D. 滴定

14. 用直接法配制滴定液，一定选用的量器是（　　）

A. 烧杯　　B. 量筒　　C. 锥形瓶　　D. 容量瓶

15. 精密量取50ml溶液，用下列哪种仪器（　　）

A. 量筒　　B. 量杯　　C. 小烧杯　　D. 移液管

16. 盐酸滴定液的浓度是（　　）

A. 0.1mol/L　　B. 0.10mol/L　　C. 0.100mol/L　　D. 0.1000mol/L

17. 如果没有基准物质，只能用何种方法配制滴定液（　　）

A. 多次称量配制法　　B. 容量瓶配制法　　C. 直接配制法　　D. 间接配制法

18. 已知准确浓度的试剂溶液称为（　　）

A. 分析纯试剂　　B. 标定溶液　　C. 滴定液　　D. 基准试剂

19. 物质的量浓度单位常用（　　）

A. mol/L　　B. M/L　　C. g/L　　D. g/ml

20. 用于准确移取一定体积溶液的量器是（　　）

A. 移液管　　B. 滴定管　　C. 容量瓶　　D. 锥形瓶

（二）多项选择题

1. 间接法配制溶液所用仪器应选择（　　）

A. 分析天平　　B. 粗天平　　C. 量筒　　D. 试剂瓶　　E. 烧杯

2. 不能用直接法配制滴定液的是（　　）

A. NaCl　　B. NaOH　　C. EDTA　　D. $KMnO_4$　　E. HCl

3. 滴定液的标定方法有（　　）

A. 容量瓶标定法　　B. 基准物质标定法　　C. 移液管标定法

D. 比较标定法　　E. 称量标定法

4. 属于系统误差的是（　　）

A. 方法误差　　B. 仪器误差　　C. 试剂误差　　D. 主观误差　　E. 随机误差

5. 取样应满足（　　）

A. 真实性　　B. 代表性　　C. 科学性　　D. 均匀　　E. 合理

6. 检验原始记录一定要保持（　　）

A. 真实性　　B. 原始性　　C. 完整性　　D. 规范性　　E. 清晰性

7. 完成一项分析任务，通常包括以下哪些程序（　　）

A. 取样　　B. 预处理　　C. 测定　　D. 数据处理　　E. 形成检验报告

**二、计算题**

1. 某分析者测定维生素C的含量，所得分析结果分别为99.14%、99.11%、99.12%、99.16%。计算分析结果的平均值、平均偏差、相对平均偏差、标准偏差和相对标准偏差。

2. 滴定25.00ml氢氧化钠溶液，消耗0.1000mol/L的硫酸溶液24.20ml，求该氢氧化钠溶液的物质的量浓度。

3. 用0.1056mol/L的盐酸溶液测定某样品中碳酸钠的质量分数，称取0.3242g样品，消耗了24.38ml盐酸溶液，求样品中碳酸钠的质量分数。已知碳酸钠的摩尔质量为105.99g/mol。

4. 称取碳酸钙试样0.2500g，溶解于25.00ml 0.2006mol/L的盐酸溶液中，过量的盐酸用15.50ml 0.2050mol/L的氢氧化钠溶液进行返滴定，求此试样中碳酸钙的质量分数。已知碳酸钙的摩尔质量为100.09g/mol。

（董会钰　潘立新）

第六章

# 酸碱平衡与酸碱滴定法

## 学习目标

知识要求 **1. 掌握** 酸碱质子理论中酸碱的定义；弱酸弱碱的解离平衡，共轭酸碱对中 $K_a$ 和 $K_b$ 的关系；酸碱滴定液的配制和标定；非水溶液的酸碱滴定原理。

**2. 熟悉** 酸碱质子理论中酸碱反应的实质和酸碱的强弱；同离子效应和盐效应，缓冲溶液的缓冲能力比较；酸碱滴定的应用。

**3. 了解** 酸碱电离理论与酸碱质子理论的差别。

技能要求 1. 能根据酸碱质子理论判断不同溶液酸碱性的强弱。

2. 会进行各类酸、碱溶液 pH 的计算，会根据酸碱滴定类型合理选择指示剂；能熟练进行一元强酸与强碱的滴定。

3. 能熟练配制常见 pH 值的缓冲溶液；会分析缓冲溶液的缓冲容量。

酸碱性是食品、药品常见的理化性质之一，酸碱反应也是食品、药品中常见的化学反应。许多食品、药品在制备、分离提取、分析检验等过程中都会应用到酸碱反应。以酸碱反应为基础的酸碱滴定法应用相当广泛。

扫码“学一学”

## 第一节　酸碱质子理论

### 案例导入

**案例：**局部麻醉药普鲁卡因，在水中的溶解度较小，常利用它的碱性把它制成普鲁卡因盐酸盐，成盐后易溶于水便于制成注射液。

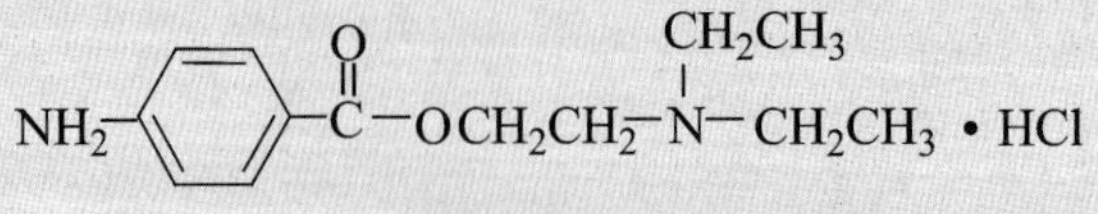

盐酸普鲁卡因

**讨论：**普鲁卡因分子结构中并没有 $OH^-$，那么它的碱性是怎么来的呢？究竟什么是酸？什么是碱呢？

最初人们对酸碱的认识比较简单，把有酸味、能使蓝色石蕊变红的物质称作酸，把有涩味、能使红色石蕊变蓝的物质称作碱。1887 年，瑞典化学家阿伦尼乌斯提出了酸碱的电离理论，提出凡是在水溶液中解离出的阳离子都是 $H^+$ 的物质是酸。如：HCl、$HNO_3$、$H_2SO_4$、$H_3PO_4$、$H_2CO_3$等属于酸；在水溶液中解离出的阴离子都是 $OH^-$ 的物质是碱。如：NaOH、KOH、Ba（OH）$_2$、$NH_3 \cdot H_2O$ 等属于碱。盐是酸碱中和反应的产物。酸碱电离理论明确指出 $H^+$是酸的特征，$OH^-$是碱的特征。酸碱中和反应就是 $H^+$与 $OH^-$作用生成 $H_2O$ 的反应。

酸碱电离理论对科学发展起了积极作用，直到现在仍然普遍使用。但也存在一些不足之处。不能解释一些不含氢离子和氢氧根离子物质的酸碱性，如 $Na_2CO_3$显碱性，$NH_4Cl$ 显酸性等；也无法解释非水溶液中的酸碱反应。为了克服这一局限性，1923 年，丹麦化学家布朗斯特和英国化学家劳瑞分别提出了酸碱的质子理论，将酸碱的适用范围扩展到了非水体系及无溶剂体系。

## 一、酸碱的定义

酸碱质子理论认为：凡能给出质子（$H^+$）的分子或离子都是酸，凡能接受质子（$H^+$）的分子或离子都是碱。例如 HCl、HAc（醋酸）、$NH_4^+$、$H_2CO_3$、$H_3O^+$、$H_2O$ 能够给出质子，都是酸；$Cl^-$、$Ac^-$、$NH_3$、$CO_3^{2-}$、$OH^-$能够接受质子，都是碱。酸碱质子理论扩大了酸碱的范围，认为分子、阳离子或阴离子都可以作为酸或碱。有些物质如 $H_2O$、$HS^-$、$H_2PO_4^-$、$HCO_3^-$ 等既可以给出质子，也可以接受质子，这类物质称为两性物质。

根据酸碱质子理论，酸给出质子以后就成为碱，碱接受质子以后就成为酸。可见酸和碱并不是孤立的，而是相互依存的，这种关系称为共轭关系，可表示为：

$$\text{酸} \rightleftharpoons \text{质子} + \text{碱}$$

$$HCl \rightleftharpoons H^+ + Cl^-$$

$$H_2CO_3 \rightleftharpoons H^+ + HCO_3^-$$

$$HCO_3^- \rightleftharpoons H^+ + CO_3^{2-}$$

$$NH_4^+ \rightleftharpoons H^+ + NH_3$$

$$H_2O \rightleftharpoons H^+ + OH^-$$

以上这些方程式中左边的酸比右边相应的碱多一个质子，我们将化学组成上仅相差一个 $H^+$的一对酸碱称为共轭酸碱对。例如 $H_2PO_4{}^-$既可以作为 $HPO_4{}^{2-}$的共轭酸，也可以作为 $H_3PO_4$的共轭碱。

### 课堂互动

用酸碱质子理论判断下列物质哪些是酸、碱或是两性物质？

$CO_3^{2-}$、$HPO_4^{2-}$、$H_3O^+$、$HS^-$、$NO_3^-$、$OH^-$、$Cl^-$、$HCO_3^-$

## 二、酸碱的强弱

酸碱在溶剂中给出或接受质子（$H^+$）能力的大小体现酸碱的强弱。HCl 给出 $H^+$的能力大于 HAc，则 HCl 的酸性强，而 $Ac^-$ 接受 $H^+$ 的能力大于 $Cl^-$，所以 $Ac^-$ 的碱性强。在一对共轭酸碱对中，共轭酸的酸性越强，其共轭碱的碱性就越弱。

酸碱的强弱除与自身性质有关之外，还与溶剂的性质有关。同一物质在不同溶剂中体现的酸碱性强弱是不同的。HAc 在水中是弱酸，而在液氨中则呈强酸性，主要是因为 $NH_3$ 接受质子的能力比水更强，从而使 HAc 更容易给出质子，体现强酸性。$NH_3$ 在水中是弱碱，在冰醋酸中则是强碱，因为冰醋酸给出质子的能力大于水，使 $NH_3$ 更容易接受质子。所以弱酸在碱性溶液中酸性会增强，而弱碱在酸性溶液中碱性会增强。

$$\underset{\text{(强酸)}}{HAc} + NH_3\ (l) \rightleftharpoons NH_4^+ + Ac^-$$

HAc 在液态 HF 中表现出碱性，是因为液态 HF 给出 $H^+$ 的能力强于 HAc，HAc 只能获得 $H^+$ 作为碱。解离平衡表达式为：

$$\underset{\text{(碱)}}{HAc} + HF \rightleftharpoons H_2Ac^+ + F^-$$

物质酸碱性的强弱受到溶剂本身酸碱性的影响，“强能变弱，弱能变强，酸能变碱，碱能变酸”，这是区别于酸碱电离理论的一个重要特征。

## 三、酸碱反应的实质

酸碱质子理论认为，酸不能自动给出 $H^+$，必须要同时存在另一个碱接受酸的 $H^+$，酸才能转化为共轭碱；同样碱必须要从另一个酸中获得 $H^+$ 才能转化为共轭酸，所以共轭酸碱对的半反应不能单独存在。如酸、碱的解离，需要水的参与：

$$\underset{\text{酸(1)}}{HAc} + \underset{\text{碱(2)}}{H_2O} \rightleftharpoons \underset{\text{碱(1)}}{Ac^-} + \underset{\text{酸(2)}}{H_3O^+}$$

$$\underset{\text{碱(1)}}{NH_3} + \underset{\text{酸(2)}}{H_2O} \rightleftharpoons \underset{\text{酸(1)}}{NH_4^+} + \underset{\text{碱(2)}}{OH^-}$$

酸或碱要表现自身的酸（碱）性，必须同时存在另一个碱或酸才行，这是区别于酸碱电离理论的另一个重要特征。如 $NH_4Cl$ 的“水解”实际就是 $NH_4^+$ 和水分子之间的 $H^+$ 转移，而 $Cl^-$ 没有参与解离平衡。

酸碱质子理论认为，酸碱反应的实质就是两对共轭酸碱对之间的质子转移。如在非水体系中 $NH_3(g)$ 和 $HCl(g)$ 的反应：

$$HCl(g) + NH_3(g) \rightleftharpoons Cl^- + NH_4^+$$

上述反应有两对共轭酸碱对，其中 $HCl(g)$ 作为酸给出质子转变成它的共轭碱 $Cl^-$，而碱 $NH_3(g)$ 接受质子转变成它的共轭酸 $NH_4^+$，这样质子从其中一对共轭酸碱对中的酸 $HCl(g)$ 传递给另一对共轭酸碱对的碱 $NH_3(g)$，体现了两对共轭酸碱对之间的质子转移。这样的转移既可以在水溶液中进行，也可以在非水溶液或无溶剂条件下进行。

### 拓展阅读

酸碱质子理论发展了酸碱的概念，但仍然局限在只有质子转移的反应上。1923年，美国物理化学家 Lewis 又提出了一个新的酸碱理论："凡能够接受电子对的物质称作酸，能够给出电子对的物质称作碱。"如 $H^+$、$Na^+$、$BF_3$等均可以接受电子对就是酸；$OH^-$、$CN^-$、$F^-$等均可以给出电子对就是碱。

按照这一理论，几乎所有的阳离子都能起到酸的作用，阴离子都能起到碱的作用，适用面更加广阔。20 世纪 60 年代，人们又在此基础上根据酸碱得失电子对的难易程度，将酸分为硬酸、软酸，碱分为硬碱、软碱，并总结出一个软硬酸碱理论。

## 第二节 酸碱平衡

扫码"学一学"

### 案例导入

**案例**：成年人的消化能力要比婴儿强大的多，一个重要的原因就是成年人的胃液 pH 在 0.9~1.5 之间，而婴儿的胃液 pH 只有 5.0，相差近 4 个单位，也就是说成年人胃液中 $[H^+]$是婴儿的 10000 倍！强大的酸性能充分分解食物中的组织和纤维，因此成年人对食物的摄取范围更广，一些婴儿难消化的食物对成年人来说也不在话下。

**讨论**：为什么说 pH 相差近 4 个单位，$[H^+]$ 相差 10000 倍呢？体现溶液酸碱性的 pH 值是如何定义的？对于不同溶液的 pH 应该如何计算？

### 一、水的解离平衡和溶液的酸碱性

#### （一）水的解离平衡

酸碱质子理论认为水是两性物质，因此水分子之间也会发生质子转移：

$$H_2O + H_2O \rightleftharpoons H_3O^+ + OH^-$$

这个反应称为水的质子自递反应。在一定温度时上述反应达到平衡，其平衡常数 $K_i$ 可表达为：

$$K_i = \frac{[H_3O^+][OH^-]}{[H_2O][H_2O]}$$

在纯水或稀溶液中 $[H_2O]$ 一般看成常数，可与 $K_i$ 合并得到新的常数 $K_w$，另外 $[H_3O^+]$ 可以简化为 $[H^+]$，所以上式最终转化为：

$$K_w = [H^+][OH^-] \qquad (6-1)$$

$K_w$ 称为水的离子积常数，简称水的离子积。实验测得 298.15K 时，1L 纯水中有 $10^{-7}$mol 水分子发生解离，此温度下 $[H^+] = [OH^-] = 10^{-7}$mol/L，所以 $K_w = 1.0 \times 10^{-14}$。因为水的质子自递反应是吸热反应，所以水的离子积 $K_w$ 会随着温度的升高而增大（见表 6-1）。当温度保持恒定，水的离子积 $K_w$ 是一个常数。通常未做具体说明时，一般都认为是

298.15K 时的水溶液。

表 6－1　不同温度时水的离子积常数

| $T/K$ | 273 | 283 | 293 | 298.15 | 323 |
|---|---|---|---|---|---|
| $K_w$ | $1.153\times10^{-15}$ | $2.915\times10^{-15}$ | $6.871\times10^{-15}$ | $1.012\times10^{-14}$ | $5.309\times10^{-14}$ |

$K_w$不仅适用于纯水，也适用于所有稀水溶液。

**（二）溶液的酸碱性**

$K_w$反映了一定温度下水溶液中 $H^+$ 和 $OH^-$ 之间浓度的关系。任何水溶液中 $H^+$ 和 $OH^-$ 都是同时存在的，它们的值可以很小，但不会为零。

根据［$H^+$］和［$OH^-$］的相对大小，将溶液分为中性、酸性和碱性溶液。很多化学反应和绝大多数生理现象都在 $H^+$ 浓度非常小的情况下进行，此时采用 pH 来表示溶液的酸碱性就比较方便。pH 是溶液中［$H^+$］的负对数，表达为：

$$pH = -\lg[H^+] \tag{6-2}$$

当［$H^+$］=［$OH^-$］$=10^{-7}$mol/L 时，则 pH＝7，溶液呈中性；

当［$H^+$］>［$OH^-$］，即［$H^+$］$>10^{-7}$mol/L 时，则 pH<7，溶液呈酸性；

当［$OH^-$］>［$H^+$］，即［$H^+$］$<10^{-7}$mol/L 时，则 pH>7，溶液呈碱性；

也可以采用 pOH 来表示溶液的酸碱性。pOH 是溶液中［$OH^-$］的负对数，表达为：

$$pOH = -\lg[OH^-] \tag{6-3}$$

pH 和 pOH 的使用范围一般在 0～14 之间，取值超过该范围则直接使用浓度表示更加方便。在 298.15K 时的水溶液中，由于存在［$H^+$］［$OH^-$］$=10^{-14}$的关系，两边取负对数后可得：

$$pH + pOH = 14 \tag{6-4}$$

**课堂互动**

将 pH＝12 和 pH＝3 的两种溶液等体积混合后，计算其 pH 为多少？如果 pH＝12 和 pH＝3 的两种溶液按照体积比 1∶10 混合，则 pH 又为多少？

扫码“读一读”

## 二、弱酸、弱碱的解离平衡

常见的弱酸、弱碱都是弱电解质，弱电解质在水溶液中只能部分发生解离。

**（一）解离平衡和解离常数**

**1. 一元弱酸、弱碱的解离平衡**　弱电解质在水溶液中发生部分解离，溶液中存在大量未解离的弱电解质分子和少量已解离的离子。凡能给出或接受 1 个质子的弱电解质称为一元弱酸或弱碱，如 HAc 是一元弱酸，在水溶液中的解离为：

$$HAc + H_2O \rightleftharpoons Ac^- + H_3O^+$$

简写为：

$$HAc \rightleftharpoons Ac^- + H^+$$

HAc 分子在水分子的作用下解离成 $H^+$ 和 $Ac^-$ 离子，同时 $Ac^-$ 又和 $H^+$ 相互结合生成 HAc 分子。在一定温度下，解离过程中的正、逆反应速率相等后达到动态平衡，称为解离平衡。

解离平衡也是一种化学平衡，遵循化学平衡的原理。通常弱酸的解离平衡常数用 $K_a$ 表示，弱碱的解离平衡常数用 $K_b$ 表示，所以 HAc 的解离常数 $K_a$ 表达式为：

$$K_a=\frac{[H^+][Ac^-]}{[HAc]}$$

式中，$[H^+]$、$[Ac^-]$ 和 $[HAc]$ 均表示平衡浓度。可以看出，当 $K_a$ 越大，酸给出的 $H^+$ 就越多，酸性就越强。

对于一元弱碱 $NH_3$ 在水溶液中存在以下解离平衡：

$$NH_3+H_2O \rightleftharpoons NH_4^+ + OH^-$$

所以 $NH_3$ 的解离常数 $K_b$ 表达为：

$$K_b=\frac{[NH_4^+][OH^-]}{[NH_3]}$$

同样 $K_b$ 越大，碱接受的 $H^+$ 就越多，碱性就越强。附录四列出了常见弱酸和弱碱在水中的解离常数。

**2. 多元弱酸、弱碱的解离平衡** 凡能给出或接受 2 个及以上质子的弱电解质称为多元弱酸或弱碱。如 $H_2CO_3$ 是多元弱酸，解离分两步进行，每步解离都有相应的解离常数，用 $K_{a_1}$、$K_{a_2}$ 表示。

$$H_2CO_3 \rightleftharpoons H^+ + HCO_3^- \qquad K_{a_1}=\frac{[H^+][HCO_3^-]}{[H_2CO_3]}=4.30\times10^{-7}$$

$$HCO_3^- \rightleftharpoons H^+ + CO_3^{2-} \qquad K_{a_2}=\frac{[H^+][CO_3^{2-}]}{[HCO_3^-]}=5.61\times10^{-11}$$

很明显 $H_2CO_3$ 的 $K_{a_1}$ 远大于 $K_{a_2}$，因此在 $H_2CO_3$ 水溶液中，$H^+$ 主要来源于第一步解离平衡。根据第一步解离平衡方程式可以得到 $[H^+]\approx[HCO_3^-]$，该关系代入 $K_{a_2}$ 的表达式中可以得到 $K_{a_2}\approx[CO_3^{2-}]$。同样对于其他多元弱酸而言 $H^+$ 大多也来源于第一步解离平衡。

多元弱碱如 $Na_2S$，在水溶液中的解离也是分两步进行的，对应的解离常数用 $K_{b_1}$、$K_{b_2}$ 表示。$Na_2S$ 接受的 $H^+$ 主要来源于第一步解离平衡，同样对于其他多元弱碱 $Na_2CO_3$、$Na_3PO_4$ 等也是如此。

解离平衡 $K_a$、$K_b$ 与化学平衡常数一样，与温度有关，而与浓度无关。

**（二）解离常数与解离度的关系**

在一定温度下，弱电解质在水溶液中达到解离平衡时，已经解离的弱电解质分子数目与解离前该弱电解质分子总数之比，称为解离度，常用 $\alpha$ 表示。

$$\alpha=\frac{\text{已解离的分子数}}{\text{电解质分子总数}}\times100\% \qquad (6-5)$$

解离度能表示电解质的强弱。对于相同浓度的不同弱电解质而言，电解质越弱，解离度越小。

解离常数和解离度都可以表示弱电解质的相对强弱，但表达的角度不同，两者既有联系也有区别，以 HAc 的解离平衡为例来说明。

| | $HAc \rightleftharpoons$ | $Ac^-$ | $+H^+$ |
|---|---|---|---|
| 起始浓度 | $c$ | 0 | 0 |
| 平衡浓度 | $c(1-\alpha)$ | $c\alpha$ | $c\alpha$ |

得出解离常数：$K_a=\frac{c\alpha\times c\alpha}{c\ (1-\alpha)}=\frac{c\alpha^2}{1-\alpha}$

弱电解质的解离度 $\alpha$ 通常很小，因此 $1-\alpha\approx1$，所以上式可化简为：

$$K_a=c\alpha^2\ 或\ \alpha=\sqrt{\frac{K_a}{c}} \tag{6-6}$$

该公式反映了 HAc 的解离常数和解离度之间的联系，表明浓度不变时，解离度与解离常数的平方根成正比。

解离常数和解离度的区别在于，解离常数不受浓度的影响，只随温度的变化而变化。而解离度则与浓度的平方根成反比。

**表 6-2　不同浓度 HAc 溶液的解离常数和解离度（298.15K）**

| 浓度（mol/L） | 解离常数 $K_a$ | 解离度 $\alpha$（%） |
| --- | --- | --- |
| 0.001 | $1.76\times10^{-5}$ | 12.4 |
| 0.1 | $1.76\times10^{-5}$ | 1.33 |
| 0.2 | $1.76\times10^{-5}$ | 0.934 |

表 6-2 列出了 298.15 K 时不同浓度 HAc 溶液的解离常数和解离度，可以看出解离常数不变而解离度随浓度变化而发生变化。

对于 $NH_3\cdot H_2O$ 而言，其解离度的公式为：

$$K_b=c\alpha^2\ 或\ \alpha=\sqrt{\frac{K_b}{c}} \tag{6-7}$$

**课堂互动**

讨论：为什么弱电解质的浓度越小，解离度反而越大？ 解离常数明明是解离平衡时生成物和反应物浓度幂的比值，却和浓度无关？

## 三、共轭酸碱对的 $K_a$ 与 $K_b$ 的关系

共轭酸碱对中的酸和碱通过一个质子相互转化，对应的 $K_a$ 和 $K_b$ 也存在相应的联系。如共轭酸碱对 $HAc-Ac^-$，在水溶液中的解离平衡分别为：

$$HAc \rightleftharpoons Ac^- + H^+ \qquad K_a=\frac{[H^+][Ac^-]}{[HAc]}$$

$$Ac^- + H_2O \rightleftharpoons HAc + OH^- \qquad K_b=\frac{[HAc][OH^-]}{[Ac^-]}$$

将 $K_a$ 和 $K_b$ 相乘可得：

$$K_aK_b=[H^+][OH^-]=K_w \tag{6-8}$$

在水溶液中任何一对共轭酸碱对都存在 $K_a\ K_b=K_w$ 的关系，因此共轭酸的酸性越强，对应共轭碱的碱性就越弱，反之亦然。在 298.15K 时，对式（6-8）两边取负对数可得：

$$pK_a+pK_b=14 \tag{6-9}$$

对于多元弱酸、弱碱所形成的共轭酸碱对，如 $H_2CO_3-HCO_3^-$、$HCO_3^--CO_3^{2-}$，存在的关系为 $K_{a_1}\ K_{b_2}=K_{a_2}\ K_{b_1}=K_w$；如 $H_3PO_4-H_2PO_4^-$、$H_2PO_4^--HPO_4^{2-}$、$HPO_4^{2-}-PO_4^{3-}$，存在

的关系为 $K_{a_1}K_{b_3}=K_{a_2}K_{b_2}=K_{a_3}K_{b_1}=K_w$。

**例 1** 已知 298.15K 时，HAc 的 $K_a=1.76\times10^{-5}$，计算 $Ac^-$ 的 $K_b$。

**解**：$Ac^-$ 是 HAc 的共轭碱，因为存在 $K_aK_b=K_w$ 的关系，所以 $Ac^-$ 的 $K_b$ 为：

$$K_b=\frac{K_w}{K_a}=\frac{1.0\times10^{-14}}{1.76\times10^{-5}}\approx5.68\times10^{-10}$$

### 课堂互动

已知 298.15K 时 $H_3PO_4$ 的 $K_{a_1}=7.52\times10^{-3}$、$K_{a_2}=6.23\times10^{-8}$、$K_{a_3}=2.2\times10^{-13}$，计算 $PO_4^{3-}$ 的 $K_{b3}$。

## 四、同离子效应和盐效应

### （一）同离子效应

当外界条件改变时，弱电解质的解离平衡会发生移动从而达到新的平衡状态。如在 HAc 水溶液中加入含相同离子的强电解质 NaAc，由于 NaAc 的完全解离，使溶液中 $Ac^-$ 浓度增加，解离平衡向左移动，导致 HAc 的解离度减小。

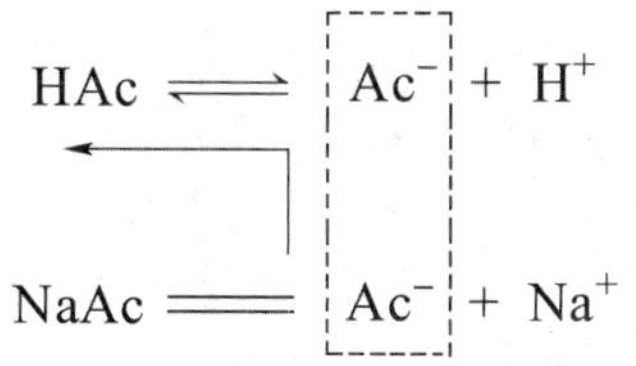


在弱电解质的水溶液中加入与其具有相同离子的强电解质，导致弱电解质的解离度减小的现象，称为同离子效应。

同样在 HAc 水溶液中加入 HCl，在氨水中加入 $NH_4Cl$ 等，均会产生同离子效应，导致 HAc、氨水的解离度减小。同离子效应可用于配制缓冲溶液，也可用来控制溶液中某种离子的浓度。

### （二）盐效应

在弱电解质的水溶液中加入与其没有相同离子的强电解质，使弱电解质的解离度略增大的现象，称为盐效应。如在 HAc 水溶液中加入强电解质 NaCl，溶液中离子的总浓度增大，阴阳离子间的相互吸引增强，导致 $H^+$ 和 $Ac^-$ 结合生成 HAc 的速率降低，解离平衡向右移动，结果使 HAc 的解离度增大。

离子效应与盐效应的作用相反，产生同离子效应的同时，必然伴随着盐效应。但同离子效应远大于盐效应，因此在离子浓度较小的溶液中通常忽略盐效应的影响，但不论哪种效应都不影响解离常数。

## 五、酸碱溶液 pH 的计算

强酸、强碱在水溶液中是完全解离的，在其浓度不是特别小时给出的 $H^+$ 或 $OH^-$ 浓度远大于水的质子自递反应给出的浓度，并且存在同离子效应抑制水的解离，因此可利用强酸或强碱自身的浓度来直接计算 pH 或 pOH，而将水解离产生的 $H^+$ 或 $OH^-$ 忽略。

**例 2** 计算 0.0010mol/L HCl 溶液的 pH。

**解**：作为强电解质，HCl的浓度就是溶液中 $H^+$ 的浓度，所以 $[H^+]=0.0010mol/L$，可得：

$$pH=-\lg 0.0010=3.0$$

但弱酸、弱碱由于存在解离平衡导致pH计算较为复杂，通常采用近似处理。

**（一）一元弱酸、弱碱的pH计算**

在一元弱酸或弱碱的水溶液中，同时存在弱电解质的解离平衡和水的质子自递平衡，两者对 $H^+$ 或 $OH^-$ 浓度均有影响。通常当 $cK_a \geq 20K_w$ 时，水的质子自递平衡可以忽略。

设一元弱酸HA溶液的起始浓度为c，解离平衡表达为：

| | HA ⇌ | $A^+$ | + $H^+$ |
|---|---|---|---|
| 起始浓度 | c | 0 | 0 |
| 平衡浓度 | $c-[H^+]$ | $[H^+]$ | $[H^+]$ |

解离常数为：$K_a=\dfrac{[H^+][A^-]}{[HA]}=\dfrac{[H^+]^2}{c-[H^+]}$

当 $\dfrac{c}{K_a}\geq 500$ 时，解离平衡产生的 $[H^+]$ 远小于HA的起始浓度c，因此可以将 $c-[H^+]\approx c$，所以HA的解离常数简化为：

$$K_a=\frac{[H^+]^2}{c}$$

即当满足 $cK_a \geq 20K_w$，$\dfrac{c}{K_a}\geq 500$ 时，一元弱酸溶液中 $[H^+]$ 计算的最简式为：

$$[H^+]=\sqrt{K_a c} \tag{6-10}$$

同样对于一元弱碱，当满足 $cK_b \geq 20K_w$，$\dfrac{c}{K_b}\geq 500$ 时，$[OH^-]$ 计算的最简式为：

$$[OH^-]=\sqrt{K_b c} \tag{6-11}$$

**例3** 计算0.10mol/L HAc溶液的pH。（HAc的 $K_a=1.76\times 10^{-5}$）

**解**：由题意得出 $cK_a=0.10\times 1.76\times 10^{-5}>20K_w$，$\dfrac{c}{K_a}=\dfrac{0.10}{1.76\times 10^{-5}}>500$，则：

$$[H^+]=\sqrt{K_a c}=\sqrt{1.76\times 10^{-5}\times 0.10}\approx 1.33\times 10^{-3}\ (mol/L)$$

$$pH=-\lg[H^+]=-\lg 1.33\times 10^{-3}\approx 2.88$$

**例4** 计算0.20mol/L $NH_3$溶液的pH。（$NH_3$的 $K_b=1.76\times 10^{-5}$）

**解**：由题意得出 $cK_b=0.20\times 1.76\times 10^{-5}>20K_w$，$\dfrac{c}{K_b}=\dfrac{0.20}{1.76\times 10^{-5}}>500$，则：

$$[OH^-]=\sqrt{K_b c}=\sqrt{1.76\times 10^{-5}\times 0.20}\approx 1.88\times 10^{-3}\ (mol/L)$$

$$pH=-\lg\frac{K_w}{[OH^-]}=-\lg\frac{1.0\times 10^{-14}}{1.88\times 10^{-3}}\approx 11.27$$

**（二）多元弱酸、弱碱的pH计算**

在多元弱酸或弱碱的水溶液中，由于 $H^+$ 或 $OH^-$ 浓度主要来自于第一步解离，所以多元弱酸或弱碱的pH计算，可近似按照一元弱酸或弱碱进行处理。

多元弱酸溶液中，当满足 $cK_{a_1}\geq 20K_w$，$\dfrac{c}{K_{a_1}}\geq 500$ 时，$[H^+]$ 的计算公式为：

$$[H^+] = \sqrt{K_{a1}c} \qquad (6-12)$$

同样对于多元弱碱，当满足 $cK_{b_1} \geqslant 20K_w$，$\frac{c}{K_{b_1}} \geqslant 500$ 时，$[OH^-]$ 的计算公式为：

$$[OH^-] = \sqrt{K_{b_1}c} \qquad (6-13)$$

**例5** 计算 0.01mol/L $H_2CO_3$ 溶液的 pH、$[HCO_3^-]$、$[CO_3^{2-}]$ 各为多少？（$H_2CO_3$ 的 $K_{a_1} = 4.30 \times 10^{-7}$，$K_{a_2} = 5.61 \times 10^{-11}$）

解：由题意得出 $cK_{a_1} = 0.01 \times 4.30 \times 10^{-7} > 20K_w$，$\frac{c}{K_{a_1}} = \frac{0.01}{4.30 \times 10^{-7}} > 500$，则：

$$[H^+] = \sqrt{K_{a_1}c} = \sqrt{4.30 \times 10^{-7} \times 0.01} \approx 6.56 \times 10^{-5} \ (mol/L)$$

$$pH = -\lg[H^+] = -\lg 6.56 \times 10^{-5} \approx 4.18$$

另外在 $H_2CO_3$ 溶液中，存在 $[H^+] \approx [HCO_3^-]$、$K_{a_2} \approx [CO_3^{2-}]$ 两个近似关系，因此：

$$[HCO_3^-] = 6.56 \times 10^{-5} \ (mol/L) \qquad [CO_3^{2-}] = 5.61 \times 10^{-11} \ (mol/L)$$

### （三）两性物质的 pH 计算

对于 $NaHCO_3$、$KH_2PO_4$ 等两性物质来说，当 $cK_{a_2} \geqslant 20K_w$，$\frac{c}{K_{a_1}} > 500$ 时，$[H^+]$ 的计算公式为：

$$[H^+] = \sqrt{K_{a1}K_{a2}} \qquad (6-14)$$

**例6** 计算 0.1mol/L $NaHCO_3$ 溶液的 pH。（$H_2CO_3$ 的 $K_{a_1} = 4.3 \times 10^{-7}$，$K_{a_2} = 5.61 \times 10^{-11}$）

**解**：由题意得出 $cK_{a_2} = 0.1 \times 5.61 \times 10^{-11} > 20K_w$，$\frac{c}{K_{a_1}} = \frac{0.1}{4.30 \times 10^{-7}} > 500$，则：

$$[H^+] = \sqrt{K_{a_1}K_{a_2}} = \sqrt{4.3 \times 10^{-7} \times 5.61 \times 10^{-11}} = 4.91 \times 10^{-9} \ (mol/L)$$

$$pH = -\lg[H^+] = -\lg 4.91 \times 10^{-9} \approx 8.31$$

## 拓展阅读

药物的酸碱性对药效会产生影响。多数有机药物为弱酸或弱碱，在消化道中以分子形式被吸收，通过生物膜进入细胞后，在膜内的水介质作用下解离成离子形式而发挥药效。 由于体内不同部位的 pH 值不同，所以药物的吸收情况也不同。

根据药物的解离常数（$K_a$）可以决定药物在胃肠道中的吸收情况。通常酸性药物在 pH 较低的胃中、碱性药物在 pH 较高的小肠中分子形式多，吸收会增加，反之则减少，如弱酸性药物水杨酸和巴比妥类药物在酸性的胃液中几乎不解离，容易吸收；弱碱性药物奎宁、地西泮在胃中几乎全部解离，很难被吸收，而肠道中的 pH 较高，则容易被吸收。强碱性药物如胍乙啶以及完全离子化的季铵盐类和磺胺类药物，消化道吸收很差。

扫码“学一学”

## 第三节 缓冲溶液

### 案例导入

**案例**：正常人血液的 pH 应维持在 7.35～7.45 之间，低于 7.35 就会出现酸中毒的现象，而高于 7.45 就会出现碱中毒的现象。无论酸中毒或者碱中毒，严重时都有可能危及生命。人们每天都要食用大量各种酸碱性差别较大的饮食物品，食用前并不需要专门去调节饮食物品的 pH，而且只要食用者的身体状况正常，一般也不会出现食用了碱性的饮食物品就出现碱中毒的现象，食用了酸性的饮食物品就出现酸中毒的现象。这是什么原因呢？

**讨论**：这是因为血液本身就是一个缓冲体系，能够抵抗人们每天正常饮食所吸收的酸性或碱性物质的影响，而维持血液的 pH 在 7.35～7.45 之间。什么是缓冲溶液？缓冲溶液为什么能抵抗外加少量的酸、碱而保持其 pH 基本不变？

缓冲溶液常用于保持溶液的 pH 稳定。很多药物的制备、分析测定，生物体的生命活动等都需要稳定且适宜的 pH 环境才能进行。

### 一、缓冲溶液和缓冲原理

#### （一）缓冲溶液及其组成

室温时，分别向下列三种 50ml 的溶液中加入 0.05ml 1.0mol/L 的 HCl 溶液或 0.05ml 1.0mol/L 的 NaOH 溶液，观察 pH 的变化，见表 6－3。

**表 6－3 溶液加酸、碱（0.05ml 1.0mol/L）后 pH 的变化**

| 序号 | 溶液（50ml） | 起始 pH | 加 HCl 后 pH | 加 NaOH 后 pH |
|---|---|---|---|---|
| 1 | 纯水 | 7.0 | 3.0 | 11.0 |
| 2 | 0.1mol/L 的 NaCl 溶液 | 7.0 | 3.0 | 11.0 |
| 3 | 0.1mol/L 的 HAc 与 0.1mol/L 的 NaAc 混合溶液 | 4.75 | 4.74 | 4.76 |

可以看出，在纯水或 NaCl 溶液中加入少量 HCl 或 NaOH 后，pH 均改变 4 个单位，而在 HAc 与 NaAc 的混合溶液中加入等量的酸或碱，pH 仅改变 0.01 个单位，说明 HAc 与 NaAc 的混合溶液能抵御外来酸、碱的影响而保持 pH 稳定，同样向这种混合溶液加入少量水稀释也能保持 pH 的稳定。这种能抵抗外加少量强酸、强碱或水的稀释，并保持其 pH 几乎不变的溶液称为缓冲溶液。缓冲溶液对强酸、强碱或水稀释的抵抗作用称为缓冲作用。

缓冲溶液由具有足够浓度和恰当比例的一对共轭酸碱对组成，通常这样的共轭酸碱对称为缓冲对或缓冲系，有以下三种组成方式。

1. 弱酸及其对应的盐 如 HAc－NaAc、$H_2CO_3$－$NaHCO_3$等。
2. 弱碱及其对应的盐 如 $NH_3 . H_2O$－$NH_4Cl$ 等。
3. 多元弱酸的酸式盐及其对应的次级盐 如 $NaHCO_3$－$Na_2CO_3$、$NaH_2PO_4$－$Na_2HPO_4$等。

### （二）缓冲原理

缓冲溶液本质上是利用弱电解质解离平衡的移动来达到目的。以 HAc－NaAc 缓冲系为例来讨论缓冲原理。HAc 与 $Ac^-$ 的质子转移平衡如下。

$$HAc + H_2O \rightleftharpoons Ac^- + H_3O^+$$

在 HAc－NaAc 缓冲系中，HAc 是弱电解质，解离度很小，所以缓冲溶液中存在较多的 HAc 分子，同时由于强电解质 NaAc 完全解离，产生的 $Ac^-$ 对 HAc 的解离平衡有同离子效应，因此在该缓冲溶液中存在大量的 HAc 分子和 $Ac^-$ 离子。当加入少量强酸时，溶液中大量的 $Ac^-$ 与强酸解离产生的 $H^+$ 结合生成 HAc，使上述平衡向生成 HAc 的方向移动，当重新达到平衡时 $H^+$ 浓度稍有增大，因此 pH 基本不变。在此，弱碱 $Ac^-$ 起了抗酸作用，称为抗酸成分。

当缓冲溶液中加入少量强碱时，此时溶液中的 $H^+$ 即与加入的强碱解离产生的 $OH^-$ 结合生成水，使上述平衡向生成 $Ac^-$ 的方向移动以弥补 $H^+$ 浓度。当重新达到平衡时 $[H^+]$ 浓度略有减小，因此 pH 基本不变。在此，弱酸 HAc 起了抗碱作用，称为抗碱成分。

由此可见，缓冲溶液缓冲原理为：缓冲溶液中存在大量的抗酸和抗碱成分，通过质子转移平衡的移动，来调节溶液的 pH 基本不发生改变。

缓冲溶液的缓冲作用是有限度的。当加入的强酸或强碱过多，会导致缓冲溶液中的抗酸成分或抗碱成分消耗殆尽，就会失去缓冲能力，pH 将出现明显变化。

## 二、缓冲溶液的 pH 计算

缓冲溶液的 pH 可以根据质子传递平衡来计算。以 HAc－NaAc 组成的缓冲溶液为例，设 HAc 和 NaAc 的起始浓度为 $c_{HAc}$ 和 $c_{NaAc}$，平衡后 $[H^+]=x$。

| | $HAc$ | $\rightleftharpoons$ | $Ac^-$ | + | $H^+$ |
|---|---|---|---|---|---|
| 起始浓度 | $c_{HAc}$ | | $c_{NaAc}$ | | 0 |
| 平衡浓度 | $c_{HAc}-x$ | | $c_{NaAc}+x$ | | $x$ |

解离常数的表达式为：

$$K_a = \frac{(c_{NaAc}+x)\ x}{c_{HAc}-x}$$

考虑到同离子效应的影响，上述各离子浓度可简化为：$c_{HAc}-x \approx c_{HAc}$，$c_{NaAc}+x \approx c_{NaAc}$，

则：

$$K_a = \frac{c_{NaAc}\times x}{c_{HAc}} = \frac{c_{NaAc}\times [H^+]}{c_{HAc}}$$

$$[H^+] = \frac{K_a \times c_{HAc}}{c_{NaAc}}$$

两边取负对数得：

$$pH = pK_a + \lg\frac{c_{NaAc}}{c_{HAc}}$$

同理可推出所有弱酸及其对应的盐所组成的缓冲溶液 pH 的计算公式：

$$pH = pK_a + \lg\frac{c_{共轭碱}}{c_{共轭酸}} \tag{6-15}$$

**例 7** 0.1mol/L 的 HAc 溶液和 0.1mol/L 的 NaAc 溶液等体积混合配制 100ml 缓冲溶液，求：（HAc 的 pKa ＝ 4.75）

（1）缓冲溶液的 pH？

（2）向缓冲溶液中加入 1ml 0.1mol/L HCl 后的 pH？

（3）向缓冲溶液中加入 1ml 0.1mol/L NaOH 后的 pH？

（4）向缓冲溶液中加入 10ml 纯水后的 pH？

**解**：（1）混合后 $c_{HAc}=0.05mol/L$，$c_{NaAc}=0.05mol/L$，所以：

$$pH=pK_a+\lg\frac{c_{NaAc}}{c_{HAc}}=4.75+\lg\frac{0.05}{0.05}=4.75$$

（2）向缓冲溶液中加入 1ml 0.1mol/L HCl 后，HCl 解离出的 $H^+$ 近似认为全部结合了 $Ac^-$ 得到 HAc。则：

$$c_{HAc}=\frac{0.1\times50\times10^{-3}+0.1\times1\times10^{-3}}{(100+1)\times10^{-3}}\approx0.050mol/L$$

$$c_{NaAc}=\frac{0.1\times50\times10^{-3}-0.1\times1\times10^{-3}}{(100+1)\times10^{-3}}\approx0.049mol/L$$

$$pH=pK_a+\lg\frac{c_{NaAc}}{c_{HAc}}=4.75+\lg\frac{0.049}{0.050}\approx4.74$$

可以看出向缓冲溶液中加入少量强酸，pH 确实降低，但只是降低约 0.01 个单位，几乎不变。

（3）向缓冲溶液中加入 1ml 0.1mol/L NaOH 后，产生的 $OH^-$ 结合 $H^+$ 得到 $H_2O$，并且近似认为这些 $H^+$ 全部由等量的 HAc 解离。则：

$$c_{HAc}=\frac{0.1\times50\times10^{-3}-0.1\times1\times10^{-3}}{(100+1)\times10^{-3}}\approx0.049mol/L$$

$$c_{NaAc}=\frac{0.1\times50\times10^{-3}+0.1\times1\times10^{-3}}{(100+1)\times10^{-3}}\approx0.050mol/L$$

$$pH=pK_a+\lg\frac{c_{NaAc}}{c_{HAc}}=4.75+\lg\frac{0.050}{0.049}\approx4.76$$

同样向缓冲溶液中加入少量强碱，pH 确实升高，但只是升高约 0.01 个单位，也几乎不变。

（4）向缓冲溶液中加入 10ml 纯水后，$c_{HAc}$ 和 $c_{NaAc}$ 同比例减小，$\frac{c_{NaAc}}{c_{HAc}}$ 的值不变，所以 pH 也不变。

## 三、缓冲溶液的缓冲能力

通过计算可以看出，缓冲溶液的缓冲能力是非常明显的。为了表示缓冲能力的大小，我们引入了缓冲容量的概念。缓冲容量是指让单位体积缓冲溶液的 pH 改变一个单位所加入的一元强酸或强碱的物质的量，用 β 表示。缓冲容量越大，意味着改变单位 pH 所加入的酸或碱的量越多，缓冲能力就越强。

相同的缓冲系中，缓冲容量的大小由两个因素决定，缓冲溶液的总浓度（$c_{共轭酸}+c_{共轭碱}$）和缓冲比 $\frac{c_{共轭碱}}{c_{共轭酸}}$。

1. 当缓冲比 $\frac{c_{共轭碱}}{c_{共轭酸}}$ 不变时，总浓度（$c_{共轭酸}+c_{共轭碱}$）越大，缓冲容量就越大；
2. 当总浓度（$c_{共轭酸}+c_{共轭碱}$）不变时，缓冲比 $\frac{c_{共轭碱}}{c_{共轭酸}}$ 越接近 1，缓冲容量就越大。

当缓冲比等于 1 时缓冲容量最大，根据缓冲公式可得此时 $pH=pK_a$。实际情况下缓冲比很难恰好等于 1，一般认为满足 $\frac{1}{10}<$ 缓冲比 $<10$，即共轭酸和碱的浓度相差在 10 倍以内

时，溶液具有较大的缓冲能力，此时 $pK_a-1<pH<pK_a+1$，称为缓冲溶液的缓冲范围。

**课堂互动**

100ml 纯水中加入 1ml 0.1mol/L 的 HCl，pH 值从 7 变为多少？将结论和例 7(2) 进行比较。

## 四、缓冲溶液的配制

医药生产及研究中，常需要配制具有一定 pH 值、同时缓冲能力较强的缓冲溶液。

**1. 选择合适的缓冲系** 所选择缓冲系的 $pK_a$ 尽量要和配制溶液的 pH 相接近，这样才能保证 $pK_a-1<pH<pK_a+1$，使溶液具有较强的缓冲能力，如配制 pH = 5.0 的缓冲溶液，应当选择 $pK_a=4.75$ 的 HAc – NaAc 缓冲系。常用的缓冲溶液见表 6 – 4。

**表 6 – 4 常见的缓冲溶液**

| 共轭酸碱对 | $pK_a$ | 缓冲范围 |
|---|---|---|
| $HAc-Ac^-$ | 4.75 | 3.75 ~ 5.75 |
| $H_2PO_4^- - HPO_4^{2-}$ | 7.21 | 6.21 ~ 8.21 |
| $H_3BO_3 - B(OH)_4^-$ | 9.27 | 8.27 ~ 10.27 |
| $NH_4^+ - NH_3$ | 9.25 | 8.26 ~ 10.26 |
| $HCO_3^- - CO_3^{2-}$ | 10.33 | 9.33 ~ 11.33 |
| $HPO_4^{2-} - PO_4^{3-}$ | 12.32 | 11.32 ~ 13.32 |

**2. 共轭酸碱不能和溶质反应** 缓冲系的作用是保持较大的缓冲能力，其组分不应和溶质发生化学反应，尤其要避免和加入的某些药物出现配伍禁忌，并且缓冲系组分应当稳定、无毒。如在加热灭菌的体系中，不能使用易受热分解的 $H_2CO_3-HCO_3^-$ 缓冲系；在用做注射液或口服液的体系中，不能使用有毒的硼酸及其对应的盐缓冲系。

**3. 确定合适的浓度** 为保证有较大的缓冲能力，缓冲溶液的总浓度应当越大越好，但过高的浓度会导致试剂浪费及渗透压过大，所以缓冲系的总浓度在 0.05 ~ 0.5 mol/L 较合适；另外缓冲比 $\frac{c_{共轭碱}}{c_{共轭酸}}=1$ 时溶液缓冲能力最大，所以尽量让 $c_{共轭碱}$ 和 $c_{共轭酸}$ 相接近，要注意的是缓冲比中酸、碱的浓度是混合后的浓度，并不是混合前的初始浓度。

**4. 计算缓冲系各组分的量** 为便于计算，通常选择初始浓度相同的共轭酸和共轭碱来配制。当酸和碱混合后 $V_{总}=V_{酸}+V_{碱}$，而缓冲公式变为：

$$pH=pK_a+\lg\frac{V_{共轭碱}}{V_{共轭酸}} \tag{6-16}$$

**5. pH 计测定和校准** 用缓冲公式计算得到的 pH 和实际测得的所配溶液 pH 会略有差异，主要是因为缓冲公式忽略了溶液中各离子、分子之间的相互作用。在要求严格的实验中，常通过 pH 计测定缓冲溶液的真实值，再外加适量的酸或碱来校准。

按照上述步骤，可以合理配制一定体积的缓冲溶液。如需要配制 pH = 4.8 的缓冲溶液 1000ml，为具有较大的缓冲能力，选择 $pK_a=4.75$ 的 HAc – NaAc 缓冲系，另外准确配制初始浓度均为 0.1mol/L 的 HAc 和 NaAc 溶液备用。根据 $pH=pK_a+\lg\frac{V_{共轭碱}}{V_{共轭酸}}$ 可以得出：

$$4.80 = 4.75 + \lg \frac{1000 - V_{HAc}}{V_{HAc}}$$

解得 $V_{HAc} \approx 472ml$，$V_{NaAc} \approx 528ml$。

取0.1 mol/L的HAc溶液472ml和0.1 mol/L的NaAc溶液528ml混合，可以得到pH = 4.8的缓冲溶液1000ml。

**例8** 要配制pH = 4.70的缓冲溶液500ml，需要多少毫升0.1 mol/L的HAc溶液和50ml 0.1 mol/L的NaOH溶液混合，再加水稀释至500ml。（HAc的pKa = 4.75）

解：加入的HAc有两个作用，首先和NaOH完全反应生成NaAc，剩下的HAc再和生成的NaAc组合成缓冲溶液。设加入的HAc溶液为$x$ml，则混合后：

$$c_{HAc} = \frac{0.1 \times x \times 10^{-3} - 0.1 \times 50 \times 10^{-3}}{500 \times 10^{-3}} = \frac{0.1 \times (x - 50)}{500} \text{mol/L}$$

$$c_{NaAc} = \frac{0.1 \times 50 \times 10^{-3}}{500 \times 10^{-3}} = \frac{0.1 \times 50}{500} \text{mol/L}$$

则：
$$4.70 = 4.75 + \lg \frac{50}{x - 50}$$

$$x \approx 106ml$$

需要加入106ml 0.1 mol/L的HAc溶液才能和50ml0.1mol/L的NaOH溶液混合配制pH = 4.70的缓冲溶液。

**课堂互动**

向1.00L 0.100 mol/L的HCl溶液中加入固体NaAc，最终使溶液的pH = 4.45，求加入固体NaAc为多少克？（HAc的$pK_a$ = 4.75，$M_{NaAc}$ = 82.03g/mol，忽略固体加入后体积的变化）

## 五、缓冲溶液在医药学上的应用

缓冲溶液在医药学上有重要意义。如人体血浆的pH正常范围是7.35～7.45，超出该范围就会出现酸中毒或碱中毒，严重时会危及生命。一些药物制剂的生产也需要借助缓冲溶液来保持pH的稳定。

人体在新陈代谢、摄入食物等过程中，会产生很多酸性或碱性物质，如碳水化合物分解会产生乳酸，嘌呤的氧化会产生尿酸、一些食物通常也具有酸碱性等，这些物质进入人体后并没有引起血液pH出现较大的变化，主要就是血液中的缓冲系起了作用。

血液中有4个起主要作用的缓冲系，分别是血浆蛋白缓冲系（HPr – NaPr）、血红蛋白缓冲系（HHb – KHb、$HHbO_2$ – $KHbO_2$）、碳酸氢盐缓冲系（$H_2CO_3$ – $HCO_3^-$、$HCO_3^-$ – $CO_3^{2-}$）和磷酸氢盐缓冲系（$NaH_2PO_4$ – $Na_2HPO_4$、$KH_2PO_4$ – $K_2HPO_4$）。其中最重要的是$H_2CO_3$ – $HCO_3^-$缓冲系，它在血液中的浓度最大、缓冲能力最强，对维持血液正常的pH起到决定作用。

严重的酸中毒（pH < 6.9）和碱中毒（pH > 7.8）都会危及生命，临床上常用乳酸钠来纠正酸中毒，用氯化铵来纠正碱中毒。

很多药物的降解也会受到pH改变的影响，因此药剂生产中通常使用磷酸、醋酸、枸橼酸及其相应的盐组成缓冲系来维持稳定的 pH，一些药物最稳定的 pH 见表 6－5。

**表 6－5　一些药物最稳定的 pH**

| 药物 | pH | 药物 | pH |
|---|---|---|---|
| 维生素 C | 6.0～6.5 | 乙酰水杨酸 | 2.5 |
| 对乙酰氨基酚 | 5.0～7.0 | 氢氯噻嗪 | 2.5 |
| 地西泮 | 5.0 | 头孢噻吩钠 | 3.0～8.0 |
| 维生素 B1 | 2.0 | 吗啡 | 4.0 |

### 拓展阅读

正常情况下，血浆中的$\frac{[HCO_3^-]}{[H_2CO_3]}=20$，可以维持其 pH 在 7.4 附近。当肾和肺的调节功能不健全，导致体内的酸或碱产生过多或不足，从而消耗过多的缓冲组分并得不到补充时，就会发生酸碱平衡失调。主要表现为血浆$[H_2CO_3]$和$[HCO_3^-]$异常。

由呼吸道及肺部疾病引起的 $CO_2$ 呼出过少，会导致血浆$[H_2CO_3]$原发性升高，使$\frac{[HCO_3^-]}{[H_2CO_3]}<20$，pH 值降低，称为呼吸性酸中毒；由发热、癔症等引起的血浆$[H_2CO_3]$原发性降低，使$\frac{[HCO_3^-]}{[H_2CO_3]}>20$，pH 值升高，称为呼吸性碱中毒。

由糖尿病、肾功能不全等造成的血浆$[HCO_3^-]$原发性降低，导致 pH 值降低，称为代谢性酸中毒；由严重呕吐导致酸性物质丢失过多、碱性药物摄入过多等造成$[HCO_3^-]$原发性升高，导致 pH 值升高，称为代谢性碱中毒。

## 第四节　酸碱滴定法

扫码“学一学”

### 案例导入

**案例**：阿司匹林是具有百年历史的经典药物，被广泛用于解热、镇痛、抗炎、抗风湿和抗血栓等方面的治疗。在《中国药典》（2020 年版）中，阿司匹林原料药的含量检测采用的是《中国药典》（2020 年版）中应用广泛的酸碱滴定检测法，但阿司匹林的片剂、栓剂和肠溶片等剂型则采用的是其他检测法。为什么会有这样的区分呢？

**讨论**：酸碱滴定检测是怎样的一种检测法？它的检测条件和准确性如何呢？

### 一、酸碱指示剂

酸碱滴定是物质滴定分析中一种重要的方法，应用十分广泛。它是以酸碱质子的转移反应为基础的滴定分析法，分为水溶液和非水溶液两类。大多数酸碱以及能与酸碱直接或间接发生定量反应的物质，都可用此法测定。

在酸碱滴定中，由于酸碱反应本身通常没有明显的现象改变，肉眼无法判断是否恰好反应完全，所以需要借助指示剂的颜色变化来指示反应终点。如用氢氧化钠滴定盐酸通常可以选用甲基橙、甲基红、酚酞作为指示剂。

### （一）指示剂的变色原理

酸碱指示剂是通过自身颜色变化来指示溶液 pH 的物质。它是一些结构比较复杂的有机弱酸或有机弱碱，在酸碱环境下由于能够发生部分解离，解离前后结构发生了改变，从而产生颜色的变化。

现以酚酞为例来说明酸碱指示剂的变色原理，HIn 表示指示剂。

$$HIn \rightleftharpoons H^+ + In^-$$

| 酸式结构（酚类） | 碱式结构（醌类） |
|---|---|
| 酸式色（无色） | 碱式色（红色） |

当溶液 pH 发生变化时，上述平衡将向不同的方向发生移动，指示剂将以不同的结构形式存在，从而显示不同的颜色。

### （二）指示剂变色的范围及影响因素

**1. 指示剂变色范围** 指示剂 HIn 在溶液中存在以下解离平衡：

$$HIn \rightleftharpoons H^+ + In^-$$

其解离常数为：

$$K_{HIn} = \frac{[H^+][In^-]}{[HIn]} \text{ 或 } [H^+] = K_{HIn}\frac{[HIn]}{[In^-]}$$

对方程式两边取负对数得：

$$pH = pK_{HIn} + \lg\frac{[In^-]}{[HIn]} \tag{6-17}$$

指示剂显示的颜色取决于碱式色与酸式色的比值（$[In^-]/[HIn]$），而比值的大小与 $K_{HIn}$ 和溶液中 pH 有关。$K_{HIn}$ 在一定温度下是一个常数，所以，比值变化只随溶液 pH 的变化而变化。由于人眼对颜色的分辨能力有限，一般当一种物质的浓度超过另一种物质浓度的 10 倍（包括 10 倍）时，低浓度物质的颜色被高浓度物质的颜色覆盖，人们就只能看到高浓度物质的颜色。即：当 $[In^-]/[HIn] \geqslant 10$ 时，$pH \geqslant pK_{HIn} + 1$，只观察到碱式色；当 $[In^-]/[HIn] \leqslant 0.1$ 时，$pH \leqslant pK_{HIn} - 1$，只观察到酸式色；当比值在 $pK_{HIn} - 1$ 到 $pK_{HIn} + 1$ 之间，是两种物质的混合色。混合色区间存在颜色的渐变，因此，指示剂颜色变化的 pH 范围是 $pH = pK_{HIn} \pm 1$，该区间也被称为指示剂的理论变色范围。

当 $[In^-] = [HIn]$，$[In^-]/[HIn] = 1$，$pH = pK_{HIn}$ 时，观察到的是两种结构等量浓度的混合色，此时，指示剂的变色最敏锐，称为指示剂的理论变色点。

不同指示剂的 $pK_{HIn}$ 不同，其变色范围也不同。由于人眼对不同颜色的敏感程度不同，实际观察到的指示剂变色范围与理论变色范围会略有差别，如甲基橙的 $pK_{HIn} = 3.4$，其理论变色范围 pH = 2.4 ~ 4.4，而实际变色范围为 pH = 3.1 ~ 4.4，这就是人眼对红色比对黄色敏感所致。在实际工作中使用的是实验测得的指示剂实际变色范围，一些常用酸碱指示剂的变色范围见表 6 - 6。

表 6-6 常用酸碱指示剂的 $pK_{HIn}$ 和变色范围

| 指示剂 | $pK_{HIn}$ | pH 变色范围 | 颜色 | | |
|---|---|---|---|---|---|
| | | | 酸式色 | 过渡色 | 碱式色 |
| 百里酚蓝 | 1.7 | 1.2~2.8 | 红 | 橙 | 黄 |
| 甲基橙 | 3.4 | 3.1 ~4.4 | 红 | 橙 | 黄 |
| 溴酚蓝 | 4.1 | 3.0 ~4.6 | 黄 | 蓝紫 | 紫 |
| 甲基红 | 5.0 | 4.4~6.2 | 红 | 橙 | 黄 |
| 溴百里酚蓝 | 7.3 | 6.0~7.6 | 黄 | 绿 | 蓝 |
| 酚酞 | 9.1 | 8.0~10.0 | 无 | 粉红 | 红 |
| 百里酚酞 | 10.0 | 9.4~10.6 | 无 | 淡黄 | 蓝 |

## 课堂互动

酚酞在 pH 为 7.0 ~ 9.0 的溶液中,溶液会有怎样的颜色变化？它应该属于酸性、中性、还是碱性指示剂？

**2. 影响指示剂变色范围的因素**

（1）温度　温度会影响 $K_{HIn}$ 和 $K_W$，从而影响指示剂的变色范围。例如：18℃时，甲基橙的变色范围为 pH = 3.1 ~ 4.4；100℃时，变色范围为 pH = 2.5 ~ 3.7。

（2）溶剂　不同的溶剂具有不同的介电常数和酸碱性，使得指示剂的解离常数和变色范围随溶剂的不同而不同。例如，甲基橙在水溶液中 $pK_{HIn} = 3.4$，而在甲醇中 $pK_{HIn} = 3.8$。

（3）指示剂的用量　若指示剂用量过低会影响肉眼的观察；用量过高，又会因指示剂的弱酸弱碱性消耗滴定剂，影响结果的准确性，通常指示剂用量为 25ml 被测溶液中加约 2 滴左右。

（4）滴定程序　选择酸滴碱还是碱滴酸，这种滴定程序的不同会使指示剂颜色的变化顺序不同，眼对变色的敏感性顺序不同，导致实际的变色范围不同。例如：在碱滴酸中，酚酞处在由酸性环境变为碱性环境的过程中，颜色由无色变为红色，易辨别；反之则变色不明显，易滴定过量。因此，所选的滴定程序应使指示剂的颜色变化由浅到深，或由无色变有色，这样有利于终点判断。

### （三）混合指示剂

有些单一指示剂的酸式色和碱式色之间区别不明显，指示剂变色范围较宽；也有些酸碱滴定的突跃范围较窄，这些会影响单一指示剂的使用，可以考虑采用混合指示剂。混合指示剂是利用颜色互补原理提高终点颜色变化的灵敏性，减小变色范围，提高结果准确度。

混合指示剂有两类，一类是一种指示剂与一种惰性染料的混合，两种物质混合后形成的混合指示剂酸式色、碱式色和混合色区别十分明显，而变色范围不变。例如甲基橙和靛蓝的混合指示剂，靛蓝的蓝色始终不变，指示剂从酸式色（pH≤3.1）到碱式色（pH≥4.4）的变化由混合前甲基橙的红色到黄色，变为混合色紫色到黄绿色，且在 pH = 4.0 时显浅灰色（几乎无色），使颜色变化的敏感性大大增加，提高终点判断的准确性。

另一类是由两种或两种以上指示剂的混合，此类指示剂的酸式色和碱式色的颜色因指示剂之间相互影响而发生变化，指示剂的颜色变化变得非常敏锐，变色范围变窄。如溴甲酚绿和甲基红按3∶1混合的指示剂，从酸式色（pH≤4.9）到碱式色（pH≥5.1）为橙色到绿色，且在pH=5.0时显浅灰色，变色十分敏锐，变色范围也缩小到pH=4.9~5.1。常用的混合指示剂见表6-7。

**表6-7 常用的混合指示剂**

| 混合指示剂 | 变色点（pH） | 颜色 | | |
|---|---|---|---|---|
| | | 酸式色 | 变色点色 | 碱式色 |
| 0.1%甲基橙∶0.25%靛蓝二磺酸钠（1∶1） | 4.1 | 紫 | 灰 | 黄绿 |
| 0.2%甲基红∶0.1%溴甲酚绿（1∶3） | 5.1 | 酒红 | 灰 | 绿 |
| 0.1%中性红∶0.1%次甲基蓝（1∶1） | 7.0 | 蓝紫 | 蓝紫 | 绿 |
| 0.1%甲基绿∶0.1%酚酞（2∶1） | 8.9 | 绿 | 8.8（浅蓝）<br>9.0（紫） | 紫 |
| 0.1%百里酚酞∶0.1%酚酞（1∶1） | 9.9 | 无色 | 9.6（玫瑰红）<br>10.0（紫） | 紫 |

## 二、酸碱滴定类型及指示剂的选择

在酸碱滴定中随着滴定液的不断加入，溶液的pH会发生规律性的变化，因此，通常以加入滴定液的体积为横坐标，溶液的pH为纵坐标，绘制曲线，称为酸碱滴定曲线。利用酸碱滴定曲线对滴定过程进行分析。而在化学计量点前后±0.1%的范围内，对应溶液pH的变化区间正是选择指示剂的关键依据。

不同类型的酸碱滴定，有不同的滴定曲线并且可能选择不同的指示剂，下面将分别予以讨论。

扫码"看一看"

### （一）强碱（强酸）的滴定

强碱和强酸相互滴定时的反应是 $H^+ + OH^- \rightleftharpoons H_2O$。滴定过程分析如下。

**1. 滴定曲线** 现以0.1000mol/L NaOH滴定20.00ml0.1000mol/L HCl为例，说明强碱强酸滴定过程中溶液pH的变化情况。滴定过程主要分为四个阶段：

（1）滴定前 此时NaOH未加入到HCl中，溶液的 $[H^+]$ 等于HCl自身的初始浓度。

$$[H^+]=0.1000\text{mol/L}\quad pH=1.00$$

（2）从滴定开始到化学计量点前 溶液的 $[H^+]$ 取决于反应剩余HCl的量和溶液的总体积。例如，滴入19.98ml的NaOH溶液时，剩余HCl溶液的体积为0.02ml，$[H^+]$ 和pH为：

$$[H^+]=\frac{0.1000\times0.02}{20.00+19.98}=5.0\times10^{-5}\ (\text{mol/L})\qquad pH=4.30$$

（3）化学计量点时 NaOH和HCl恰好按化学计量关系反应完全，溶液呈中性。

$$[H^+]=1.00\times10^{-7}\text{mol/L}\quad pH=7.00$$

（4）化学计量点后 溶液的 $[H^+]$ 取决于过量NaOH的量和溶液的总体积。例如，滴入NaOH溶液20.02ml时，加入过量NaOH溶液的体积为0.02ml，$[H^+]$ 和pH为：

$$[OH^-]=\frac{0.1000\times0.02}{20.00+20.02}=5.0\times10^{-5}\ (\text{mol/L})\qquad pOH=4.30$$

$$pH=14.00-pOH=14.00-4.30=9.70$$

根据滴加不同体积的 NaOH，计算出对应溶液的 pH，计算结果见表 6－8。

**表 6－8　0. 1000 mol/ L NaOH 滴定 20. 00ml 0. 1000mol/ L HCl 溶液时的 pH**

| 加入 $V_{NaOH}$（ml） | HCl 被滴定百分数 | 剩余 $V_{HCl}$（ml） | 过量 $V_{NaOH}$（ml） | $[H^+]$（mol/L） | pH |
|---|---|---|---|---|---|
| 0. 00 | 0. 00 | 20. 00 | | $1.00\times10^{-1}$ | 1. 00 |
| 18. 00 | 90. 00 | 2. 00 | | $5.26\times10^{-3}$ | 2. 28 |
| 19. 80 | 99. 00 | 0. 20 | | $5.02\times10^{-4}$ | 3. 30 |
| 19. 98 | 99. 90 | 0. 02 | | $5.00\times10^{-5}$ | 4. 30 |
| 20. 00 | 100. 0 | 0. 00 | | $1.00\times10^{-7}$ | 7. 00 |
| 20. 02 | 100. 1 | | 0. 02 | $2.00\times10^{-10}$ | 9. 70 |
| 20. 20 | 101. 0 | | 0. 20 | $2.01\times10^{-11}$ | 10. 70 |
| 22. 00 | 110. 0 | | 2. 00 | $2.10\times10^{-12}$ | 11. 68 |
| 40. 00 | 200. 0 | | 20. 00 | $2.00\times10^{-13}$ | 12. 70 |

以加入 NaOH 的体积为横坐标，溶液的 pH 为纵坐标作图，得到强碱滴定强酸的滴定曲线，如图 6－1 所示。

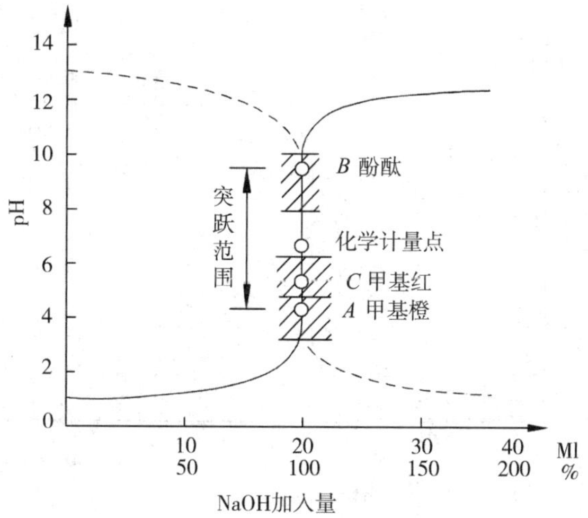


图 6－1　0. 1000mol/L NaOH 滴定 20. 00mL 0. 1000mol/L HCl 溶液的滴定曲线

由表 6－8 和图 6－1 可看出，滴定过程中 pH 的变化具有如下特点。

（1）起点时，NaOH 溶液的加入量为 0. 00ml，曲线的 pH＝1. 00

（2）起点后，NaOH 溶液的加入量从 0. 00ml 到 19. 98ml 时，溶液的 pH 从 1. 00 增加到 4. 30，仅改变了 3. 30 个 pH 单位，pH 变化缓慢，曲线比较平坦。

（3）近计量点时，在化学计量点前后 ±0. 1% 的范围内，NaOH 溶液的加入量是从 19. 98ml 到 20. 02ml，体积只变化了仅仅 0. 04ml（约 1 滴），而溶液的 pH 由 4. 30 增加到 9. 70，pH 变化了 5. 40 个单位，溶液由酸性突变为碱性，滴定曲线成为一段几乎垂直于横轴的直线。这种在化学计量点前后 ±0. 1% 相对误差范围内溶液的 pH 发生突变的现象称为滴定突跃。滴定突跃所在的 pH 范围称为酸碱滴定突跃范围。上述滴定的突跃范围为 pH＝

4.30 ~ 9.70。

（4）化学计量点的 pH = 7.00，溶液呈中性。

（5）滴定突跃后继续加入 NaOH 溶液，溶液的 pH 变化缓慢，滴定曲线又变得平坦。

## 课堂互动

当 NaOH 溶液浓度大于或小于 HCl 时，滴定曲线的形状会有怎样的变化？

如果用盐酸滴定氢氧化钠，则滴定曲线与图 6－1 对称，但 pH 变化方向相反，滴定突跃范围为 pH = 9.70 ~ 4.30。

**2. 指示剂的选择** 指示剂选择得是否合适会影响分析结果的准确性。在酸碱滴定中，如果在滴定突跃范围内能够观察到变色、确定终点，滴定的误差就在 0.1% 内，符合滴定要求的准确度。那么，要想满足在滴定突跃范围内发生颜色变化，显然只有指示剂的变色范围全部或部分与滴定突跃范围重合，才能让指示剂在突跃范围内变色，这就是指示剂选择的依据。上述滴定中甲基橙、甲基红、酚酞都可以作为指示剂。

**3. 突跃范围与酸碱浓度的关系** 强酸与强碱间的滴定，其突跃范围的大小与酸碱的浓度有关。如图 6－2 所示，

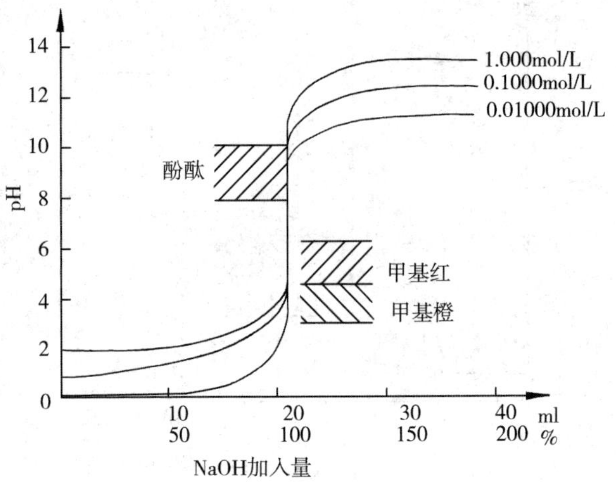


图 6－2 不同浓度的 NaOH 滴定不同浓度的 HCl 的滴定曲线

从图中可以看出，酸碱的浓度越大，突跃范围越大，可供选择的指示剂越多；反之则少。如 0.01000mol/LNaOH 滴定 0.01000mol/LHCl 溶液，滴定突跃范围为 pH = 5.30 ~ 8.70，甲基橙已不能作为指示剂了。若用较高浓度的酸碱溶液进行滴定，虽然滴定突跃范围大了，可选用的指示剂多，但过量 1 滴产生的滴定误差也增大。一般滴定液浓度控制在 0.1 ~ 0.5mol/L 较合适。

### （二）一元弱酸（弱碱）的滴定

**1. 滴定曲线及指示剂的选择** 现以 0.1000mol/L NaOH 滴定 20.00ml 0.1000mol/L HAc 为例，说明强碱滴定弱酸过程中溶液 pH 的变化情况，滴定反应为：

$$HAc + OH^- \rightleftharpoons Ac^- + H_2O$$

滴定过程中溶液的 pH 可参照弱酸及缓冲溶液的 pH 进行计算，结果列于表 6－9 中。

**表 6-9 用 0.1000mol/L NaOH 滴定 20.00ml 0.1000mol/L HAc 的 pH**

| 加入的 NaOH | | 剩余的 HAc | | 计算式 | pH |
|---|---|---|---|---|---|
| ml | % | ml | % | | |
| 0 | 0 | 20.00 | 100 | $[H^+]=\sqrt{K_a c_a}$ | 2.88 |
| 10.00 | 50 | 10.00 | 50 | $[H^+]=K_a\frac{[HAc]}{[AC^-]}$ | 4.75 |
| 18.00 | 90 | 2.00 | 10 | | 5.71 |
| 19.80 | 99 | 0.20 | 1 | | 6.75 |
| 19.98 | 99.9 | 0.02 | 0.1 | | 7.70（突跃范围） |
| 20.00 | 100 | 0 | 0 | $[OH^-]=\sqrt{\frac{K_W c}{K_a}}$ | 8.70（计量点）（突跃范围） |
| | | 过量的 NaOH | | | |
| | | ml | % | | |
| 20.02 | 100.1 | 0.02 | 0.1 | $[OH^-]=10^{-4.3}$ $[H^+]=10^{-9.7}$ | 9.70（突跃范围） |
| 20.20 | 101 | 0.20 | 1.0 | $[OH^-]=10^{-3.3}$ $[H^+]=10^{-12}$ | 10.70 |

用表中的数据绘出对应强碱滴定一元弱酸的滴定曲线，如图 6-3 所示。

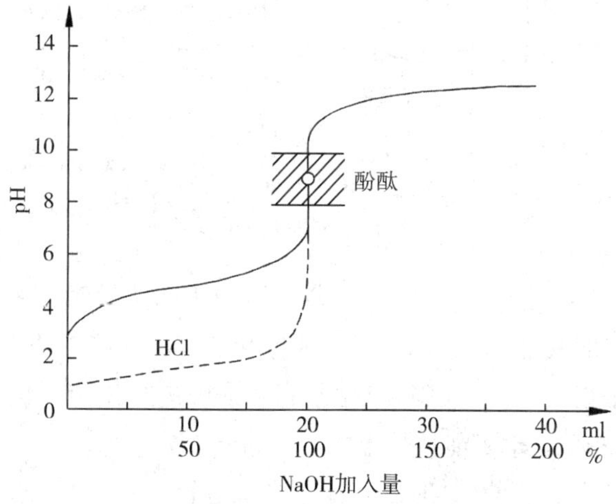


图 6-3 0.1000mol/LNaOH 滴定 20.00mL0.1000mol/LHAc 的滴定曲线

比较图 6-1 和 6-3，可以看出强碱滴定一元弱酸有如下特点。

（1）曲线的起点抬高，pH=2.87，因为 HAc 是弱酸，在水溶液中不能完全解离，所以 $[H^+]$ 低于醋酸的分析浓度（总浓度）。

（2）滴定开始至化学计量点前，溶液成分变化复杂，可分为三段。最初，虽然溶液中有 NaAc 生成，但浓度很低，溶液中的 $[H^+]$ 变化主要以未反应的 HAc 浓度变化为主，$[H^+]$ 和 pH 近似按照 HAc 浓度变化计算，曲线斜率大；随着 NaOH 溶液的加入，NaAc 浓度增加，NaAc 与未反应的 HAc 之间的浓度比例达到组成缓冲溶液的比例，形成了 HAc-NaAc 的缓冲溶液，此时 NaOH 溶液的加入，溶液的 pH 几乎不变，曲线出现较长一段平坦区；接近计量点时，未反应 HAc 的浓度很低，溶液中的 $[H^+]$ 变化主要以 NaAc 浓度变化为主，$[H^+]$ 和 pH 近似按照 NaAc 浓度变化计算，曲线斜率迅速变大。

（3）化学计量点时，溶液中只有弱碱性的 NaAc，[$H^+$] 按照 $Ac^-$ 的弱碱浓度求算，因此化学计量点时溶液呈弱碱性，本浓度下化学计量点的 pH = 8.70。

（4）化学计量点后，与强碱滴定强酸类似。

（5）滴定突跃变小。本例中的突跃范围为 pH = 7.70 ~ 9.70，与浓度相同的强碱滴定强酸的滴定突跃范围（pH = 4.30 ~ 9.70）相比小很多。

根据滴定突跃范围及指示剂选择的依据，此类滴定应选择在碱性区域变色的指示剂，如酚酞、百里酚酞等。

如果强酸滴定弱碱，例如用 HCl 溶液滴定 $NH_3 \cdot H_2O$，滴定曲线变化与上正好相反。这类滴定应选择在酸性区域变色的指示剂，如甲基橙和甲基红等。

**2. 影响滴定突跃范围的因素** 滴定突跃范围的大小取决于溶液的浓度和弱酸的强度。浓度越大，滴定突跃范围越大，反之越小；弱酸的解离常数 $K_a$ 越大，酸性越强，滴定突跃越大，反之越小，如图 6-4 所示。

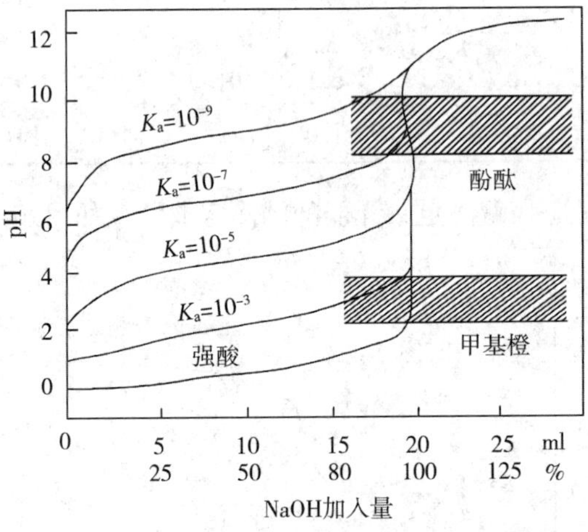


图 6-4 0.1000mol/L NaOH 滴定 0.1000mol/L 不同强度酸的滴定曲线

大量实验表明，当弱酸的 $cK_a \geq 10^{-8}$ 时，强碱滴定弱酸才能有明显的滴定突跃范围，才能找到合适的指示剂来指示终点，该弱酸也才能用强碱进行滴定。例如 HCN，$K_a = 4.93 \times 10^{-10}$，浓度即使为 1mol/L，也不能按如上的方法进行滴定。

同理，对于弱碱，当 $cK_b \geq 10^{-8}$ 时，才能用强酸进行滴定。

## 课堂互动

强碱滴定弱酸或者强酸滴定弱碱时，选择酸性还是碱性指示剂由谁决定？

### （三）多元酸（碱）的滴定

**1. 多元酸的滴定** 多元酸中酸的解离是分步进行的，每步解离是否能够进行滴定，既要满足该解离能出现明显的突跃范围，又要满足它与相邻解离的突跃范围彼此分开，可以分步滴定。通常判断多元酸中各级解离 $H^+$ 被准确滴定和分步滴定应满足以下两个条件：

（1）$cK_{a_n} \geq 10^{-8}$，表明第 n 级解离 $H^+$ 能被准确滴定。

（2）$K_{a_n}/K_{a_{(n+1)}} \geq 10^4$，表明相邻两级解离的 $H^+$ 能分步滴定。

例如$H_2C_2O_4$（草酸）的$K_{a_1}=5.9\times10^{-2}$，$K_{a_2}=6.4\times10^{-5}$。两级解离均满足$cK_{a_n}\geqslant10^{-8}$，但因不能满足$K_{a_1}/K_{a_2}\geqslant10^4$，故两级解离的$H^+$只能同时被滴定，产生1个滴定突跃，而不能进行分步滴定。

现以0.1000mol/L NaOH溶液滴定20.00ml 0.1000mol/L $H_3PO_4$溶液为例讨论多元酸的滴定。$H_3PO_4$在水溶液中的解离平衡式如下：

$$H_3PO_4 \rightleftharpoons H^+ + H_2PO_4^- \quad K_{a_1}=7.5\times10^{-3}$$
$$H_2PO_4^- \rightleftharpoons H^+ + HPO_4^{2-} \quad K_{a_2}=6.3\times10^{-8}$$
$$HPO_4^{2-} \rightleftharpoons H^+ + PO_4^{3-} \quad K_{a_3}=4.4\times10^{-13}$$

由于$H_3PO_4$的前两级解离满足准确滴定和分步滴定的条件，而第三级解离不能满足准确滴定条件而无法直接滴定。因此，在NaOH滴定$H_3PO_4$的滴定曲线上只有2个滴定突跃，如图6－5所示。

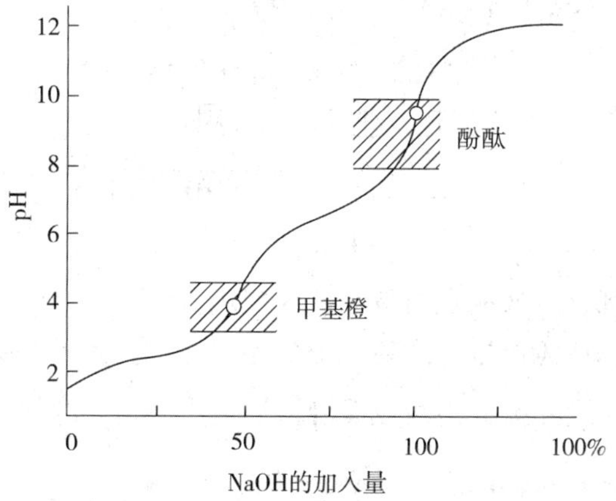


图6－5　0.1000mol/L NaOH滴定0.1000mol/L $H_3PO_4$的滴定曲线

由于多元酸滴定中的计算比较复杂，通常是只计算计量点的pH，并在该pH附近选择能变色的指示剂指示滴定终点。滴定反应如下：

$$H_3PO_4 + NaOH \rightleftharpoons NaH_2PO_4 + H_2O$$
$$NaH_2PO_4 + NaOH \rightleftharpoons Na_2HPO_4 + H_2O$$

第一计量点时，溶液中只有$NaH_2PO_4$（两性物质）和水，其pH可由下式近似计算：

$$[H^+]=\sqrt{K_{a_1}K_{a_2}}$$

$$pH=\frac{1}{2}(pK_{a_1}+pK_{a_2})=\frac{1}{2}(2.12+7.21)=4.66$$

可选用甲基红作指示剂。

第二计量点时，溶液中只有$Na_2HPO_4$（两性物质）和水，其pH可由下式近似计算：

$$[H^+]=\sqrt{K_{a_2}K_{a_3}}$$

$$pH=\frac{1}{2}(pK_{a_2}+pK_{a_3})=\frac{1}{2}(7.12+12.67)=9.94$$

可选用酚酞和百里酚酞作指示剂。

**2. 多元碱的滴定**　多元碱的滴定与多元酸滴定相似。判断多元碱能否被准确滴定和分步滴定的条件为：

（1）$cK_{bn}\geqslant10^{-8}$，表明第n级解离能被准确滴定。

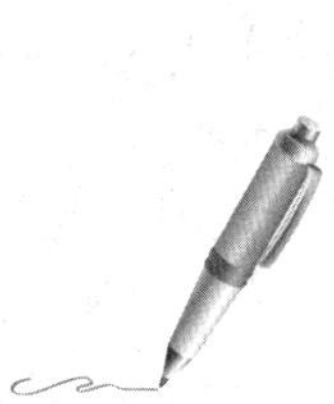

（2）$K_{b_n}/K_{b_{(n+1)}} \geq 10^4$，表明相邻两级解离能分步滴定。

现以 0.1000mol/L HCl 溶液滴定 20.00ml 0.1000mol/L $Na_2CO_3$ 溶液为例讨论多元碱的滴定。

$CO_3^{2-}$ 的 $K_{b_1}=1.8\times10^{-4}$，$K_{b_2}=2.4\times10^{-8}$，$K_{b_1}$ 和 $K_{b_2}$ 均大于 $10^{-8}$，且 $K_{b_1}/K_{b_2}\approx10^4$，因此 $CO_3^{2-}$ 可进行分步滴定，其滴定反应式为：

$$HCl + Na_2CO_3 \rightleftharpoons NaHCO_3 + NaCl$$

$$HCl + NaHCO_3 \rightleftharpoons NaCl + H_2O + CO_2\uparrow$$

第一化学计量点时，产物为 $HCO_3^-$，此时溶液的 pH 可按照两性物质溶液 pH 的最简式进行计算，则：

$$[H^+]=\sqrt{K_{a_1}K_{a_2}}=\sqrt{4.3\times10^{-7}\times5.61\times10^{-11}}=4.91\times10^{-9}$$

$$pH=8.31$$

可选酚酞作指示剂，溶液终点由红色变为无色。

第二化学计量点时，产物是 $H_2CO_3$，形成 $H_2CO_3$ 的饱和溶液，浓度是 0.04mol/L。此时溶液的 pH 可按照弱酸溶液 pH 的最简式进行计算，则：

$$[H^+]=\sqrt{cK_{a_1}}=\sqrt{0.04\times4.3\times10^{-7}}=1.31\times10^{-4}$$

$$pH=3.87$$

可选甲基橙作指示剂，溶液终点由黄色变为橙色。

由于生成的 $H_2CO_3$ 易形成过饱和溶液，溶液中 $H^+$ 浓度增大，导致滴定终点提前。因此在接近第二个终点时，应剧烈振摇溶液或煮沸溶液赶走 $CO_2$，冷却至室温后再继续滴定。

**课堂互动**

分析 $H_2SO_3$ 能否进行分步滴定，所选用的指示剂是什么？（解离常数见附录四）。

## 三、酸碱滴定液的配制与标定

在酸碱滴定中，HCl 和 NaOH 溶液是最常见的滴定液，有时也用 $H_2SO_4$ 和 KOH 溶液等，滴定浓度一般为 0.1mol/L。

### （一）0.1mol/L HCl 滴定液的配制和标定

盐酸滴定液的配制一般用浓盐酸稀释而得，因为浓盐酸具有挥发性，所以要采用间接配制法。

**1. 配制** 市售浓 HCl 的密度是 1.19g/ml，质量分数为 0.37，换算成物质的量浓度约为 12mol/L。

若配制 0.1mol/L HCl 溶液 1000ml，应取浓 HCl 的体积为：

$$12\times V=0.1\times1000 \qquad V=8.3ml$$

HCl 易挥发，实际浓度往往达不到 12mol/L，配制时可取 9.0ml。配制用洁净的小量筒量取浓 HCl 9.0ml，转移至盛有少量纯化水的 1000ml 量杯中，加纯化水配成 1000ml 溶液，倒入试剂瓶中，摇匀、密塞、待标定。

**2. 标定** 标定 HCl 溶液的基准物质是无水碳酸钠或硼砂。用无水碳酸钠标定时的反应式为：

$$2HCl + Na_2CO_3 \rightleftharpoons 2NaCl + H_2O + CO_2\uparrow$$

可选用甲基红－溴甲酚绿混合指示剂，根据 HCl 消耗的体积与基准无水 $Na_2CO_3$ 的质量，计算 HCl 溶液的准确浓度。计算公式为：

$$c_{HCl} = \frac{2m_{Na_2CO_3}}{V_{HCl}M_{Na_2CO_3}} \times 10^3$$

（二）0.1mol/L NaOH **滴定液的配制和标定**

**1. 配制** NaOH 易吸收空气中的 $CO_2$ 会生成 $Na_2CO_3$，$Na_2CO_3$ 在 NaOH 的饱和溶液中不易溶解，因此，为消除 $Na_2CO_3$ 的影响，通常将 NaOH 配成饱和溶液（约 20mol/L），贮于塑料瓶中，使 $Na_2CO_3$ 沉于底部，取上层清液稀释成所需配制的浓度。

配制 0.1mol/L NaOH 溶液 500ml，应取澄清饱和 NaOH 溶液的体积为：

$$20 \times V = 0.1 \times 500 \qquad V = 2.5\text{ml}$$

同 HCl 溶液配制，实际取量略多于计算量，取 2.8ml 澄清的饱和 NaOH 溶液，加新煮沸过的冷纯化水配制成 500ml，摇匀密塞，待标定。

**2. 标定** 标定 NaOH 溶液最常用的基准物质是邻苯二甲酸氢钾。标定反应如下：

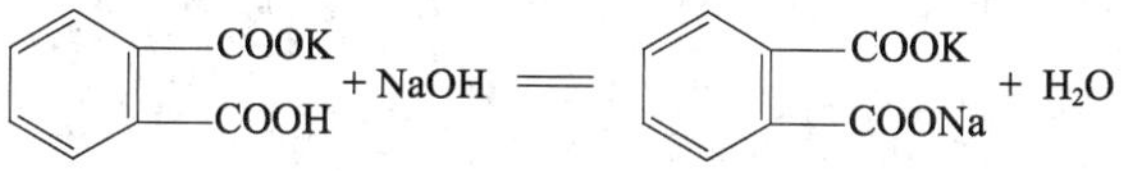


可选用酚酞作指示剂，根据 NaOH 消耗的体积与基准邻苯二甲酸氢钾的称量，计算 NaOH 溶液的准确浓度。计算公式为：

$$c_{NaOH} = \frac{m_{C_8H_5O_4K}}{V_{NaOH}M_{C_8H_5O_4K}} \times 10^3$$

## 四、应用示例

在以水为溶剂的酸碱滴定中，还可以根据滴定方式的不同分为直接滴定和间接滴定两种。

（一）**直接滴定法**

凡 $cK_a \geq 10^{-8}$ 的酸性物质或 $cK_b \geq 10^{-8}$ 的碱性物质均可用碱或酸滴定液直接滴定。

**1. 阿司匹林含量的测定** 阿司匹林（乙酰水杨酸）是常用的解热镇痛药，为弱酸、$K_a = 3.2 \times 10^{-4}$，故可用碱滴定液直接滴定，以酚酞为指示剂。滴定反应和含量计算如下。

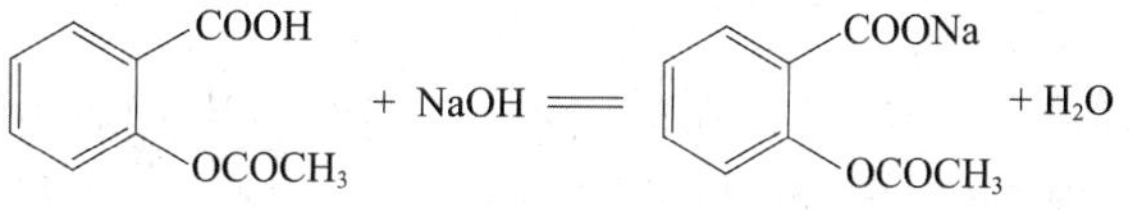


$$C_9H_8O_4\% = \frac{c_{NaOH}V_{NaOH}M_{C_9H_8O_4} \times 10^{-3}}{m_s} \times 100\%$$

**2. 药用氢氧化钠含量的测定** 由于 NaOH 易吸收空气中 $CO_2$，含有 $Na_2CO_3$ 杂质，必须分别测定 NaOH 和 $Na_2CO_3$ 各自的含量，通常采用“双指示剂法”。测定过程如下。

精密称取试样质量 $m_s$，溶解后加酚酞指示剂，用 HCl 滴定液滴定至粉红色消失，记录消耗 HCl 的体积 $V_1$，此时 $Na_2CO_3$ 反应为 $NaHCO_3$，NaOH 反应为 NaCl；再加入甲基橙指示剂，继续用 HCl 滴定液滴定至橙色，记录消耗 HCl 的体积 $V_2$，此时 $NaHCO_3$ 全部生成

$H_2CO_3$，整个过程图示如下。

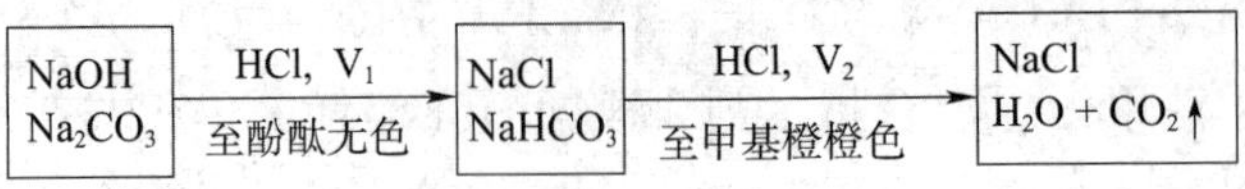


根据反应，$Na_2CO_3$两步滴定中消耗的体积应相等，则消耗 HCl 滴定液的总体积为 $2V_2$，而 NaOH 消耗 HCl 滴定液的体积为 $V_1 - V_2$。试样中被测组分的含量计算公式分别为：

$$NaOH\% = \frac{c_{HCl}\ (V_1 - V_2)\ M_{NaOH} \times 10^{-3}}{m_s} \times 100\%$$

$$Na_2CO_3\% = \frac{\frac{1}{2}c_{HCl}2V_2 \times M_{Na_2CO_3} \times 10^{-3}}{m_s} \times 100\%$$

（二）间接滴定法

对于极弱的酸或碱，其 $cK_a < 10^{-8}$或 $cK_b < 10^{-8}$，如果通过反应后得到的生成物的酸碱性增强；对于某些虽具有一定的酸碱性，但难溶于水的物质，都可以考虑采用间接滴定法。

**1. 硼酸含量的测定** 硼酸（$H_3BO_3$）是极弱的酸（$K_a = 5.8 \times 10^{-10}$），$cK_a < 10^{-8}$，不能用 NaOH 滴定液直接滴定。但硼酸与乙二醇、丙三醇、甘露醇等多元醇反应后，生成稳定的配合酸，酸度增强。如硼酸与丙三醇反应生成甘油硼酸，$K_a = 3 \times 10^{-7}$，$cK_a \geqslant 10^{-8}$，可以用 NaOH 滴定液直接滴定，其化学计量点 pH = 9.6，可选用酚酞为指示剂。反应式和含量计算如下：

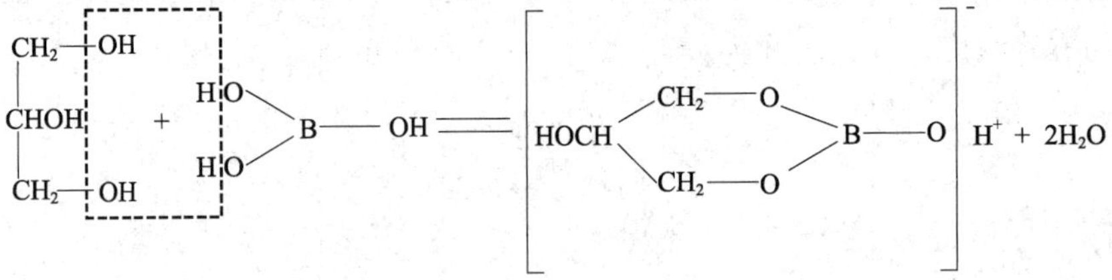

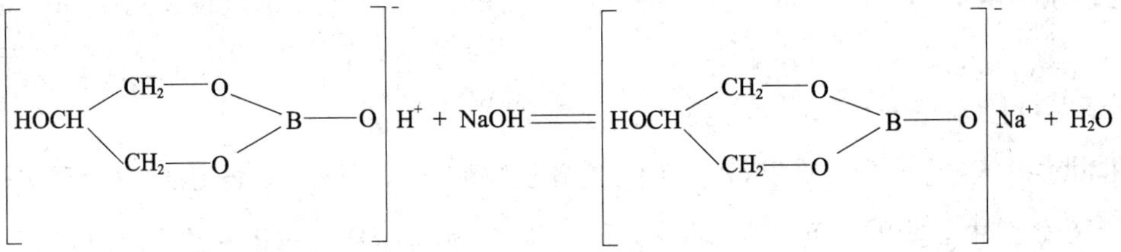

$$H_3BO_3\% = \frac{c_{NaOH}V_{NaOH}M_{H_3BO_3} \times 10^{-3}}{m_s} \times 100\%$$

**2. 铵盐中氮的含量测定** $NH_4^+$是弱酸（$K_a = 5.7 \times 10^{-10}$），$(NH_4)_2SO_4$、$NH_4Cl$ 等都不能直接滴定，通常采用下列方法测定。

（1）蒸馏法 在铵盐中加入过量的 NaOH，加热使 $NH_3$蒸馏出来，用一定量的 HCl 滴定液吸收，过量的酸用 NaOH 返滴定。

（2）甲醛法 甲醛与铵盐反应生成六亚甲基四铵弱酸，$K_a = 1.4 \times 10^{-5}$，可用酚酞为指示剂，用 NaOH 滴定液滴定。

（3）凯氏定氮法 在催化剂存在下，将蛋白质、生物碱和其他有机样品用浓硫酸煮沸分解，将氮转化为铵盐，再用蒸馏法进行测定。

## 拓展阅读

**强酸（强碱）的滴定误差**

滴定方法中的终点与计量点往往是不重合的，因此存在着方法的误差，这种终点与化学计量点之间产生的误差称为滴定误差，用相对误差表示。酸碱强度不同，产生的滴定误差不同，此处简单讨论强酸和强碱间的滴定误差。

当终点与计量点重合时，被测组分 B 物质的量等于滴定液 A 物质的量，没有误差；当不重合时，绝对误差为两者物质的量的差，即 $n_A - n_B$。设滴定开始时锥形瓶中溶液的体积为 $V$，溶液的浓度为 $c_0$，终点时体积为开始时溶液体积的 x 倍，则滴定误差为。

$$E = c_A xV - c_B xV = xV[c_A - c_B]$$

$$RE = \frac{xV(c_A - c_B)}{c_0 V} = \frac{x(c_A - c_B)}{c_0} \times 100\%$$

式中，$E$ 为绝对误差，mol；$RE$ 为相对误差，%；$c_A$、$c_B$ 分别为滴定液和被测组分终点时的物质的量浓度；$c_0$ 为被测组分开始时的物质的量浓度；$V$ 为滴定开始时溶液的体积；$x$ 为终点时溶液的体积与开始时溶液体积的比。

# 第五节　非水溶液的酸碱滴定

扫码“学一学”

## 案例导入

**案例：**在《中国药典》（2020 年版）中，乙胺嘧啶、二盐酸奎宁、厄贝沙坦、左旋多巴等一些药物的含量测定，虽然也是酸碱滴定法，却没有选用水作溶剂，为什么这些药物的滴定不用水作溶剂？这些溶剂的选择对药物的滴定有什么影响呢？

**讨论：**大多数药物的酸碱性通常是很弱的，以至于无法用酸碱滴定法直接进行滴定，而溶剂具有的酸碱性和极性都可以促进药物的解离，从而使其酸碱性增强，那么，不同的药物该如何选择合适的溶剂，以提高其酸碱性并进行滴定的呢？

非水溶液的酸碱滴定指在不含水的无机或有机溶剂中进行的酸碱滴定法，简称非水酸碱滴定。它主要是对极弱的酸碱物质或无法分步滴定的多元酸或多元碱进行的酸碱滴定。

## 一、基本原理

### （一）溶剂的类型

根据酸碱质子理论，非水溶剂可分为质子溶剂、无质子溶剂和混合溶剂三大类。

**1. 质子溶剂**　根据给出和接受质子的不同有如下三种。

（1）酸性溶剂　具有较强给出质子能力的一类溶剂，如甲酸、冰醋酸、乙酸酐等。酸性溶剂用于滴定弱碱性物质时作溶剂。

（2）碱性溶剂　具有较强接受质子能力的一类溶剂，如乙二胺、丁胺、乙醇胺等。碱性溶剂用于滴定弱酸性物质时作溶剂。

（3）两性溶剂　既易给出质子又易接受质子的一类溶剂，如甲醇、乙醇、乙二醇等。两性溶剂用于滴定不太弱的酸或碱时作溶剂。

**2. 无质子溶剂**　这是分子中无转移性质子的一类溶剂，有如下两种。

（1）偶极亲质子溶剂　有较弱的接受质子倾向和程度不同的成氢键能力。如酮类、腈类、吡啶、酰胺类、二甲亚砜等。吡啶和二甲亚砜的碱性较明显，形成氢键的能力也较强，适于作弱酸或某些混合物的滴定溶剂。

（2）惰性溶剂　溶剂分子不参与酸碱反应，也无形成氢键的能力，如苯、三氯甲烷、四氯化碳等。这类溶剂在滴定中不参与酸碱反应，只对溶质起溶解、分散和稀释的作用。

**3. 混合溶剂**　将质子溶剂和惰性溶剂混合后的一类溶剂。如冰醋酸－醋酐、冰醋酸－苯混合溶剂，适于弱碱性物质的滴定；甲醇－苯混合溶剂适于羧酸类物质的滴定。这类溶剂主要起到增大滴定体系的溶解性，增大滴定突跃范围，增加指示剂变色的敏感性。

**（二）溶剂的性质**

**1. 物质的酸碱性与溶剂的关系**　酸碱质子理论中已经阐述，物质的酸碱性不仅与自身的酸碱性有关，还与溶剂的酸碱性密切相关，同一种酸在不同酸度的溶剂中，显示不同的酸强度。如 HCl 在水中能全部释放出 $H^+$，呈强酸性；而在冰醋酸中，冰醋酸的酸性会阻碍 HCl 释放 $H^+$，使得 HCl 只能部分释放 $H^+$，呈弱酸性。再如 $NH_3$ 在水中是弱碱；在冰醋酸中，酸碱结合能促进 $NH_3$ 完全接受质子而表现为强碱。

总的来说，弱碱性物质在酸性溶剂中，碱性增强；弱酸性物质在碱性溶剂中，酸性增强。

**2. 拉平效应和区分效应**　$HClO_4$、$H_2SO_4$、HCl 和 $HNO_3$ 在水溶液中都是强酸，这是因为水对质子具有亲和力，使得它们都能完全给出 $H^+$，四种酸都被拉平到同一个水平，结果使它们的酸强度在水中都相同。这种把不同类型的酸或碱拉平到相同强度水平的效应称为拉平效应，具有拉平效应的溶剂称为拉平性溶剂，水是上述四种酸的拉平性溶剂。

如果将上述四种酸溶于冰醋酸中，由于冰醋酸的酸性比水强，给出质子的能力强于水，阻碍四种酸释放质子的能力，使得四种酸在冰醋酸中给出 $H^+$ 的能力出现了差别，酸性有差异，其强度顺序是 $HClO_4 > H_2SO_4 > HCl > HNO_3$，这种能区分不同酸或碱强度的效应称为区分效应，具有区分效应的溶剂称为区分性溶剂，冰醋酸是上述四种酸的区分性溶剂。

拉平效应和区分效应都是相对的。一般来说，碱性溶剂是酸的拉平性溶剂，对于碱则具有区分效应。酸性溶剂是碱的拉平性溶剂，对于酸则具有区分效应。

若测定酸或碱的总浓度可利用溶剂的拉平效应，分别测定每种酸或碱的含量则可利用溶剂的区分效应。惰性溶剂没有明显的酸碱性，也不参与质子转移反应，因而没有拉平效应，但它可以保存各种物质的酸碱性，是很好的区分性溶剂。

**3. 溶剂的质子自递反应**　除惰性溶剂外，其他非水溶剂均有一定程度的解离，发生质子自递反应。例如对于溶剂 SH，则有：

$$SH + SH \rightleftharpoons SH_2^+ + S^-$$

质子自递反应的平衡常数为：

$$K_i = \frac{[SH_2^{\ +}][S^-]}{[SH]^2} = K_{a,SH}K_{b,SH} \qquad (6-18)$$

溶剂自身解离非常小，[SH] 可看作是一定值，所以，上式可表示为：

$$K_s = [SH_2^{\ +}][S^-] = K_{a,SH}K_{b,SH} \qquad (6-19)$$

$K_s$称为溶剂的解离常数或离子积，只与温度有关。几种常见非水溶剂的 $K_s$见表 6－10。

**表 6－10　常见非水溶剂的 $K_s$（298.15K）**

| 溶剂 | $K_s$ | $pK_s$ | 药物 | $K_s$ | $pK_s$ |
|---|---|---|---|---|---|
| 甲醇 | $10^{-16.70}$ | 16.70 | 甲酸 | $10^{-6.22}$ | 6.22 |
| 乙醇 | $10^{-19.10}$ | 19.10 | 乙二胺 | $10^{-15.30}$ | 15.30 |
| 冰醋酸 | $10^{-14.45}$ | 14.45 | 二甲基甲酰胺 | $10^{-21.10}$ | 21.10 |
| 醋酐 | $10^{-14.50}$ | 14.50 | 乙腈 | $10^{-28.50}$ | 28.50 |

$K_s$的大小影响滴定的突跃范围。如：以水为溶剂，用 0.1000mol/LNaOH 滴定同浓度一元强酸，滴定突跃的 pH 范围是 4.30～9.70，5.40 个 pH 单位；以乙醇为溶剂，用 0.1mol/L$C_2H_5ONa$ 滴定酸，用$pC_2H_5OH_2^+$ 表示 $pH^*$，滴定突跃的 $pH^*$范围是 4.30～14.80，10.50 个 $pH^*$单位。可见，在乙醇中滴定的突跃范围比水中滴定的突跃范围大得多，这是由于溶剂的解离常数小，酸碱不容易解离，反应进行更完全所致。由于溶剂的解离常数越小，滴定的突跃范围越大，可选择的指示剂越多，因此，在非水滴定中，总是尽可能选用 $K_s$比较小的溶剂。

**（三）溶剂的选择**

非水滴定中溶剂的选择至关重要，溶剂选择应遵循如下原则。

**1. 能增强被测物质的酸碱性**　滴定弱酸性物质选择碱性溶剂，反之选择酸性溶剂。

**2. 溶解性好**　依据相似相溶原则，选择能完全溶解被测样品以及滴定产物的溶剂，如一种溶剂不能溶解时，可考虑混合溶剂。

**3. 不发生副反应**　溶剂与被测物和生成物均不反应。例如测定某些芳伯胺和芳仲胺类化合物不能选择醋酐作为溶剂，因为它们都能与醋酐发生乙酰化反应。

**4. 纯度较高**　非水溶剂不应含有酸性和碱性杂质。例如水分，既是酸性杂质又是碱性杂质，必须予以除去。

**5. 安全廉价**　易于使用和回收，挥发性和黏度小等。

## 二、滴定类型及应用

**（一）碱的滴定**

当碱试样的 $cK_b < 10^{-8}$时，应考虑选择非水溶液中进行酸碱滴定。在《中国药典》(2020 年版）中，能进行此类滴定的药物很多，常用高氯酸作滴定液，醋酸作溶剂，结晶紫作指示剂。

**1. 滴定液**　市售高氯酸是浓度为 70.0%～72.0% 的水溶液，因此，必须间接配制，同时要除去水分。

高氯酸配制中注意以下问题。

（1）除去水分　市售高氯酸和冰醋酸都含有水分，除去的方法是加入计算量的醋酐。

$$(CH_3CO)_2O + H_2O = 2CH_3COOH$$

（2）注意安全　高氯酸与醋酐等有机物会剧烈反应，使溶液飞溅甚至发生爆炸。因此，配制时先用无水冰醋酸将高氯酸稀释，在不断搅拌下缓缓滴加醋酐，控制温度在25℃以下，以保证安全。

（3）做空白实验　溶剂和指示剂都有一定的酸性，因此需要做空白实验。

（4）浓度校正　非水溶剂的体积膨胀系数较大，当高氯酸滴定液在测定样品时与标定时的温度相差10℃以上，则要进行浓度校正。

高氯酸滴定液选用邻苯二甲酸氢钾来标定，结晶紫作指示剂。

**2. 溶剂**　市售冰醋酸含有少量水分，与高氯酸一样，需加一定量的醋酐除去水分。

**3. 指示剂**　结晶紫是多元碱，滴定中的碱式色为紫色，酸式色为黄色，从碱性到酸性的混合色为蓝紫、蓝、蓝绿、绿、黄绿色。结晶紫在滴定不同强度的碱时，终点颜色变化不同。滴定较强碱，应以蓝色或蓝绿色为终点；滴定极弱碱，应以蓝绿或绿色为终点。

**4. 应用**　非水溶液中可被滴定的碱性药物主要有四类，如下举例均采用《中国药典》（2020年版）中方法。

（1）有机弱碱　如胺类、生物碱等。

**例9**　咖啡因的含量测定：取本品约0.15g，精密称定，加醋酐－冰醋酸（5:1）的混合液25ml，微温使溶解，放冷，加结晶紫指示液1滴，用高氯酸滴定液（0.1mol/L）滴定至溶液显黄色，并将滴定的结果用空白试验校正。

（2）有机酸的碱金属盐　如邻苯二甲酸氢钾、水杨酸钠、醋酸钠、乳酸钠、枸橼酸钠（钾）等。

**例10**　萘普生钠的含量测定：取本品约0.2g，精密称定，加冰醋酸30ml溶解后，加结晶紫指示液1滴，用高氯酸滴定液（0.1mol/L）滴定至溶液显蓝绿色，并将滴定的结果用空白试验校正。

（3）有机碱的无机盐　如盐酸麻黄碱、氢溴酸东莨菪碱等。

**例11**　盐酸萘福泮的含量测定：取本品约0.15g，精密称定，加冰醋酸30ml，微温使溶解，放冷，加醋酐30ml，照电位滴定法（通则0701），用高氯酸滴定液（0.1mol/L）滴定，并将滴定的结果用空白试验校正。

（4）有机碱的有机酸盐　如马来酸氯苯那敏、重酒石酸去甲肾上腺素、枸橼酸喷托维林等。

**例12**　枸橼酸喷托维林的含量测定：取本品约0.4g，精密称定，加冰醋酸10ml溶解后，加结晶紫指示液1滴，用高氯酸滴定液（0.1mol/L）滴定至溶液显蓝色，并将滴定的结果用空白试验校正。

**（二）酸的滴定**

当酸试样的 $cK_a < 10^{-8}$ 时，应考虑选择非水溶液中进行酸碱滴定。

**1. 溶剂**　滴定不太弱的酸时，用甲醇和乙醇等醇类溶剂；滴定弱酸或极弱酸时，用碱性拉平性溶剂乙二胺来增强酸性；滴定混合酸各组分时，用区分性溶剂甲基异丁酮来保持各酸的强度。如苯酚，$K_a = 9.1 \times 10^{-9}$，若以水为溶剂无明显的滴定突跃，若以乙二胺为溶剂，用氨基乙醇钠（$NaOCH_2CH_2NH_2$）作滴定液，可获得明显的滴定突跃。

**2. 指示剂**　常用的指示剂是百里酚蓝、偶氮紫、溴酚蓝。百里酚蓝适于在苯、丁胺、吡啶等溶剂中滴定中等强度酸时作指示剂，其碱式色为蓝色，酸式色为黄色；偶氮紫适于在碱性溶剂或偶极亲质子溶剂中滴定较弱的酸，其碱式色为蓝色，酸式色为红色；溴酚蓝适于在甲醇、苯、三氯甲烷等溶剂中滴定羧酸类、磺胺类等，其碱式色为蓝色，酸式色为红色。

**3. 滴定液** 常用的滴定液是甲醇钠溶液。甲醇钠是用甲醇与金属钠反应，用苯作溶剂间接配制而得。标定常用苯甲酸为基准物质，百里酚蓝为指示剂进行标定。

**4. 适用于非水溶液酸的滴定的药物主要有：**

（1）羧酸类 用二甲基甲酰胺为溶剂，百里酚蓝为指示剂，甲醇钠滴定液进行滴定。

（2）酚类 用乙二胺为溶剂，偶氮紫为指示剂，氨基乙醇钠滴定液进行滴定。

（3）磺胺类 磺胺的酸性较弱，宜用碱性较强的溶剂如丁胺或乙二胺，偶氮紫为指示剂，甲醇钠滴定液进行滴定。磺胺嘧啶和磺胺噻唑的酸性较强，可用甲醇－丙酮或甲醇－苯作溶剂，百里酚蓝作指示剂，甲醇钠滴定液进行滴定。

此外，巴比妥酸、氨基酸、某些铵盐和烯醇类化合物等也可被滴定。

## 拓展阅读

### 有机碱的氢卤酸盐的滴定

由于有机碱的氢卤酸盐（B · HX）中的氢卤酸 HX 在冰醋酸中酸性较强，不能直接用高氯酸滴定，而必须消除 HX 的干扰。通常多采用先加过量的醋酸汞的冰醋酸溶液，使形成难解离的卤化汞，而氢卤酸盐则转变成可测定的醋酸盐，然后再用高氯酸滴定，以结晶紫或其他适宜的指示剂指示终点。

$$2B \cdot HX + Hg(Ac)_2 = 2B \cdot HAc + HgX_2$$

$$B \cdot HAc + HClO_4 = B \cdot HClO_4 + HAc$$

由于汞盐污染环境，因此，通常用电位法指示终点，如本章例 11 的盐酸萘福泮的含量测定就是如此。

## 重点小结

1. 酸碱质子理论提出：在反应过程中能给出质子（$H^+$）的分子或离子都是酸，能接受质子（$H^+$）的分子或离子都是碱。将化学组成上相差一个 $H^+$ 的一对酸碱称为共轭酸碱对。

2. 酸碱的强弱与自身性质及溶剂的性质有关。酸碱反应的实质就是两对共轭酸碱对之间的质子转移。

3. 水的离子积 $K_w = [H^+][OH^-]$。根据 $[H^+]$ 和 $[OH^-]$ 的相对大小，将溶液分为中性、酸性和碱性溶液。解离常数 $K_a$（$K_b$）只随温度的变化而变化，而解离度 $\alpha$ 则与浓度的平方根成反比。

4. 在水溶液中任何一对共轭酸碱对都存在 $K_aK_b = K_w$ 的关系。

5. 产生同离子效应的同时也伴随着盐效应。两种效应的作用相反，同离子效应对解离度的影响远大于盐效应。

6. 一元弱酸（弱碱）的 pH 简化计算公式为 $[H^+] = \sqrt{K_a c}$（$[OH^-] = \sqrt{K_b c}$），多元弱酸（弱碱）的 pH 计算 $[H^+] = \sqrt{K_{a_1} c}$（$[OH^-] = \sqrt{K_{b_1} c}$），两性物质的 pH 简化计算公式为 $[H^+] = \sqrt{K_{a_1} K_{a_2}}$。

7. 能抵抗外加少量强酸、强碱及水的稀释，并保持其 pH 几乎不变的溶液称为缓冲溶液。缓冲溶液对强酸、强碱及水稀释的抵抗作用称为缓冲作用，包含三种类型。

8. 缓冲公式为：$pH = pK_a + \lg \frac{c_{共轭碱}}{c_{共轭酸}}$。缓冲容量 β 受缓冲溶液的总浓度（$c_{共轭酸} + c_{共轭碱}$）和缓冲比$\frac{c_{共轭碱}}{c_{共轭酸}}$两个因素影响。

9. 通过选择合适的缓冲对、确定浓度、计算组分的量来配制所需要的缓冲溶液，配好之后需要校准。

10. 指示剂的理论变色点：$pH = pK_{HIn}$，变色范围：$pH = pK_{HIn} \pm 1$；指示剂的实际变色范围。

11. 强碱（强酸）滴定中的计量点为 7，突跃范围为化学计量点 ±0.1% 间溶液的 pH 变化区间，指示剂选择以指示剂的变色范围全部或部分与滴定的突跃范围重合为依据。

12. 一元弱酸（弱碱）滴定中的计量点和突跃范围都由滴定产物的酸碱性和浓度决定，指示剂选择随突跃范围改变而改变。

13. 多元酸碱滴定的计量点可根据公式计算，选择在计量点附近变色的指示剂，当满足 $cK_{an} \geq 10^{-8}$，能被准确滴定，$K_{a_n}/K_{a_{(n+1)}} \geq 10^4$，能被分步滴定。

14. 标定盐酸常用的基准物质是碳酸钠，标定氢氧化钠常用的基准物质是邻苯二甲酸氢钾，两者都是间接配制。

15. 非水滴定中弱碱常用酸作溶剂，弱酸常用碱作溶剂。拉平效应是指把不同酸碱拉到相同水平的效应，区分效应是指能区分不同酸碱强度的效应。测酸碱总量时往往采用拉平性溶剂，测不同酸碱含量时往往采用区分性溶剂。

## 目标检测

扫码“练一练”

### 一、选择题

（一）单项选择题

1. $H_2PO_4^-$ 的共轭酸是（　　）

A. $H^+$　　B. $OH^-$　　C. $H_3PO_4$　　D. $HPO_4^{2-}$

2. pH 值相同的 HCl 和 HAc 溶液，它们的（　　）

A. $H^+$ 物质的量相同　　B. $H^+$ 物质的量浓度相同

C. 物质的量相同　　D. 体积相同

3. 下列溶液酸性最强的是（　　）

A. pH = 1.0　　B. $[H^+] = 1.0$mol/L

C. pH = 7.0　　D. $[OH^-] = 1.0 \times 10^{-1}$mol/L

4. 将 0.2 mol/L 的 HCl 和 0.2 mol/L 的 HAc 均加水稀释一倍，其 $[H^+]$ 变化为（　　）

A. HCl 的 $[H^+] = 0.1$ mol/L　　B. HAc 的 $[H^+] = 0.1$ mol/L

C. HAc 的 $[H^+]$ 不变　　D. HCl 的 $[H^+]$ 不变

5. HAc 的解离常数为 $K_a$，在 HAc 溶液中加入 NaAc 固体，将使（　　）

A. $K_a$变大　　B. $K_a$变小　　C. pH 值升高　　D. pH 值降低

6. 下列说法正确的是（　　）

A. 弱酸的 $K_a$越大，则 p$K_a$越大

B. $K_a$越大的弱酸，其酸性越弱

C. 同一弱电解质的溶液，浓度小的，解离度大

D. 同一弱电解质的溶液，浓度大的，解离常数小

7. 用 $H_3PO_4$（p$K_{a_1}$ = 2.16，p$K_{a_2}$ = 7.21，p$K_{a_3}$ = 12.32）和 NaOH 配制 pH = 12 的缓冲溶液，抗碱成分是（　　）

A. $PO_4^{3-}$　　B. $H_3PO_4$　　C. $H_2PO_4^-$　　D. $HPO_4^{2-}$

8. 人体血浆最重要的抗酸成分是（　　）

A. $H_2CO_3$　　B. $HCO_3^-$　　C. $H^+$　　D. $OH^-$

9. 今欲配制 pH = 5.0 左右的缓冲溶液，应选择的缓冲对是（　　）

A. HAc – NaAc　　B. $NH_3$ – $NH_4Ac$　　C. $H_2CO_3$ – $Na_2CO_3$　　D. $H_3PO_4$ – $Na_3PO_4$

10. 配制 pH 约为 9 的缓冲溶液，下列选项正确的是（　　）

A. 选用 $NaH_2PO_4$和 $Na_2HPO_4$的缓冲对配制

B. 选用等体积和等浓度的 $NH_3 \cdot H_2O$ 与 $NH_4Cl$ 配制

C. 选用等浓度下，$NH_3 \cdot H_2O$ 体积多于 $NH_4Cl$ 溶液体积配制

D. 选用等浓度下，$NH_4Cl$ 溶液体积多于 $NH_3 \cdot H_2O$ 体积配制

11. 某酸碱指示剂的 $K_{HIn} = 1.0 \times 10^{-5}$，则其理论变色范围是（　　）

A. 4 ~ 5　　B. 5 ~ 6　　C. 4 ~ 6　　D. 5 ~ 7

12. 酸碱滴定曲线直接描述的内容是（　　）

A. 指示剂的变色范围　　B. 滴定过程中 pH 变化规律

C. 滴定过程中酸碱浓度变化规律　　D. 滴定过程中酸碱体积变化规律

13. 用 NaOH 滴定盐酸和醋酸的混合酸时会出现（　　）个突跃

A. 0　　B. 1　　C. 2　　D. 3

14. 酸碱滴定过程中，选取合适的指示剂是（　　）

A. 减小滴定误差的有效方法

B. 减小偶然误差的有效方法

C. 减小操作误差的有效方法

D. 减小试剂误差的有效方法

15. NaOH 滴定液滴定 HAc 至化学计量点时的 $[OH^-]$ 计算式是（　　）

A. $\sqrt{K_a c}$　　B. $\sqrt{\dfrac{K_W c}{K_a}}$　　C. $\sqrt{\dfrac{K_W K_a}{c}}$　　D. $K_a \dfrac{c_a}{c_b}$

16. 多元酸的滴定是（　　）

A. 可以看成其中一元酸的滴定过程

B. 可以看成是相同强度的一元酸的混合物滴定

C. 可以看成是不同强度的一元酸的混合物滴定

D. 可以看成是不同浓度的一元酸的混合物滴定

17. NaOH 溶液的标签浓度为 0.3000mol/L，该溶液从空气中吸收了少量的 $CO_2$，现以酚酞为指示剂，用标准 HCl 溶液标定，标定结果比标签浓度（　　）

A. 高　B. 低　C. 不变　D. 无法确定

18. 双指示剂法测混合碱，加入酚酞指示剂时，滴定消耗 HCl 滴定液的体积为 15.20ml；加入甲基橙作指示剂，继续滴定又消耗了 HCl 滴定液 25.72ml，则溶液中存在（　　）

A. $NaHCO_3$　B. $Na_2CO_3$　C. $NaOH + Na_2CO_3$　D. $NaHCO_3 + Na_2CO_3$

19. 下列弱酸和弱碱（设浓度为 0.1mol/L）不能用酸碱滴定法直接准确滴定的是（　　）

A. 氨水（$K_b = 1.8 \times 10^{-5}$）　B. 苯酚（$K_a = 1.1 \times 10^{-10}$）

C. 含少量碳酸钠杂质的氢氧化钠溶液　D. $H_2CO_3$（$K_{a1} = 4.2 \times 10^{-7}$）

20. 若要测定不同强度混合酸的总量，应利用溶剂的（　　）

A. 区分效应　B. 盐效应　C. 拉平效应　D. 同离子效应

（二）多项选择题

1. 影响缓冲容量的主要因素有（　　）

A. 温度　B. 总浓度　C. 缓冲比　D. 压强　E. 溶解度

2. 在下列粒子中，属于两性的是（　　）

A. $HCO_3^-$　B. $H_2O$　C. $H_2PO_4^-$　D. $NH_3$　E. $H_2SO_4$

3. 下列几对关系中，其和为 14 的是（　　）

A. pH 和 pOH　B. $pK_a$ 和 $pK_b$　C. $pK_{a_1}$ 和 $pK_{b_1}$

D. $K_a$ 和 $K_b$　E. $pK_W$ 和 $pK_i$

4. 影响指示剂变色范围的因素有（　　）

A. 指示剂用量　B. 温度　C. 溶剂　D. 滴定程序　E. 压力

5. 非水溶液酸碱滴定时，溶剂选择的条件是（　　）

A. 滴定弱碱选择酸性溶剂　B. 滴定弱酸选择碱性溶剂

C. 溶剂纯度高　D. 溶剂黏度大

E. 不与被测物质发生反应

## 二、计算题

1. 计算下列溶液的 pH

（1）0.1 mol/L $Na_2CO_3$ 溶液的 pH。

（2）等体积 0.05mol/L 的 HCl 和 0.03 mol/L 的 NaOH 溶液，混合后的 pH 值。

（3）0.010 mol/L 的一元弱碱（$K_b = 1.0 \times 10^{-8}$）溶液与等体积水混合后的溶液。

（4）pH = 2.00 的一元强酸与 pH = 13.00 的一元强碱等体积混合后的溶液。

（5）0.10L 的 0.20 mol/L HAc 和 0.050L 的 0.20 mol/L NaOH 的混合溶液。

2. 已知乳酸的 $K_a = 1.37 \times 10^{-4}$，测得某酸奶样品的 pH = 2.43，计算酸奶中乳酸的浓度？

3. 37℃时测得某血浆样品中溶解的 $CO_2$ 总浓度（$HCO_3^-$ 和 $CO_2$）为 28.50mmol/L，样品的 pH = 7.48，求该血浆样品中［$HCO_3^-$］和［$CO_2$］各为多少？（37℃时 $H_2CO_3$ 的 p*K*a = 6.10）

4. 用邻苯二甲酸氢钾 0.4515g，标定 NaOH 溶液时，消耗 NaOH 溶液的体积为

20. 10ml，计算 NaOH 溶液的浓度。

5. 称取含中性杂质的混合碱试样 1. 2000g，以酚酞为指示剂，用 0. 5000mol/L 的 HCl 溶液滴定至终点，消耗 HCl 溶液 $V_1$ = 15. 00 ml，然后加甲基橙指示剂滴定至终点，又消耗 HCl 溶液 $V_2$ = 22. 00ml，判断混合碱的组成，并计算试样中各组分的含量。

（俞晨秀　吴　晟）

第七章

# 沉淀溶解平衡与沉淀滴定法

## 学习目标

知识要求 **1. 掌握** 难溶电解质沉淀溶解平衡的移动；溶度积规则；银量法的滴定原理、指示剂使用条件与指示终点的方法。

**2. 熟悉** 溶度积与溶解度的相互换算；应用溶度积规则判断沉淀生成与溶解以及分步沉淀。

**3. 了解** 沉淀反应必须具备的条件。

技能要求 1. 能熟练地配制和标定硝酸银标准溶液。

2. 学会水溶液中氯化钠含量的测定方法。

沉淀溶解平衡是沉淀的生成与溶解组成的化学平衡，属于多相平衡。在实际工作中经常利用沉淀溶解平衡原理来进行药物的制备、分离、净化及定性或定量分析。沉淀滴定法是以沉淀溶解平衡为基础的一类滴定分析方法，常用于含有卤素离子的食品、药品的检测与含量的测定。

扫码“学一学”

## 第一节　沉淀溶解平衡

### 案例导入

**案例：**由于可溶性钡盐能被人体吸收，对人有毒，临床上诊断胃肠道疾病用的钡餐必须是高度纯净的硫酸钡，不得含有碳酸钡和其他可溶性的钡盐。碳酸钡和硫酸钡一样都是难溶于水的电解质，为什么硫酸钡可以做钡餐用，而钡餐里不能含有碳酸钡呢？

**讨论：**硫酸钡在水和酸中的溶解度都很低，几乎不会被人体吸收，所以对人几乎无害。但是人的胃分泌产生的胃酸，能够影响碳酸钡的沉淀溶解平衡，形成可溶性钡盐，而被人体吸收，使人中毒。什么是沉淀溶解平衡？根据沉淀溶解平衡原理如何控制沉淀的生成和溶解？

扫码“看一看”

在强电解质中，有一类物质例如 AgCl 、$CaCO_3$等在水中的溶解度很小，但它们溶解的部分是全部解离的，这类电解质称为难溶性强电解质。难溶性强电解质是指在 25℃时 100g 水中溶解度小于 0.01g 的强电解质。在它们的饱和溶液中存在着未溶解的固体和溶液中水合离子之间的沉淀溶解平衡。

## 一、溶度积

### （一）沉淀溶解平衡和溶度积

在一定温度下，若将晶态 AgCl 放入水中，晶体表面上的一些 $Ag^+$ 和 $Cl^-$ 在极性水分子的作用下，会脱离晶体表面形成水合离子进入溶液，这是溶解过程。与此同时，溶液中不断运动着的水合 $Ag^+$ 和 $Cl^-$ 在接近晶体 AgCl 表面时，受到晶体 AgCl 表面上的 $Ag^+$ 和 $Cl^-$ 吸引，其中一些水合 $Ag^+$ 和 $Cl^-$ 会重新回到晶体表面上生成 AgCl，这个过程就是沉淀，在一定条件下，当沉淀与溶解的速率相等时，体系达到动态平衡，即难溶电解质的沉淀溶解平衡。

$$AgCl(s) \rightleftharpoons Ag^+(aq) + Cl^-(aq)$$

根据化学平衡原理　$K = \dfrac{[Ag^+][Cl^-]}{[AgCl]}$

即：　$K \cdot [AgCl] = [Ag^+][Cl^-]$

由于固体 AgCl 的浓度是一常数，因此可并入常数 K 中，得：

$$K_{sp} = [Ag^+][Cl^-]$$

对于一般难溶强电解质，其沉淀溶解平衡表示为：

$$A_mB_n \rightleftharpoons mA^{n+} + nB^{m-}$$

$$K_{sp} = [A^{n+}]^m[B^{m-}]^n \qquad (7-1)$$

$K_{sp}$称为难溶强电解质的沉淀溶解平衡常数，又称溶度积常数，简称溶度积。式中的浓度都是物质的量浓度。溶度积常数可定义为：在一定温度下，难溶电解质的饱和溶液中，各离子浓度的幂次方乘积为一常数。$K_{sp}$与其他常数一样，与温度和物质本性有关而与离子的浓度无关。$K_{sp}$只在一定条件下才是一个常数，在实际应用中常采用 25℃ 时的溶度积数值。

一些常见难溶电解质的溶度积见表 7－1。

**表 7－1　常见难溶电解质的溶度积 $K_{sp}$（298K）**

| 名　称 | 化 学 式 | 溶度积 $K_{sp}$ |
|---|---|---|
| 氯化银 | $AgCl$ | $1.77\times10^{-10}$ |
| 溴化银 | $AgBr$ | $5.35\times10^{-13}$ |
| 碘化银 | $AgI$ | $8.51\times10^{-17}$ |
| 铬酸银 | $Ag_2CrO_4$ | $1.12\times10^{-12}$ |
| 碳酸钡 | $BaCO_3$ | $2.58\times10^{-9}$ |
| 硫酸钡 | $BaSO_4$ | $1.08\times10^{-10}$ |
| 铬酸钡 | $BaCrO_4$ | $1.17\times10^{-10}$ |
| 硫化锌 | $ZnS$ | $1.2\times10^{-23}$ |
| 氢氧化亚铁 | $Fe(OH)_2$ | $1.64\times10^{-14}$ |
| 氢氧化铁 | $Fe(OH)_3$ | $2.64\times10^{-39}$ |
| 碳酸钙 | $CaCO_3$ | $8.7\times10^{-9}$ |
| 草酸钙 | $CaC_2O_4$ | $2.57\times10^{-9}$ |
| 硫化铜 | $CuS$ | $6.3\times10^{-36}$ |
| 碘化铅 | $PbI_2$ | $1.39\times10^{-8}$ |

## 课堂互动

298.15K 时，测得 AgCl 饱和溶液的浓度为 $1.34\times10^{-5}$ mol/L，计算此温度下 AgCl 的溶度积。

### （二）溶度积和溶解度的关系

溶解度表示物质的溶解能力，它是随其他离子存在的情况不同而改变的，在考虑沉淀平衡时，为了讨论问题方便，物质的溶解度以物质的量浓度（单位：mol/L）表示。溶度积反映了难溶电解质的固体和溶解离子间的浓度关系，也就是说只在一定条件下才是常数。但如果溶液中离子的浓度变化不太大，溶度积数值在数量级上一般不发生改变，所以也在一定程度上表示了物质的溶解能力。我们来看一下两者在表达不同类型难溶电解质溶解程度的换算。

设难溶电解质 $A_mB_n$ 在一定温度下，其溶解度为 $S$ mol/L

$$A_mB_n\ (s) \rightleftharpoons m\,A^{n+} + n\,B^{m-}$$

平衡时浓度　　　　　　　　　　$mS$　　$nS$

$$K_{sp} = [mS]^m\,[nS]^n$$

即

$$K_{sp} = m^m \cdot n^n \cdot s^{(m+n)} \qquad (7-2)$$

虽然溶解度和溶度积都可表示难溶电解质在水中溶解能力的大小，但不能认为溶解度大的难溶电解质，其溶度积就大。这要根据难溶电解质的组成类型来比较，对于相同类型的难溶电解质，在相同温度下，其溶解度越大，溶度积越大。对于不同类型的难溶电解质，应通过计算来比较。

**例 1**　AgCl 在 298K 时的溶解度为 $1.33\times10^{-5}$ mol/L，计算 AgCl 的溶度积。

解：由题意可知：$[Ag^+] = [Cl^-] = 1.33\times10^{-5}$ mol/L

则 $K_{sp,AgCl} = [Ag^+][Cl^-] = (1.33\times10^{-5})^2 = 1.77\times10^{-10}$

故 AgCl 的溶度积为 $1.77\times10^{-10}$。

**例 2**　已知 298K 时，$Ag_2CrO_4$ 的 $K_{sp} = 1.12\times10^{-12}$，计算 $Ag_2CrO_4$ 的溶解度。

**解**：设 $Ag_2CrO_4$ 的溶解度为 Smol/L

$$Ag_2CrO_4 \rightleftharpoons 2Ag^+ + CrO_4^{2-}$$

平衡浓度　　　　　　　　　　$2S$　　　$S$

$$K_{sp} = [Ag^+]^2\,[CrO_4^{2-}] = (2S)^2S = 4S^3 = 1.12\times10^{-12}$$

$$S = \sqrt[3]{\frac{1.12\times10^{-12}}{4}} = 6.54\times10^{-5}\ (\text{mol/L})$$

故 $Ag_2CrO_4$ 的溶解度为 $6.54\times10^{-5}$ mol/L

### 课堂互动

判断 AgCl($K_{sp}=1.77\times10^{-10}$)、AgBr($K_{sp}=5.35\times10^{-13}$)、AgI($K_{sp}=8.51\times10^{-17}$)三种难溶电解质的溶解度的大小。

## 二、沉淀的生成与溶解

### (一)溶度积规则

**1. 离子积** 在一定温度下，某一难溶电解质溶液在任意状态时，各离子浓度幂的乘积称为离子积，用 $Q$ 表示，$Q$ 和 $K_{sp}$ 的表达式相似。例如：

$$A_m B_n \rightleftharpoons m A^{n+} + n B^{m-}$$

$$\text{其离子积} \quad Q = (A^{n+})^m (B^{m-})^n \qquad (7-3)$$

$Q$ 与 $K_{sp}$ 的表达式虽然相似，但两者的意义不同。$K_{sp}$ 是指在一定温度下，难溶电解质饱和溶液中各离子浓度幂的乘积，为一常数；而 $Q$ 是指在任意状态下各离子浓度幂的乘积，称为离子积，数值不定。$K_{sp}$ 只是 $Q$ 的一个特例。

**2. 溶度积规则** 对于某一难溶电解质溶液，溶度积 $K_{sp}$ 与离子积 $Q$ 之间可能出现下面三种情况：

(1) $Q>K_{sp}$，是过饱和溶液，反应向生成沉淀的方向进行。

(2) $Q<K_{sp}$，是不饱和溶液，无沉淀析出，反应向沉淀溶解的方向进行。

(3) $Q=K_{sp}$，是饱和溶液，沉淀与溶解达到动态平衡。

以上规则称为溶度积规则，也叫溶度积原理。在科学实验和生产实际中，我们可以利用溶度积规则来判断在一定条件下，难溶电解质沉淀生成、溶解反应进行的方向，也可以控制沉淀的生成和溶解。

### (二)沉淀的生成

根据溶度积规则，难溶电解质沉淀生成的必要条件是使难溶电解质溶液中的离子积大于该物质的溶度积，即：$Q>K_{sp}$。

**例 3** 将等体积的 $2\times10^{-3}$ mol/L $AgNO_3$ 和 $2\times10^{-4}$ mol/L NaCl 溶液混合，能否析出 AgCl 沉淀？若将上述 $AgNO_3$ 和 NaCl 溶液各稀释 100 倍后再混合，能否析出 AgCl 沉淀？($K_{sp,AgCl}=1.77\times10^{-10}$)

**解**：(1) 等体积混合后 $c(Ag^+)=\dfrac{2\times10^{-3}}{2}=1\times10^{-3}$ (mol/L)

$$c(Cl^-)=\frac{2\times10^{-4}}{2}=1\times10^{-4}\ (\text{mol/L})$$

$$Q=c(Ag^+)c(Cl^-)=(1\times10^{-3})\times(1\times10^{-4})=1\times10^{-7}>K_{sp,AgCl}$$

因为 $Q>K_{sp,AgCl}$，所以有 AgCl 沉淀析出。

(2) 稀释 100 倍再混合后 $c(Ag^+)=\dfrac{2\times10^{-3}}{2\times100}=1\times10^{-5}$ (mol/L)

$$c(Cl^-)=\frac{2\times10^{-4}}{2\times100}=1\times10^{-6}\ (\text{mol/L})$$

$$Q=c(Ag^+)c(Cl^-)=(1\times10^{-5})\times(1\times10^{-6})=1\times10^{-11}<K_{sp,AgCl}$$

扫码“读一读”

因为 $Q < K_{sp,AgCl}$，所以混合后没有 AgCl 沉淀析出。

**（三）沉淀的溶解**

根据溶度积规则，沉淀溶解的必要条件是离子积小于溶度积，即 $Q < K_{sp}$。常用的方法有如下几种。

**1. 生成弱电解质使沉淀溶解** 难溶于水的金属氢氧化物都能溶于酸。

$$Fe(OH)_3(s) \rightleftharpoons Fe^{3+} + 3OH^-$$

$$+$$

$$3HCl = 3Cl^- + 3H^+$$

$$\Updownarrow$$

$$3H_2O$$

加入 HCl 后，由于溶液中 $OH^-$ 和 $H^+$ 生成弱电解质 $H_2O$，降低了溶液中 $OH^-$ 离子浓度，使 $Q < K_{sp}$，于是 Fe（OH）$_3$沉淀溶解平衡向右移动，从而促使 Fe（OH）$_3$沉淀溶解。某些溶解度较大的难溶氢氧化物还能溶解于酸性的铵盐。

又如，$CaC_2O_4$难溶于水，但溶于 HCl 溶液。

$$CaC_2O_4 \rightleftharpoons Ca^{2+} + C_2O_4^{2-}$$

$$+$$

$$2HCl = 2Cl^- + 2H^+$$

$$\Updownarrow$$

$$HC_2O_4^- \overset{H^+}{\rightleftharpoons} H_2C_2O_4$$

加入 HCl 后 $H^+$ 与 $C_2O_4^{2-}$ 结合生成弱酸$HC_2O_4^-$，溶液中 $C_2O_4^{2-}$ 浓度降低，使 $Q < K_{sp}$，使平衡向右移动。

**2. 发生氧化还原反应使沉淀溶解** 加入氧化剂或还原剂，使某种离子发生氧化还原反应而降低其浓度，满足 $Q < K_{sp}$，使沉淀溶解。例如 CuS 可溶于 $HNO_3$，反应如下。

$$3CuS + 8HNO_3 = 3Cu(NO_3)_2 + 3S\downarrow + 2NO\uparrow + 4H_2O$$

即 $S^{2-}$ 被 $HNO_3$氧化为单质硫，从而降低了 $S^{2-}$ 的浓度，导致 CuS 沉淀溶解。

**3. 生成配合物使沉淀溶解** 加入配位剂，使某种离子发生配位反应而降低其浓度，满足 $Q < K_{sp}$。例如，AgCl 沉淀可溶于氨水，其反应式为：

$$AgCl\ (s) \rightleftharpoons Ag^+ + Cl^-$$

$$+$$

$$2NH_3$$

$$\Updownarrow$$

$$[Ag\ (NH_3)_2]^+$$

$$AgCl(s) + 2NH_3 \rightleftharpoons [Ag(NH_3)_2]^+ + Cl^-$$

由于生成难离解的配离子 $[Ag(NH_3)_2]^+$，降低了 $Ag^+$浓度，从而使 AgCl 沉淀溶解。

**（四）沉淀的转化**

在含有某一沉淀的溶液中，加入适当的试剂使之转化为另一种沉淀的过程，称为沉淀的转化。

例如，向白色 $BaCO_3$ 沉淀中加入浅黄色 $K_2CrO_4$ 溶液并不断搅拌，沉淀将变为淡黄色的 $BaCrO_4$，此过程可表示为：

$$BaCO_3(s) + K_2CrO_4 \rightleftharpoons BaCrO_4 \downarrow + K_2CO_3$$

反应能进行的原因是 $BaCrO_4$ 的 $K_{sp}$（$1.17 \times 10^{-10}$）小于 $BaCO_3$ 的 $K_{sp}$（$2.58 \times 10^{-9}$）。当向 $BaCO_3$ 的饱和溶液中加入 $K_2CrO_4$ 溶液时，$CrO_4^{2-}$ 与 $Ba^{2+}$ 生成 $BaCrO_4$ 沉淀，使溶液中 $Ba^{2+}$ 浓度降低。$BaCO_3$ 的沉淀溶解平衡向右移动，发生沉淀的转化。

对同种类型的难溶电解质，沉淀转化的方向是由 $K_{sp}$ 大的沉淀转化为 $K_{sp}$ 小的沉淀，$K_{sp}$ 相差越大，转化反应就越完全。对不同类型的难溶电解质，沉淀转化的方向是由溶解度大的沉淀转化为溶解度小的沉淀。

### （五）分步沉淀

如果在溶液中有两种或两种以上的离子可与同一试剂反应生成沉淀，根据溶度积规则，离子积先达到溶度积的就先沉淀，后达到的就后沉淀。这种在混合溶液中，逐渐加入一种试剂，使不同离子按先后次序析出沉淀的现象称为分步沉淀。

**例4** 向含有 $Cl^-$ 和 $I^-$ 浓度均为 0.001mol/L 的混合液中，逐滴加入 $AgNO_3$ 溶液时，问 AgCl 和 AgI 哪个先沉淀出来？当 AgCl 开始沉淀时，溶液中 $[I^-]$ 是多少？（$K_{sp,AgCl} = 1.77 \times 10^{-10}$，$K_{sp,AgI} = 8.51 \times 10^{-17}$）

**解**：AgCl 开始沉淀时，溶液中 $[Ag^+]$ 为

$$[Ag^+] = \frac{K_{sp,AgCl}}{[Cl^-]} = \frac{1.77 \times 10^{-10}}{0.001} = 1.77 \times 10^{-7}\ (mol/L)$$

AgI 开始沉淀时，溶液中 $[Ag^+]$ 为

$$[Ag^+] = \frac{K_{sp,AgI}}{[I^-]} = \frac{8.51 \times 10^{-17}}{0.001} = 8.51 \times 10^{-14}\ (mol/L)$$

AgI 开始沉淀时，需要的 $[Ag^+]$ 低，故 AgI 首先沉淀出来。即离子积先达到溶度积的物质先析出沉淀。

当 $Cl^-$ 开始沉淀时，此时溶液中 $[Ag^+]$ 为 $1.77 \times 10^{-7}$mol/L，则溶液中 $[I^-]$ 为

$$[I^-] = \frac{K_{sp,AgI}}{[Ag^+]} = \frac{8.51 \times 10^{-17}}{1.77 \times 10^{-7}} = 4.81 \times 10^{-10}\ (mol/L)$$

可见，当 $Cl^-$ 开始沉淀时，$c(I^-) < 10^{-5}$mol/L，说明 $I^-$ 已经沉淀完全。在实际工作中，常利用分步沉淀原理来控制条件，以达到分离溶液中共存离子的目的。

## 拓展阅读

**龋齿的产生和预防**

龋齿是人类广泛流行的一种慢性疾病，有着悠久的历史。25 万年前人类的头骨上就已经发现有龋齿。当前龋齿病已成为一个世界性问题，如果不及时治疗，就会引起牙髓病变，危害人类健康。龋齿的产生与牙釉质中重要成分羟基磷灰石 $[Ca_{10}(OH)_2(PO_4)_6]$ 溶解有关。

$$Ca_{10}(OH)_2(PO_4)_6(s) + 8H^+ \rightleftharpoons 10Ca^{2+} + 6HPO_4^{2-} + 2H_2O$$

在医学上正反应叫做脱矿化作用，逆反应叫做再矿化作用。正常情况下，脱矿化作用进行的程度很小。在儿童时期，釉质层（再矿化作用）生长比脱矿化作用快；而在成年时期，脱矿化与再矿化作用的速率大致是相等的。当人们用餐后，口腔中的细菌分解食物就会产生有机酸，如乳酸、醋酸等。特别是像糖果、冰淇淋和含糖饮料这类高糖含量的食物产生的酸最多，因而导致平衡被打破，促进了牙齿的脱矿化作用。羟基磷灰石溶解到一定程度就会产生龋齿。因此，除注意口腔卫生外，使用含氟牙膏或饮用加入适量 NaF 的水也可以预防龋齿。原因是 F 与牙釉质中的羟基磷灰石的 OH 交换成为具有一定抗酸能力的氟磷灰石［化学式为 $Ca_{10}F_2(PO_4)_6$］，反应式为：

$$Ca_{10}(OH)_2(PO_4)_6(s) + 2F \rightleftharpoons Ca_{10}F_2(PO_4)_6(s) + 2OH^-$$

这样就在牙釉质的表面形成一薄层氟磷灰石，而氟磷灰石（$K_{sp} = 1.0 \times 10^{-60}$）比羟基磷灰石（$K_{sp} = 6.8 \times 10^{-37}$）溶度积要小得多，也就越稳定，从而阻止酸对牙齿的脱矿化作用，使牙齿有较强的抗酸能力，从而起到预防龋齿的作用。

扫码“学一学”

## 第二节　沉淀滴定法

**案例分析**

**案例：**生理盐水中氯化钠含量的测定采用的是铬酸钾指示剂法，以 $AgNO_3$ 为滴定液，以 $K_2CrO_4$ 为指示剂，滴定至出现砖红色沉淀，即到达终点。

**讨论：**本测定方法是属于沉淀滴定法，使用沉淀滴定法的沉淀反应必须满足哪些条件？

沉淀滴定法是以沉淀溶解平衡为基础的滴定分析法。虽然能生成沉淀的反应很多，但是能用于沉淀滴定的反应并不多，因为沉淀滴定法的反应必须满足以下几点要求：①生成沉淀的溶解度必须很小（$S \leqslant 10^{-3}$ g/L），才能得到准确的结果；②沉淀反应必须具有确定的计量关系，迅速、定量的进行；③沉淀的吸附现象不影响滴定结果及终点判断；④必须有适当的方法指示终点。

目前应用比较广泛的是生成难溶性银盐的反应。例如：

$$Ag^+ + Cl^- \rightleftharpoons AgCl\downarrow \qquad (X 代表 Cl^-、Br^-、I^-)$$

$$Ag^+ + SCN^- \rightleftharpoons AgSCN\downarrow$$

利用生成难溶性银盐的沉淀滴定法称为银量法。银量法可用来测定 $Cl^-$、$Br^-$、$I^-$、$SCN^-$、$Ag^+$ 等离子的含量，在药物分析中也常用来测定能生成难溶性银盐的有机化合物的含量。

## 一、指示终点的方法

银量法按照指示终点的方法不同可分为铬酸钾指示剂法、铁铵矾指示剂法和吸附指示剂法。

### （一）铬酸钾指示剂法

铬酸钾指示剂法也称莫尔法，是以 $K_2CrO_4$ 为指示剂，$AgNO_3$ 为滴定液，在近中性或弱碱性溶液中直接测定 $Cl^-$ 或 $Br^-$ 的方法。

扫码“看一看”

**1. 滴定原理** 以测定 NaCl 含量为例讨论其滴定原理。因为 AgCl 的溶解度（$1.33\times10^{-5}$ mol/L）小于 $Ag_2CrO_4$ 的溶解度（$6.54\times10^{-5}$ mol/L），所以根据分步沉淀原理，溶解度小的先沉淀，即 AgCl 先沉淀出来。随着 $AgNO_3$ 滴定液的不断加入，AgCl 沉淀不断生成，溶液中 $Cl^-$ 浓度越来越小，当溶液中的 $Cl^-$ 反应完全时，稍过量的 $AgNO_3$ 即可使溶液中的 $[Ag^+]^2\cdot[CrO_4^{2-}]\geq K_{sp,Ag_2CrO_4}$，从而立即出现砖红色的 $Ag_2CrO_4$ 沉淀，表示达到滴定终点。其反应式为：

终点前　　$Ag^+ + Cl^- \rightleftharpoons AgCl\downarrow$（白色）

终点时　　$2Ag^+ + CrO_4^{2-} \rightleftharpoons Ag_2CrO_4\downarrow$（砖红色）

**2. 滴定条件**

（1）指示剂的用量　溶液中指示剂 $CrO_4^{2-}$ 浓度的大小和滴定终点出现的迟早有着密切的关系，并直接影响分析结果。根据溶度积原理，可以计算出滴定反应至终点时，恰能生成 $Ag_2CrO_4$ 沉淀所需要 $CrO_4^{2-}$ 离子浓度的理论值。

终点时，$Ag^+$ 与 $Cl^-$ 的物质的量恰好相等，即在 AgCl 的饱和溶液中，$[Ag^+]=[Cl^-]$

由于　　$[Ag^+][Cl^-]=K_{sp,AgCl}=1.77\times10^{-10}$

则　　$[Ag^+]^2=K_{sp,AgCl}=1.77\times10^{-10}$

此时，要求刚好析出 $Ag_2CrO_4$ 沉淀以指示终点，所需 $CrO_4^{2-}$ 浓度为：

$$K_{sp,Ag_2CrO_4}=[Ag^+]^2[CrO_4^{2-}]=1.12\times10^{-12}$$

则　　$$[CrO_4^{2-}]=\frac{1.12\times10^{-12}}{1.77\times10^{-10}}=6.32\times10^{-3}\ (\text{mol/L})$$

由计算可知，只要控制被测溶液中的 $CrO_4^{2-}$ 浓度为 $6.32\times10^{-3}$ mol/L，到达终点时，稍过量的 $AgNO_3$ 恰好能与 $CrO_4^{2-}$ 作用产生砖红色 $Ag_2CrO_4$ 沉淀。由于 $K_2CrO_4$ 指示剂为黄色，较深，在终点时不易观察到砖红色 $Ag_2CrO_4$ 沉淀的生成，所以实际用量比计算的理论用量要小些。在实际测定中，一般是在反应液的总体积为 50～100ml 的溶液中，加入 5%（g/ml）$K_2CrO_4$ 指示剂 1～2ml 即可。此时 $[CrO_4^{2-}]$ 约为 $2.6\times10^{-3}\sim5.2\times10^{-3}$ mol/L。

（2）溶液的酸度　滴定应在近中性或弱碱性溶液（pH6.5～10.5）中进行，不能在酸性条件中进行。因为 $K_2CrO_4$ 是弱酸盐，在酸性条件中 $CrO_4^{2-}$ 能与 $H^+$ 结合，使 $CrO_4^{2-}$ 浓度降低过多而在终点附近不能形成 $Ag_2CrO_4$ 沉淀。

$$2CrO_4^{2-} + 2H^+ \rightleftharpoons 2HCrO_4^- \rightleftharpoons Cr_2O_7^{2-} + H_2O$$

也不能在强碱性溶液中进行，因为 $Ag^+$ 将形成 $Ag_2O$ 沉淀：

$$2Ag^+ + 2OH^- \rightleftharpoons 2AgOH \rightleftharpoons Ag_2O\downarrow + H_2O$$

若溶液的酸性较强，可加入 $NaHCO_3$ 或 $CaCO_3$ 等中和，或改用铁铵矾指示剂法。若溶液的碱性太强，可用稀 $HNO_3$ 中和。

（3）滴定不能在氨溶液中进行　因为 AgCl 和 $Ag_2CrO_4$ 皆可与 $NH_3$ 反应生成 $[Ag(NH_3)_2]^+$

配离子而溶解。若有氨存在，需用稀硝酸中和。当有铵盐存在时，如果溶液的 pH 值过高，也会增加氨的浓度。因此当有铵盐存在时，溶液的 pH 值应控制在 6.5 ~ 7.2 之间。若超过 7.2，将会有部分$NH_4^+$转变为$NH_3$而与$Ag^+$发生配位反应，从而消耗滴定液更多，使滴定结果偏高。

（4）滴定时应充分振摇　因沉淀能吸附$Cl^-$、$Br^-$，使溶液中的$Cl^-$、$Br^-$浓度降低，以致终点提前而使滴定结果偏低。因此，滴定时必须充分振摇，使吸附的$Cl^-$和$Br^-$释放出来。

（5）排除干扰离子　凡是溶液中含有能与$CrO_4^{2-}$生成沉淀的阳离子，如$Ba^{2+}$、$Pb^{2+}$、$Bi^{3+}$等；能与$Ag^+$生成沉淀的阴离子，如$PO_4^{3-}$、$AsO_4^{3-}$、$CO_3^{2-}$、$C_2O_4^{2-}$、$S^{2-}$等离子；或大量有色离子，如$Cu^{2+}$、$Co^{2+}$、$Ni^{2+}$等都干扰滴定，应预先分离出去，否则不能用本法测定。

另外，铬酸钾指示剂法多用于$Cl^-$、$Br^-$的测定，在弱碱性溶液中也可测定$CN^-$。本法不宜测定$I^-$和$SCN^-$，因为 AgI 和 AgSCN 沉淀能强烈的吸附$I^-$和$SCN^-$，剧烈振摇也不能完全释放$I^-$和$SCN^-$，致使终点变色不明显，滴定终点提前，而使滴定结果偏低。

扫码“看一看”

### （二）铁铵矾指示剂法

铁铵矾指示剂法也称为佛尔哈德法，是在酸性溶液中，以铁铵矾$[NH_4Fe(SO_4)_2 \cdot 12H_2O]$为指示剂，用$NH_4SCN$或 KSCN 为滴定液，测定银盐或卤化物的方法。本法按测定对象不同，可分为直接滴定法和返滴定法。

**1. 直接滴定法**

（1）滴定原理　此法用于测定$Ag^+$。滴定反应为：

终点前　$Ag^+ + SCN^- \rightleftharpoons AgSCN\downarrow$（白色）

终点时　$Fe^{3+} + SCN^- \rightleftharpoons [FeSCN]^{2+}$（粉红色）

在滴定过程中，首先生成 AgSCN 白色沉淀，当$Ag^+$与$SCN^-$完全反应后，过量的一滴$NH_4SCN$或 KSCN 即与铁铵矾中的$Fe^{3+}$反应生成粉红色的配位化合物，表示达到滴定终点。

（2）滴定条件　①滴定应在 0.1 ~ 1 mol/L$HNO_3$中进行。若酸度较低，则$Fe^{3+}$水解生成$Fe(OH)_3$沉淀而影响滴定终点的确定。②滴定过程中充分振摇：因为 AgSCN 沉淀容易吸附$Ag^+$，使溶液中的$Ag^+$浓度降低，致使滴定未到达计量点溶液就会显色，使终点提前。

**2. 返滴定法**

（1）滴定原理　此法主要用于测定卤化物。首先加入定量、过量的硝酸银标准溶液将卤化物全部沉淀，再以$Fe^{3+}$作指示剂，以$NH_4SCN$或 KSCN 滴定液滴定剩余的$Ag^+$，当$Ag^+$与$SCN^-$完全反应后，过量的一滴$NH_4SCN$或 KSCN 即与铁铵矾中的$Fe^{3+}$反应生成粉红色的配位化合物，表示到达滴定终点。滴定反应为：

滴定前　$Ag^+$（定量、过量）$+ X^- \rightleftharpoons AgX\downarrow$

滴定时　$Ag^+$（剩余）$+ SCN^- \rightleftharpoons AgSCN\downarrow$（白色）

终点时　$Fe^{3+} + SCN^- \rightleftharpoons [FeSCN]^{2+}$（粉红色）

（2）滴定条件

1）在酸性条件下滴定　在稀$HNO_3$中进行，这样不仅可以防止$Fe^{3+}$水解，同时也可以避免$AsO_4^{3-}$、$PO_4^{3-}$、$CO_3^{2-}$、$CrO_4^{2-}$等弱酸根离子的干扰。

2）防止沉淀转化　应用返滴定法测定$Cl^-$时，滴定至计量点时有 AgCl 和 AgSCN 两种难溶性银盐同时存在，由于 AgCl 的溶解度（$1.33\times10^{-5}$ mol/L）大于 AgSCN 的溶解度（$1.0\times10^{-6}$ mol/L），此时若用力振摇将使 AgCl 沉淀溶解，产生的 $Ag^+$ 与 $SCN^-$ 结合生成 AgSCN 沉淀，促使生成的 $[FeSCN]^{2+}$ 分解，粉红色消失，使终点推后，产生较大的误差。

$$
\begin{array}{ccc}
AgCl & \rightleftharpoons & Ag^+ + Cl^- \\
 & & + \\
[FeSCN]^2 & \rightleftharpoons & SCN^- + Fe^{3+} \\
 & & \Updownarrow \\
 & & AgSCN\downarrow
\end{array}
$$

为了避免上述沉淀的转化，通常采取下列措施。

第一，供试液中加入定量过量的 $AgNO_3$ 后，将生成的 AgCl 沉淀滤出，再用 $NH_4SCN$ 滴定液滴定滤液。但这一方法需要过滤、洗涤等操作，操作较繁杂。

第二，在用 $NH_4SCN$ 标准溶液回滴前，向待测 $Cl^-$ 的溶液中加入 1～3ml 的硝基苯等有机溶剂，使硝基苯包裹在 AgCl 的沉淀表面上，减少 AgCl 沉淀与溶液中的 $SCN^-$ 的接触，防止沉淀的转化。此法操作简便易行。

用本法测定 $Br^-$ 或 $I^-$ 时，由于 AgBr 和 AgI 的溶解度都比 AgSCN 的溶解度小，所以不存在沉淀转化问题。

3）防止 $I^-$ 的氧化　在测定碘化物时，先加入准确过量的 $AgNO_3$ 标准溶液后，才能加入铁铵矾指示剂。否则 $Fe^{3+}$ 可氧化 $I^-$ 而生成 $I_2$，造成误差，影响测定结果。其反应为：

$$Fe^{3+} + 2I^- \rightleftharpoons Fe^{2+} + I_2$$

**课堂互动**

铁铵矾指示剂法为什么要在酸性溶液中进行？用什么酸来调节？

### （三）吸附指示剂法

吸附指示剂法又称法扬斯法，是用吸附指示剂确定滴定终点，以 $AgNO_3$ 溶液为滴定液测定卤化物（$Cl^-$、$Br^-$、$I^-$、$SCN^-$、$Ag^+$ 及一些含卤原子的有机化合物）的银量法。

**1. 滴定原理**　吸附指示剂是一种有机染料，在溶液中能部分解离，其阴离子呈现出某种颜色，当其被带正电荷的胶状沉淀吸附时，分子结构发生改变而导致其颜色的变化，故可以指示滴定终点。

例如，用 $AgNO_3$ 标准溶液滴定 $Cl^-$ 时，可用荧光黄（$K_a=10^{-8}$）作指示剂。荧光黄指示剂是一种有机弱酸，用 $HFI_n$ 表示，它在溶液中解离出黄绿色的 $FI^-$ 离子：

$$HFI_n \rightleftharpoons H^+ + FI_n^-\ （黄绿色）$$

化学计量点前，溶液中 $Cl^-$ 过量，AgCl 沉淀吸附 $Cl^-$ 而带负电荷，因此荧光黄阴离子在溶液中呈黄绿色。当滴定至化学计量点后，AgCl 沉淀不再吸附 $Cl^-$ 而吸附 $Ag^+$ 带正电荷，此时溶液中 $FI_n^-$ 被吸附，溶液颜色由黄绿色变为淡红色，指示滴定终点到达。终点时的吸附反应可用下式表示：

$$AgCl \cdot Ag^+ + FI_n^-\text{（黄绿色）} \rightleftharpoons AgCl \cdot Ag^+ \cdot FI_n^-\text{（淡红色）}$$

**2. 滴定条件**

（1）加入高分子化合物　滴定前应将溶液稀释并加入糊精、淀粉等亲水性高分子化合物防止胶体的凝聚，尽可能使卤化银沉淀呈胶体状态，增大吸附表面积，使终点变色敏锐。

（2）溶液的 pH 应适当　吸附指示剂大多数为有机弱酸，起指示作用的是阴离子。因此，溶液的 pH 应控制在最佳数值，使指示剂主要以阴离子形式存在。即电离常数小的吸附指示剂，溶液的 pH 要高些，这样有利于有机弱酸的解离，使终点变色明显。

（3）滴定过程要避免强光　卤化银沉淀对光敏感，易分解析出金属银使沉淀变为灰黑色，影响滴定终点的观察。

（4）指示剂吸附性能要适中　胶体微粒对指示剂的吸附能力略小于对待测离子的吸附能力，否则指示剂将在化学计量点前变色，滴定终点提前，产生负误差。如果指示剂吸附能力太小，计量点后不能立即变色，又将使颜色变化不敏锐，滴定终点推后，产生正误差。

卤化银对卤素离子和几种常用吸附指示剂的吸附力的大小次序如下：

$$I^- > \text{二甲基二碘荧光黄} > Br^- > \text{曙红} > Cl^- > \text{荧光黄}$$

吸附指示剂种类很多，常用的吸附指示剂见表 7 - 2。

**表 7 - 2　常用的吸附指示剂**

| 指示剂名称 | 待测离子 | 滴定剂 | 适用的 pH 范围 | 颜色变化 |
|---|---|---|---|---|
| 荧光黄 | $Cl^-$ | $Ag^+$ | 7 ~ 10 | 黄绿色→微红色 |
| 二氯荧光黄 | $Cl^-$ | $Ag^+$ | 4 ~ 6 | 黄绿色→红色 |
| 曙红 | $Br^-$、$I^-$、$SCN^-$ | $Ag^+$ | 2 ~ 10 | 橙色→紫红色 |
| 二甲基二碘荧光黄 | $I^-$ | $Ag^+$ | 中性 | 橙红色→蓝红色 |

## 二、滴定液

银量法常用的滴定液是硝酸银和硫氰酸钾（或硫氰酸铵）溶液。

### （一）$AgNO_3$ 标准溶液

**1. 直接配制法**　精密称取一定质量的基准物质 $AgNO_3$ 晶体（已经过 110℃ 干燥至恒重），用纯化水配制成一定体积的溶液，计算其准确浓度，并贮于棕色瓶中，贴上标签避光保存。

**2. 间接配制法**　称取一定质量的分析纯 $AgNO_3$ 晶体，先配制成近似浓度的溶液，再用基准物质 NaCl（已经过 110℃ 干燥至恒重）标定，计算其准确浓度。

### （二）硫氰酸钾或硫氰酸铵滴定液

硫氰酸钾或硫氰酸铵在空气中易潮解，不能采用直接配制法。一般是称取一定质量硫氰酸盐，先配制成近似浓度的溶液。然后准确量取已知浓度的 $AgNO_3$ 标准溶液，加 1 ~ 2 滴铁铵矾 $[NH_4Fe(SO_4)_2 \cdot 12H_2O]$ 指示剂以及少量 25% 硝酸溶液。再用待标定的硫氰酸钾（或硫氰酸铵）进行滴定，至粉红色，30 秒不退色即为终点。根据消耗滴定液的体积计算滴定液的浓度。

## 三、应用示例

**1. 羟乙基淀粉中氯化钠含量测定**　将本品在 105℃ 干燥至恒定，精密称取 2g，配成

100ml 溶液，精密量取 20ml，置 150ml 锥形瓶中，加铬酸钾指示液数滴，用 $AgNO_3$ 标准溶液（0.1mol/L）滴定。每毫升 $AgNO_3$ 标准溶液（0.1 mol/L）相当于 5.844mgNaCl。

测定原理： $NaCl + AgNO_3 = AgCl\downarrow + NaNO_3$

计算公式：

$$\omega(NaCl) = \frac{c \times V \times T}{0.1 \times m_S \times \frac{20}{100} \times 1000} \times 100\%$$

式中，$c$ 为硝酸银滴定液实际使用的浓度（mol/L）；$V$ 为消耗硝酸银滴定液的体积（ml）；$T$ 为滴定度（mg/ml）；$m_s$ 为称取供试品的质量（g）。

**2. 三氯叔丁醇含量测定** 取本品约 0.1g，精密称定，加乙醇 5ml，溶解后，加 20% NaOH 溶液 5ml，加热回流 15 分钟，放冷，加纯化水 20ml 与硝酸 5ml，加硝酸银滴定液（0.1 mol/L）30.00ml，再加邻苯二甲酸二丁酯 5ml，密塞，强力振摇后，加硫酸铁铵指示液 2ml，用硫氰酸铵滴定液（0.1 mol/L）滴定，并将滴定的结果用空白试验校正。每 1ml $AgNO_3$ 滴定液（0.1 mol/L）相当于 6.216mg 的 $C_4H_7Cl_3O \cdot \frac{1}{2}H_2O$。

测定原理：本品在 NaOH 溶液中加热回流使三氯叔丁醇分解产生氯化钠，与 $AgNO_3$ 反应生成 AgCl 沉淀，过量的 $AgNO_3$ 再用 $NH_4SCN$ 标准溶液回滴。

$$Cl_3CC(CH_3)_2OH + 4NaOH = (CH_3)_2CO + 3NaCl + HCOONa + 2H_2O$$

$$NaCl + AgNO_3 = AgCl\downarrow + NaNO_3$$

（定量、过量）

$$AgNO_3（剩余） + NH_4SCN = AgSCN\downarrow + NH_4NO_3$$

计算公式：

$$C_4H_7Cl_3O \cdot \frac{1}{2}H_2O\% = \frac{\frac{1}{3}[c \times (V_0 - V)] \times T}{0.1 \times W \times 1000} \times 100\%$$

式中，$c$ 为硫氰酸铵滴定液实际应用的浓度（mol/L）；$V$ 为供试品消耗硫氰酸铵滴定液的体积（ml）；$V_0$ 为空白实验消耗硫氰酸铵滴定液的体积（ml）；$T$ 为滴定度（mg/ml）；$m_s$ 为所取供试品的质量（g）。

**3. 氯化钠注射液含量测定** 精密量取本品 10ml，加水 40ml、2% 糊精溶液 5ml 与荧光黄指示液 5~8 滴，用硝酸银滴定液（0.1mol/L）滴定。每 1ml 硝酸银滴定液（0.1mol/L）相当于 5.844mg 的 NaCl。氯化钠注射液含氯化钠（NaCl）应为 0.850%~0.950%（g/ml）。

测定原理： $NaCl + AgNO_3 = NaNO_3 + AgCl\downarrow$

计算公式：

$$NaCl\% = \frac{c \times V \times T}{0.1 \times 10 \times 1000} \times 100\%$$

式中，$c$ 为硝酸银滴定液实际应用的浓度（mol/L）；$V$ 为供试品消耗硝酸银滴定液的体积（ml）；$T$ 为滴定度（mg/ml）。

## 重点小结

1. 一定温度下，难溶电解质的饱和溶液中各离子浓度幂的乘积称为溶度积常数，简称为溶度积。

2. 溶度积和溶解度都可表示难溶电解质在水中溶解能力的大小，在一定条件下，可以进行换算。

3. 溶度积规则：对于某一难溶电解质溶液，溶度积 $K_{sp}$ 与离子积 $Q$ 之间可能出现下面三种情况。

（1）$Q > K_{sp}$，是过饱和溶液，反应向生成沉淀的方向进行。

（2）$Q < K_{sp}$，是不饱和溶液，无沉淀析出，反应向沉淀溶解的方向进行。

（3）$Q = K_{sp}$，是饱和溶液，沉淀与溶解达到动态平衡。

4. 沉淀滴定法是以沉淀溶解平衡为基础的滴定分析法。

5. 利用生成难溶性银盐的沉淀滴定法称为银量法。按照指示终点的方法不同可分为铬酸钾指示剂法、铁铵矾指示剂法和吸附指示剂法。

---

## 目标检测

扫码"练一练"

### 一、选择题

（一）单项选择题

1. $Fe_2S_3$溶度积表达式是（　　）

A. $K_{sp}$ = $[Fe^{3+}][s^{2-}]$　　B. $K_{sp}$ = $[Fe^{3+}]^2[s^{2-}]^3$

C. $K_{sp}$ = $[2Fe^{3+}]^2[3s^{2-}]^3$　　D. $K_{sp}$ = $2[Fe^{3+}]^2 \cdot 3[s^{2-}]^3$

2. 向饱和 $BaSO_4$溶液中加水，下列叙述中正确的是（　　）

A. $BaSO_4$的溶解度增大、$K_{sp}$不变

B. $BaSO_4$的溶解度、$K_{sp}$增大

C. $BaSO_4$的溶解度不变、$K_{sp}$增大

D. $BaSO_4$的溶解度、$K_{sp}$均不变

3. 欲增加 $Mg(OH)_2$在水中的溶解度，可采用的方法是（　　）

A. 增大溶液 pH 值　　B. 加入 1.0 mol/L $NH_4Cl$

C. 加入 0.2 mol/L $MgSO_4$　　D. 加入适量 95% 乙醇

4. 在 AgCl 处于沉淀溶解平衡状态时，向此溶液中加入 $AgNO_3$溶液后，溶液中的沉淀（　　）

A. 增加　　B. 减小　　C. 数量不变　　D. $Cl^-$浓度增加

5. $CaCO_3$在下列哪种溶液中，溶解度较大（　　）

A. $H_2O$　　B. $Na_2CO_3$　　C. $KNO_3$溶液　　D. $C_2H_5OH$

6. $BaSO_4$在下列哪种溶液中溶解度最小（　　）

A. 1.0 mol/L$Na_2SO_4$　　B. 2.0 mol/L$BaCl_2$

C. 纯水　　D. 0.1 mol/L $H_2SO_4$

7. 沉淀生成的必要条件是（　　）

A. $Q > K_{sp}$　　B. $Q < K_{sp}$

C. 加入弱电解质　　D. 加入与难溶电解质具有相同离子的盐

8. 已知 $K_{sp,AgCl} = 1.76 \times 10^{-10}$，$K_{sp,AgI} = 8.52 \times 10^{-17}$，当向含有 $I^-$和 $Cl^-$浓度相等的混合液中加入 $AgNO_3$时，出现沉淀的顺序是（　　）

A. $I^-$和 $Cl^-$同时沉淀　　B. $Cl^-$先沉淀

C. $I^-$先沉淀　　D. 无法判断

9. 沉淀滴定是以（　　）为基础的滴定分析法

A. 酸碱反应　B. 配位反应　C. 氧还反应　D. 沉淀反应

10. 由于确定滴定终点的（　　）不同，银量法可分为三类

A. 时间　B. 体积　C. 指示剂　D. 颜色

11. 铬酸钾指示剂法的终点为（　　）

A. $K_2Cr_2O_4$黄色沉淀　B. $Ag_2CrO_4$砖红色沉淀

C. AgCl 沉淀　D. AgSCN 白色沉淀

12. 铬酸钾指示剂法如果溶液碱性过强，可加（　　）中和

A. $NaHCO_3$　B. 硼砂　C. 食醋　D. 硝酸

13. 标定硝酸银溶液需用（　　）

A. 基准氯化钠　B. 氯化钾　C. 氯化钙　D. 分析纯氯化钠

14. 铁铵矾指示剂法测 $Ag^+$时，滴定液为（　　）

A. $AgNO_3$　B. 铁铵矾　C. $NH_4SCN$　D. NaCl

15. 铁铵矾指示剂法剩余滴定测 $I^-$时，应先加过量准确的 $AgNO_3$滴定液，再加铁铵矾指示剂，否则 $Fe^{3+}$将与 $I^-$反应析出（　　）

A. Fe　B. $I_2$　C. Ag　D. $Fe(OH)_3$

16. $NH_4SCN$ 滴定液是用基准物（　　）来标定的

A. $AgNO_3$　B. AgCl　C. 铁铵矾　D. NaCl

17. 吸附指示剂的（　　）离子，吸附前后产生明显颜色变化

A. 阳离子　B. 阴离子　C. $H^+$　D. $OH^-$

18. 吸附指示剂法开始滴定前，应加入（　　）保护胶体

A. 硝基苯　B. 糊精　C. $NaHCO_3$　D. $HNO_3$

19. 吸附指示剂法测 $Cl^-$时，选择的指示剂为（　　）

A. 二甲基碘荧光黄　B. 荧光黄　C. 曙红　D. 铁铵矾

20. 银量法测有机卤化物时，应先将有机卤素转变成卤素的（　　）

A. 单质　B. 化合物　C. 分子　D. 离子

（二）多项选择题

1. 根据沉淀滴定过程中所用指示剂的不同，银量法可分为（　　）

A. 内标法　B. 铬酸钾指示剂法　C. 铁铵矾指示剂

D. 外标法　E. 吸附指示剂法

2. 难溶强电解质的溶度积 $K_{sp}$与下列哪些因素有关（　　）

A. 沉淀的量　B. 溶液的浓度　C. 电解质的本质

D. 体系的温度　E. 溶液的体积

3. 一般可以用于沉淀滴定分析的反应必须满足以下条件（　　）

A. 生成沉淀的溶解度必须很小（$S \leqslant 10^{-3}g/L$），才能得到准确的结果

B. 沉淀反应必须具有确定的计量关系，迅速、定量的进行

C. 沉淀的吸附现象不影响滴定结果及终点判断

D. 必须有适当的方法指示终点

E. 沉淀溶解度大，吸附杂质多

4. 下列属于吸附指示剂的有（　　）

A. 铁铵矾　　B. 荧光黄　　C. 二氯荧光黄
D. 曙红　　E. 二甲基二碘荧光黄

5. 在进行吸附指示剂法滴定操作时，需注意的条件是（　　）
A. 在滴定前加入糊精作为保护胶体
B. 调整溶液的 pH 以增大吸附指示剂的电离程度
C. 控制溶液的浓度不能太稀
D. 应避免阳光直射
E. 指示剂吸附性能要适中

**二、计算题**

1. 已知在25℃时 $CaCO_3$的 $K_{sp}=4.96\times10^{-9}$，计算其溶解度？

2. 已知在25℃时 $BaSO_4$溶解度为 $1.03\times10^{-5}$ mol/L，计算 $BaSO_4$的 $K_{sp}$？

3. 25℃时 $PbI_2$的 $K_{sp,PbI_2}=8.49\times10^{-9}$，$PbSO_4$的 $K_{sp,PbSO_4}=1.82\times10^{-8}$，二者的 $K_{sp}$很接近，请问两种饱和溶液中的 $[Pb^{2+}]$ 是否也非常接近？用计算说明。

4. 精密称取 NaCl 0.1536g，置于锥形瓶中，加蒸馏水溶解，加 $K_2CrO_4$指示剂 1ml，在用力振摇下，用待标定的 $AgNO_3$滴定液滴至刚好出现砖红色沉淀，此时用去 $AgNO_3$ 19.86ml，另做空白试验，消耗 $AgNO_3$ 0.03ml，求此 $AgNO_3$物质的量浓度。已知 M(NaCl) = 58.44g/mol。

5. 称取食盐 0.2000g 溶于水后，以 $K_2CrO_4$做指示剂，用 0.1400mol/L $AgNO_3$滴定液滴至终点用去 22.38ml，另做空白实验消耗 $AgNO_3$ 0.01ml，求样品中氯化钠的含量。已知 M(NaCl) = 58.44g/mol。

（李明梅）

# 第八章

# 配合物与配位滴定法

## 学习目标

知识要求 **1. 掌握** 配合物的定义、组成及类型；EDTA 的结构及其配位特性；金属指示剂的作用原理及常用的金属指示剂。

**2. 熟悉** 配合物的命名及稳定性；配位滴定的条件稳定常数；配位滴定条件的选择。

**3. 了解** 配合物在医学上的意义与配位平衡。

技能要求 1. 能根据要求选择合适的金属指示剂。

2. 能熟练的配制配位滴定法所需要的标准溶液。

3. 能根据要求选择配位滴定的条件

4. 能进行配位滴定有关的计算。

配位化合物简称配合物，过去曾因它的组成比普通化合物复杂而被称为络合物。配合物不仅在化学领域里应用广泛，还与生物体的生理活动联系密切。例如，人体血液中用于输送氧气的血红素，是一种含有亚铁的配合物；维生素 $B_{12}$是一种含钴的配合物；人体内的酶（生物催化剂）分子几乎都含有以配合状态存在的金属元素。因此学习有关配合物的基本知识，对了解生命活动和预防、诊断、治疗、控制疾病有着极为重要的意义。

扫码"学一学"

## 第一节 配合物

**案例导入**

**抗癌药物——顺铂**

**案例：** 配合物二氯二氨合铂（Ⅱ）[$PtCl_2(NH_3)_2$] 有顺式和反式两种异构体（图 8－1）。1969 年 Rosenberg 发现了其顺式结构具有高效的抗癌活性，而反式结构则无此活性。进一步的研究表明，这种不带电的顺铂具有适宜的油/水分配系数和脂溶性载体配体 $NH_3$，可以顺利的通过细胞膜的脂质层进入癌细胞内。进入癌细胞的顺铂，由于有可取代配体 $Cl^-$ 存在，$Cl^-$ 即被配位能力更强的 DNA 中配位原子所取代，阻碍 DNA 的复制，破坏 DNA 的功

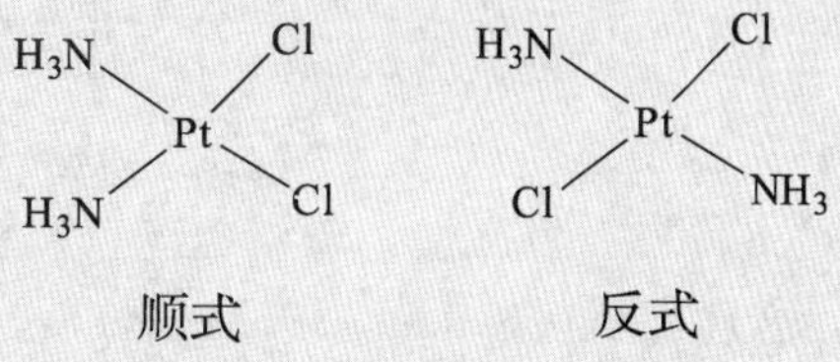


图 8－1 [$PtCl_2(NH_3)_2$] 的顺式、反式结构

能，抑制癌细胞的生长，从而发挥抗癌作用。1978 年顺铂作为抗癌药物开始正式应用于临床。在配合物顺铂结构模式的启发下，科学家们广泛开展了研制抗癌金属配合物的探索工作，抗癌活性更高的铂系金属配合物相继开发并应用于临床，如：二氯二茂钛等。

**讨论**：配合物的结构与一般的无机物有什么不同？如何命名配合物呢？

扫码“看一看”

## 一、配合物的定义

NaCN、KCN 等因含有 $CN^-$ 离子而有剧毒，但是亚铁氰化钾（$K_4[Fe(CN)_6]$）和铁氰化钾（$K_3[Fe(CN)_6]$）虽然分子组成都含有 $CN^-$ 离子，却没有毒性，这是因为亚铁离子或铁离子与 $CN^-$ 离子结合成牢固的复杂离子，很难产生游离的 $CN^-$ 离子，故不显毒性。

$$Fe^{2+} + 6CN^- \rightleftharpoons [Fe(CN)_6]^{4-}$$

$$Fe^{3+} + 6CN^- \rightleftharpoons [Fe(CN)_6]^{3-}$$

这种由中心离子（或原子）与一定数目的阴离子或分子（即配位体）以配位键结合形成的复杂离子或分子，称为配位单元。含有配位单元的化合物称配位化合物，简称配合物。例如，$[Cu(NH_3)_4]SO_4$、$K_4[Fe(CN)_6]$、$K_2[HgI_4]$、$[Fe(CO)_5]$ 等都是配合物。方括号内部分即为配位单元。

### 课堂互动

明矾 $KAl(SO_4)_2 \cdot 12H_2O$ 与硫酸四氨合铜$[Cu(NH_3)_4]SO_4$有什么不同？

## 二、配合物的组成

配合物一般由内界和外界两部分组成。内界即配位单元，通常写在方括号内，与配位单元结合的带相反电荷的离子称为外界，即方括号以外的部分。例如，在 $[Cu(NH_3)_4]SO_4$中，四个 $NH_3$ 和一个 $Cu^{2+}$ 组成内界，一个 $SO_4^{2-}$ 为外界。内界与外界以离子键结合，在水中能全部解离。又如，在 $K_4[Fe(CN)_6]$ 中，六个 $CN^-$ 和一个 $Fe^{2+}$ 组成内界，四个 $K^+$ 为外界。

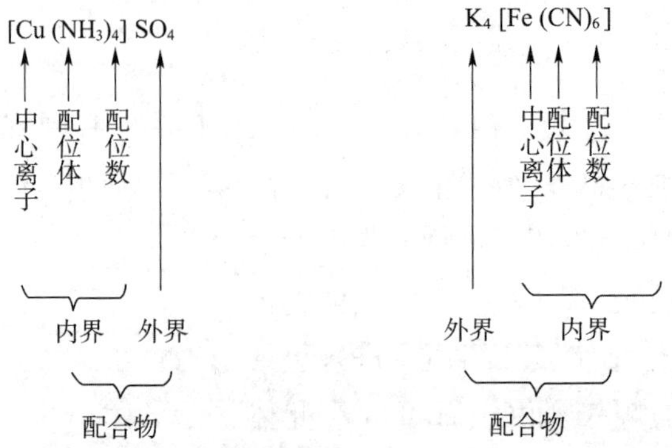


### （一）中心离子（或原子）

中心离子（或原子）是配合物的核心部分，具有空的价电子轨道，可以接受孤对电子，它是配合物的形成体，位于配离子中心。常见的中心离子是金属离子，以过渡金属离子最多，如 $Cu^{2+}$、$Fe^{3+}$、$Zn^{2+}$ 等；也有中性原子，如 $[Fe(CO)_5]$ 中的铁原子。

扫码“读一读”

**（二）配体和配位原子**

在配位单元中，同中心离子以配位键相结合的阴离子或中性分子称为配位体，简称配体。配体中具有孤电子对并与中心离子结合成键的原子称为配位原子，$[Cu(NH_3)_4]^{2+}$、$[Pt(NH_3)_2Cl_4]$ 中的 $NH_3$、$Cl^-$ 都是配体，配体中一些非金属元素 O、N、S、卤素等常做为配位原子。提供配体的物质称为配位剂，如 KCN、$NH_3 \cdot H_2O$ 等。有些配位剂本身就是配体，如 $NH_3$、$H_2O$ 等。

只有一个配位原子的配体称为单齿配体，如 $Cl^-$，$NO_2^-$，$NH_3$，$H_2O$ 等。有两个或两个以上配位原子的配体称为多齿配体，如乙二胺（$H_2NCH_2CH_2NH_2$，简写为 en），两个氨基中的 N 都是配位原子。又如乙二胺四乙酸根（$^-OOCCH_2)_2NCH_2CH_2N(CH_2COO^-)_2$ 中，除有两个氨基氮是配位原子外，还有四个羧基氧也是配位原子。

**（三）配位数**

在内界，与中心离子形成配位键的配位原子总数，称为该中心离子的配位数。在计算中心离子的配位数时，一般是先在配合物中确定中心离子和配体，接着找出配位原子的数目。如果配体是单齿的，配体的数目就是该中心离子的配位数。例如，$[Pt(NH_3)_4]Cl_2$ 和 $[Pt(NH_3)_2Cl_2]$ 中的中心离子都是 $Pt^{2+}$，而配体前者是 $NH_3$，后者是 $NH_3$ 和 $Cl^-$，这些配体都是单齿的，因此它们的配位数都是 4。如果配体是多齿的，那么配体的数目为配位原子数 × 配体数。

**课堂互动**

分别说出下列配合物的中心离子（或原子）、配体、配位原子、配位数：

$[Ag(NH_3)_2]Cl$　　$Na_4[Fe(CN)_6]$　　$[Co(NH_3)_4Cl_2]Cl$

## 三、配合物的类型

配合物在自然界中普遍存在，如生物体内的金属离子大部分以配合物的形式存在。常见的配合物主要有以下两类。

**（一）简单配合物**

由单齿配体与中心离子（或原子）直接配位形成的配合物称为简单配合物。例如：$[Cu(NH_3)_4]SO_4$、$[Ag(NH_3)_2]Cl$ 等。

**（二）螯合物**

一个多齿配体通过两个或两个以上的配位原子与中心离子形成具有环状结构的配合物，称为螯合物。通常将提供多齿配体的配位剂叫螯合剂，螯合物结构中的环称为螯环。在螯合物中，配位原子像螃蟹的两个大螯钳一样钳住了中心离子，因此稳定性大大增加。如：

二（乙二胺）合铜（Ⅱ）配离子（$[Cu(en)_2]^{2+}$）：

en 是双齿配体，$Cu^{2+}$ 的配位数为 4，可以与 2 个乙二胺分子形成 2 个五元环的稳定的配离子（图 8－2）。

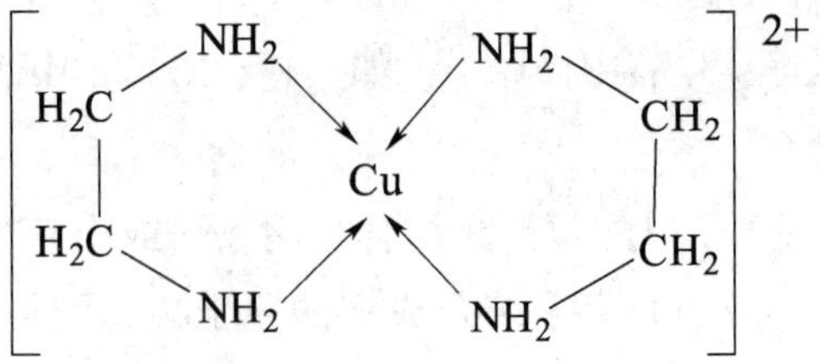


图 8－2　$[Cu(en)_2]^{2+}$的结构图

## 四、配合物的命名

### （一）命名原则

配合物的命名一般与无机化合物的命名原则相同：先阴离子，再阳离子。若外界是简单阴离子，称“某化某”；若外界是氢离子称“某酸”；若外界是金属离子、$NH_4^+$或为复杂阴离子（如$SO_4^{2-}$），称“某酸某”。

内界的命名顺序是：配体数（中文数字表示）→配体名称→合→中心离子名称→中心离子氧化数（罗马数字表示）

（1）若内界有多种配体时，则配体的命名顺序是：先无机配体，后有机配体；先阴离子配体，后中性分子配体。

（2）同类配体按配位原子元素符号的英文字母顺序排列。

（3）同类配体中若配体原子相同，则按配体中含原子数的多少来排列。原子数少的排前面，原子数多的排后面。

（4）若配位原子相同，配体中所含原子数也相同，则按在结构式中与配位原子相连的原子元素符号的英文字母顺序排列。

（5）不同配体名称之间以中圆点分开，相同的配体个数用二、三、四等中文数字表示。

### （二）命名实例

下面通过实例说明配合物的命名及书写：

$[Cu(NH_3)_4]^{2+}$　四氨合铜（Ⅱ）配离子

$[Fe(CN)_6]^{3-}$　六氰合铁（Ⅲ）配离子

$[Cu(NH_3)_4]SO_4$　硫酸四氨合铜（Ⅱ）

$Na_4[Fe(CN)_6]$　六氰合铁（Ⅱ）酸钠

$[Ni(CO)_4]$　四羰基合镍（0）

$[Co(NH_3)_2(en)_2]Cl_3$　三氯化二氨·二（乙二胺）合钴（Ⅲ）

$[Co(NH_3)_4Cl_2]Cl$　氯化二氯·四氨合钴(Ⅲ)

$[CoCl_2(NH_3)_3(H_2O)]Cl$　氯化二氯·三氨·水合钴(Ⅲ)

常见的配合物还有一些习惯称呼。$K_3[Fe(CN)_6]$称为铁氰化钾（赤铁盐），$K_4[Fe(CN)_6]$称为亚铁氰化钾（黄血盐），$K_2PtCl_6$称为氯铂酸钾。

## 五、配合物的稳定性

在水溶液中，配位反应和解离反应互为可逆反应，一定温度下，当配位反应和解离反应速度相等时，体系达到动态平衡，这种平衡称之配位平衡。作为化学平衡中的一种，配位平衡同样遵循化学平衡的基本原理。

（一）配位单元的稳定常数

在 $CuSO_4$ 溶液中加入过量的氨水，则有深蓝色的四氨合铜（Ⅱ）配位单元生成：

$$Cu^{2+} + 4\ NH_3 \rightleftharpoons [Cu(NH_3)_4]^{2+}$$

若向该溶液中加入 NaOH 溶液，观察不到氢氧化铜沉淀生成，说明溶液中可能没有或含极少的 $Cu^{2+}$；在另一支试管中滴入 $Na_2S$ 溶液，即有黑色的硫化铜沉淀生成，证明溶液中存在少量的 $Cu^{2+}$。由此可知，在溶液中配位单元可微弱地解离出极少量的中心离子和配体。可见，在溶液中配位反应和离解反应同时进行，在一定温度下，配位反应和离解反应可达到动态平衡。

其平衡常数表达式为：

$$K_{稳} = \frac{[[Cu(NH_3)_4]^{2+}]}{[Cu^{2+}] \cdot [NH_3]^4} \qquad (8-1)$$

$K_{稳}$称为 $[Cu(NH_3)_4]^{2+}$ 的稳定常数，常用 $\lg K_{稳}$ 表示。$K_{稳}$越大，说明生成配位单元的倾向越大，而离解的倾向越小，即配位单元越稳定。一些常见配合物的稳定常数见附录八。

（二）配位平衡的移动

配位平衡与其他化学平衡一样，也是有条件的动态平衡。如果改变平衡体系的条件，平衡就会移动。下面简要讨论溶液 pH 值、沉淀的生成和溶解，以及其他配体对配位平衡移动或转化的影响。

**1. 溶液 pH 值的影响** 在所有的配合物中，大多数的配体（如 $F^-$、$CN^-$、$SCN^-$、$OH^-$、$NH_3$）都是碱，可接受质子，生成难离解的共轭弱酸，如果配体的碱性足够强，溶液的酸度也较强，那么配体会与 $H^+$ 结合，导致配位平衡向配位单元离解的方向移动；另一方面，由于配位单元的中心离子大多数是过渡金属离子，在水溶液中容易发生水解，且碱性越强，越有利于中心离子发生水解，导致配位平衡移动。例如：

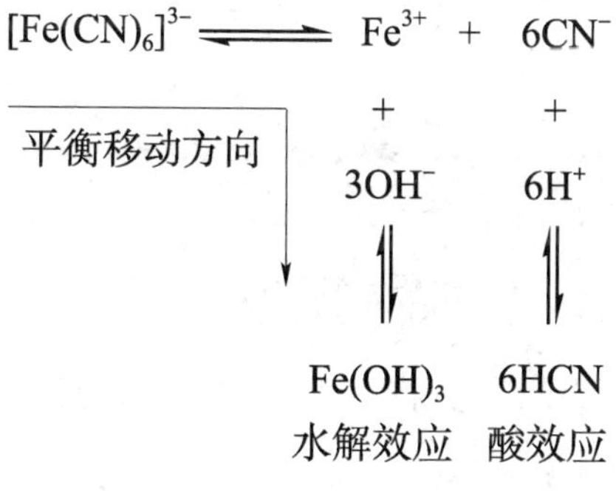


因此，如果要使配位单元在溶液中稳定存在，必须使溶液保持适当的 pH 值。

**2. 配位平衡与沉淀的生成和溶解** 当溶液体系中同时存在配位剂和沉淀剂时，那么金属离子既能与配位剂发生配位反应，也会与沉淀剂发生沉淀反应，那么究竟以哪种反应为主？决定上述反应方向的是 $K_{稳}$和 $K_{sp}$ 相对大小，以及配位剂与沉淀剂的浓度。配合物的 $K_{稳}$值越大，难溶物的 $K_{sp}$ 越大，越易形成相应配合物，沉淀越易溶解；反之，配合物的 $K_{稳}$值越小，沉淀物的 $K_{sp}$ 越小，则配合物越易离解转变成相应的沉淀。例如，当向含有氯化银沉淀的溶液中加入氨水时，沉淀即溶解。

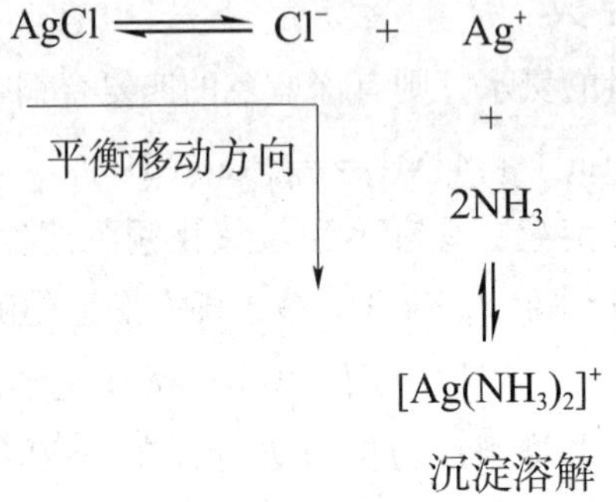


当在上述溶液中加入溴化钠溶液时，又有淡黄色的沉淀生成。

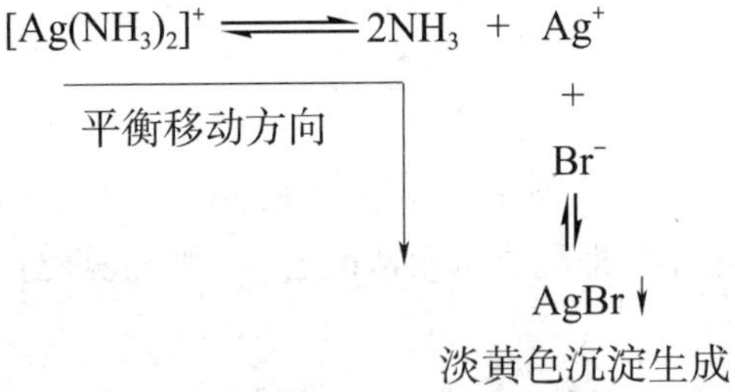


前者因加入配位剂 $NH_3$ 而使沉淀平衡转化为配位平衡。后者因加入较强的沉淀剂而使配位平衡转化沉淀平衡。

**3. 配位平衡之间的相互转化** 当溶液体系中存在多种能与金属离子配位的配位离子时，会发生配位平衡间的相互转化，通常平衡会向生成更稳定的配位单元方向移动，对相同配位数的配位单元，两者稳定常数相差越大，则转化越完全。例如：

$$[Ag(NH_3)_2]^+ \xrightarrow{CN^-} [Ag(CN)_2]^-$$

若溶液中同时存在 $NH_3$、$CN^-$ 配体时，由于稳定常数 $K_{[Ag(CN)_2]^-} = 1.3 \times 10^{21}$，$K_{[Ag(NH_3)_2]^+} = 2.5 \times 10^7$，所以 $[Ag(NH_3)_2]^+$ 会向 $[Ag(CN)_2]^-$ 转化，转化反应总是向生成 $K_稳$ 值大的配位单元的方向进行。

## 拓展阅读

### 配合物的应用

随着配位化学的发展，配位化合物在工农业生产和科学研究中发挥着越来越大的作用。主要包括以下几个方面。

（1）由于离子在生成配合物时，常显示某种特征的颜色，在临床检验和药物分析中用于离子的定性与定量检验，也可应用于离子的分离、配位滴定和掩蔽干扰等。例如，检验体内是否含有汞农药，可将试样酸化后，加入二苯胺脲醇溶液，若出现紫色或蓝紫色，则证明有汞存在。

（2）生物化学中配合物起着重要作用。生物体内的微量金属元素，尤其是过渡金属元素，主要通过形成配合物来完成生物化学的功能，这些化合物对维持生物体内正常生理功能具有重要的意义。例如，生物体内和呼吸作用密切相关的血红素是一种含铁的配合物；植物光合作用中作为催化剂的叶绿素是一种含镁的配合物；维生素 $B_{12}$ 是含钴的配合物。

（3）金属配合物或配体作为药物在临床上使用。自发现顺铂具有较高的抗癌活性以来，金属配合物药物被广泛地进行研究和临床试验。例如，含亚铁离子的富马酸铁可以治疗缺铁性贫血症；含铋的枸橼酸铋钾是治疗胃溃疡、糜烂性胃炎的常用药。另外，还可以利用无毒的配体作为解毒剂，与体内有毒的金属原子（或离子）生成无毒的可溶的配合物排出体外。

（4）生物体内的高效、高选择性生物催化剂——金属酶，有比一般催化剂高千万倍的催化效能。生物金属酶的研究对现代化学工业和粮食生产有重要意义。

（5）配合物在工业上主要应用于湿法冶金，从矿石中提取稀有金属和有色金属。

## 第二节　配位滴定法

扫码“学一学”

### 案例导入

**案例：**依地酸钙钠常用于钴、铜、铬、镉、锰、铅等金属中毒的解毒剂，这是因为它可以和多种金属结合成为稳定可溶的配合物，从尿中排泄。《中国药典》2020 年版采用配位滴定法测定依地酸钙钠的含量，方法如下。

取本品约 50mg，精密称定，置锥形瓶中，加水 100ml 使溶解，加二甲酚橙指示液 3 滴，用硝酸铋滴定液（0.01mol/L）滴定至溶液由黄色变为红色。每 1ml 硝酸铋滴定液（0.01mol/L）相当于 3.743mg 的 $C_{10}H_{12}CaN_2Na_2O_8$。

**讨论：**1. 什么是配位滴定法？其原理如何？

2. 乙二胺四乙酸有什么样的结构？它与金属离子配合有何特点？

配位滴定法是通过金属离子与配位剂作用形成配位化合物进行滴定的分析方法，又称络合滴定法。生成配位化合物的配位反应很多，只有具备一定条件的配位反应才能用于滴定分析。所需条件如下。

（1）反应必须定量完成，生成的配合物足够稳定，且配位比恒定。

（2）反应速度快，生成的配合物必须易溶于水。

（3）有适当的方法指示化学计量点。

很多金属离子可以与无机配位剂形成配合物。例如，铜离子与氨水生成 $[Cu(NH_3)_4]^{2+}$，银离子与氨水生成 $[Ag(NH_3)_2]^+$ 等。实际上这些反应多数是分级生成配合物，稳定常数较小，各级配合物的稳定性差别不大，反应没有确定的计量关系。因此，无机配位剂与金属离子配位反应一般不能用于配位滴定，而应用较多的是有机配位剂。目前应用最广的是乙二胺四乙酸二钠，简称 EDTA－2Na。由于有机配位剂的出现克服了无机配位剂的缺点，使配位滴定法得到迅猛发展，成为广泛应用的滴定分析法之一。

## 一、EDTA 及其配位特性

### （一）EDTA 的结构与性质

乙二胺四乙酸的结构式为：

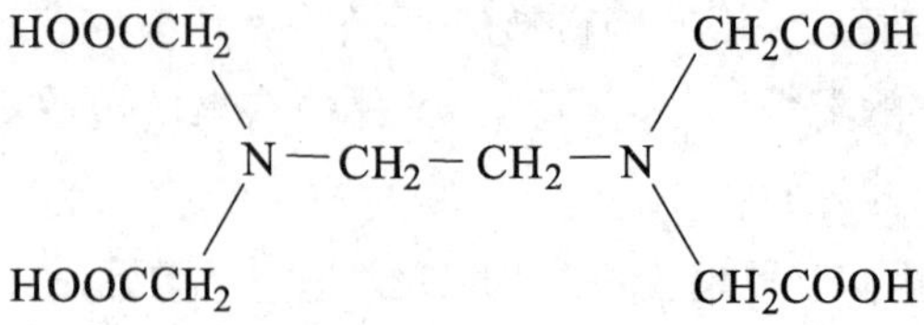

从结构上看它是四元有机羧酸，可用化学式 $H_4Y$ 表示，而分子中 N 原子上还有一对孤对电子，在酸性较强的溶液中，整个分子还可以接受两个 $H^+$ 形成 $H_6Y^{2+}$，结构如下：

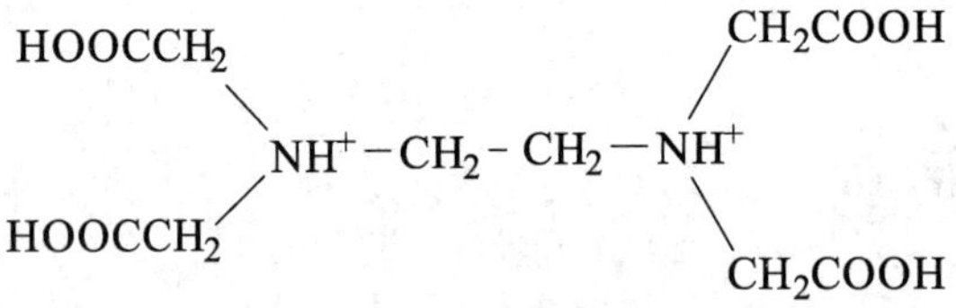

$H_6Y^{2+}$ 为六元酸，其六级解离平衡可表示如下：

$$H_6Y^{2+} \underset{+H}{\overset{-H^+}{\rightleftharpoons}} H_5Y^+ \underset{+H}{\overset{-H^+}{\rightleftharpoons}} H_4Y \underset{+H}{\overset{-H^+}{\rightleftharpoons}} H_3Y^- \underset{+H}{\overset{-H^+}{\rightleftharpoons}} H_2Y^{2-} \underset{+H}{\overset{-H^+}{\rightleftharpoons}} HY^{3-} \underset{+H}{\overset{-H^+}{\rightleftharpoons}} Y^{4-}$$

$H_6Y^{2+}$ 的各级解离平衡的 $pK_a$ 为：

$$pK_{a_1}=0.9，pK_{a_2}=1.60，pK_{a_3}=2.0，pK_{a_4}=2.67，pK_{a_5}=6.16，pK_{a_6}=10.26$$

EDTA 的 7 种存在形式为 $H_6Y^{2+}$、$H_5Y^+$、$H_4Y$、$H_3Y^-$、$H_2Y^{2-}$、$HY^{3-}$、$Y^{4-}$，其中 $Y^{4-}$ 能直接和金属离子配合。依据酸碱平衡的原理，显然这些存在形式的浓度取决于溶液 pH。不同 pH 条件下 EDTA 的主要存在形式，见表 8－1。

**表 8－1 EDTA 的主要存在形式与 pH 之间关系**

| pH | <0.9 | 0.9～1.6 | 1.6～2.0 | 2.0～2.67 | 2.67～6.16 | 6.16～10.26 | >10.26 |
|---|---|---|---|---|---|---|---|
| 形式 | $H_6Y^{2+}$ | $H_5Y^+$ | $H_4Y$ | $H_3Y^-$ | $H_2Y^{2-}$ | $HY^{3-}$ | $Y^{4-}$ |

乙二胺四乙酸为白色晶体，无毒，不吸潮，在水中溶解度很小，难溶于酸和一般有机溶剂，易溶于氨水和氢氧化钠等碱性溶液，生成相应的盐溶液。由于它在水中的溶解度很小，室温下，每 100ml 水中只能溶解 0.02g，因此在配位滴定中常用其二钠盐（$Na_2H_2Y \cdot 2H_2O$）作为滴定液。$Na_2H_2Y \cdot 2H_2O$ 盐是白色粉末状结晶，其溶解度较大（室温下，每 100ml 水中能溶解 11.2g，浓度为 0.3mol/L）。由于 $Na_2H_2Y \cdot 2H_2O$ 盐的水溶液中主要是 $H_2Y^{2-}$，所以溶液为弱酸性溶液。在配制其溶液时，应注意先用温热水溶解。

### （二）EDTA 与金属离子的配位特性

**1. 形成 1∶1 的配合物** EDTA－2Na 分子中有两个氨氮和四个羧氧，共有六个配位原子，为六齿配位剂。一般中心原子或离子最常见的配位数为 4 和 6，因此 EDTA－2Na 能满足大多数金属离子对配位数的要求，其与金属离子形成的配位化合物的配位比在一般情况下都是 1∶1，其反应可简化为：

$$M + Y \rightleftharpoons MY$$

**2. 形成的配合物稳定性高** EDTA－2Na 与金属离子形成的配合物为螯合物，其立体结构见图 8－3。这种配合物中含有多个五元环，配合物的稳定性高，因此金属离子与 EDTA－2Na 形成的配合物的稳定常数一般都很大（碱金属离子除外），详见表 8－3。

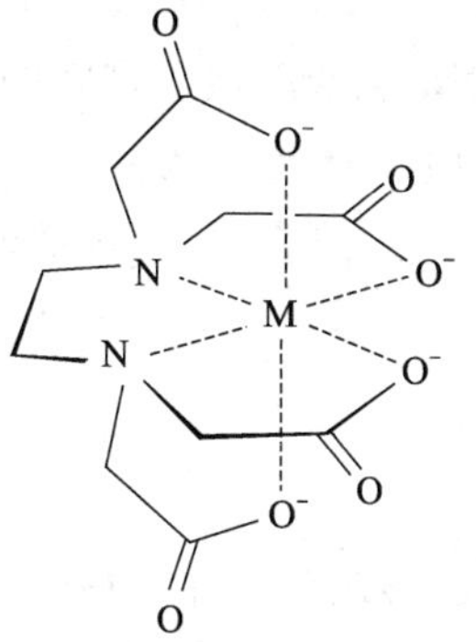

图 8－3　EDTA 与金属离子形成的螯合物立体结构

**3. 形成配合物的颜色**　无色的金属离子与 EDTA－2Na 形成的配合物无色，有色的金属离子与 EDTA－2Na 形成的配合物颜色加深，而且 EDTA－2Na 与金属离子的配位反应一般速度快，生成的配合物水溶性好，便于指示剂指示终点。几种有色金属离子与 EDTA－2Na 配合物的颜色见表 8－2。

**表 8－2　几种有色金属离子与 EDTA－2Na 形成的配合物的颜色**

| 配合物 | 颜色 | 配合物 | 颜色 |
|---|---|---|---|
| $CoY^-$ | 紫红 | $Fe(OH)Y^{2-}$ | 棕（pH≈10） |
| $CrY^-$ | 深紫 | $FeY^-$ | 黄 |
| $Cr(OH)Y^-$ | 蓝（pH＞10） | $MnY^{2-}$ | 紫 |
| $CuY^{2-}$ | 深蓝 | $NiY^{2-}$ | 蓝紫 |

由此可见，EDTA－2Na 与金属离子配合反应符合配位滴定的反应条件。

**（三）配位滴定的条件稳定常数**

**1. 乙二胺四乙酸二钠配合物的稳定常数**　金属离子 M 与 EDTA－2Na 的反应可简化为

$$M + Y \rightleftharpoons MY$$

反应平衡时的化学平衡常数，即配合物的稳定常数 $K_{MY}$ 可表达为

$$K_{MY} = \frac{[MY]}{[M][Y]} \tag{8-2}$$

在一定温度下，稳定常数 $K_{MY}$ 的值越大，配合物越稳定。不同金属离子与 EDTA－2Na 配合物的稳定常数，见表 8－3。

**表 8－3　EDTA 配合物的稳定常数**

| 金属离子 | $\lg K_{稳}$ | 金属离子 | $\lg K_{稳}$ | 金属离子 | $\lg K_{稳}$ |
|---|---|---|---|---|---|
| $Na^+$ | 1.66 | $Li^+$ | 2.79 | $Ag^+$ | 7.32 |
| $Ba^{2+}$ | 7.86 | $Mg^{2+}$ | 8.69 | $Ca^{2+}$ | 10.69 |
| $Mn^{2+}$ | 13.87 | $Fe^{2+}$ | 14.33 | $Al^{3+}$ | 16.3 |
| $Co^{2+}$ | 16.31 | $Cd^{2+}$ | 16.46 | $Zn^{2+}$ | 16.5 |
| $Pb^{2+}$ | 18.3 | $Ni^{2+}$ | 18.56 | $Cu^{2+}$ | 18.8 |
| $Hg^{2+}$ | 21.7 | $Sn^{2+}$ | 22.1 | $Bi^{3+}$ | 27.94 |
| $Cr^{3+}$ | 23.4 | $Fe^{3+}$ | 25.1 | $Co^{3+}$ | 36 |

**2. 副反应与副反应系数** 在配位滴定时，除了被测金属离子 M 与 Y 之间的主反应外，还存在溶液中 $H^+$、$OH^-$、其他配体 L、其他阳离子 N 等引起的副反应。依据化学平衡的原理，这些副反应的发生将对主反应产生影响。其中与反应物 M、Y 发生的副反应对配位滴定不利，这些副反应包括 EDTA－2Na 与干扰离子之间的配位效应和酸效应，金属离子与其他配体发生的配位效应以及水解效应。与生成物 MY 发生的副反应则有利于配位滴定，包括了生成酸式或碱式配合物的反应，但是因为这类反应的影响较小，一般忽略不计。

显然，副反应的发生使得实际情况下的配位反应并非简单地按照主反应进行，副反应的影响大小可以通过副反应系数定量计算。

（1）EDTA－2Na 发生的副反应

1）酸效应　EDTA－2Na 的存在形式有 7 种，其浓度大小取决于溶液的 pH。其中真正能与金属离子配位的是 $Y^{4-}$ 离子，它既是配位体，也是能接受质子的碱，能与溶液中的 $H^+$ 发生副反应。这种因为 $H^+$ 的存在而使 Y 参加主反应的能力降低的现象称为酸效应。酸效应系数可以用来定量衡量酸效应的大小，用 $\alpha_{Y(H)}$ 表示。其定义为：在一定 pH 下，未与金属配位的 EDTA－2Na 的总浓度 $[Y']$（$[Y'] = [Y^{4-}] + [HY^{3-}] + [H_2Y^{2-}] + [H_3Y^-] + [H_4Y] + [H_5Y^+] + [H_6Y^{2+}]$）与平衡浓度 $[Y]$（即 $[Y^{4-}]$）之比，即

$$\alpha_{Y(H)} = \frac{[Y']}{[Y]} \tag{8-3}$$

当溶液中 $[H^+]$ 增加（即酸度增强，pH 下降）时，$\alpha_{Y(H)}$ 增大，酸效应增强，副反应干扰严重；反之，则酸效应减弱，副反应干扰较小。当溶液 pH 一定时，$\alpha_{Y(H)}$ 亦为一定值。不同 pH 时 EDTA－2Na 的 $\lg\alpha_{Y(H)}$ 值，见表 8－4。

**表 8－4　不同 pH 下 EDTA 的酸效应系数**

| pH | $\lg\alpha_{Y(H)}$ | pH | $\lg\alpha_{Y(H)}$ | pH | $\lg\alpha_{Y(H)}$ |
|---|---|---|---|---|---|
| 1.0 | 18.01 | 5.0 | 6.45 | 8.5 | 1.77 |
| 1.5 | 15.55 | 5.4 | 5.69 | 9.0 | 1.29 |
| 2.0 | 13.51 | 5.5 | 5.51 | 9.5 | 0.83 |
| 2.5 | 11.90 | 6.0 | 4.65 | 10.0 | 0.45 |
| 3.0 | 10.60 | 6.4 | 4.06 | 10.5 | 0.20 |
| 3.4 | 9.70 | 6.5 | 3.92 | 11.0 | 0.07 |
| 3.5 | 9.48 | 7.0 | 3.32 | 11.5 | 0.02 |
| 4.0 | 8.44 | 7.5 | 2.78 | 12.0 | 0.01 |
| 4.5 | 7.44 | 8.0 | 2.26 | 13.0 | 0 |

2）共存离子效应　当溶液中存在干扰离子 N 时，Y 与 N 之间也可以形成配合物，同样使得 Y 参加主反应的能力降低，这就是共存离子效应。其影响可用共存离子效应系数 $\alpha_{Y(N)}$ 表示。类似于酸效应系数，$\alpha_{Y(N)}$ 的计算公式如下

$$\alpha_{Y(N)} = \frac{[Y']}{[Y]} = \frac{[Y]+[NY]}{[Y]} = 1 + K_{NY}[N] \tag{8-4}$$

可见 $\alpha_{Y(N)}$ 的大小取决于干扰离子 N 的浓度和 NY 的稳定常数 $K_{NY}$。

（2）金属离子发生的副反应　金属离子 M 上有空轨道，如溶液中其他配位剂 L 或 $OH^-$（也是配体）浓度高时，M 可以与这些配体或 $OH^-$ 发生副反应，形成 ML 或金属水解产物

MOH。这种由于 L 或 $OH^-$ 的存在，使 M 与 Y 进行主反应的能力降低的现象，称为配位效应。其影响用配位效应系数 $\alpha_{M(L)}$ 表示。

$$\alpha_{M(L)}=\frac{[M']}{[M]} \tag{8-5}$$

滴定时所用的缓冲剂如 $NH_3$ 与 $NH_4Cl$，防止金属离子水解所加的辅助配位剂，为了消除干扰而加的掩蔽剂等，均可能产生配位效应。当在高 pH 条件下滴定时，L 为 $OH^-$。

此外，由于 MY 与 $H^+$、与 $OH^-$ 发生的副反应的生成物 MHY 和 M（OH）Y 多数情况下都不稳定，因此计算时可忽略不计。

**3. 配合物条件稳定常数** 在实际进行配位滴定时，由于各方面的因素导致实际发生的反应非常复杂。在这样的条件下，金属离子 M 与乙二胺四乙酸二钠（$Na_2H_2Y \cdot 2H_2O$）的主反应进行的真实程度无法用稳定常数 $K_{MY}$ 来表示，而必须将副反应的影响考虑在内。根据实际情况，用副反应对应的副反应系数对 $K_{MY}$ 进行校正，可以获

得实际情况下的稳定常数，称为配合物的条件稳定常数，用 $K'_{MY}$ 表示。即

$$K'_{MY}=\frac{[M'Y]}{[M'][Y']} \tag{8-6}$$

条件稳定常数和稳定常数关系为

$$K'_{MY}=\frac{[MY']}{[M'][Y']}=\frac{\alpha_{MY}[MY]}{\alpha_{M(L)}[M]\alpha_{Y(H)}[Y]}=K_{MY}\frac{\alpha_{MY}}{\alpha_{M(L)}\alpha_{Y(H)}} \tag{8-7}$$

两边取对数则有

$$\lg K'_{MY}=\lg K_{MY}-\lg\alpha_{M(L)}-\lg\alpha_{Y(H)}+\lg\alpha_{MY} \tag{8-8}$$

这就将金属离子、EDTA－2Na 以及金属离子与 EDTA－2Na 形成配合物可能发生的副反应对 $K_{MY}$ 进行了校正。显然，$K'_{MY}$ 是在实际条件下有副反应发生时主反应进行的真实程度，因此 $K'_{MY}$ 称为条件稳定常数。在给定条件下，$K'_{MY}$ 为常数，是实际稳定常数。

副反应主要是酸效应和配位效应对主反应有较大影响，尤其是酸效应，则上式可简化为

$$\lg K'_{MY}=\lg K_{MY}-\lg\alpha_{Y(H)} \tag{8-9}$$

综上所述，在实际条件下由于副反应的发生，导致了配合物的实际稳定常数发生变化。特别是当酸效应、配位效应、共存离子效应等增强时，配位平衡向左进行，使 M 与 Y 主反应程度降低，将影响滴定分析结果。因此，在实际配位滴定中，需控制适当的滴定条件，尤其是酸度条件。

## 二、滴定条件的选择

如金属离子 M 能被 EDTA－2Na 准确滴定，则意味着测定结果能够满足滴定分析对终点误差的要求，一般来说这一相对误差应该≤0.1%。设 M 和 Y 的起始浓度为 0.02mol/L（等体积），则滴定至计量点时溶液中生成的 MY 的总浓度约为 0.02/2 ＝ 0.010mol/L。相对误差≤0.1%，即是在计量点时，溶液中游离 M 和 Y 的总浓度应≤ 0.1% ×0.01mol/L ＝ $10^{-5}$mol/L。代入条件稳定常数则有：

$$K'_{MY}=\frac{[MY']}{[M'][Y']}\geqslant\frac{0.01}{10^{-5}\times10^{-5}}=10^{8}$$

因此配位滴定要获得准确的分析结果需要反应的条件稳定常数 $K'_{MY}\geqslant10^8$，即 $\lg K'_{MY}\geqslant 8$，如再考虑被测金属离子浓度（$c_M=0.01$mol/L），则应满足 $\lg c_M K'_{MY}\geqslant6$。而要满足这一

条件，需控制酸效应、配位效应及共存离子效应等因素，选择合适的配位滴定条件。

（一）酸度的选择

在副反应中，酸效应和水解效应其实都取决于溶液 pH（酸度），pH 小（酸度大）则酸效应强，pH 大（酸度小），则水解效应强。由于这两者均对主反应不利，因此需要控制溶液 pH 在适当范围。

**1. 最低 pH（最高酸度）** 当溶液酸度高时，副反应以酸效应为主。要得到准确分析结果，其条件稳定常数符合

$$\lg K'_{MY}=\lg K_{MY}-\lg \alpha_{Y(H)}\geqslant 8$$

则

$$\lg \alpha_{Y(H)}\leqslant \lg K_{MY}-8 \qquad (8-10)$$

在特定 pH 条件下 $\alpha_{Y(H)}$ 为特定数值，对给定的金属离子其 $K_{MY}$ 也为定值。因此从上式可以计算出溶液 pH 最低数值，超过这一值，酸效应过强，将使其条件稳定常数 $\lg K'_{MY}$ 小于 8，配合物不稳定，不能准确滴定。这一最低允许 pH，称为最低 pH（或最高酸度）。

**例 8-1** 当 0.010mol/L EDTA-2Na 滴定液滴定等体积的 0.010mol/L $Zn^{2+}$ 溶液时，溶液 pH 不能低于多少？已知 $\lg K_{MY}=16.5$。

**解**：要得到准确分析结果，其条件稳定常数符合

$$\lg \alpha_{Y(H)}\leqslant \lg K_{MY}-8$$

代入得

$$\lg \alpha_{Y(H)}\leqslant 16.5-8=8.5$$

查表 8-4，当 $\lg\alpha_{Y(H)}=8.5$ 时，pH ≈ 4.0。因此，要确保准确滴定应控制溶液 pH 不低于 4.0。

不同金属离子与 EDTA-2Na 形成配合物的 $K_{MY}$ 不同，从而滴定所允许的最低 pH 也不同。附录九列出了 EDTA 滴定部分金属离子的最低 pH。

**2. 最高 pH（最低酸度）** 如溶液 pH 太高（酸度太低），酸效应影响减小，但水解效应增强，金属离子易水解。因此，溶液 pH 不能高于一定数值，即最高 pH（最低酸度），否则金属离子水解，甚至析出 $M(OH)_n$ 沉淀。为避免生成 $M(OH)_n$ 沉淀，则需保证溶液中 $[OH^-]$

$$[OH^-]\leqslant \sqrt[n]{\frac{K_{sp}}{c_M}} \qquad (8-11)$$

式中，$K_{sp}$ 为 $M(OH)_n$ 沉淀的溶度积。

由此可以计算出滴定所需要的最高 pH。

综上所述，配位滴定酸度应控制在最低 pH 和最高 pH 之间，这一范围称为配位滴定适宜 pH 范围（适宜酸度范围）。不同金属离子有着不同的适宜 pH 范围。因此，可以通过控制溶液 pH 的方法，选择性地让某种或某几种金属离子能发生配位反应，而其他离子则不能发生，从而提高配位滴定的选择性。

（二）掩蔽及解蔽作用

**1. 配位掩蔽法** 加入某种配位剂（掩蔽剂）与干扰离子 N 形成稳定配合物，降低溶液中游离的 N 的浓度，就可以使 M 单独被滴定，提高滴定的选择性。例如，EDTA-2Na 滴定法测定水的总硬度，即测定 $Ca^{2+}$、$Mg^{2+}$ 总量时，$Al^{3+}$、$Fe^{3+}$ 严重干扰，可加入三乙醇胺掩

蔽剂与 $Al^{3+}$、$Fe^{3+}$形成更稳定的配合物消除干扰。常见的配位掩蔽剂见表 8－5。

**表 8－5　常用配位掩蔽剂**

| 名　称 | pH 范围 | 被掩蔽离子 |
|---|---|---|
| 氰化钾 | >8 | $Co^{2+}$、$Ni^{2+}$、$Cu^{2+}$、$Zn^{2+}$、$Hg^{2+}$、$Cd^{2+}$、$Ag^{+}$ |
| | 6 | $Co^{2+}$、$Ni^{2+}$、$Cu^{2+}$ |
| 氟化铵 | 4～6 | $Al^{3+}$、$Sn^{4+}$、$Zr^{4+}$ |
| | 10 | $Al^{3+}$、$Mg^{2+}$、$Cu^{2+}$、$Sr^{2+}$、$Ba^{2+}$ |
| 三乙醇胺 | 10 | $Al^{3+}$、$Sn^{4+}$、$Fe^{3+}$ |
| 酒石酸 | 1.2 | $Sb^{3+}$、$Sn^{4+}$、$Fe^{3+}$ |
| | 2 | $Fe^{3+}$、$Sn^{4+}$、$Mn^{2+}$ |
| | 5.5 | $Al^{3+}$、$Fe^{3+}$、$Sn^{4+}$、$Ca^{2+}$ |
| | 6－7.5 | $Mg^{2+}$、$Cu^{2+}$、$Fe^{3+}$、$Al^{3+}$、$Mo^{4+}$、$Sb^{3+}$ |
| | 10 | $Al^{3+}$、$Sn^{4+}$ |
| 草酸 | 2 | $Sn^{4+}$、$Cu^{2+}$ |
| | 5.5 | $Al^{3+}$、$Fe^{3+}$、$Fe^{2+}$、$Zr^{4+}$ |

**2. 沉淀掩蔽法**　加入某种沉淀剂与干扰离子 N 形成难溶沉淀，降低 N 离子浓度，消除其干扰。例如，在水硬度测定中，在 $Ca^{2+}$、$Mg^{2+}$共存时，如果要单独测定水中 $Ca^{2+}$，则 $Mg^{2+}$成为干扰离子，可加入 NaOH 溶液，使 $Mg^{2+}$形成 $Mg(OH)_2$沉淀，消除干扰。

**3. 氧化还原掩蔽法**　在溶液中加入氧化剂或还原剂，使得干扰离子 N 的价态改变，消除其干扰。例如，$Fe^{3+}$可以通过加入抗坏血酸的方法将其还原成 $Fe^{2+}$，达到掩蔽 $Fe^{3+}$的作用。

在选择掩蔽剂之前应首先了解干扰离子 N 的种类、性质，再根据 N 的性质选择合适的方法，以消除干扰离子的影响。在实际分析中，使用一种掩蔽剂，常不能得到令人满意的结果，当有多种离子共存时，可用几种掩蔽剂，以获得更高的选择性。

在某些测定中，往往还会在溶液中加入一种试剂（解蔽剂），将已被 EDTA－2Na 或掩蔽剂配位的金属离子释放出来，这一过程称为解蔽。例如，用配位滴定法测定铜合金中 $Zn^{2+}$和 $Pb^{2+}$，可用 KCN 掩蔽 $Cu^{2+}$、$Zn^{2+}$后，测定 $Pb^{2+}$含量。在滴定 $Pb^{2+}$后的溶液中，加入解蔽剂甲醛或三氯乙醛破坏 $[Zn(CN)_4]^{2-}$，释放出来的 $Zn^{2+}$，再用 EDTA－2Na 继续滴定，从而分别测出 $Zn^{2+}$和 $Pb^{2+}$的含量。

## 三、金属指示剂

在配位滴定中，也要通过指示剂颜色的变化来指示滴定终点。配位滴定法的指示剂是一种配位体，它与金属离子配位时能生成与其游离态颜色不同的有色配合物，可用来指示滴定过程中金属离子浓度的变化，因此称为金属离子指示剂，简称金属指示剂。

### （一）金属指示剂的作用原理

金属指示剂大多是有机染料，它在一定 pH 条件下能与金属离子配位，由于形成配合物后其结构改变，因此颜色发生变化。滴定前一般先在金属离子溶液中加入金属指示剂，生成金属离子与指示剂的配合物，溶液显示配合物的颜色。在滴定过程中，加入的 EDTA－2Na 首先与游离的金属离子配位生成无色的配合物，不改变溶液颜色。当达到化学计量点附近时，游离的金属离子减少到一定程度时，加入的 EDTA－2Na 将夺取金属离子与指示剂形成的配合物中的金属离子，使金属指示剂游离出来，导致溶液颜色变化，指示到达滴定终点。

例如，用配位滴定法滴定溶液中的 $Mg^{2+}$，可用金属指示剂铬黑 T（$HIn^{2-}$，蓝色），其可与 $Mg^{2+}$ 形成配合物（$MgIn^{-}$，红色）。

在滴定开始时，溶液中有大量游离的 $Mg^{2+}$，加入少量铬黑 T 后，部分 $Mg^{2+}$ 与铬黑 T 形成配合物，显 $MgIn^{-}$ 的红色。随着 EDTA－2Na 的加入，游离的 $Mg^{2+}$ 被加入的 EDTA－2Na 配合。在化学计量点附近，游离 $Mg^{2+}$ 浓度降得很低时，加入的 EDTA－2Na 夺取 $MgIn^{-}$ 配合物中的 $Mg^{2+}$，使铬黑 T 游离出来，显 $HIn^{2-}$ 的蓝色，指示滴定终点。

作为金属指示剂的有机染料应该具备下列条件。

（1）指示剂与金属离子生成的配合物（MIn）颜色应与指示剂本身的颜色（$In^{-}$）有明显区别。以保证终点颜色变化比较明显。

（2）MIn 应有足够的稳定性（$K'_{MIn} > 10^4$），但又要比 MY 的稳定性低（$K'_{MY}/K'_{MIn} > 10^2$）。这样 EDTA－2Na 才能在终点时夺取 MIn 中的 M，使 $In^{-}$ 游离出来。但在金属离子浓度很小时，仍能呈现明显的颜色，避免因其稳定性差，在到达计量点前就发生解离，显示出指示剂本身的颜色，使终点提前。

（3）显色反应快，灵敏，具有良好的可逆性。

（4）MIn 应易溶于水。

### （二）常用金属指示剂

配位滴定中常用的金属指示剂有铬黑 T、二甲酚橙、钙指示剂等，其有关情况见表 8－6。

**表 8－6　常用金属指示剂**

| 指示剂 | pH 使用范围 | 颜色变化 | | 直接滴定离子 | 配制方法 |
|---|---|---|---|---|---|
| | | In | MIn | | |
| 铬黑 T（简称 EBT） | 8～11 | 蓝 | 红 | $Mg^{2+}$、$Zn^{2+}$、$Pb^{2+}$、$Cd^{2+}$、$Mn^{2+}$、稀土元素离子 | EBT：NaCl 为 1：100（固体合剂）或 0.5% 三乙醇胺的乙醇溶液 |
| 二甲酚橙（简称 XO） | <6.3 | 黄 | 红 | pH<1 $ZrO^{2+}$<br>pH 1～3 $Bi^{3+}$、$Th^{4+}$<br>pH 5～6 $Zn^{2+}$、$Pb^{2+}$、$Cd^{2+}$、$Hg^{2+}$、稀土元素离子 | 0.5% 乙醇溶液或水溶液 |
| 钙指示剂（简称 NN） | 12～13 | 蓝 | 红 | $Ca^{2+}$ | NN：NaCl 为 1：100（固体合剂） |

## 拓展阅读

### 金属指示剂在使用中存在的问题

一、封闭现象

如果指示剂能与某些金属离子生成极为稳定的配合物，这些配合物较对应的 MY 配合物更稳定，即 $K'_{MIn} > K'_{MY}$，以致到达计量点时加入过量 EDTA－2Na 也不能夺取指示剂配合物（MIn）中的金属离子，指示剂不能释放出来，看不到颜色的变化，这种现象称为指示剂的封闭现象。例如，铬黑 T 与 $Fe^{3+}$、$Al^{3+}$、$Cu^{2+}$、$Co^{2+}$、$Ni^{2+}$ 等形成的配合物都非常稳定，测定这些离子或测定时存在这些干扰离子时，就不能用铬黑 T 作指示剂，否则会产生指示剂的封闭现象。

二、僵化现象

如果金属指示剂与金属离子形成的配合物的溶解度很小，或其稳定性只稍差于对应的 MY 配合物，均可能使得 EDTA－2Na 与 MIn 之间的反应缓慢，使终点拖长，这种现象称为指示剂的僵化现象。这时，可加入适当的有机溶剂或加热，以加快反应速度。

三、氧化变质现象

由于金属指示剂大多数是具有许多双键的有色化合物，见光易氧化，且久置易变质，在使用时需要注意采用一定的措施，防止这些情况出现，如将金属指示剂等配制成固态使用等。

## 四、滴定液

### （一）EDTA 滴定液的配制与标定

**1. 配制** EDTA 滴定液常用其二钠盐配制。纯的 EDTA 二钠盐可用直接法配制，但因其常含少量的吸湿水，所以在配制前应先在 80℃干燥恒重。如果纯度不够，则可用间接法配制。如配制 0.05mol/L 的 EDTA 滴定液 1000ml，可称取 19g EDTA－2Na·$2H_2O$ 溶于 300ml 温纯化水中，冷却后稀释至 1000ml，摇匀。

**2. 标定** 可用于标定 EDTA 溶液的基准物质有 Zn、ZnO、$MgSO_4 \cdot 2H_2O$、$CaCO_3$等。

精密称取在 800℃灼烧至恒重的基准物质 ZnO 约 0.2g，加稀盐酸 3ml 使之溶解，加纯化水 25ml，甲基红指示剂 1 滴，滴加稀氨水至溶液呈微黄色，再加纯化水 25ml，$NH_3$－$NH_4Cl$ 缓冲溶液 10ml，铬黑 T 指示剂少许，用待标定的 EDTA 滴定至溶液由红色转为蓝色即为终点。

### （二）$ZnSO_4$滴定液的配制与标定

**1. 配制** 间接配制法浓度为 0.05mol/L 的 $ZnSO_4$滴定液。称取 $ZnSO_4$约 8g，加稀盐酸 10ml 与适量纯化水溶解，稀释至 1000ml，摇匀。

**2. 标定** 可用已知准确浓度的 EDTA 滴定液进行标定。吸取待标定的 $ZnSO_4$溶液 25ml，加甲基红指示剂 1 滴，滴加稀氨水至溶液呈微黄色，再加纯化水 25ml，$NH_3$－$NH_4Cl$ 缓冲溶液 10ml，铬黑 T 指示剂少许，用 EDTA 滴定至溶液由红色转为蓝色即为终点。

## 五、应用示例

配位滴定法有多种滴定方式，其应用非常广泛，在水质检测中常用于测定水的硬度。

在药物分析中，常用于测定含金属离子的各类药物的含量。

**（一）水的总硬度测定**

水的硬度是指溶解于水中的钙盐和镁盐的含量。含量越高，表明硬度越大。水的硬度分为暂时硬度和永久硬度，两者的总和称为总硬度。

水的硬度表示方法：将水中所含的 $Ca^{2+}$ 、$Mg^{2+}$ 的量，折算成 $CaCO_3$ 的质量，以每升水中所含 $CaCO_3$ 的毫克数表示，即 $CaCO_3$ mg/L。

计算公式：

$$\text{水的总硬度}（CaCO_3 mg/L） = \frac{c_{EDTA} V_{EDTA} M_{CaCO3} \times 10^3}{V_{\text{水样}}}$$

在测定水的总硬度时，取一定量水样调节 pH = 10，以铬黑 T 为指示剂，用 EDTA 标准溶液直接滴定水中 $Ca^{2+}$ 和 $Mg^{2+}$ 。其反应式如下：

滴定前　$Mg^{2+} + HIn^{2-} = MgIn^{-} + H^{+}$

滴定时　$Ca^{2+} + H_2Y^{2-} = CaY^{2-} + 2H^{+}$　　$Mg^{2+} + H_2Y^{2-} = MgY^{2-} + 2H^{+}$

终点时　$MgIn^{-}$（酒红色） $+ H_2Y^{2-} = MgY^{2-} + HIn^{2-}$（蓝色） $+ H^{+}$

**（二）铝盐的测定**

常用的铝盐药物有氢氧化铝、复方氢氧化铝、氢氧化铝凝胶等，《中国药典》（2020 年版）中多采用配位滴定法测定其含量。但测定铝盐含量时，由于 $Al^{3+}$ 与 EDTA 配位反应速度较慢，并且 $Al^{3+}$ 对指示剂产生封闭作用，因此需要采用返滴定法。

《中国药典》（2020 年版）规定，氢氧化铝凝胶中含氢氧化铝（$[Al(OH)_3]$）应为 5.50% ~6.75% 。操作如下。

取本品约 8g，精密称定，加盐酸与水各 10ml，煮沸溶解后，放冷，滤过，滤液置 250ml 量瓶中，滤器用水洗涤，洗液并人量瓶中，用水稀释至刻度，摇匀；精密量取 25ml，加氨试液中和至恰析出沉淀，再滴加稀盐酸至沉淀恰溶解为止，加醋酸 – 醋酸铵缓冲液（pH6.0）10ml，再精密加乙二胺四醋酸二钠滴定液（0.05mol/L）25.00ml，煮沸 3 ~5 分钟，放冷，加二甲酚橙指示液 1ml，用锌滴定液（0.05mol/L）滴定至溶液自黄色转变为红色，并将滴定的结果用空白试验校正。

计算公式：

$$\omega_{Al(OH)_3} = \frac{(c_{EDTA} V_{EDTA} - c_{ZnSO_4} V_{ZnSO_4})\ M_{Al(OH)_3} \times 10^{-3}}{m_S \times \frac{25}{250}} \times 100\%$$

## 重点小结

1. 由中心离子（或原子）与一定数目的阴离子或分子（即配位体）以配位键结合形成的复杂离子或分子，称为配位单元。含有配位单元的化合物称为配位化合物，简称配合物。

2. 配合物一般由内界和外界两部分组成，内界包括中心离子（或原子）与配位体（简称配体）。内界和外界之间以离子键相结合。

3. 配位单元的稳定常数用 $K_{稳}$ 来表示。$K_{稳}$ 越大，说明配位单元越稳定。

4. 乙二胺四乙酸（$H_4Y$，EDTA）在酸性较强的溶液中，存在7种形式（$H_6Y^{2+}$、$H_5Y^{+}$、$H_4Y$、$H_3Y^{-}$、$H_2Y^{2-}$、$HY^{3-}$、$Y^{4-}$），其中$Y^{4-}$能直接和金属离子配合。

5. 由于EDTA在水中的溶解度很小，在配位滴定中常用其二钠盐也简称EDTA－2Na（$Na_2H_2Y \cdot 2H_2O$）。

6. EDTA－2Na与金属的配位反应具有配比简单、反应快速、形成的配合物稳定且水溶性好的特性，该配位反应便于用指示剂指示终点，因而广泛用于滴定分析中。

7. 金属离子能被EDTA－2Na准确滴定，需控制合适的配位滴定条件。首先，滴定酸度应控制在配位滴定适宜pH范围之间。通过控制溶液pH，选择性地让某种或某几种金属离子能发生配位反应，提高配位滴定的选择性。其次，可用配位掩蔽法、沉淀掩蔽法和氧化还原掩蔽法等来消除共存离子的影响。

## 目标检测

### 一、选择题

（一）单项选择题

1. 下列离子不属于配位化合物的是（　　）

A. $Na_4[Fe(CN)_6]$　　B. $K_2[HgI_4]$

C. $[Cu(NH_3)_4]SO_4$　　D. $KAl(SO_4)_2$

2. 配位单元$[Co(en)_3]^{3+}$的中心离子配位数是（　　）

A. 2　　B. 3　　C. 4　　D. 6

3. 在配合物$[Co(NH_3)_5Cl]Cl_2$中，配位原子是（　　）

A. N　　B. H　　C. Cl　　D. N和Cl

4. 下列物质中不能作配体的是（　　）

A. $CH_3NH_2$　　B. $NH_4^+$　　C. $NH_3$　　D. $H_2O$

5. $Na_2S_2O_3$可作为重金属中毒的解毒剂，是利用了它的（　　）

A. 氧化性　　B. 还原性

C. 配位性　　D. 可与重金属离子形成沉淀

6. 在配离子$[Co(en)_2(NH_3)_2]^{3+}$和$[Fe(C_2O_4)_3]^{3+}$中，中心原子的配位数分别为(　　)

A. 2，3　　B. 4，3　　C. 6，3　　D. 6，6

7. 在$[Cu(NH_3)_4]SO_4$溶液中，存在如下平衡：$[Cu(NH_3)_4]SO_4 \rightleftharpoons Cu^{2+} + 4NH_3 + SO_4^{2-}$。向该溶液中分别加入以下试剂，能使平衡向左移动的是（　　）

A. HCl　　B. $NH_3$　　C. NaCl　　D. $Na_2S$

8. 下列叙述中结论错误的是（　　）

A. EDTA－2Na的酸效应使配合物的稳定性降低

B. 金属离子的水解效应使配合物的稳定性降低

C. 辅助配位效应使配合物的稳定性降低

D. 各种副反应均使配合物的稳定性降低

9. 使用铬黑 T 指示剂的最佳酸度范围是（　　）

A. pH ＜ 6.3　B. pH 为 6.3 ~ 11.6　C. pH 为 8 ~ 10　D. pH ＜ 8

10. 用 EDTA－2Na 直接滴定有色金属离子，终点所呈现的颜色是（　　）

A. 指示剂－金属离子配合物的颜色

B. EDTA－2Na－金属离子配合物的颜色

C. 游离指示剂的颜色

D. 上述 B 与 C 的混合颜色

11. 在 EDTA－2Na 的各种存在形式中，能直接与金属离子配合的是（　　）

A. $Y^{4-}$　B. $HY^{3-}$　C. $H_4Y$　D. $H_6Y^{2+}$

12. EDTA－2Na 配位滴定中 $Fe^{3+}$、$Al^{3+}$ 对铬黑 T 有（　　）

A. 封闭作用　B. 僵化作用　C. 沉淀作用　D. 氧化作用

（二）多项选择题

1. EDTA－2Na 与大多数金属离子配位反应的优点有（　　）

A. 配比简单，一般情况下都是 1∶1 反应

B. 形成的配合物的稳定常数一般都很大

C. 配位反应一般速度快

D. 生成的配合物水溶性好

E. 有色金属离子与 EDTA－2Na 形成比离子颜色更深的配合物，其他大多数配合物无色，便于指示终点

2. 影响 EDTA－2Na 配合物条件稳定常数大小的因素主要有（　　）

A. 金属指示剂　B. EDTA－2Na 的酸效应　C. 共存离子效应

D. 金属离子的配位效应　E. 掩蔽剂

3. 下列说法正确的是（　　）

A. 溶液 pH 越小，酸效应越强

B. 溶液 pH 越大，酸效应越强

C. 溶液 pH 越小，水解效应越强

D. 溶液 pH 越大，水解效应越强

E. 溶液 pH 越小，酸效应和水解效应都越强

4. 下列说法正确的是（　　）

A. 若配位单元的稳定性越低，难溶物的溶度积越大，则平衡向配位方向移动

B. 若配位单元的稳定性越高，难溶物的溶度积越大，则平衡向配位方向移动

C. 若配体的碱性足够强，溶液的酸度也较强，则配位平衡会向生成配位单元的方向移动

D. 若配体的碱性弱，溶液的酸度也较强，则配位平衡会向生成配位单元的方向移动

E. 若配位单元的中心离子发生水解，配位平衡会发生移动

5. 下列属于 EDTA 在溶液中的存在形式的有（　　）

A. $H_6Y^{2+}$　B. $H_4Y$　C. $H_3Y^-$　D. $HY^{3-}$　E. $Y^{4-}$

6. 下列说法正确的有（　　）

A. 乙二胺四乙酸从结构上看是四元有机羧酸

B. 在酸性较强的溶液中，乙二胺四乙酸可变成六元酸

C. EDTA 在溶液中有 7 种存在形式，其中 $Y^{4-}$ 能直接和金属离子配合

D. 其在水中溶解度很小，在配位滴定中常用其二钠盐

E. EDTA－2Na 溶液 pH 接近于 4.42，为弱酸性溶液

## 二、简答题

1. 命名下列化合物，并指出配合物的中心原子、配体、配位原子和配位数

（1）$[Co(NH_3)_6]Cl_3$

（2）$H_2[PtCl_6]$

（3）$K_3[FeF_6]$

2. 写出下列配合物的化学式

（1）四碘合汞（Ⅱ）酸钾

（2）五氯一氨合铂（Ⅳ）酸钾

（3）六硫氰合铁（Ⅱ）酸钾

3. 向含有 $Fe^{3+}$ 的溶液中加入 KSCN，则由于生成 $[Fe(SCN)_6]^{3-}$ 配位单元而使溶液显血红色。现将 KSCN 溶液分别加入 $NH_4Fe(SO_4)_2$ 溶液和 $K_3[Fe(CN)_6]$ 溶液中能否显色？为什么？

## 三、计算题

1. 一种市售抗胃酸药由 $CaCO_3$、$BaCO_3$ 以及 MgO 和适当的辅形剂组成。现取 10 片该药共 6.614g，溶解后稀释至 500ml。取出 25.00ml，调节 pH 后，以铬黑 T 做指示剂，用 0.01041mol/L EDTA－2Na 溶液滴定，用去 25.41ml。试求试样中碱土金属（以 MgO 计）的百分含量。

2. 准确称取明矾 0.9355g，置于 100ml 烧杯中，用适量水溶解，转移至 100ml 容量瓶中，加水至刻度线摇匀。用移液管吸取 25.00ml 上述溶液于 250ml 锥形瓶中，加入 0.04935mol/L 的 EDTA－2Na 滴定液 25.00ml。在沸水浴中加热 10min，冷却至室温，加入纯化水 50ml、HAc－NaAc 缓冲液 5ml，二甲酚橙指示剂 10 滴。用 0.05012mol/L 的锌滴定液滴定至溶液由黄色变为淡紫红色即为终点，消耗锌滴定液 14.80ml，计算试样中明矾的百分含量。（$M_{明矾}=474.42\ g/mol$）

（陈晓姣）

扫码“练一练”

第九章

# 氧化还原反应与氧化还原滴定法

## 学习目标

知识要求 **1. 掌握** 氧化还原反应的相关概念；常见氧化还原滴定法的基本原理及实际应用。

**2. 熟悉** 电极反应和电池反应；标准电极电势的意义及应用；电极电势及其影响因素。

**3. 了解** 原电池的组成及工作原理。

技能要求 1. 会应用电极电势判断原电池的正、负极；比较氧化剂、还原剂氧化还原能力的相对强弱；判断氧化还原反应进行的方向。

2. 会配平氧化还原反应方程式。

3. 能熟练使用高锰酸钾法、碘量法、亚硝酸钠法分析样品的含量。

## 第一节 氧化还原反应

扫码“学一学”

**案例导入**

**案例：** 因部分注射剂在长时间贮存过程中，会缓慢发生自动氧化反应，产生新的物质，改变药物的成分，影响药物的疗效，甚至增加引起不良反应的几率，所以一些注射剂在生产过程中，常加入适量的 $Na_2SO_3$、$NaHSO_3$ 或 $Na_2S_2O_5$ 等作稳定剂，如在维生素 C 注射液中常加入适量的 $NaHSO_3$。

**讨论：** 1. 加入稳定剂的目的是什么？

2. 加入的稳定剂为什么能起到稳定作用？

氧化还原反应是一类在反应过程中，反应物之间发生了电子转移（或共用电子对偏移）的反应。生物体内的代谢过程、自然界某些元素存在状态的转化、金属冶炼、化工生产等都涉及氧化还原反应。

### 一、氧化数

不同元素的原子相互化合后，各元素在化合物中处于化合状态。为了表示各元素在化合物中所处的化合状态，引入了氧化数（又称氧化值）的概念。

1970 年，IUPAC 定义了氧化数的概念：氧化数是某元素一个原子的形式电荷数，这个电荷数可由假设每个键中的电子指定给电负性更大的原子而求得。例如在 NaCl 中，氯的电负性比钠大，所以氯获得一个电子后氧化值为 -1，钠的氧化值为 +1。

根据此定义，确定氧化数的规则如下。

（1）单质中元素原子的氧化数为零。例如,在 Na、$H_2$、$O_2$ 等单质中，Na、H、O 的氧化数都是 0。

（2）在中性分子中，所有原子氧化数的代数和为零。

（3）在化合物中，氢的氧化数除在金属氢化物（如 NaH）中为 -1 外，一般为 +1。碱金属和碱土金属的氧化数分别为 +1 和 +2。氟的氧化数总是 -1。氧的氧化数一般为 -2；但在过氧化物中，氧的氧化数为 -1；在氟的氧化物 $OF_2$ 中，氧的氧化数为 +2。

（4）在离子型化合物中，某元素原子的氧化数为该元素原子的离子电荷数；例如 NaCl 中，Na 的氧化数为 +1，Cl 的氧化数为 -1。复杂离子内所有原子氧化数的代数和等于离子的电荷数。如 $SO_4^{2-}$ 中 S 的氧化数为 +6，O 的氧化数为 -2。

（5）在共价化合物中，共用电子对偏向电负性大的元素原子，两原子的表观电荷数即为它们的氧化数。如 HCl 中，H 的氧化数为 +1，Cl 的氧化数为 -1。值得注意的是，在判断共价化合物中元素原子的氧化数时，不要与元素原子形成的共价键数目混淆。

从以上可以看出，氧化数是表示元素在化合物状态时的形式电荷数。

根据这些规定，我们可知 $MnO_4^{2-}$ 中 Mn 的氧化数为 +6；$NO_2$ 中 N 的氧化数为 +4，$S_2O_3^{2-}$ 中 S 的氧化数为 +2 等。

### 课堂互动

1. $K_2Cr_2O_7$ 中 Cr 的氧化数;2. $Fe_3O_4$ 中 Fe 的氧化数。

## 二、氧化还原反应

### （一）氧化剂与还原剂

在化学反应过程中，反应前后元素氧化数发生变化的化学反应称为氧化还原反应。氧化数升高的过程称为氧化，该物质称为还原剂。还原剂能使其他物质还原，而本身被氧化。氧化数降低的过程称为还原，该物质称为氧化剂。氧化剂能使其他物质氧化，而本身被还原。

在氧化还原反应中，氧化与还原是同时发生的，且元素氧化数升高的总数必等于氧化数降低的总数。如：

$$2\overset{+7}{KMnO_4} + 5\overset{-1}{H_2O_2} + 3H_2SO_4 = 2\overset{+2}{MnSO_4} + K_2SO_4 + 5\overset{0}{O_2}\uparrow + 8H_2O$$

$KMnO_4$：氧化剂，被还原；$H_2O_2$：还原剂，被氧化；$MnSO_4$：还原产物；$O_2$：氧化产物

反应中，$H_2O_2$ 失去电子，被氧化成 $O_2$，O 的氧化数由 -1 升高到 0，$H_2O_2$ 是还原剂；$KMnO_4$ 中 $MnO_4^-$ 得到电子，被还原成 $Mn^{2+}$，Mn 的氧化数由 +7 降低到 +2，所以 $KMnO_4$ 是氧化剂。

从以上分析可知，在氧化还原反应中，并非氧化剂或还原剂中所有元素的氧化数都发生改变，在大多数情况下，只不过其中某一种元素的氧化数发生改变。虽然 $H_2SO_4$ 也参加

扫码“读一读”

了反应，但是没有氧化数的变化，通常将这类物质称为介质。

多数氧化还原反应的氧化剂和还原剂是两种不同物质。也有氧化还原反应中氧化剂和还原剂是同一物质的，如：

$$\overset{0}{Cl_2} + H_2O = H\overset{+1}{Cl}O + H\overset{-1}{Cl}$$

像这种氧化剂和还原剂为同一种物质的氧化还原反应，称为自身氧化还原反应。同一种元素同一氧化态的原子既被氧化又被还原的氧化还原反应，称为歧化反应。

**课堂互动**

请判断下列反应是否属于氧化还原反应？若是，请指出氧化剂和还原剂。

1. $Fe + 2HCl = FeCl_2 + H_2\uparrow$
2. $Na_2CO_3 + 2HCl = 2NaCl + CO_2\uparrow + H_2O$

### （二）氧化还原电对和半反应

在氧化还原反应中，表示氧化、还原过程的方程式，分别叫氧化反应和还原反应，统称氧化还原半反应。每个氧化还原反应都是由两个半反应组成的。如：

$$Zn + Cu^{2+} = Zn^{2+} + Cu$$

氧化反应 $Zn - 2e^- \rightleftharpoons Zn^{2+}$

还原反应 $Cu^{2+} + 2e^- \rightleftharpoons Cu$

反应中氧化数较大的那种物质叫氧化态物质（如 $Zn^{2+}$、$Cu^{2+}$）；氧化数较小的那种物质叫还原态物质（如 Zn、Cu）。半反应中的氧化态物质和还原态物质是彼此依存、相互转化的，这种共轭的氧化还原体系称为氧化还原电对，电对用“氧化态/还原态”表示。如 $Zn^{2+}/Zn$、$Cu^{2+}/Cu$。一个电对就代表一个半反应，半反应可用下列通式表示：

$$氧化态 + ne^- \rightleftharpoons 还原态$$

每个氧化还原反应都是由两个氧化还原半反应组成的。

## 三、氧化还原反应方程式的配平

对于简单的氧化还原反应方程式，可以用观察法来配平，但许多氧化还原反应往往比较复杂，反应物和生成物比较多，有的反应还有介质如酸、碱或水参与，只用一般观察法很难配平。配平氧化还原反应方程式的方法有多种，最常用的有氧化数法、离子－电子法等。

### （一）氧化数法

根据氧化还原反应中元素氧化数升高总数与氧化数降低总数相等的原则来确定氧化剂和还原剂分子式前面的系数，然后用观察法配平非氧化还原部分的原子数目，使反应前后各元素的原子总数相等。

配平步骤如下。

（1）写出未配平的反应方程式。如

$$Cu + HNO_3（稀）\longrightarrow Cu(NO_3)_2 + NO\uparrow + H_2O$$

（2）标出氧化数有变化的元素，根据氧化数增加总数与氧化数降低总数相等的原则，确定氧化剂及还原剂前面的系数。

$$\overset{0}{Cu} + \overset{+5}{H}NO_3(稀) \rightarrow \overset{+2}{Cu}(NO_3)_2 + \overset{+2}{N}O\uparrow + H_2O$$

| | | | |
|---|---|---|---|
| $\overset{0}{Cu} \rightarrow \overset{+2}{Cu}(NO_3)_2$ | 氧化数升高 2 | | ×3 |
| $\overset{+5}{H}NO_3(稀) \rightarrow \overset{+2}{N}O$ | 氧化数降低 3 | | ×2 |

$$3Cu + 2HNO_3(稀) \rightarrow 3Cu(NO_3)_2 + 2NO + H_2O$$

（3）用观察法配平氧化数未改变的元素原子数目，必要时在反应中加介质 $H_2O$、$OH^-$ 或 $H^+$，并配平方程式。即得到

$$3Cu + 8HNO_3（稀）\longrightarrow 3Cu(NO_3)_2 + 2NO\uparrow + 4H_2O$$

（4）检查方程式两边原子个数和电荷数是否相等，并将箭头改成等号。

$$3Cu + 8HNO_3（稀）=\!=\!= 3Cu(NO_3)_2 + 2NO\uparrow + 4H_2O$$

**例 1** 用氧化数法配平下面反应式

$$MnO_4^- + SO_3^{2-} \rightarrow Mn^{2+} + SO_4^{2-}$$

| | | |
|---|---|---|
| $\overset{+7}{Mn}O_4^- \rightarrow \overset{+2}{Mn^{2+}}$ | 氧化数降低 5 | ×2 |
| $\overset{+4}{S}O_3^{2-} \rightarrow \overset{+6}{S}O_4^{2-}$ | 氧化数升高 2 | ×5 |

$$2MnO_4^- + 5SO_3^{2-} \rightarrow 2Mn^{2+} + 5SO_4^{2-}$$

上式右边少 3 个氧，可加 3 个 $H_2O$，此时多了 6 个氢离子，故在左边加 6 个 $H^+$ 即配平得：

$$2MnO_4^- + 5SO_3^{2-} + 6H^+ =\!=\!= 2Mn^{2+} + 5SO_4^{2-} + 3H_2O$$

氧化数法的优点是简便、快速。不仅适用于水溶液中的氧化还原反应，也适用于非水体系和有有机物参与的氧化还原反应方程式配平。

## 课堂互动

请用氧化数法配平下列反应方程式：

1. $HClO + Br_2 \rightarrow HBrO_3 + HCl$
2. $Cu_2S + HNO_3 \rightarrow Cu(NO_3)_2 + NO\uparrow + H_2SO_4$

### （二）离子 -电子法

离子 - 电子法配平氧化还原反应方程式的基本原则是反应过程中氧化剂得到电子的总数与还原剂失去电子的总数相等以及反应前后各元素的原子总数相等。

配平步骤如下。

（1）写出未配平的离子反应方程式。如：

$$H_2O_2 + I^- \longrightarrow H_2O + I_2$$

（2）将离子方程式分解为两个半反应方程式（一个是氧化反应，一个是还原反应），并分别加以配平，使每个半反应的原子数和电荷数相等，可配以适当的反应介质如 $H_2O$、$H^+$、$OH^-$ 及一定数目的电子。

$$2I^- - 2e^- \longrightarrow I_2 \qquad 氧化反应$$

$$H_2O_2 + 2H^+ + 2e^- \longrightarrow 2H_2O \qquad 还原反应$$

（3）根据氧化剂得到的电子数和还原剂失去的电子数必须相等的原则，以适当系数

（找出电子得失的最小公倍数除以半反应的电子得失数得系数）分别乘半反应，然后将两个半反应相加就得到一个配平了的离子反应方程式：

$$2I^- - 2e^- \rightarrow I_2 \quad 失去2e^- \quad \times 1$$
$$H_2O_2 + 2H^+ + 2e^- \rightarrow 2H_2O \quad 得到2e^- \quad \times 1$$
$$\overline{H_2O_2 + 2H^+ + 2I^- \rightarrow 2H_2O + I_2}$$

（4）检查方程式两边原子个数和电荷数是否相等，并将箭头改成等号。

$$H_2O_2 + 2H^+ + 2I^- = 2H_2O + I_2$$

离子－电子法主要适用于配平水溶液中的氧化还原反应，特别是对于有介质参加的氧化还原反应，但该法不适用于气相或固相反应。在配平半反应方程式时，对于反应前后氧原子个数不等，在酸性介质中可用 $H^+$ 和 $H_2O$ 来平衡氢、氧原子的数目；在碱性介质中可用 $OH^-$ 和 $H_2O$ 来平衡氢、氧原子的数目。注意：任何条件下（酸性、中性、碱性介质）都不允许在反应式中同时出现 $H^+$ 和 $OH^-$。

**表 9－1　不同介质条件下配平氧原子的经验规则**

| 介质条件 | 反应方程式 | | |
|---|---|---|---|
| | 左边 | | 右边 |
| | O 原子数 | 配平时应加入物质 | 生成物 |
| 酸性 | 多 | $H^+$ | $H_2O$ |
| | 少 | $H_2O$ | $H^+$ |
| 中性 | 多 | $H_2O$ | $OH^-$ |
| | 少 | $H_2O$ | $H^+$ |
| 碱性 | 多 | $H_2O$ | $OH^-$ |
| | 少 | $OH^-$ | $H_2O$ |

### 课堂互动

请用离子－电子法配平下列反应方程式：

1. $MnO_4^- + H_2S \rightarrow Mn^{2+} + S$
2. $MnO_4^- + SO_3^{2-} \rightarrow MnO_4^{2-} + SO_4^{2-}$

扫码“学一学”

## 第二节　原电池与电极电势

### 案例导入

**案例**：氧化还原反应的反应方程式两边都有氧化剂和还原剂，如反应 $Br_2 + 2Fe^{2+} \rightleftharpoons 2Fe^{3+} + 2Br^-$，若要确定反应进行的方向，可通过实验来证明。

**讨论**：1. 反应进行的方向与氧化剂、还原剂的强弱有关吗？如何判断氧化剂与还原剂的强弱？

2. 如何从理论上来判断氧化还原反应进行的方向？

## 一、原电池

氧化还原反应伴随着电子的转移，这一点可以进一步用实验来证明。如图9－1，将锌片插入硫酸锌溶液中，将铜片插入硫酸铜溶液中，两种溶液用一个装满饱和氯化钾溶液和琼脂的倒置U型管（称为盐桥）连接起来，再用导线连接锌片和铜片，并在导线中间接一个电流计，使电流计的正极和铜片相连，负极和锌片相连，则看到电流计的指针发生偏转。这说明反应中确有电子的转移，而且电子是沿着一定方向有规则地运动。这种借助于氧化还原反应将化学能转变为电能的装置称为原电池。

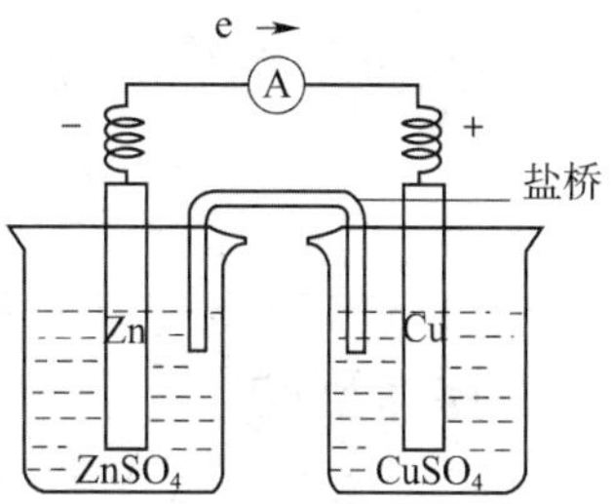

图9－1　铜锌原电池

在铜锌原电池里，锌片上的锌原子失去电子变成锌离子，进入溶液中，因此锌片上有了过剩电子而成为负极，在负极上发生氧化反应；同时由于铜离子得到电子变成铜原子，沉积在铜片上。因此，铜片上有了多余的正电荷成为正极，在正极上发生了还原反应。则：

负极：　$Zn - 2e^- \rightleftharpoons Zn^{2+}$　氧化反应

正极：　$Cu^{2+} + 2e^- \rightleftharpoons Cu$　还原反应

在铜锌原电池里，电子由锌片定向地转移到铜片。当Zn原子失去电子变成$Zn^{2+}$进入溶液时，溶液中的$Zn^{2+}$增多而带正电，同时，$Cu^{2+}$在铜片上获得电子变成Cu原子，$CuSO_4$溶液中的$Cu^{2+}$浓度减少而带负电。这种情况会阻碍电子由锌片向铜片流动。盐桥可以消除这种影响，盐桥中的负离子如$Cl^-$向$ZnSO_4$溶液中扩散，正离子如$K^+$向$CuSO_4$溶液中扩散，以保持溶液的电中性，使氧化还原反应继续进行到$Cu^{2+}$几乎全部被还原为止。

在原电池中，组成原电池的导体（如铜片和锌片）称为电极，同时规定电子流出的电极称为负极，发生氧化反应；电子流入的电极称为正极，发生还原反应。如在Cu－Zn原电池中：

负极（Zn）　$Zn(s) - 2e^- \rightleftharpoons Zn^{2+}(aq)$　氧化反应

正极（Cu）　$Cu^{2+}(aq) + 2e^- \rightleftharpoons Cu(s)$　还原反应

Cu－Zn原电池的电池反应为

$$Zn(s) + Cu^{2+}(aq) \rightarrow Zn^{2+}(aq) + Cu(s)$$

为了方便，通常用原电池符号表示原电池的组成：

$$(-)\ Zn \mid Zn^{2+}(c_1) \parallel Cu^{2+}(c_2) \mid Cu\ (+)$$

原电池符号书写规定如下。

（1）以（＋）表示原电池的正极，正极写在右边；以（－）表示原电池的负极，负极写在左边。

（2）要注明物质的状态，气体要注明其分压，溶液中的物质应注明其浓度。如不注明，一般指101.325kPa或1mol/L。

（3）对于某些电极的电对自身不是金属导体时，则需外加一个能导电而又不参与电极反应的惰性电极，如：C（石墨）、Pt等。

（4）用“｜”表示两相的界面，不存在界面时用“,”表示；“‖”表示盐桥。如：

$$(-)\ Zn \mid Zn^{2+}(c_1) \parallel H^+(c_2) \mid H_2(p) \mid Pt\ (+)$$

$$(-)\ Pt \mid Fe^{3+}(c_1), Fe^{2+}(c_2) \parallel MnO_4^-(c_3), Mn^{2+}(c_4), H^+(c_5) \mid Pt\ (+)$$

**例 2** 将下列氧化还原反应设计成原电池，并写出原电池符号。

$$Cu + 2Ag^{+}(1.0mol/L) \longrightarrow Cu^{2+}(0.10\ mol/L) + 2Ag$$

**解：** 负极 $Cu(s) - 2e^{-} \rightleftharpoons Cu^{2+}(aq)$

正极 $Ag^{+}(aq) + e^{-} \rightleftharpoons Ag(s)$

将负极放在左边，正极放在右边，两电极溶液之间用盐桥相连。

$$(-)Cu|Cu^{2+}(0.10mol/L)||Ag^{+}(1.0mol/L)|Ag(+)$$

**课堂互动**

将下列氧化还原反应设计成原电池,并写出原电池符号。

$$Cr_2O_7^{2-}(aq) + 14H^{+}(aq) + 6Fe^{2+}(aq) \longrightarrow 6Fe^{3+}(aq) + 2Cr^{3+}(aq) + 7H_2O(aq)$$

## 二、电极电势

### （一）电极电势

用导线连接 Cu－Zn 原电池的两个电极有电流产生，说明两电极之间存在着一定的电势差，这个电势差称为原电池的电动势，用符号 $E$ 表示，单位为 V（伏）。若用 $\varphi$ 表示电极电势（单位 V），则有

$$E = \varphi_{(+)} - \varphi_{(-)} \qquad (9-1)$$

Cu－Zn 原电池中，电子由锌极流向铜极，说明锌极的电极电势低于铜极的电极电势。下面以金属－金属离子溶液组成的电极为例，说明电极电势的产生。

金属晶体是由金属原子、金属离子和自由电子组成。当把金属放入其盐溶液中时，在金属与其盐溶液的接触面上存在着两种相反的倾向：一方面是金属表面的原子有把电子留在金属上而自身以离子状态进入溶液的倾向。金属越活泼，盐溶液越稀，这种倾向越大。另一方面是溶液中的金属离子也有从金属上获得电子而沉积于金属的倾向。金属越不活泼，溶液越浓，这种倾向越大。

这两种倾向同时存在，当速率相等时，即达到动态平衡。

$$M(s) \underset{沉积}{\overset{溶解}{\rightleftharpoons}} M^{n+}(aq) + ne^{-}$$

若溶解的倾向大于沉积的倾向，达到平衡时，在金属与溶液的界面上形成了金属带负电荷、金属周围的溶液带正电荷的双电层结构，如图 9－2（a）；如果沉积的倾向大于溶解的倾向，则在金属与溶液之间的界面上形成了金属带正电荷，金属周围的溶液带负电荷的双电层结构，如图 9－2（b）。无论上述哪种倾向大或小，其结果总是在金属与其周围的溶液之间产生了一定的电势差，这种电势差就叫做电极电势。电极电势的大小主要取决于电极材料的本性，同时还与溶液浓度、温度、介质等因素有关。由于金属的溶解是氧化反应，金属离子的沉积是还原反应，故电极上的氧化还原反应是电极电势产生的根源。

### （二）标准电极电势

**1. 标准氢电极** 电极电势的大小，反映了构成该电极的电对得失电子趋势的大小。如能定量测出电极电势，就可以比较氧化剂和还原剂的相对强弱。但是，电极电势的绝对值无法测定，只能选取某一个电极作为参考标准，以求得其他各电极的相对电极电势值。目

前国际上采用标准氢电极（SHE）作为标准电极，并规定它的电极电势为零。

标准氢电极是将镀有铂黑的铂片插入氢离子活度为1mol/L的硫酸溶液中，并不断通入压力为101.325kPa的氢气组成的电极，如图9－3所示。

电极反应：$2H^+(1mol/L) + 2e^- \rightleftharpoons H_2(101.325kPa)$

$$\varphi^{\ominus}_{H^+/H_2} = 0V$$

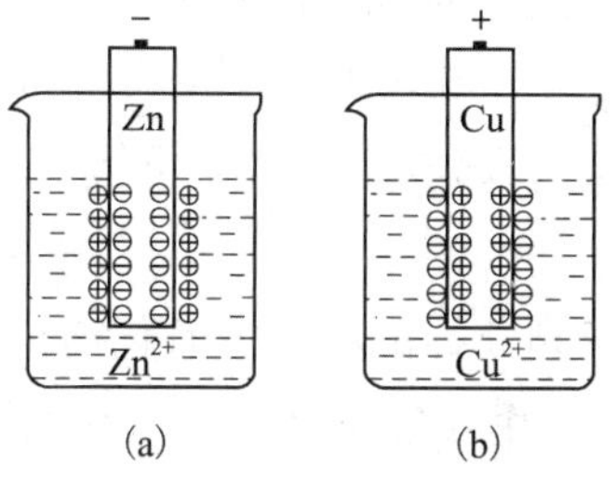


图9－2　双电层的产生

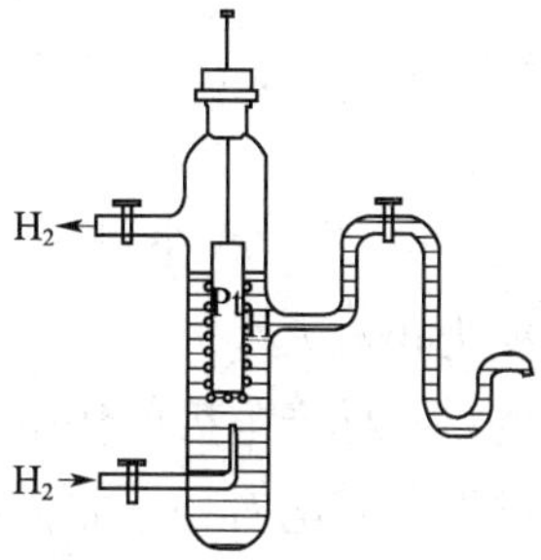


图9－3　标准氢电极

**2. 标准电极电势**　如果将其他电极（有关离子活度为1mol/L，标准压力下）和标准氢电极连接组成原电池，测定该电池的电动势即可得各电极的电极电势，即标准电极电势，用符号$\varphi^{\ominus}$表示。

例如，测定298.15K锌电极的标准电极电势$\varphi^{\ominus}_{Zn^{2+}/Zn}$，将标准锌电极与标准氢电极组成原电池，测其电动势$E^{\ominus} = 0.763\ V$。根据检流计指针偏转方向，可知电流的方向是由氢电极通过导线流向锌电极（电子由锌电极流向氢电极），锌为负极，标准氢电极为正极。电池符号为：

$$(-)\ Zn(s) \mid Zn^{2+}(1mol/L) \parallel H^+(1mol/L) \mid H_2(101.325kPa) \mid Pt(+)$$

$$E^{\ominus} = \varphi^{\ominus}_{(+)} - \varphi^{\ominus}_{(-)} = \varphi^{\ominus}_{H^+/H_2} - \varphi^{\ominus}_{Zn^{2+}/Zn}$$

$$\varphi^{\ominus}_{Zn^{2+}/Zn} = -0.763V$$

运用同样方法，可测得其他电极的标准电极电势。

关于标准电极电势的几点说明。

（1）$\varphi^{\ominus}$没有加和性。不论半电池反应式中的系数乘以或除以任何实数，$\varphi^{\ominus}$不变。

$$Cl_2 + 2e^- \rightleftharpoons 2Cl^- \qquad \varphi^{\ominus}_{Cl_2/Cl^-} = 1.36V$$

$$1/2Cl_2 + e^- \rightleftharpoons Cl^- \qquad \varphi^{\ominus}_{Cl_2/Cl^-} = 1.36V$$

（2）$\varphi^{\ominus}$越小，电对中还原态物质失电子能力越强，还原能力越强，是较强的还原剂；$\varphi^{\ominus}$越大，电对中氧化态物质得电子能力越强，氧化能力越强，是较强的氧化剂。

（3）$\varphi^{\ominus}$是水溶液体系的标准电极电势，对于非水溶液体系不能用$\varphi^{\ominus}$比较物质的氧化还原能力。

标准电极电势$\varphi^{\ominus}$除了可以比较氧化剂和还原剂的相对强弱外，还有以下应用。

1）判断原电池的正、负极：$\varphi^{\ominus}$代数值较大的为正极，$\varphi^{\ominus}$代数值较小的为负极。

2）判断氧化还原反应进行的方向：氧化还原反应自发进行的方向总是强氧化剂夺取强还原剂的电子，变成弱还原剂和弱氧化剂。一般认为两个电对的标准电极电势差大于0.2V，可用标准电极电势判断反应方向，若电极反应中包含$H^+$或$OH^-$对电极电势的影响很大，这时两个电对的标准电极电势差大于0.5V，才能用标准电极电势判断反应方向。

3）判断氧化还原反应进行的程度：一般认为两个电对的电极电势差大于0.4V，反应能定量进行，但必须注意某些氧化还原反应由于副反应的影响仍不能定量进行。

4）判断氧化还原反应进行的次序：在不考虑动力学因素的情况下，当一种氧化剂可以氧化同一体系中的几种还原剂时，首先氧化最强的还原剂（电极电势最低者）。同理，同一体系中一种还原剂可以还原几种氧化剂时，首先还原最强的氧化剂（电极电势最高者）。必须指出，以上判断只有在有关的氧化还原反应速度足够快的情况下才是正确的。

**例3** 比较标准状态下，下列电对中的物质氧化还原能力的相对大小。

$$\varphi^{\ominus}_{Cl_2/Cl^-} = 1.36V\ ;\ \varphi^{\ominus}_{I_2/I^-} = 0.53V$$

**解**：比较上述电对$\varphi^{\ominus}$大小可知，氧化态物质的氧化能力相对大小为：$Cl_2 > I_2$。还原态物质的还原能力相对大小为：$I^- > Cl^-$。

值得注意的是，标准电极电势$\varphi^{\ominus}$大小只可用于判断标准状态下氧化剂、还原剂氧化还原能力的相对强弱。若电对处于非标准状态时，应该用相应条件下的$\varphi$值大小来判断物质的氧化性和还原性的强弱。

**例4** 判断$2Fe^{2+} + Br_2 \rightleftharpoons 2Fe^{3+} + 2Br^-$反应在标准状态下的反应方向。

解：将此氧化还原反应拆成两个半反应，并查出它们的标准电极电势：

$$Fe^{2+} - e^- \rightleftharpoons Fe^{3+} \qquad \varphi^{\ominus}_{Fe^{3+}/Fe^{2+}} = 0.771V$$

$$Br_2 + 2e^- \rightleftharpoons 2Br^- \qquad \varphi^{\ominus}_{Br_2/Br^-} = 1.0873V$$

由于$\varphi^{\ominus}_{Br_2/Br^-} > \varphi^{\ominus}_{Fe^{3+}/Fe^{2+}}$，所以氧化能力$Br_2 > Fe^{3+}$，还原能力$Br^- < Fe^{2+}$，因此，$Br_2$是比$Fe^{3+}$更强的氧化剂，$Fe^{2+}$是比$Br^-$更强的还原剂。故$Br_2$能将$Fe^{2+}$将氧化，该反应自发向右进行。

一般说来$\varphi^{\ominus}$值只能用来判断标准态下氧化还原反应的方向，不能直接用于非标准态下的氧化还原反应，因为氧化剂和还原剂的浓度、溶液的酸度、沉淀的生成和配合物的形成等对氧化还原电对的电极电势有影响，故它们都有可能影响反应进行的方向。

**课堂互动**

已知$\varphi^{\ominus}_{Sn^{4+}/Sn^{2+}} = 0.151V$，$\varphi^{\ominus}_{Fe^{3+}/Fe^{2+}} = 0.771V$。判断反应$2Fe^{3+} + Sn^{2+} \rightleftharpoons 2Fe^{2+} + Sn^{4+}$在标准状态下反应自发进行的方向。

## 三、能斯特方程式

标准电极电势是在标准状态下测得的，其大小只与本性有关。但绝大多数氧化还原反应都是在非标准状态下进行的。如果把非标准状态下的氧化还原反应组成电池，其电极电势及电动势也是非标准状态的。影响电极电势的因素很多，除了电极本性外，主要有温度、反应物浓度、溶液的pH；若有气体参加反应，气体分压对电极电势也有影响。这些因素改变了，电极电势也将改变。德国化学家能斯特在考虑这些影响因素后，通过热力学的理论推导出非标准状态下的电极电势求算式：

半电池反应：aOx（氧化型）$+ ne^- \rightleftharpoons b$Red（还原型）

$$\varphi = \varphi^{\ominus} + \frac{RT}{nF}\ln\frac{c_{Ox}}{c_{Red}} \qquad (9-2)$$

该方程称为能斯特方程。

式中：$\varphi$ 为任意状态时的电极电势（V）；$\varphi^{\theta}$ 为标准状态时的电极电势（V）；$R$ 为气体常数，8.314J/(K·mol)；$n$ 为半电池反应中电子的转移数；$F$ 为法拉第常数，96485C/mol；$T$ 为热力学温度 273.15 + t℃（K）；a、b 为分别为 Ox、Red 的计量系数；$c_{Ox}$、$c_{Red}$为电极反应中氧化型、还原型物质的平衡浓度计量系数幂的积。

当温度为 298.15K 时，将各常数代入上式，把自然对数换成常用对数，可简化为：

$$\varphi = \varphi^{\ominus} + \frac{0.0592}{n}\lg\frac{c_{Ox}}{c_{Red}} \qquad (9-3)$$

应用能斯特方程式时需注意以下几点。

（1）计算前，首先配平电极反应式。

（2）若电极反应式中氧化态、还原态为纯固体、纯液体或以水为溶剂的稀溶液中的 $H_2O$，它们的浓度为常数，不写入能斯特方程式中；若为气体则用气体的相对分压表示（$p/p^{\ominus}$）。

（3）若电极反应中有 $H^+$ 或 $OH^-$ 参加反应，则这些离子的浓度也应写在方程式中。

例如：

① $Ag^+(c_{Ag^+}) + e^- \rightleftharpoons Ag(s)$

$$\varphi_{Ag^+/Ag} = \varphi^{\ominus}_{Ag^+/Ag} + \frac{0.0592}{1}\lg\frac{c_{Ag^+}}{1}$$

② $2H^+(c_{H^+}) + 2e^- \rightleftharpoons H_2(g, p_{H_2})$

$$\varphi_{H^+/H_2} = \varphi^{\ominus}_{H^+/H_2} + \frac{0.0592}{2}\lg\frac{c^2_{H^+}}{P_{H_2}/P^{\ominus}}$$

③ $O_2(g, p_{O_2}) + 4H^+(c_{H^+}) + 4e^- \rightleftharpoons H_2O\ (l)$

$$\varphi_{O_2/H_2O} = \varphi^{\ominus}_{O_2/H_2O} + \frac{0.0592}{4}\lg\frac{(P_{O_2}/P^{\ominus})\cdot c^4_{H^+}}{1}$$

在许多电极反应中，$H^+$ 或 $OH^-$ 参加了反应，溶液酸度变化常常显著影响电极电势。

**例 5** 计算 298.15K 时，当 $c_{Fe^{3+}} = 1mol/L$，$c_{Fe^{2+}} = 0.0001mol/L$ 时，电对 $Fe^{3+}/Fe^{2+}$ 的电极电势。

**解**：查表知 $Fe^{3+} + e^- \rightleftharpoons Fe^{2+}$，$\varphi^{\ominus}_{Fe^{3+}/Fe^{2+}} = 0.771V$

298.15K 时，根据能斯特公式：

$$\varphi = \varphi^{\ominus}_{Fe^{3+}/Fe^{2+}} + \frac{0.0592}{n}\lg\frac{c_{Fe^{3+}}}{c_{Fe^{2+}}}$$

$$= 0.771 + \frac{0.0592}{1}\lg\frac{1}{0.0001}$$

$$= 1.008\ (V)$$

计算结果表明，氧化态物质的浓度越大，还原态物质的浓度越小，则电极电势就越高。相反，如在此溶液里加入 NaF，则由于生成离解度很小的 $FeF_3$，使 $Fe^{3+}$ 离子浓度降低，电极电势也跟着降低。

**例 6** 已知电极反应 $MnO_4^- + 8H^+ + 5e^- \rightleftharpoons Mn^{2+} + 4H_2O$，$\varphi^{\ominus}_{MnO_4^-/Mn^{2+}} = 1.507V$，$MnO_4^-$ 和 $Mn^{2+}$ 浓度均为 1mol/L，计算 298.15 K 时，pH = 6 时此电极的电极电势。

**解**：298.15K 时，根据能斯特公式：

$$\varphi=\varphi^{\ominus}_{MnO_4^-/Mn^{2+}}+\frac{0.0592}{5}\lg\frac{c_{MnO_4^-}\cdot c_{H^+}^{8}}{c_{Mn^{2+}}}$$

$$=0.9391\ (V)$$

计算结果可表明，溶液 pH 越大，电极电势值越小，$MnO_4^-$ 的氧化能力越弱。反之，pH 越小，即溶液的酸度越大，电极电势越大，$MnO_4^-$ 的氧化能力越强。

## 第三节 氧化还原滴定法

扫码“学一学”

**案例导入**

**案例**：精确称取在 105℃干燥至恒重的基准 $Na_2C_2O_4$ 0.15 ~ 0.2g（准确至 ±0.0001g），置于 250ml 锥形瓶中，向其中加入 100ml 新煮沸过的冷的纯化水、3 mol/L $H_2SO_4$ 10ml，振摇，溶解，然后将锥形瓶置于水浴上加热至 75 ~ 85℃（刚好冒蒸气），趁热用待标定的 $KMnO_4$ 溶液滴定至溶液呈微红色并保持 30s 不褪色。利用这种滴定方法可以确定 $KMnO_4$ 滴定液的准确浓度。

**讨论**：1. 这种有氧化还原反应发生的滴定分析方法属于什么分析方法？

2. 此操作过程能否确定 $KMnO_4$ 溶液的准确浓度？

3. $H_2SO_4$ 在其中起什么作用？

氧化还原滴定法是以氧化还原反应为基础的滴定分析法。氧化还原滴定法不仅能测定本身具有氧化还原性质的物质，也能间接地测定一些非氧化还原性的物质，是滴定分析中的一种重要分析方法，如维生素 C、轻粉、盐酸普鲁卡因等药物的含量测定都用到氧化还原滴定技术。近年来，氧化还原滴定法在环保方面应用广泛，如水质污染程度的测定即采用氧化还原滴定技术。

### 一、概述

氧化还原滴定法是滴定分析中应用最广泛的方法之一，其基础反应是基于电子转移的氧化还原反应。这种电子的转移往往是分步进行的，反应机理比较复杂，反应速率较慢，常常伴有副反应发生，因而并不是所有氧化还原反应都可直接用于滴定分析。

能用于滴定分析的氧化还原反应必须满足的条件：①反应必须依据化学反应式的计量关系定量、完全反应，无副反应发生；②反应速率足够快；③有适当的方法确定化学计量点。因此，在进行氧化还原滴定时不仅要根据化学平衡的相关理论判断反应进行的可能性，还要结合反应速率考虑反应的现实性，并探求适宜的条件，加速反应，防止副反应的发生，以保证滴定反应按预定的方向定量完成。

根据滴定分析的要求，滴定允许的误差在 0.1% 以下，也就是化学计量点时反应完全程度达到 99.9% 以上，对于反应 $n_2Ox_1+n_1Red_2 \rightleftharpoons n_1Ox_2+n_2Red_1$，若 $n_1+n_2 \geq 1$，反应电对的条件电极电势差值 $\Delta\varphi' > 0.4V$，一般认为该反应的完全程度能够满足滴定分析的要求。

必须指出，某些氧化还原反应虽然 $\Delta\varphi' > 0.4V$，但若发生了副反应，这样的氧化还原反应也不能用于滴定。

### （一）氧化还原滴定法的分类

在氧化还原滴定法中，通常根据所用滴定剂（氧化剂）的名称进行分类和命名，如高锰酸钾法、碘量法、亚硝酸钠法、重铬酸钾法、铈量法和溴酸钾法等；另外还可以根据滴定进行的溶剂环境不同分为水溶液氧化还原滴定法和非水氧化还原滴定法。

### （二）氧化还原滴定法的指示剂

在氧化还原滴定过程中，随着滴定剂的加入，溶液中各电对的电极电势不断发生变化，这种变化和其他类型的滴定一样，呈现出规律性的变化，也可根据指示剂的变色来确定滴定终点。常用的指示剂有：自身指示剂（如高锰酸钾）、特殊指示剂（如淀粉）、氧化还原指示剂（如二苯胺磺酸钠）、外指示剂。

**1. 自身指示剂** 有些标准溶液或滴定物质自身有颜色，在发生氧化还原反应后变成无色或浅色物质，滴定时不必另加指示剂，可用自身颜色变化来指示滴定终点，这类溶液称为自身指示剂。例如 $MnO_4^-$ 本身显紫红色，还原产物 $Mn^{2+}$ 几乎无色，所以在用 $KMnO_4$ 滴定无色或浅色还原剂时，达到化学计量点时，稍微过量的 $MnO_4^-$ 使溶液显粉红色。

**2. 特殊指示剂** 有些物质本身没有氧化还原性质，但能与氧化剂或还原剂作用产生特殊颜色的物质，从而指示滴定终点，这类指示剂称为特殊指示剂。例如淀粉指示剂，可溶性淀粉能与 $I_3^-$ 生成特殊的蓝色物质，$I_3^-$ 的浓度只有 $10^{-2}$mol/L 时就能看到明显的蓝色。所以碘量法常用淀粉溶液作指示剂。

**3. 氧化还原指示剂** 一些物质本身具有氧化还原性，其氧化态和还原态具有不同的颜色，在化学计量点附近时因被氧化或还原，其结构发生改变，从而引起颜色的变化以指示滴定终点，这类物质称为氧化还原指示剂。例如用 $K_2Cr_2O_7$ 标准溶液滴定 $Fe^{2+}$ 时，常用二苯胺磺酸钠为指示剂。该指示剂还原态颜色为无色，氧化态颜色为紫红色，滴定至化学计量点时，稍过量的 $K_2Cr_2O_7$ 会将二苯胺磺酸钠还原态氧化为氧化态，使溶液颜色由无色变为紫红色指示滴定终点。

在选择这类指示剂时，应使指示剂的条件电位在滴定突跃范围内，并尽量接近化学计量点。另外必须指出的是，氧化还原指示剂本身也要消耗一定量的标准溶液。当标准溶液的浓度较大时，对分析结果的影响可忽略不计，但在较精确的测定或用较稀的标准溶液（浓度小于 0.01mol/L）进行测定时，需要做空白试验以校正。

**4. 外指示剂** 指示剂不直接加入到被滴定的溶液中，而是在化学计量点附近用玻璃棒蘸取少许反应液在外面与指示剂接触并观察是否变色来指示终点，这类指示剂称为外指示剂。外指示剂常制成试纸或糊状使用。例如亚硝酸钠法常用的外指示剂是淀粉－碘化钾试纸，当滴定至化学计量点附近时用玻璃棒蘸取少许反应液于试纸上，稍过量的亚硝酸钠使试纸上的碘化钾氧化为碘单质，碘遇淀粉显蓝色指示终点。

## 二、高锰酸钾法

### （一）基本原理

高锰酸钾法是以 $KMnO_4$ 为标准溶液的氧化还原滴定法。$KMnO_4$ 是一种强氧化剂。它的氧化能力和还原产物与溶液的酸度有关，见表 9－2。

表 9-2 $KMnO_4$的氧化性与溶液酸度的关系

| 介质 | 反应方程式 | $\varphi^{\ominus}$/V |
|---|---|---|
| 强酸性 | $MnO_4^- + 8H^+ + 5e^- \rightleftharpoons Mn^{2+} + 4H_2O$ | $\varphi^{\ominus} = 1.51$ |
| 弱酸性、中性、弱碱性 | $MnO_4^- + 2H_2O + 3e^- \rightleftharpoons MnO_2\downarrow + 4OH^-$ | $\varphi^{\ominus} = 0.59$ |
| 强碱性 | $MnO_4^- + e^- \rightleftharpoons MnO_4^{2-}$ | $\varphi^{\ominus} = 0.56$ |

由此可见，酸度的控制对高锰酸钾法非常重要。高锰酸钾法一般都在强酸性溶液中进行，且还原产物 $Mn^{2+}$ 几乎无色，不影响滴定终点的观察，一般采用 $H_2SO_4$ 调节溶液的酸度而不用 HCl 和 $HNO_3$，酸度一般控制在 1～2mol/L 左右。在中性或弱酸、弱碱性介质中，$MnO_4^-$ 的还原产物为褐色的 $MnO_2$沉淀，溶液变浑浊，终点不易判断。但由于在碱性条件下其反应速率较快，所以高锰酸钾法测定有机物一般在碱性介质中进行。

高锰酸钾法的优点是 $KMnO_4$氧化能力强，应用广泛，本身呈紫红色，滴定时不需另加指示剂。其缺点是 $KMnO_4$试剂常含有少量杂质，易与水和空气中的还原性物质起反应，因此标准溶液不够稳定，标定后不宜长期使用。又由于 $KMnO_4$ 氧化能力强，可以与很多还原性物质发生反应，干扰比较严重。

## 课堂互动

为什么采用 $H_2SO_4$调节 $KMnO_4$溶液的酸度而不用 HCl 和 $HNO_3$？

根据被测物质的性质不同，高锰酸钾法常采用不同的滴定方式。

**1. 直接滴定法** 许多还原性物质可用 $KMnO_4$ 标准溶液直接滴定，如 $Fe^{2+}$、$H_2O_2$、$C_2O_4^{2-}$ 等。

**2. 返滴定法** 一些氧化性物质不能用 $KMnO_4$标准溶液直接滴定，可采用返滴定法。如测定 $MnO_2$含量时，在硫酸溶液中加入过量定量的 $Na_2C_2O_4$，待 $MnO_2$与 $Na_2C_2O_4$反应完全后，再用 $KMnO_4$标准溶液滴定剩余的 $Na_2C_2O_4$，这样就可以求出 $MnO_2$的含量。

**3. 间接滴定法** 有些无氧化性或还原性的物质，不能采用以上两种滴定方式进行滴定，但这些物质能与一种氧化剂或还原剂定量反应，可采用间接滴定法。如测定 $Ca^{2+}$ 含量时，先用 $Na_2C_2O_4$将 $Ca^{2+}$ 沉淀，然后用稀硫酸溶解 $CaC_2O_4$沉淀，再用 $KMnO_4$标准溶液滴定溶液中 $C_2O_4^{2-}$，间接求出 $Ca^{2+}$ 含量。

**（二）滴定液**

**1. 配制** 市售 $KMnO_4$常含有少量 $MnO_2$和其他杂质，$KMnO_4$溶液还能自行分解，热、光、酸、碱等外界条件的变化都会促进其分解，因而 $KMnO_4$标准溶液不能直接配制。为配制较稳定的 $KMnO_4$溶液，通常可称取稍多于理论量的 $KMnO_4$，并溶解在一定体积的蒸馏水中；将配制好的溶液加热煮沸，冷却后储存于棕色瓶中，放置数天，使溶液中可能存在的还原性物质完全氧化；用微孔玻璃漏斗过滤除去析出的 $MnO_2$沉淀；将过滤后的 $KMnO_4$溶液储存于棕色瓶中，存放于暗处，以待标定。使用经久放置的 $KMnO_4$溶液时，应重新标定其浓度。

### 课堂互动

配制 $KMnO_4$滴定液时加热煮沸的目的是什么？

**2. 标定** 标定 $KMnO_4$溶液的基准物质相当多，如 $(NH_4)_2Fe(SO_4)_2$、$Na_2C_2O_4$、$H_2C_2O_4 \cdot 2H_2O$、$As_2O_3$和纯金属铁丝等。其中以 $Na_2C_2O_4$较为常用，因为它容易提纯，性质稳定，不含结晶水。$Na_2C_2O_4$在 105 ~ 110℃烘干约 2 h，冷却后就可以使用。

在 $H_2SO_4$溶液（保持 $H^+$ 浓度约为 0.5 ~ 1 mol/L）中，$MnO_4^-$ 和 $C_2O_4^{2-}$ 的反应如下：

$$5C_2O_4^{2-} + 2MnO_4^- + 16H^+ = 2Mn^{2+} + 10CO_2\uparrow + 8H_2O$$

由于在室温下反应缓慢，为使该反应能定量地、较快地进行，需控制如下的滴定条件：

（1）温度 该反应合适的温度为 70 ~ 85℃时进行滴定，温度不宜过高，若高于 90℃，会使部分 $H_2C_2O_4$发生分解。

（2）酸度 $KMnO_4$的还原产物与溶液的酸度有关。滴定开始时，一般将酸的浓度控制在 0.5 ~ 1.0 mol/L。

（3）滴定速度 由于 $MnO_4^-$ 和 $C_2O_4^{2-}$ 的反应是自动催化反应，滴定开始时，加入的第一滴 $KMnO_4$溶液褪色缓慢，所以开始滴定时，滴定速度要慢些，在滴入的 $KMnO_4$紫红色没有褪去以前，不要加入第二滴，否则加入的 $KMnO_4$溶液来不及与 $C_2O_4^{2-}$ 反应，而在热的酸性溶液中发生分解。

（4）滴定终点 $KMnO_4$法滴定终点是不太稳定的，这是由于空气中的还原性气体及尘埃等杂质可以使 $KMnO_4$缓慢分解，粉红色消失，故 30s 不褪色即可认为已达终点。

$KMnO_4$滴定液的浓度计算：

$$c_{KMnO_4} = \frac{2}{5} \times \frac{m_{Na_2C_2O_4} \times 10^3}{V_{KMnO_4} M_{Na_2C_2O_4}}$$

其中 $V_{KMnO_4}$ 单位为 ml。

### 拓展阅读

**高锰酸钾在医药中的应用**

高锰酸钾是医药上常用的氧化剂，俗称 PP 粉，临床上常用作消毒药物。用 0.02% ~0.1% 的高锰酸钾溶液清洗创口、阴道、痔疮等，具有预防感染、收敛、止痛止痒和消炎作用。也可以用于吗啡、巴比妥类等药物中毒时的洗胃剂。可以用 0.01% 的高锰酸钾溶液浸泡餐具、水果、蔬菜 5min 即可达到杀菌消毒的目的。生活中可用 0.3% 的高锰酸钾溶液对浴具、痰盂等进行灭菌消毒。

（三）应用示例

**1. $H_2O_2$的测定** 在酸性溶液中，可用 $KMnO_4$溶液直接滴定 $H_2O_2$，其反应为

$$5H_2O_2 + 2MnO_4^- + 6H^+ = 2Mn^{2+} + 5O_2\uparrow + 8H_2O$$

因为 $H_2O_2$易分解，不能加热，与用 $KMnO_4$直接滴定草酸一样，开始时反应较慢，在反

扫码“看一看”

应产生 $Mn^{2+}$后，反应加速。许多还原性物质，如 $Fe^{2+}$、$AsO_3^{3-}$、$NO_2^-$ 等都可用 $KMnO_4$标准溶液直接滴定。

$H_2O_2$的质量分数可按下式计算：

$$w_{H_2O_2} = \frac{5}{2} \times \frac{c_{KMnO_4} \cdot V_{KMnO_4} \cdot M_{H_2O_2}}{m_s} \times 10^{-3}$$

其中 $V_{KMnO_4}$ 单位为 ml。

**2. $Ca^{2+}$测定** $Ca^{2+}$不能直接被氧化，采用间接滴定法测定 $Ca^{2+}$。将 $Ca^{2+}$定量地沉淀为 $CaC_2O_4$，经过过滤、洗涤后的 $CaC_2O_4$溶于稀的热 $H_2SO_4$溶液，用 $KMnO_4$标准溶液滴定试液中的 $H_2C_2O_4$，反应如下：

$$Ca^{2+} + C_2O_4^{2-} \xlongequal{} CaC_2O_4 \downarrow$$

$$CaC_2O_4 + 2H^+ \xlongequal{} Ca^{2+} + H_2C_2O_4$$

$$5H_2C_2O_4 + 2MnO_4^- + 6H^+ \xlongequal{} 2Mn^{2+} + 10CO_2\uparrow + 8H_2O$$

$$w_{Ca} = \frac{5}{2} \times \frac{c_{KMnO_4} \cdot V_{KMnO_4} \cdot M_{Ca}}{m_s} \times 10^{-3}$$

其中 $V_{KMnO_4}$ 单位为 ml。

根据 $Ca^{2+}$与 $C_2O_4^{2-}$ 1∶1 反应生成 $CaC_2O_4$沉淀，由滴定 $H_2C_2O_4$所消耗的 $KMnO_4$的量计算 $Ca^{2+}$的含量。凡能与 $C_2O_4^{2-}$ 定量地生成沉淀的金属离子，都可以用上述方法测定，如 $Th^{4+}$和稀土元素的测定。

**例 7** 准确称取 0.4112g 已于 105℃烘干的 $Na_2C_2O_4$基准试剂，溶于水后移至 250 ml 容量瓶，稀释至标线。移取 50.00 ml 溶液，经 $H_2SO_4$酸化后，用 $KMnO_4$溶液滴定至终点，消耗 22.16 ml，计算 $KMnO_4$溶液的浓度。

**解：**

$$5H_2C_2O_4 + 2MnO_4^- + 6H^+ \xlongequal{} 2Mn^{2+} + 10CO_2\uparrow + 8H_2O$$

$$n_{KMnO_4} = \frac{2}{5} n_{Na_2C_2O_4}$$

$$c_{KMnO_4} V_{KMnO_4} = \frac{2}{5} \times \frac{m_{Na_2C_2O_4}}{M_{Na_2C_2O_4}}$$

$$c_{KMnO_4} = \frac{2}{5} \times \frac{m_{Na_2C_2O_4}}{V_{KMnO_4} M_{Na_2C_2O_4}}$$

$$= \frac{2}{5} \times \frac{0.4112 \times \frac{50.00}{250.0}}{22.16 \times 10^{-3} \times 134.0} = 0.01108(\text{mol/L})$$

**例 8** 陨石中的铁含量可以用 $KMnO_4$法测定。将 0.2185 g 试样溶解在酸中，用还原剂把游离的 $Fe^{3+}$还原为 $Fe^{2+}$。用 0.02500 mol/L 的 $KMnO_4$溶液来滴定 $Fe^{2+}$，需要 21.27 ml 才能达到终点。求陨石中 $Fe_2O_3$的质量分数。

解：

$$MnO_4^- + 5Fe^{2+} + 8H^+ \xlongequal{} Mn^{2+} + 5Fe^{3+} + 4H_2O$$

$$n_{Fe^{2+}} = 5n_{KMnO_4}$$

$$w_{Fe_2O_3} = \frac{5c_{KMnO_4} V_{KMnO_4} M_{Fe}}{m_S} \times \frac{M_{Fe_2O_3}}{2M_{Fe}}$$

$$= \frac{5 \times 0.02500 \times 21.27 \times 10^{-3}}{0.2185} \times \frac{159.69}{2}$$

$$= 0.9716$$

拓展阅读

**化学耗氧量（COD）及其测定方法**

COD是水中有机物消耗氧的含量，是反应废水污染程度的重要指标之一，是水质监测的重要指标。COD是在一定条件下，用强氧化剂处理水样时所消耗的氧化剂的量，称为化学耗氧量，简写为COD，用$O_2$的mg/L来表示。它是表示水中还原性物质多少的一个指标。水中的还原性物质有各种有机物、亚硝酸盐、硫化物、亚铁盐等，但主要是有机物。因此，它也是衡量水中有机物含量多少的指标，是常用的评价水污染程度的综合性指标，COD越高，说明水污染越严重。测定COD的方法目前应用最普遍的是酸性高锰酸钾法（适用于一般天然水体）、碱性高锰酸钾法（适用于高$Cl^-$水体如海水）与重铬酸钾法（适用于工业废水）。

## 三、碘量法

### （一）基本原理

碘量法是利用$I_2$的氧化性和$I^-$的还原性来进行滴定的方法。其半反应为

$$I_2 + 2e^- \rightleftharpoons 2I^-$$

由于固体$I_2$在水中溶解度很小，为增大其溶解度，通常将$I_2$溶解在KI溶液中，形成$I_3^-$（为方便起见，一般简写为$I_2$）。其半反应为

$$I_3^- + 2e^- \rightleftharpoons 3I^- \qquad \varphi^{\ominus} = 0.545\ V$$

由$I_2/I^-$电对的$\varphi^{\ominus}$可知，$I_2$是一种较弱的氧化剂，它只能与一些较强的还原剂作用；$I^-$为中等强度的还原剂，可被一般氧化剂（如$K_2Cr_2O_7$、$KIO_3$、$Cu^{2+}$、$Br_2$）定量氧化而析出$I_2$。因此，碘量法可分为直接碘量法和间接碘量法。

**1. 直接碘量法** 利用$I_2$的氧化性，以淀粉为指示剂，用$I_2$标准溶液直接滴定$S^{2-}$、$SO_3^{2-}$、$S_2O_3^{2-}$、$As_2O_3$等还原性物质。由于$I_2$的氧化能力不强，能被$I_2$氧化的物质不多，而且受溶液$H^+$浓度的影响很大，例如在碱性溶液中发生下列歧化反应：

$$3I_2 + 6OH^- = IO_3^- + 5I^- + 3H_2O$$

给测定带来误差。同时，由于$I_2$标准溶液不易配制和储存，所以直接碘量法的应用受到限制。

**2. 间接碘量法** 利用$I^-$的还原性，用电极电势比它高的氧化剂在一定条件下将其定量氧化为$I_2$，生成的$I_2$再用$Na_2S_2O_3$标准溶液滴定。其反应为。

$$2I^- \rightleftharpoons I_2 + 2e^-$$

$$I_2 + 2S_2O_3^{2-} = 2I^- + S_4O_6^{2-}$$

由于能与$I^-$作用定量析出$I_2$的氧化性物质很多，因此间接碘量法应用更为广泛，可以间接测定$Cu^{2+}$、$KMnO_4$、$K_2Cr_2O_7$、$H_2O_2$、$IO_3^-$、$BrO_3^-$、$NO_2^-$等多种氧化性物质。

为获得准确结果，应用间接碘量法时，必须注意以下条件。

（1）控制溶液的酸度 $S_2O_3^{2-}$和$I_2$的反应迅速、完全，但必须在中性或弱酸性溶液中进行。在碱性溶液中$S_2O_3^{2-}$和$I_2$将发生如下的副反应：

$$S_2O_3^{2-} + 4I_2 + 10\ OH^- = 2SO_4^{2-} + 8I^- + 5H_2O$$

而且 $I_2$ 在碱性溶液中还会发生歧化反应。

在强酸性溶液中，$Na_2S_2O_3$ 会发生分解。

$$S_2O_3^{2-} + 2H^+ = 2SO_2\uparrow + S\downarrow + H_2O$$

同时 $I^-$ 在酸性溶液中容易被空气里的氧气所氧化。

$$4I^- + 4H^+ + O_2 = 2I_2 + 2H_2O$$

（2）防止 $I_2$ 的挥发性和 $I^-$ 被氧化　$I_2$ 的易挥发性和 $I^-$ 易被氧化是误差的主要来源。为此：①必须加入过量的 KI（比理论量大 2 ~ 3 倍），使 $I_2$ 形成 $I_3^-$ 而增大 $I_2$ 的溶解度，减少 $I_2$ 的挥发；②反应在室温下进行，温度不能太高；③应避免阳光直射，同时使用带磨口玻璃塞的碘量瓶。④滴定时不要过分摇动，操作宜迅速，以减少 $I^-$ 与空气的接触。⑤淀粉指示剂应在接近终点时加入，若加入过早，则大量 $I_2$ 与淀粉结合成蓝色物质，这一部分 $I_2$ 就不容易与 $Na_2S_2O_3$ 反应，而产生误差。

**（二）滴定液**

碘量法经常使用 $Na_2S_2O_3$ 和 $I_2$ 两种标准溶液。

**1. $I_2$ 标准溶液**

（1）配制　用升华法制得的纯碘，可用直接法配制标准溶液。但由于碘的挥发性，不宜在分析天平上称量，故通常用市售的 $I_2$ 配制一个近似浓度的溶液，然后再进行标定。$I_2$ 在水中溶解度很小，易溶于 KI 溶液，所以配制时应将 $I_2$ 加入浓 KI 溶液，形成 $I_3^-$，以提高 $I_2$ 的溶解度和降低 $I_2$ 的挥发。

日光能促进 $I^-$ 的氧化，遇热能使 $I_2$ 挥发，这些都会使碘溶液的浓度改变。碘标准溶液应保存在棕色磨口试剂瓶内，并放置暗处，储存和使用碘标准溶液应避免与橡胶制品接触。

（2）标定　标定 $I_2$ 溶液的基准物质常用的是 $As_2O_3$，$As_2O_3$ 难溶于水，但可溶于碱溶液，生成亚砷酸盐。

$$As_2O_3 + 6OH^- = 2AsO_3^{3-} + 3H_2O$$

$AsO_3^{3-}$ 与 $I_2$ 反应为：$AsO_3^{3-} + I_2 + H_2O = AsO_4^{3-} + 2I^- + 2H^+$

**2. $Na_2S_2O_3$ 标准溶液**

（1）配制　结晶 $Na_2S_2O_3 \cdot 5H_2O$ 容易风化，一般都含有少量 S、$Na_2SO_3$、NaCl 等杂质，因此不能用直接法配制标准溶液。$Na_2S_2O_3$ 溶液不稳定，其浓度容易改变。造成 $Na_2S_2O_3$ 分解的原因有微生物、$CO_2$、空气中的 $O_2$ 等。

$$Na_2S_2O_3 = Na_2SO_3 + S\downarrow$$

$$S_2O_3^{2-} + CO_2 + H_2O = HSO_3^- + HCO_3^- + S\downarrow$$

$$2Na_2S_2O_3 + O_2 = 2Na_2SO_4 + 2S\downarrow$$

因此配制 $Na_2S_2O_3$ 溶液时，为了减少溶解在水中的 $CO_2$ 和杀死水中的细菌，应使用新煮沸、冷却的蒸馏水，并加入少量 $Na_2CO_3$ 使溶液呈碱性，以抑制细菌的生长。此外，水中微量的 $Cu^{2+}$ 和 $Fe^{2+}$ 也能促使 $Na_2S_2O_3$ 溶液分解，日光也能促进它的分解。所以，$Na_2S_2O_3$ 溶液应储存于棕色瓶中，放置暗处 8 ~ 14 天后再标定。这样配制的溶液较稳定，但也不宜长期保存，使用一段时间后应重新标定。如果发现溶液变浑浊，表示有硫析出。这种情况下溶液浓度变化很快，应将其过滤后再标定，或者另配溶液。

（2）标定　标定 $Na_2S_2O_3$ 溶液的基准物质有 $KIO_3$、$KBrO_3$、$K_2Cr_2O_7$ 等，尤以 $K_2Cr_2O_7$ 最常用。标定时，称取一定量的基准物，在弱酸性溶液中与过量 KI 作用，析出的 $I_2$ 用 $Na_2S_2O_3$

溶液滴定。

标定方法：精确称取在120℃干燥至恒重的基准 $K_2Cr_2O_7$ 0.09～0.10g（准确至±0.0001g），置于碘量瓶中，加蒸馏水50ml，加KI 2g，轻轻振摇使其溶解，再加3mol/L$H_2SO_4$10ml，摇匀、密封，在暗处放置5～10分钟。加蒸馏水100ml稀释（并冲洗碘量瓶内壁和瓶塞），用 $Na_2S_2O_3$ 滴定液滴定至近终点（浅黄绿色）时，加淀粉指示剂2ml，继续滴定至蓝色消失，溶液呈亮绿色即为终点。

$$Cr_2O_7^{2-} + 6I^- + 14H^+ = 2Cr^{3+} + 3I_2 + 7H_2O$$

$$I_2 + 2S_2O_3^{2-} = 2I^- + S_4O_6^{2-}$$

$Na_2S_2O_3$ 滴定液的浓度计算：

$$c_{Na_2S_2O_3} = \frac{6m_{K_2Cr_2O_7} \times 10^3}{V_{Na_2S_2O_3} \times M_{K_2Cr_2O_7}}$$

其中 $V_{Na_2S_2O_3}$ 单位为ml。

### 课堂互动

在滴定时为什么淀粉指示剂不能过早加入？

### 拓展阅读

**正确判断回蓝现象**

上述标定过程中，若滴定至终点后溶液迅速回蓝，说明 $K_2Cr_2O_7$ 与KI没反应完全，是放置时间太短或溶液酸度过低引起的；若滴定至终点经过5min后回蓝，是 $I^-$ 被氧化所引起的，对测定结果没有影响。

### （三）应用示例

**1. 漂白粉中有效氯的测定** 漂白粉的主要成分是 $Ca(ClO)_2$，另外还含有 $CaCl_2$ 和 $Ca(OH)_2$ 等。在酸的作用下漂白粉可释放出氯，释放出的氯具有漂白作用，漂白粉的质量以能释放出来的氯量作为标准，称为有效氯，以 $w_{Cl}$ 表示。它的含量一般用间接碘量法测定。

测定漂白粉中有效氯的方法为：溶液用稀 $H_2SO_4$ 酸化后，在试样溶液中加入过量的KI，生成的 $I_2$ 用 $Na_2S_2O_3$ 标准溶液滴定，反应为

$$ClO^- + 2I^- + 2H^+ = I_2 + Cl^- + H_2O$$

$$I_2 + 2S_2O_3^{2-} = 2I^- + S_4O_6^{2-}$$

有效氯的计算公式为

$$w_{Cl_2} = \frac{1}{2} \times \frac{c_{Na_2S_2O_3} \cdot V_{Na_2S_2O_3} \cdot M_{Cl_2}}{m_s} \times 10^{-3}$$

其中 $V_{Na_2S_2O_3}$ 单位为ml。

**2. 铜合金中铜含量的测定** 试样可以用 $H_2O_2$ 和HCl分解（也可以用 $HNO_3$ 分解，但低价氮的氧化物可氧化 $I^-$，故需用浓 $H_2SO_4$ 蒸发除去）。

$$Cu + 2HCl + H_2O_2 \longrightarrow CuCl_2 + 2H_2O$$

过量的 $H_2O_2$ 通过煮沸除去，调节溶液的酸度至 pH 在 3.2 ~4.0，加入 KI，析出 $I_2$。

$$2Cu^{2+} + 4I^- \longrightarrow 2CuI\downarrow + I_2$$

生成的 $I_2$ 用 $Na_2S_2O_3$ 标准溶液滴定。上述反应是可逆的，为了促使反应完全，应加入过量的 KI。

测定结果可按下式计算：

$$w_{Cu} = \frac{c_{Na_2S_2O_3} \cdot V_{Na_2S_2O_3} \cdot M_{Cu}}{m_s} \times 10^{-3}$$

其中 $V_{Na_2S_2O_3}$ 单位为 ml。

该方法也适用于测定铜矿、炉渣、电镀液以及胆矾等试样中的铜。

**例 9** 称取制造油漆的填料红丹（$Pb_3O_4$）0.1008g，用盐酸溶解，加热后加入 0.02000 mol/L $K_2Cr_2O_7$ 溶液 25.00 ml，析出 $PbCrO_4$：

$$2Pb^{2+} + Cr_2O_7^{2-} + H_2O \longrightarrow 2PbCrO_4\downarrow + 2H^+$$

冷却后过滤，将 $PbCrO_4$ 沉淀用盐酸溶解，加入 KI 溶液，以淀粉为指示剂，用 0.1000mol/L $Na_2S_2O_3$ 溶液滴定时，用去 12.05ml。求试样中 $Pb_3O_4$ 的质量分数。

提示：$Pb_3O_4 + 8HCl \longrightarrow 3PbCl_2 + Cl_2 + 4H_2O$

**解**：根据题意，$PbCrO_4$ 沉淀溶解后又重新生成 $H_2Cr_2O_7$，由反应方程式可得如下关系

$$Pb_3O_4 \sim 3PbCrO_4 \sim \frac{3}{2}H_2Cr_2O_7 \sim \frac{3}{2}\times 6\ Na_2S_2O_3$$

$$w_{Pb_3O_4} = \frac{(cV)_{Na_2S_2O_3} \times M_{Pb_3O_4}}{9 \times m_s} \times 10^{-3}$$

$$= \frac{0.1000 \times 12.05 \times 10^{-3} \times 685.6}{9 \times 0.1008} = 0.9107$$

## 四、亚硝酸钠法

### （一）基本原理

亚硝酸钠法是以亚硝酸钠为标准溶液，在酸性条件下测定芳香族伯胺、仲胺类化合物含量的氧化还原滴定法。

在盐酸等无机酸介质中，芳香族伯胺与亚硝酸钠发生重氮化反应：

$$NaNO_2 + 2HCl + ArNH_2 \rightleftharpoons [Ar^+N\equiv N]Cl^- + NaCl + 2H_2O$$

这种利用重氮化反应进行滴定的亚硝酸钠法称为重氮化滴定法。

在酸性介质中，芳香族仲胺与亚硝酸钠发生亚硝基化反应：

$$NaNO_2 + 2HCl + ArNHR \rightleftharpoons ArN(R)-NO + NaCl + H_2O$$

这种利用亚硝基化反应进行滴定的亚硝酸钠法称为亚硝基化滴定法。

其中以重氮化滴定法最为常用。重氮化滴定法应注意以下几点：

**1. 酸的种类和酸度** 亚硝酸钠法的反应速率与介质酸的种类有关。在不同酸的介质中的速率为：HBr > HCl > $H_2SO_4$、$HNO_3$。HBr 价格较高，且芳香族伯胺盐酸盐较硫酸盐溶解度大，所以一般用 HCl。适宜的酸度不仅可以加快反应速率，还能提高重氮盐的稳定性，一般酸度控制在 1mol/L 为宜。

**2. 滴定速度与温度** 通常反应速率会随温度升高而加快，但温度升高会造成重氮盐与亚硝酸的分解、逸失。

《中国药典》（2020年版）规定：在30℃以下，将滴定管尖端插入液面下约2/3处，随滴随搅拌，迅速滴定至近终点时，将滴定管尖端提出液面，用少量水洗涤尖端，洗液并入溶液中，继续缓缓滴定至终点。这样开始生成的亚硝酸钠在剧烈搅拌下向四周扩散并立即与芳香族伯胺反应，来不及分解遗失就已经反应完全。这种“快速滴定法”能有效缩短滴定时间并可得到准确的分析结果。

芳环上，特别是芳伯胺氨基对位上有取代基团存在时，会影响重氮化反应的速率。吸电子基团（如—COOH、—X、—$SO_3H$等）会加快反应速率，而斥电子基团（如—OH、—R、—OR等）会降低反应速率。

另外，对于反应速率较慢的重氮化反应，加入适量KBr作为催化剂可加速反应。

## 课堂互动

为什么滴定时将滴定管尖插入液面下约2/3处？

**3. 指示剂** ①外指示剂：亚硝酸钠法通常用KI－淀粉指示剂（或试纸），使用时不能直接加到被测物质的溶液中，只能在接近化学计量点时，用玻璃棒蘸取少许溶液在外面与KI－淀粉指示剂（或试纸）迅速接触，若立即出现蓝色，则可确定终点到达。外指示剂法操作麻烦，终点难以掌握，若滴定液蘸取次数过多，容易造成损失，影响测定结果的准确度。②内指示剂：内指示剂以橙黄Ⅳ－亚甲蓝用得较多，中性红、二苯胺和亮甲酚蓝也有应用。内指示剂法操作简单，但变色不够灵敏，且当重氮盐有颜色时难于判断终点。因内、外指示剂都不理想，《中国药典》多采用永停滴定法确定终点，可得到准确的分析结果。

**（二）滴定液**

**1. 0.05mol/L $NaNO_2$滴定液的配制** 亚硝酸钠滴定液用间接法配制，其水溶液不稳定，放置后浓度显著下降，配制时需加入少许$Na_2CO_3$作稳定剂，使溶液呈弱碱性（pH≈10），三个月内浓度基本不变。

配制方法：称取$NaNO_2$约1.8g，加无水$Na_2CO_3$ 0.05g，加蒸馏水溶解成500ml溶液，摇匀。

**2. 滴定液的标定** 标定$NaNO_2$滴定液通常用对氨基苯磺酸作基准物质。对氨基苯磺酸为内盐，在水中溶解缓慢，须先用氨水溶解，再加盐酸，使其成为对氨基苯磺酸盐酸盐。标定反应方程式为：

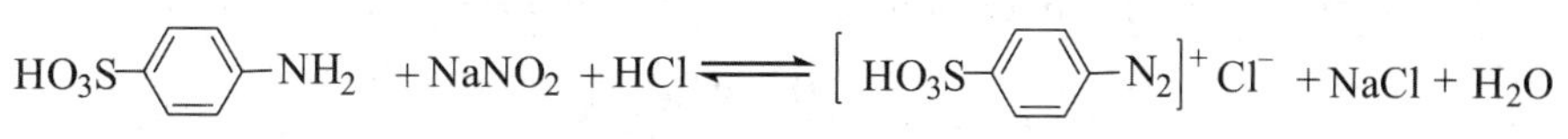


标定方法：精确称取120℃干燥至恒重的基准对氨基苯磺酸0.25g（准确至±0.0001g），加水30ml、浓氨水3ml，溶解后加1mol/L HCl溶液20ml，搅拌，在30℃以下用$NaNO_2$滴定液迅速滴定。滴定时将滴定管尖插入液面下约2/3处，事先通过计算，一次将反应所需的大部分$NaNO_2$滴定液在搅拌下迅速加入，随滴随搅拌，使其迅速反应。然后将滴定管尖提出液面，用水淋洗管尖，再继续缓慢滴定至溶液使碘化钾淀粉试纸变蓝为终点。

$NaNO_2$滴定液的浓度计算：

$$c_{NaNO_2} = \frac{m_{对氨基苯磺酸} \times 10^3}{V_{NaNO_2} \cdot M_{对氨基苯磺酸}}$$

其中 $V_{NaNO_2}$ 单位为 ml。

(三) 应用示例

重氮化法主要用于芳伯胺类药物的测定，如磺胺类药物、盐酸普鲁卡因等，还可测定经适当处理能转化为芳伯胺结构的药物，如扑热息痛、非那西丁等。亚硝基化滴定可测定芳仲胺类药物，如盐酸丁卡因、磷酸伯氨喹等。

**例 10** 盐酸普鲁卡因的含量测定

盐酸普鲁卡因具有芳伯胺结构，在酸性条件下与 $NaNO_2$ 发生重氮化反应，滴定前加入适量 KBr 作催化剂，以促进重氮化反应迅速进行。用中性红为指示剂，终点时溶液由紫红色转变为纯蓝色。滴定反应式为：

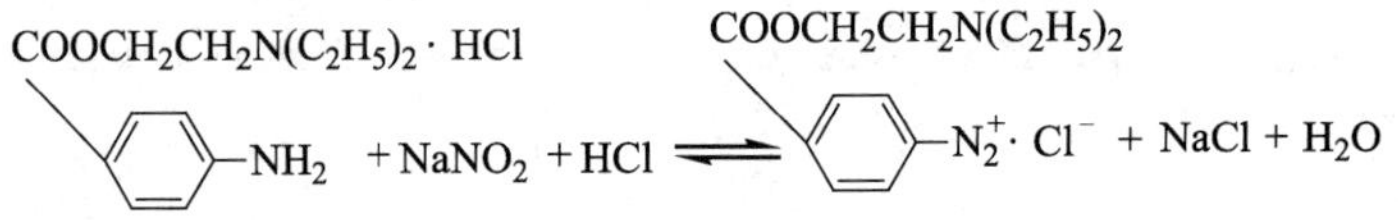

根据下式计算盐酸普鲁卡因的含量：

$$w_{盐酸普鲁卡因} = \frac{(cV)_{NaNO_2} \times M_{盐酸普鲁卡因} \times 10^{-3}}{m_s} \times 100\%$$

其中 $V_{NaNO_2}$ 单位为 ml。

## 重点小结

1. 氧化数是某元素一个原子的形式电荷数，这个电荷数可由假设每个键中的电子指定给电负性更大的原子而求得。氧化数可以是整数、分数或零。

2. 在氧化还原反应中，得到电子，氧化数降低的物质称为氧化剂；失去电子，氧化数升高的物质称为还原剂。氧化还原反应是由氧化反应和还原反应两个半反应组成。氧化还原反应的实质是氧化剂与还原剂之间的电子转移或偏移。

3. 原电池是将氧化还原反应中电子转移变为定向移动，从而将化学能转变为电能的装置。原电池由两个半电池（电极）组成，负极失去电子发生氧化反应，正极得到电子发生还原反应。电对的标准电极电势是指该电极在标准状态下，与标准氢电极比较测得的相对值。电对的标准电极电势的大小是衡量氧化态氧化能力或还原态还原能力强弱的标度。

能斯特方程定量描述了浓度和温度对电极电势的影响。25℃时

$$\varphi = \varphi^{\ominus} + \frac{0.0592}{n}\lg\frac{c_{Ox}}{c_{Red}}$$

在能斯特方程中，各物质浓度应为平衡浓度，而且各物质的平衡浓度应以电极反应中计量系数为幂指数。若电极反应式中氧化态、还原态为纯固体、纯液体或以水为溶剂的稀溶液中的 $H_2O$，它们的浓度为常数，不写入能斯特方程式中；若为气体则用气体的相对分压表示（$p/p^{\ominus}$）。若电极反应中有 $H^+$ 或 $OH^-$ 离子参加反应，则这些离子的浓度也应写在方程式中。

4. 氧化还原滴定法重点介绍了常用的几种氧化还原滴定法的原理、条件、指示剂的选择、滴定液的配制与标定的方法以及应用示例。

## 目标检测

### 一、单项选择题

1. 在下列化合物中，Cl 的氧化数为 +1 的是（　　）

A. HCl　　B. HClO　　C. $HClO_3$　　D. $HClO_4$

2. 下列关于氧化数的叙述中，不正确的是（　　）

A. 单质的氧化数为零　　B. 在化合物中，各元素氧化数代数和为零

C. 氧化数可为整数或分数　　D. 氧元素的氧化数只能为 -2

3. 下列关于氧化还原反应本质的叙述，错误的是（　　）

A. 氧化还原反应必然有电子的得失或偏移

B. 氧化还原反应必然引起元素氧化数的变化

C. 同种元素的原子之间不会发生电子的偏移或得失

D. 氧化还原反应中还原剂氧化数升高总数与氧化剂氧化数降低总数相等

4. 高锰酸钾与过量 $Na_2SO_3$ 在酸性介质中反应，其还原产物为（　　）

A. $Mn^{2+}$　　B. $MnO_2$　　C. $MnO_4^{2-}$　　D. Mn

5. 下列说法不正确的是（　　）

A. 在原电池中，电极电势较高的电对是原电池的正极

B. 在原电池中，电极电势较低的电对是原电池的负极

C. 在原电池中，正极发生氧化反应，负极发生还原反应

D. 原电池电动势等于正极的电极电势减去负极的电极电势

6. 其他条件不变时，能使电对 $MnO_4^-/Mn^{2+}$ 电极电势增大的方法是（　　）

A. 增大 pH　　B. 减小 pH

C. 增大 $Mn^{2+}$ 浓度　　D. 前面三种都可以

7. 原电池符号（-）Zn | $Zn^{2+}$（$c_1$）‖ $Fe^{3+}$（$c_2$），$Fe^{2+}$（$c_3$）| Pt（+），若加氨水于锌电极溶液中，$Zn^{2+}$ 生成 $[Zn(NH_3)_4]^{2+}$，这时电池电动势将（　　）

A. 增大　　B. 减小　　C. 不变　　D. 不能确定

8. 在室温下，下列两个反应都能自发进行 $Cl_2 + 2Fe^{2+} = 2Cl^- + 2Fe^{3+}$，$2Fe^{3+} + Cu = 2Fe^{2+} + Cu^{2+}$，下列三个电对的电极电势的大小为（　　）

A. $\varphi_{Cu^{2+}/Cu} > \varphi_{Fe^{3+}/Fe^{2+}} > \varphi_{Cl_2/Cl^-}$　　B. $\varphi_{Cl_2/Cl^-} > \varphi_{Cu^{2+}/Cu} > \varphi_{Fe^{3+}/Fe^{2+}}$

C. $\varphi_{Cl_2/Cl^-} > \varphi_{Fe^{3+}/Fe^{2+}} > \varphi_{Cu^{2+}/Cu}$　　D. $\varphi_{Fe^{3+}/Fe^{2+}} > \varphi_{Cl_2/Cl^-} > \varphi_{Cu^{2+}/Cu}$

9. 为标定 $KMnO_4$ 溶液的浓度，宜选择的基准物是（　　）

A. $Na_2S_2O_3$　　B. $Na_2SO_3$　　C. $FeSO_4 \cdot 7H_2O$　　D. $Na_2C_2O_4$

10. 氧化还原滴定的主要依据是（　　）

A. 滴定过程中氢离子浓度发生变化　　B. 滴定过程中金属离子浓度发生变化

C. 滴定过程中电极电势发生变化　　D. 滴定过程中有络合物生成

11. 碘量法测定 $CuSO_4$ 含量的过程中，加入过量 KI 的作用是（　　）

A. 还原剂、沉淀剂和配位剂　　B. 缓冲剂、配位剂和预处理剂

C. 沉淀剂、指示剂和催化剂　　D. 氧化剂、配位剂和掩蔽剂

12. 用 $KMnO_4$标准溶液测定 $H_2O_2$时，滴定至粉红色为终点。滴定完成后 5min 发现溶液粉红色消失，其原因是（　　）

A. $H_2O_2$未反应完全　　B. 实验室还原性气体使之褪色

C. $KMnO_4$部分生成了 $MnO_2$　　D. $KMnO_4$标准溶液浓度太稀

13. 标定 $Na_2S_2O_3$溶液浓度时，不直接用 $K_2Cr_2O_7$滴定 $Na_2S_2O_3$溶液的原因是（　　）

A. 反应没有确定的计量关系　　B. 没有合适的指示剂

C. 反应速度过慢　　D. $K_2Cr_2O_7$氧化能力不足

14. 下列各半反应中，发生还原过程的是（　　）

A. $Fe \rightarrow Fe^{2+}$　　B. $Co^{3+} \rightarrow Co^{2+}$

C. $NO \rightarrow NO_3^-$　　D. $H_2O_2 \rightarrow O_2$

15. 在使用 $Na_2C_2O_4$基准物质标定 $KMnO_4$溶液浓度时，加热溶液的目的是（　　）

A. 赶掉溶液中的溶解氧　　B. 赶掉反应中生成的 $CO_2$

C. 使草酸钠较容易分解　　D. 加快 $KMnO_4$与 $Na_2C_2O_4$反应的速率

**二、判断题**

1. 在氧化还原反应中，氧化剂得到电子，发生还原反应。

2. 原电池负极得到电子，发生还原反应。

3. 原电池电动势大小与正负极电极电势有关。

4. 在一些注射液药物生产过程中，常加入亚硫酸氢钠的目的是防止药物被氧化。

5. 增大某电对氧化态物质浓度，电极电势增大，其氧化态物质氧化能力增强。

6. 将氧化还原反应设计成原电池，原电池 $E^{\ominus} > 0$ 时，则反应正向自发进行。

7. 高锰酸钾标准溶液可用直接法配制。

8. 为了防止 $I^-$ 被氧化，碘量法应在碱性溶液中进行。

9. 在滴定时，$KMnO_4$溶液要放在碱式滴定管中。

10. 在 HCl 介质中用 $KMnO_4$滴定 $Fe^{2+}$时，将产生正误差。

**三、计算题**

1. 10.00 ml 市售 $H_2O_2$（相对密度 1.010 g/ml）需用 0.02400 mol/L $KMnO_4$溶液 36.82 ml 滴定，计算溶液中 $H_2O_2$的质量分数。

2. 用 $KIO_3$作基准物标定 $Na_2S_2O_3$溶液，称取 0.1500 g $KIO_3$与过量 KI 作用，析出的碘用 $Na_2S_2O_3$溶液滴定，用去 24.00 ml。此 $Na_2S_2O_3$溶液的浓度为多少？（提示：$IO_3^- + 5I^- + 6H^+ = 3I_2 + 3H_2O$）

3. 以 $K_2Cr_2O_7$为基准物质采用间接碘量法标定 0.10mol/L $Na_2S_2O_3$溶液的浓度，若滴定时欲将消耗的 $Na_2S_2O_3$溶液的体积控制在 20ml 左右，问应当称取 $K_2Cr_2O_7$多少克？

扫码“练一练”

（燕来敏）

# 第十章

# 常见非金属元素及其化合物

## 学习目标

知识要求 **1. 掌握** 常见非金属元素及其重要化合物的性质。

**2. 熟悉** 卤族元素、氧族元素、氮族元素、碳族元素的通性。

**3. 了解** 非金属元素及其重要化合物在生产、生活中的应用。

技能要求 会鉴别常见的非金属离子如 $X^-$、$SCN^-$、$S^{2-}$、$S_2O_3^{2-}$、$SO_4^{2-}$、$NO_3^-$、$NH_4^+$、$PO_4^{3-}$ 等。

非金属元素及其化合物在食品药品、日常生活、工农业生产和环境保护等方面具有重要的意义。本章将应用物质结构和元素周期律的知识，重点讨论常见非金属元素及其化合物的结构、性质及其应用。

扫码“学一学”

## 第一节 卤族元素

**案例导入**

**案例：**校运动会上李明不慎在百米赛道上摔倒，腿部擦伤严重，校医给李明摔伤的腿部涂抹碘伏。

**讨论：**碘伏是单质碘与聚乙烯吡咯烷酮的不定型聚合物。临床上常用作皮肤、粘膜等的消毒剂。碘伏中的碘属于卤族元素。卤族元素有哪些性质？

元素周期表中第ⅦA族包括氟（F）、氯（Cl）、溴（Br）、碘（I）、砹（At），统称卤族元素，简称卤素（通常以 X 表示）。砹是放射性元素。

卤素原子的价电子构型为 $ns^2np^5$，很容易获得一个电子变为卤离子（$X^-$），氯、溴、碘与电负性较大的元素化合时，表现出 +1、+3、+5、+7 的氧化数。和同周期元素相比，卤族元素非金属性最强，在本族内从氟到碘非金属性依次减弱。

### 一、卤素单质

#### 1. 物理性质

卤素单质的物理性质见表 10－1。

**表 10－1 卤素单质的物理性质**

| | $F_2$ | $Cl_2$ | $Br_2$ | $I_2$ |
|---|---|---|---|---|
| 状态 | 气 | 气 | 液 | 固 |
| 颜色 | 淡黄 | 黄氯 | 棕红 | 紫黑 |

续表

| | $F_2$ | $Cl_2$ | $Br_2$ | $I_2$ |
|---|---|---|---|---|
| 熔点/K | 53.38 | 172.02 | 265.92 | 386.5 |
| 沸点/K | 84.86 | 238.95 | 331.76 | 457.35 |
| 密度/g/cm³ | 1.69（15℃） | 3.21（0℃） | 3.12（20℃） | 4.93 |

卤素单质都是双原子非极性分子，分子间以色散力结合，随着相对分子质量的递增，色散力增大，熔点、沸点依次升高。常温下，$F_2$和$Cl_2$是气体，$Br_2$是液体，而$I_2$为易升华的固体。卤素单质的颜色也随着相对分子质量的增大而加深。卤素单质的溶解情况符合“相似相溶”规则，难溶于水，但易溶于有机溶剂。$Cl_2$、$Br_2$、$I_2$的水溶液分别称为氯水、溴水、碘水，另外，$I_2$易溶于碘化物（如KI）中与$I^-$形成$I_3^-$，且$I_2$的溶解度越大，溶液颜色越深。所有卤素都有刺激性气味，吸入较多的蒸气会导致中毒，甚至死亡。

## 拓展阅读

### 卤素与人体的健康

卤族元素是人体的必需元素，正常情况下成人每日摄入量：氟0.5~1mg、氯1.7~6g、碘100~200mg。

氟是人体重要的微量元素之一，人体所需氟主要来源于饮水。氟在人体内主要以氟化钙的形式分布在骨骼、牙齿、指甲和毛发中，尤以牙釉质中含量最多，少量氟对牙齿具有坚硬、防龋作用。近年来，“涂氟”已成为一种越来越流行的儿童牙齿保健方法。氟还能增强骨骼的硬度，加速骨骼的形成。氟元素缺乏会造成老年性骨质疏松症，这在低氟地区比较常见。对骨质疏松患者，服用适量的氟化钠，会使病症减轻。

碘是人体的必需微量元素之一，主要集中在甲状腺，并通过甲状腺合成甲状腺素。甲状腺素的作用是促进人体的新陈代谢，而碘是人体合成甲状腺素所必需原料。因此，通过食用“加碘盐”或适量吃一些含碘丰富的海产品，有益于身体健康。

**2. 化学性质** 卤素电负性较强，因而具有较强的化学活泼性，其活泼性强弱次序为：$F_2 > Cl_2 > Br_2 > I_2$。

卤素单质与金属反应，生成金属卤化物。氟和氯可与所有金属反应；溴和碘可与除贵金属以外的大多数金属反应，但反应较慢。

卤素单质都能与氢气直接化合，生成相应的卤化氢。

卤素单质与水发生两种类型的平行反应，一类是对水的氧化作用，

$$2X_2 + 2H_2O = 4HX + O_2\uparrow$$（碘不能进行）

另一类反应是卤素的歧化反应。

$$X_2 + H_2O = HX + HXO$$（氟不能发生歧化反应）

## 课堂互动

液氯和氯水有何不同？

## 二、卤化氢和金属卤化物

### （一）卤化氢（HX）

卤化氢均为无色、有强烈刺激性气味的气体，除 HF 外，卤化氢的熔点、沸点按 $HI > HBr > HCl$ 的次序升高，HF 由于氢键的影响，熔、沸点均较高。

卤化氢溶于水即成氢卤酸。纯的氢卤酸都是无色液体，具有挥发性。除氢氟酸为弱酸以外，氢氯酸（即盐酸）、氢溴酸、氢碘酸均为强酸，酸性递变顺序为：$HI > HBr > HCl > HF$。

**拓展阅读**

氢卤酸中最常见的是盐酸，市售浓盐酸相对密度为1.19g/ml，质量分数为37.0%，浓度为12mol/L。盐酸属于挥发性强酸，人体的胃液里含少量盐酸，能起到灭菌和促进食物消化的作用。内服少量稀盐酸可用于治疗胃酸缺乏或胃酸不足的患者。

卤化氢中卤原子的氧化数为 -1，处于最低氧化态，因而具有还原性。例如：

$$4HI + O_2 = 2I_2 + 2H_2O$$

$X^-$ 还原能力的递变顺序为：$I^- > Br^- > Cl^- > F^-$，与卤素单质的氧化能力递变顺序相反。因此，$Cl_2$ 可以将 $Br^-$、$I^-$ 从其化合物中置换出来，$Br_2$ 可以将 $I^-$ 从其化合物中置换出来：

$$Cl_2 + 2Br^- = 2Cl^- + Br_2$$

$$Cl_2 + 2I^- = 2Cl^- + I_2$$

$$Br_2 + 2I^- = 2Br^- + I_2$$

单质碘遇到淀粉显蓝紫色。《中国药典》（2020 年版）中用于碘化物的鉴别及 $Br^-$ 的限度检查。

氢氟酸能与二氧化硅或硅酸盐发生反应，所以氢氟酸能够腐蚀玻璃，常贮存在塑料或铅制容器中。

$$4HF + SiO_2 = SiF_4\uparrow + 2H_2O$$

### （二）金属卤化物

多数金属卤化物易溶于水，如氯化钠、氯化钾、氯化钙等。氯化钠可配制成生理盐水，浓度为 9g/L，用于出血过多、严重腹泻等所引起的缺水症，也可用于洗涤伤口。氯化钾常用于治疗各种原因所致的钾缺乏症和低血钾症，也可作为利尿剂的辅助用药。

氯、溴、碘的银盐难溶于水中。表 10 - 2 列出了 AgX 的一些常见性质。

**表 10 - 2　卤化银的性质**

| 卤化银 | AgCl | AgBr | AgI |
| --- | --- | --- | --- |
| 颜色 | 白色 | 淡黄色 | 黄色 |
| 加入硝酸 | 不溶解 | 不溶解 | 不溶解 |
| 加入氨水 | 溶解 | 部分溶解 | 不溶解 |
| 加入硫代硫酸钠 | 溶解 | 溶解 | 不溶解 |

《中国药典》（2020 年版）利用 $Cl^-$ 与 $Ag^+$ 作用生成沉淀的性质，鉴别氯化物。

## 三、含氧酸及其盐

除氟外，氯、溴、碘均可形成氧化数为 +1、+3、+5 和 +7 的含氧酸（表 10 - 3）及其盐。

**表 10 - 3　卤素的含氧酸**

| 名称 | 氧化数 | 氯 | 溴 | 碘 |
|---|---|---|---|---|
| 次卤酸 | +1 | $HClO^*$ | $HBrO^*$ | $HIO^*$ |
| 亚卤酸 | +3 | $HClO_2{}^*$ | $HBrO_2{}^*$ | |
| 卤酸 | +5 | $HClO_3{}^*$ | $HBrO_3{}^*$ | $HIO_3$ |
| 高卤酸 | +7 | $HClO_4$ | $HBrO_4{}^*$ | $HIO_4$、$H_5IO_6$ |

* 不稳定，仅存在于溶液中

**1. 次氯酸及其盐**　次氯酸是一种酸性比碳酸还弱的酸，因具强氧化性而有杀菌和漂白作用。但次氯酸很不稳定，室温下就会分解：

扫码“读一读”

$$2HClO \xlongequal{} 2HCl + O_2\uparrow$$

将氯气通入熟石灰中即制得漂白粉，有效成分是 $Ca(ClO)_2$，为常用的杀菌消毒剂。

$$2Cl_2 + 2Ca(OH)_2 \xlongequal{} Ca(ClO)_2 + CaCl_2 + 2H_2O$$

**2. 氯酸及其盐**　氯酸是一种强酸，其稀溶液在室温时较稳定，当遇热或溶液浓度超过 40% 以上时，即迅速分解并发生爆炸。氯酸钾是最重要的氯酸盐，是一种无色透明的晶体，实验室中利用氯酸钾在催化剂存在下受热分解制备氧气。氯酸钾也用于制造炸药、烟火、火柴等。

**3. 高氯酸及其盐**　高氯酸是无机酸中酸性最强的酸，市售高氯酸浓度为 60% ~62%。浓的高氯酸具有强氧化性，与易燃物相遇会发生猛烈爆炸，且有极强的腐蚀性，储存和使用都要格外小心！高氯酸在冷、稀溶液中比较稳定。分析化学中，高氯酸的冰醋酸溶液是非水酸碱滴定常采用的标准溶液，用于含碱性基团的有机物的含量测定。

高氯酸盐较稳定，几乎没有氧化性。

## 四、拟卤素

某些原子团，在游离状态时其性质类似卤素单质、形成离子时与卤离子性质相似，这些原子团称为拟卤素，又称为类卤素。拟卤素主要包括氰 [$(CN)_2$] 和硫氰 [$(SCN)_2$]，其对应阴离子为氰离子（$CN^-$）和硫氰酸根离子（$SCN^-$）。

**1. 氢氰酸和氰化物**　氢化氰（HCN）的水溶液称氢氰酸，是一种挥发性弱酸，其盐称为氰化物，常见的有氰化钠和氰化钾，易溶于水。氢氰酸和氰化物均为剧毒品！

氰离子具有还原性和强配位性。氯气可以氧化废水中的氰化物：

$$2CN^- + 5Cl_2 + 8OH^- \xlongequal{} 2CO_2\uparrow + N_2\uparrow + 10Cl^- + 4H_2O$$

工业上通过加入硫酸亚铁和消石灰除去废水中的氰化物，生成稳定且无毒的配合物（$[Fe(CN)_6]^{4-}$）。铁氰化钾（$K_3[Fe(CN)_6]$）和亚铁氰化钾（$K_4[Fe(CN)_6]$）是 $Fe^{2+}$、$Fe^{3+}$ 和 $Cu^{2+}$ 的鉴定试剂，药物分析中，用于亚铁盐、铁盐、铜盐的鉴别。

**2. 硫氰化物**　大多易溶于水。硫氰酸根离子能与许多过渡金属离子形成配合物，与 $Fe^{3+}$ 形成血红色配合物是鉴定 $Fe^{3+}$ 和 $SCN^-$ 的特效反应。

$$Fe^{3+} + SCN^- \xlongequal{} [Fe(SCN)_6]^{3-}$$

扫码"学一学"

# 第二节　氧族元素

**案例导入**

**案例**：近年来，由于人类大量使用矿物燃料、氯氟烃等，使大气中 NO、$NO_2$、氯氟化碳等含量过多，引起臭氧过多分解，使臭氧层遭受到破坏，皮肤癌患者增加。因此，应采取积极措施保护臭氧层。臭氧是如何产生的？又是如何对地球起到保护作用的？

**讨论**：高空中的氧气分子，打雷时在电火花作用下，发生反应产生臭氧。在离地面 25～30km 的大气平流层中有一稳定的臭氧层，它能吸收太阳光的紫外辐射，为保护地面上的生物免受太阳强烈辐射提供了一个防御屏障——臭氧保护层。臭氧还有哪些性质呢？

元素周期表中第ⅥA 族包括氧（O）、硫（S）、硒（Se）、碲（Te）、钋（Po），合称氧族元素。本节主要讨论最常见的氧族元素中的氧和硫。

氧族元素的价层电子构型为 $ns^2np^4$，表现出较活泼的非金属性。氧和硫是典型的非金属元素，常见氧化数为 -2、+4、+6。

## 一、臭氧与过氧化氢

扫码"看一看"

扫码"读一读"

### （一）臭氧（$O_3$）

常温下为浅蓝色气体，因有刺激性臭味而称为"臭氧"。臭氧比氧气易溶于水，不稳定，易分解为氧气。臭氧有较强的氧化性，常用作氧化剂、漂白剂和消毒剂，如用于饮用水消毒、空气净化以及含有机物废水的处理等。

### （二）过氧化氢（$H_2O_2$）

纯的过氧化氢是淡蓝色粘稠液体，可与水以任何比例混溶，其水溶液俗称双氧水。$H_2O_2$ 为极性分子，其分子结构见图 10-1。

过氧化氢的化学性质如下：

（1）弱酸性　$H_2O_2$是一种极弱的酸（$K_a = 2.4 \times 10^{-12}$）。

（2）不稳定性　$H_2O_2$不稳定，易分解放出氧气，见光、加热、$MnO_2$存在等均加速其分解。

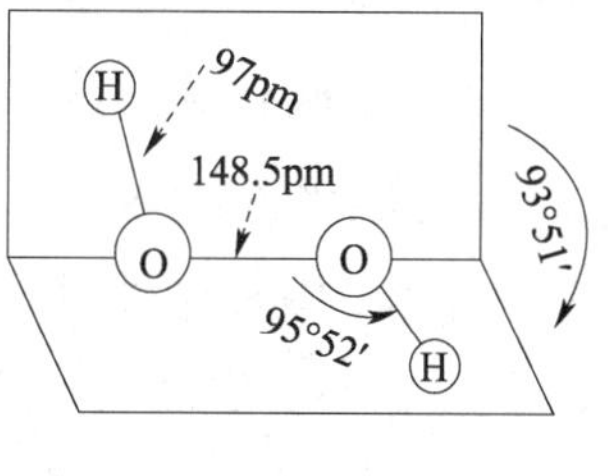

图 10-1　过氧化氢的结构

（3）氧化还原性 $H_2O_2$分子内过氧键（-O-O-）中氧的氧化数为 -1，处于氧的中间价态，因此 $H_2O_2$既具有氧化性，又具有还原性。在酸性介质中是强氧化剂，只有遇到更强的氧化剂时才表现出还原性。例如：

$$2MnO_4^- + 5H_2O_2 + 6H^+ = 2Mn^{2+} + 5O_2\uparrow + 8H_2O$$

$$H_2O_2 + 2I^- + 2H^+ = I_2 + 2H_2O$$

双氧水具有消毒、防腐、漂白作用。3% 的双氧水临床上常用于清洗伤口，治疗口腔炎。工业上用来漂白丝、毛织物及油画、纸浆等，无有害残留，不污染环境。

### 拓展阅读

$H_2O_2$在酸性介质中与重铬酸盐作用，生成蓝色的过氧化铬（$CrO_5$）。过氧化铬在水中不稳定，但能够在乙醚中稳定存在。该反应可用于 $H_2O_2$或 $Cr_2O_7^{2-}$、$CrO_4^{2-}$ 离子的鉴定，《中国药典》（2020 年版）利用该反应检验 $H_2O_2$。

$$Cr_2O_7^{2-} + 4H_2O_2 + 2H^+ \xlongequal{\text{乙醚}} 2CrO_5 + 5H_2O$$

## 二、硫及其化合物

### （一）单质硫

硫有多种同素异形体，最常见的有斜方硫、单斜硫和弹性硫，在一定条件下可相互转化。单质硫为淡黄色晶体，不溶于水，易溶于二硫化碳、四氯化碳等有机溶剂中。硫能与氢气、碳、氧气等非金属及许多金属发生反应。

$$H_2 + S \xlongequal{} H_2S$$

$$Hg + S \xlongequal{} HgS$$

在碱性条件下，硫可发生歧化反应：

$$3S + 6NaOH \xlongequal{} 2Na_2S + Na_2SO_3 + 3H_2O$$

### （二）金属硫化物

除了碱金属、铵盐和部分碱土金属的硫化物可以溶解在水中同时水解外，多数金属硫化物都难溶于水，并且大多数都有特征颜色。利用这些性质（表 10－4）可以初步分离和鉴别各种金属离子。

**表 10－4　常见硫化物的溶解性和颜色**

| 溶于水 | 溶于稀盐酸 | 溶于浓盐酸 | 溶于浓硝酸 | 仅溶于王水 |
|---|---|---|---|---|
| $Na_2S$(白色) | MnS(肉色) ZnS(白色) | CdS(黄色) | CuS(黑色) $Cu_2S$(黑色) | $Hg_2S$(黑色) |
| $K_2S$(白色) | CoS(黑色) NiS(黑色) | PbS(黑色) | $Ag_2S$(黑色) $As_2S_3$(浅黄) | HgS(黑色) |
| $(NH_4)_2S$(白色) | FeS(黑色) | SnS(褐色) | $As_2S_5$(浅黄) | |

### （三）硫代硫酸钠

硫代硫酸钠（$Na_2S_2O_3 \cdot 5H_2O$）商品名为海波，俗称大苏打，是一种无色透明晶体，易溶于水。其化学性质如下。

（1）不稳定性　硫代硫酸钠只能存在于中性和碱性溶液中，遇酸迅速分解。

$$Na_2S_2O_3 + 2HCl \xlongequal{} 2NaCl + S\downarrow + SO_2\uparrow + H_2O$$

该反应常作为 $S_2O_3^{2-}$ 的鉴定反应。

（2）还原性　硫代硫酸钠具有中等强度的还原性，用作药物制剂中的抗氧剂。例如，利用硫代硫酸钠与碘的氧化还原反应，在分析化学中用作定量测定碘。

$$2S_2O_3^{2-} + I_2 \xlongequal{} S_4O_6^{2-} + 2I^-$$

（3）配位性　硫代硫酸根具有较强的配位性，能与许多重金属离子形成稳定的配合物，并能将 $CN^-$离子转化为 $SCN^-$，医药上用作卤素、氰化物和重金属中毒时的解毒剂。

$$2S_2O_3^{2-} + AgX \longrightarrow [Ag(S_2O_3)_2]^{3-} + X^-$$

$$S_2O_3^{2-} + CN^- \longrightarrow SO_3^{2-} + SCN^-$$

**课堂互动**

为什么 $Na_2S_2O_3$ 溶液不能长久保存？

# 第三节　氮族元素

扫码“学一学”

扫码“读一读”

**案例导入**

**案例：**工业尾气、燃料废气和汽车尾气中都含有氮的氧化物，是大气污染的主要来源。

**讨论：**氮的氧化物有 $N_2O$、NO、$N_2O_3$、$NO_2$（或 $N_2O_4$）、$N_2O_5$，以 NO 和 $NO_2$ 最为常见。氮还有哪些常见的化合物呢？

元素周期表中第ⅤA 族包括氮（N）、磷（P）、砷（As）、锑（Sb）、铋（Bi）五种元素合称氮族元素。随着原子序数的增加，氮族元素的非金属性减弱，金属性增强。氮、磷为非金属元素，砷和锑属准金属元素，铋为金属元素。氮族元素价层电子构型为 $ns^2np^3$，氧化数主要为 -3、+3 和 +5。氮可以形成氧化数由 +1 到 +5 的多种氧化物。

## 一、氨和铵盐

### （一）氨

常温下氨是一种无色、具有刺激性气味的气体，氨极易溶于水，其水溶液称氨水，氨和水以氢键缔合，通常写作 $NH_3 \cdot H_2O$。少数 $NH_3 \cdot H_2O$ 发生解离，使氨水显弱碱性。

$$NH_3 + H_2O \rightleftharpoons NH_4^+ + OH^-$$

### （二）铵盐

铵盐多数为无色晶体，易溶于水。铵盐与碱加热放出氨气，这是鉴定铵离子的特效反应，实验室也常用该反应制备氨气。

$$NH_4^+ + OH^- \overset{\triangle}{\rightleftharpoons} NH_3\uparrow + H_2O$$

铵盐受热易分解，产物取决于酸根的性质。

## 二、硝酸及其盐

### （一）硝酸（$HNO_3$）

纯的硝酸为具有刺激性气味的易挥发无色液体。硝酸不稳定，见光或受热易分解产生 $NO_2$，溶于 $HNO_3$ 中使硝酸呈黄到棕色。

硝酸具有强氧化性，几乎能够与所有金属（金、铂等除外）发生反应，还原产物取决于硝酸的浓度和金属的活泼性。如：

$$Cu + 4HNO_3（浓）\xlongequal{} Cu(NO_3)_2 + 2NO_2\uparrow + 2H_2O$$

$$3Cu + 8HNO_3（稀）\xlongequal{} 3Cu(NO_3)_2 + 2NO\uparrow + 4H_2O$$

$$4Zn + 10HNO_3（极稀）\xlongequal{} 4Zn(NO_3)_2 + NH_4NO_3 + 3H_2O$$

浓硝酸与浓盐酸的混合物（1∶3）称为王水。王水的氧化能力比硝酸更强，可溶解不溶于硝酸的金、铂等贵金属。

**（二）硝酸盐**

硝酸盐均为易溶于水的无色晶体。固体硝酸盐受热易分解而产生氧气，其分解产物与硝酸盐中金属的活泼性有关。例如：

$$2NaNO_3 \xlongequal{\triangle} 2NaNO_2 + O_2\uparrow$$

$$2Pb(NO_3)_2 \xlongequal{\triangle} 2PbO + 4NO_2\uparrow + O_2\uparrow$$

$$2AgNO_3 \xlongequal{\triangle} 2Ag + 2NO_2\uparrow + O_2\uparrow$$

## 三、磷和砷

**（一）磷酸($H_3PO_4$)**

磷酸无氧化性、无挥发性，属于中等强度的三元酸。磷酸大量用于生产各种磷肥，在工业上用于电镀、塑料、有机合成、食品酸味剂，也是制备某些药物及磷酸盐的原料。

**（二）磷酸盐**

磷酸盐分为磷酸正盐、磷酸一氢盐和磷酸二氢盐三类。磷酸二氢盐均易溶于水，磷酸一氢盐和磷酸正盐中仅有钾、钠、铵盐易溶于水。磷酸银为浅黄色固体，溶于氨水或稀硝酸中，《中国药典》用于磷酸盐的鉴别。磷酸盐常用于配制缓冲溶液，磷酸氢钙常用于提供人体所需的钙和磷。

### 课堂互动

在含有磷酸根离子的溶液中滴入硝酸银溶液，可产生黄色沉淀，将沉淀分为两份，分别加入氨水和稀硝酸，将会观察到什么现象？

扫码“读一读”

**（三）砷的氧化物及含氧酸**

砷的常见的化合物有三氧化二砷（$As_2O_3$）、五氧化二砷（$As_2O_5$）及其水合物亚砷酸（$H_3AsO_3$）、砷酸（$H_3AsO_4$）。砷的化合物均有毒性。

三氧化二砷是一种白色粉末状固体，微溶于水，剧毒，俗称砒霜，致死量约为0.1g。$As_2O_3$为偏酸性的两性化合物，与碱中和生成亚砷酸盐。

$$As_2O_3 + 6NaOH \xlongequal{} 2Na_3AsO_3 + 3H_2O$$

亚砷酸盐在碱性溶液是还原剂，可以被单质碘氧化，分析化学中，利用该反应标定碘溶液。

$$AsO_3^{3-} + I_2 + 2OH^- \xlongequal{} AsO_4^{3-} + 2I^- + H_2O$$

在酸性溶液中，砷酸（$H_3AsO_4$）则表现出氧化性，可以将碘离子氧化：

$$AsO_4^{3-} + 2I^- + 2H^+ \xlongequal{} AsO_3^{3-} + I_2 + H_2O$$

**（四）砷化氢（$AsH_3$）**

是具有大蒜气味的有毒气体，又称胂，受热分解，在加热部位形成亮黑色的“砷镜”，

《中国药典》利用此对药品中砷盐进行限量检查。

$$As_2O_3 + 6Zn + 6H_2SO_4 = 2AsH_3\uparrow + 6ZnSO_4 + 3H_2O$$

$$2AsH_3 \xlongequal{\triangle} 2As + 3H_2\uparrow$$

## 第四节 碳、硅和硼

扫码“学一学”

**案例导入**

**案例**：小慧家买了一辆崭新的小轿车，为了消除车内饰产生的危害人体健康的异味，小慧除了每次用车时开窗换气外，还放置了几个活性碳包。

**讨论**：活性碳有强烈的吸附作用，可以吸收甲醛等产生异味的气体，净化空气。碳还有哪些形态？能有哪些用途？

碳和硅是元素周期表中第ⅣA族的元素，硼是元素周期表中第ⅢA族的元素，它们的单质及其化合物应用广泛。

### 一、碳及其化合物

扫码“读一读”

金刚石和石墨是碳的两种同素异形体。

活性碳是无定形碳，为一种微晶形石墨，具有很强的吸附能力，被应用于防毒面具。纯净的活性碳可以入药，常用于治疗各种腹泻、胃肠胀气和食物中毒。在制药工业中，常用作除臭剂和脱色剂。目前也被广泛应用于室内和汽车内的空气净化。

碳酸是二氧化碳的水溶液，是一种二元弱酸，很不稳定。

碳酸能形成碳酸盐和碳酸氢盐两类盐。正盐除碱金属盐（锂盐除外）和铵盐外均难溶于水。而与难溶碳酸盐对应的碳酸氢盐的溶解度相对较大，与易溶碳酸盐对应的酸式盐溶解度相对较小。

由于 $CO_3^{2-}$ 具有强的水解性，碳酸盐可以碳酸盐、碱式碳酸盐或氢氧化物等形式存在。具体与金属离子的水解性和生成沉淀的溶度积有关。例如：

$$2Ag^+ + CO_3^{2-} = Ag_2CO_3\downarrow$$

$$2Mg^{2+} + 2CO_3^{2-} + H_2O = Mg_2(OH)_2CO_3\downarrow + CO_2\uparrow$$

$$2Al^{3+} + 3CO_3^{2-} + 3H_2O = 2Al(OH)_3\downarrow + 3CO_2\uparrow$$

碳酸盐和碳酸氢盐一般都具有热不稳定性，酸式盐比正盐稳定性差，受热更易分解。

$$2NaHCO_3 \xlongequal{\triangle} Na_2CO_3 + H_2O + CO_2\uparrow$$

在一定条件下，碳酸盐和碳酸氢盐可以相互转化，例如：

$$CaCO_3 + CO_2 + H_2O = Ca(HCO_3)_2$$

碳酸盐和碳酸氢盐遇酸均能反应，生成二氧化碳和水。

$$CO_3^{2-} + 2H^+ = CO_2\uparrow + H_2O$$

$$HCO_3^- + H^+ = CO_2\uparrow + H_2O$$

## 二、硅和硼的化合物

### （一）二氧化硅

二氧化硅广泛存在于自然界中的岩石、土壤以及矿石中。有晶形和非晶形之分，石英是常见的二氧化硅晶体，无色透明的纯石英叫水晶，常用于制造耐高温仪器和光学仪器。可溶性硅酸盐与酸反应生成硅酸：

$$SiO_3^{2-} + 2H^+ \xlongequal{} H_2SiO_3 \downarrow$$

硅酸经过老化、洗涤、烘干即得到硅胶。实验室中，硅胶用于分析天平和精密仪器的防潮。硅胶中加入了 $Co^{2+}$，吸潮后则显出水合 $Co^{2+}$ 的粉红色，经烘干后仍可继续使用。

### （二）硼酸（$H_3BO_3$）

白色片状晶体，微溶于水中，在热水中溶解度增大。硼酸是一元弱酸，因能够接受水电离出的 $OH^-$ 而产生一个 $H^+$。

$$H_3BO_3 + H_2O \xlongequal{} B(OH)_4^- + H^+$$

硼酸与甘油或其他多元醇作用，因生成稳定配合物，酸性大大增强。

硼酸能抑制细菌生长，在医药上用作消毒剂和防腐剂，可以用来洗涤眼睛等。

### （三）硼砂（$Na_2B_4O_7 \cdot 10H_2O$）

硼砂是无色透明晶体，易制得纯品，其水溶液呈碱性，分析化学中用作标定盐酸溶液的基准物。许多金属氧化物或盐类与硼砂一起灼烧，生成偏硼酸复盐并显出不同颜色，用于金属离子的鉴定，称“硼砂珠试验”。

扫码“读一读”

硼砂在中药上与硼酸相似，可以治疗咽喉炎、口腔炎、中耳炎等。

## 重点小结

1. 卤素的氧化性：$F_2 > Cl_2 > Br_2 > I_2$、氢卤酸的酸性：$HI > HBr > HCl > HF$、卤离子的还原性：$I^- > Br^- > Cl^- > F^-$。

2. 过氧化氢具有弱酸性、氧化性、还原性和不稳定性。

3. 硫代硫酸钠具有不稳定性、还原性和配位性。

4. 磷酸二氢盐均易溶于水，磷酸一氢盐和磷酸正盐中仅有钾、钠、铵盐易溶于水。磷酸银为浅黄色固体，溶于氨水或稀硝酸中。

5. 硼酸（$H_3BO_3$）是一元弱酸。硼砂（$Na_2B_4O_7 \cdot 10H_2O$）水溶液呈碱性。

## 目标检测

### 一、选择题

（一）单项选择题

1. 氢卤酸中酸性最弱的是（　　）

A. HI　　B. HBr　　C. HCl　　D. HF

2. 下列物质中，没有氧化性的是（　　）

A. $Cl_2$　　B. NaCl　　C. NaClO　　D. $NaClO_3$

# 元素周期表

| 族 / 周期 | ⅠA 1 | ⅡA 2 | ⅢB 3 | ⅣB 4 | ⅤB 5 | ⅥB 6 | ⅦB 7 | Ⅷ 8 | Ⅷ 9 | Ⅷ 10 | ⅠB 11 | ⅡB 12 | ⅢA 13 | ⅣA 14 | | | | |
|---|---|---|---|---|---|---|---|---|---|---|---|---|---|---|---|---|---|---|
| 1 | 1 H 氢 $1s^1$ 1.008 | | | | | | | | | | | | | | | | | |
| 2 | 3 Li 锂 $2s^1$ 6.941 | 4 Be 铍 $2s^2$ 9.012 | | | | | | | | | | | 5 B 硼 $2s^22p^1$ 10.81 | 6 C 碳 $2s^22p^2$ 12.01 | 7 N 氮 $2s^22p^3$ 14.01 | [illegible] 16[illegible] | | |
| 3 | 11 Na 钠 $3s^1$ 22.99 | 12 Mg 镁 $3s^2$ 24.31 | | | | | | | | | | | 13 Al 铝 $3s^23p^1$ 26.98 | 14 Si 硅 $3s^23p^2$ 28.09 | 15 P 磷 $3s^23p^3$ 30.96 | 16 [illegible] 硫 $3s^23p^4$ 32.06 | | |
| 4 | 19 K 钾 $4s^1$ 39.10 | 20 Ca 钙 $4s^2$ 40.08 | 21 Sc 钪 $3d^14s^2$ 44.96 | 22 Ti 钛 $3d^24s^2$ 47.87 | 23 V 钒 $3d^34s^2$ 50.94 | 24 Cr 铬 $3d^54s^1$ 52.00 | 25 Mn 锰 $3d^54s^2$ 54.94 | 26 Fe 铁 $3d^64s^2$ 55.85 | 27 Co 钴 $3d^74s^2$ 58.93 | 28 Ni 镍 $3d^84s^2$ 58.69 | 29 Cu 铜 $3d^{10}4s^1$ 63.55 | 30 Zn 锌 $3d^{10}4s^2$ 65.39 | 31 Ga 镓 $4s^24p^1$ 69.72 | 32 Ge 锗 $4s^24p^2$ 72.64 | 33 As 砷 $4s^24p^3$ 74.92 | 34 Se 硒 $4s^24p^4$ 78.96 | 35 [illegible] 溴 $4s^24$[illegible] 79.90 | |
| 5 | 37 Rb 铷 $5s^1$ 85.47 | 38 Sr 锶 $5s^2$ 87.62 | 39 Y 钇 $4d^15s^2$ 88.91 | 40 Zr 锆 $4d^25s^2$ 91.22 | 41 Nb 铌 $4d^45s^1$ 92.91 | 42 Mo 钼 $4d^55s^1$ 95.94 | 43 Tc 锝 $4d^55s^2$ [98] | 44 Ru 钌 $4d^75s^1$ 101.1 | 45 Rh 铑 $4d^85s^1$ 102.9 | 46 Pd 钯 $4d^{10}$ 106.4 | 47 Ag 银 $4d^{10}5s^1$ 107.9 | 48 Cd 镉 $4d^{10}5s^2$ 112.4 | 49 In 铟 $5s^25p^1$ 114.8 | 50 Sn 锡 $5s^25p^2$ 118.7 | 51 Sb 锑 $5s^25p^3$ 121.8 | 52 Te 碲 $5s^25p^4$ 127.6 | 53 I 碘 $5s^25p^5$ 126.9 | [illegible] 131.3 |
| 6 | 55 Cs 铯 $6s^1$ 132.9 | 56 Ba 钡 $6s^2$ 137.3 | 57～71 La～Lu 镧系 | 72 Hf 铪 $5d^26s^2$ 178.5 | 73 Ta 钽 $5d^36s^2$ 180.9 | 74 W 钨 $5d^46s^2$ 183.8 | 75 Re 铼 $5d^56s^2$ 186.2 | 76 Os 锇 $5d^66s^2$ 190.2 | 77 Ir 铱 $5d^76s^2$ 192.2 | 78 Pt 铂 $5d^96s^1$ 195.1 | 79 Au 金 $5d^{10}6s^1$ 197.0 | 80 Hg 汞 $5d^{10}6s^2$ 200.6 | 81 Tl 铊 $6s^26p^1$ 204.4 | 82 Pb 铅 $6s^26p^2$ 207.2 | 83 Bi 铋 $6s^26p^3$ 209.0 | 84 Po 钋 $6s^26p^4$ [209] | 85 At 砹 $6s^26p^5$ [210] | 86 Rn 氡 $6s^26p^6$ [222] |
| 7 | 87 Fr 钫 $7s^1$ [223] | 88 Ra 镭 $7s^2$ [226] | 89～103 Ac～Lr 锕系 | 104 Rf 𬬻* $(6d^27s^2)$ [261] | 105 Db 𬭊* $(6d^37s^2)$ [262] | 106 Sg 𬭳* $(6d^47s^2)$ [263] | 107 Bh 𬭛* $(6d^57s^2)$ [264] | 108 Hs 𬭶* $(6d^67s^2)$ [265] | 109 Mt 鿏* $(6d^77s^2)$ [268] | 110 Ds 𫟼* [269] | 111 Rg 𬬭* [272] | 112 Cn 鿔* [277] | 113 Nh 鉨* [284] | 114 Fl 𫓧* [289] | 115 Mc 镆* [288] | 116 Lv 𫟷* [293] | 117 Ts 鿬 [294] | 118 Og 鿫* [294] |

| | | | | | | | | | | | | | | | |
|---|---|---|---|---|---|---|---|---|---|---|---|---|---|---|---|
| 镧系 | 57 La 镧 $5d^16s^2$ 138.9 | 58 Ce 铈 $4f^15d^16s^2$ 140.1 | 59 Pr 镨 $4f^36s^2$ 140.9 | 60 Nd 钕 $4f^46s^2$ 144.2 | 61 Pm 钷 $4f^56s^2$ [145] | 62 Sm 钐 $4f^66s^2$ 150.4 | 63 Eu 铕 $4f^76s^2$ 152.0 | 64 Gd 钆 $4f^75d^16s^2$ 157.3 | 65 Tb 铽 $4f^96s^2$ 158.9 | 66 Dy 镝 $4f^{10}6s^2$ 162.5 | 67 Ho 钬 $4f^{11}6s^2$ 164.9 | 68 Er 铒 $4f^{12}6s^2$ 167.3 | 69 Tm 铥 $4f^{13}6s^2$ 168.9 | 70 Yb 镱 $4f^{14}6s^2$ 173.0 | 71 Lu 镥 $4f^{14}5d^16s^2$ 175.0 |
| 锕系 | 89 Ac 锕 $6d^17s^2$ [227] | 90 Th 钍 $6d^27s^2$ 232.0 | 91 Pa 镤 $5f^26d^17s^2$ 231.0 | 92 U 铀 $5f^36d^17s^2$ 238.0 | 93 Np 镎 $5f^46d^17s^2$ [237] | 94 Pu 钚 $5f^67s^2$ [244] | 95 Am 镅* $5f^77s^2$ [243] | 96 Cm 锔* $5f^76d^17s^2$ [247] | 97 Bk 锫* $5f^97s^2$ [247] | 98 Cf 锎* $5f^{10}7s^2$ [251] | 99 Es 锿* $5f^{11}7s^2$ [252] | 100 Fm 镄* $5f^{12}7s^2$ [257] | 101 Md 钔* $5f^{13}7s^2$ [258] | 102 No 锘* $5f^{14}7s^2$ [259] | 103 Lr 铹* $5f^{14}6d^17s^2$ [262] |

图例：92 U 铀 $5f^36d^17s^2$ 238.0

- 原子序数
- 元素符号，红色指放射性元素
- 元素名称 注＊的是人造元素
- 外围电子层排布，括号指可能的电子层排布
- 相对原子质量（加括号的数据为该放射性元素半衰期最长同位素的质量数）

金属　非金属　稀有气体　过渡元素

注：相对原子质量录自1999年国际原子量表，并全部取4位有效数字。

第十一章

# 常见金属元素及其化合物

## 学习目标

知识要求 **1. 掌握** 钾、钠、镁、钙及其重要化合物的性质。

**2. 熟悉** 铝、铁、铬、锰、铜、银、汞、锌及其常见化合物的性质。

**3. 了解** 焰色反应；常见金属化合物在食品药品方面的应用。

技能要求 会检验 $Ca^{2+}$、$Mg^{2+}$、$Fe^{3+}$、$Fe^{2+}$、$Cu^{2+}$、$Zn^{2+}$。

在目前已知的 118 种元素中，金属元素有 94 种，约占元素总数的 4/5。金属常分为黑色金属和有色金属两大类，有色金属又分为轻金属、重金属、稀有金属和贵金属。

金属单质多为晶体结构，由于晶体中金属阳离子与不停运动着的自由电子之间存在着强烈的作用力，从而使许多金属阳离子、金属原子和自由电子结合在一起。这种依靠自由电子的运动而将金属原子、金属阳离子结合在一起的化学键称为金属键。

由于金属键的存在，使金属具有许多共同的物理性质，具有特殊的金属光泽，不透明，具有良好的导电性和导热性，有延展性，密度和硬度较大，熔点较高等。

导电性最好的金属是银，延性最好的金属是铂，展性最好的金属是金，密度最大的金属是锇（$2248g/cm^3$），硬度最大的金属是铬，熔点最高的金属是钨，熔点最低的金属是汞。

金属在发生化学反应时，容易失去电子而转变为阳离子，所以金属常作为还原剂，可与非金属反应，也可与酸类、盐类及水反应。

在自然界中，金属元素绝大多数以化合态形式存在于各种矿石中，只有少数金属以游离态存在。这些金属元素常和非金属元素之间可以形成五颜六色、种类多样的化合物。

## 第一节 碱金属

扫码“学一学”

### 案例导入

**案例：**暑假非常炎热的一天，小季和父亲在农田里忙碌。因为大量出汗，小季父亲喝了很多井水，突然感觉四肢软弱无力，身体软绵绵的，还伴随有头晕、恶心、呕吐、腹胀、胸闷、心悸等感觉，以为劳累引起，心想在田间阴凉处休息一下就好了，但休息一段时间后，症状无缓解，甚至出现了呼吸困难。此时，小季意识到问题的严重性，先让父亲喝了他带的运动饮料，然后立即将父亲送到了县城医院，医生在询问了症状和相关情况后，说道：“多亏了你的运动饮料”。

**讨论：**原来小季父亲大量出汗，身体中钠、钾离子随汗液流失过多，再加上大量饮用井水导致出现了稀释性低钠、低钾血症，而运动饮料里面含有微量的钠、钾和一定的糖，糖可助钠、钾的吸收，因此可快速缓解症状。

钠、钾等无机离子，血清中浓度较低，但却是生命活动必需的，对维持人体电解质和酸碱平衡、调节能量代谢及神经、肌肉（骨骼肌、心肌、平滑肌）等可兴奋组织的兴奋性有十分重要的作用。当体内缺钠、钾时，会引起神经、肌肉症状如头晕、全身无力、疲乏、心跳不规律、严重缺钠、钾还会导致呼吸肌肉麻痹甚至死亡。那么以钠、钾为代表的这一族金属元素还有哪些性质呢？

元素周期表中第 IA 族的元素称为碱金属，碱金属元素包括：锂（Li）、钠（Na）、钾（K）、铷（Rb）、铯（Cs）、钫（Fr）六种元素。因它们的氢氧化物都易溶于水（除 LiOH 溶解度稍小外），且呈强碱性，故命名为碱金属。碱金属一般都保存在煤油里，但锂的密度小于煤油而保存在液体石蜡中。

## 一、钠、钾的物理性质

钠和钾都是具有金属光泽的银白色金属，密度都小于 $1g/cm^3$，能浮在水面上，都是轻金属；硬度很小，可以用小刀切割；熔点、沸点都较低。

## 二、钠、钾的化学性质

碱金属钠、钾原子易失去最外层的 1 个电子形成 +1 价阳离子，体现了钠、钾的强还原性和强金属性。钠和钾具有很强的化学活泼性，钾的活泼性比钠更强。

**1. 与非金属反应** 钠在干燥的空气中燃烧生成过氧化钠。

$$2Na + O_2 \xlongequal{燃烧} Na_2O_2$$

常温下钠和钾能与氯气、硫等非金属猛烈反应，生成相应氯化物、硫化物等。

**2. 与水反应** 与水均剧烈反应并放出氢气。

$$2K + 2H_2O \xlongequal{} 2KOH + H_2\uparrow$$

通常将钠和钾保存在干燥的煤油中。

## 三、钠和钾的化合物

**1. 氧化物** 钠和钾在空气中燃烧，可以生成三种类型氧化物：普通氧化物（例如 $Na_2O$、$K_2O$）；过氧化物（例如$Na_2O_2$、$K_2O_2$）；超氧化物（$NaO_2$、$KO_2$）。钠、钾的氧化物都是碱性氧化物，与水反应生成氢氧化物，与酸性氧化物反应生成盐。

$$Na_2O + H_2O \xlongequal{} 2NaOH$$

$$Na_2O + CO_2 \xlongequal{} Na_2CO_3$$

钠、钾的过氧化物与水或稀酸反应生成氢氧化物和过氧化氢，过氧化氢分解放出氧气。

$$Na_2O_2 + 2H_2O \xlongequal{} 2NaOH + H_2O_2$$

$$2H_2O_2 \xlongequal{} 2H_2O + O_2\uparrow$$

钠、钾的过氧化物与酸性氧化物反应生成盐和氧气。

$$2Na_2O_2 + 2CO_2 \xlongequal{} 2Na_2CO_3 + O_2$$

因此过氧化物常用于氧化剂、漂白剂和氧气发生剂。过氧化钠可用作防毒面具的填料剂，用作高空飞行及潜水作业时的供氧剂及二氧化碳吸收剂。

**2. 氢氧化物** 钠、钾的氢氧化物（NaOH、KOH）都是强碱，称为苛性碱。对皮肤、纤维、玻璃等具有强腐蚀作用，使用时要特别小心。

钠、钾的氢氧化物在空气中易潮解，易溶于水，并放出大量的热，跟空气中的二氧化碳反应生成碳酸盐，所以要密封保存。

钠、钾的氢氧化物的水溶液或熔融状态下能溶解许多非金属及其氧化物。如

$$SiO_2 + 2NaOH \xlongequal{} Na_2SiO_3 + H_2O$$

玻璃中含有 $SiO_2$，因此盛放 NaOH 溶液的试剂瓶要用橡皮塞，最好要用耐腐蚀的塑料试剂瓶盛放。

**3. 常见的钠盐和钾盐** 大多数钠盐和钾盐易溶于水。一般都具有较高的热稳定性，难于分解，只有硝酸盐加热到一定温度时能够分解。

碳酸钠（$Na_2CO_3$）俗名纯碱或苏打，是白色粉末。碳酸钠晶体含结晶水，化学式为 $Na_2CO_3 \cdot 10H_2O$。

碳酸氢钠（$NaHCO_3$）俗称小苏打，是细小白色晶体。在医疗上，它可治疗胃酸过多。

硫酸钠（$Na_2SO_4$），硫酸钠无菌溶液静脉滴入可作为利尿剂，十水合硫酸钠 $Na_2SO_4 \cdot 10H_2O$ 俗称芒硝。

焦亚硫酸钠（$Na_2S_2O_5$）常用作药品制剂的抗氧化剂，分析化学和药物分析中可用剩余滴定方式测定含量。

**拓展阅读**

**钠、钾的生理功能**

作为生物体内最主要的两种阳离子，$Na^+$，$K^+$ 有其独特的作用和意义。不管是在宏观或是在微观的生命活动中，$Na^+$ 和 $K^+$ 都起着不可替代的作用。它们对生物体来说必不可少，而在生物体内两种离子的大部分生理功能都是相互协调发挥的，因此，维持两种离子的平衡对生命的活动有着重要的作用和意义。

$Na^+$ 和 $K^+$ 最重要的四种生理功能是：调节机体和细胞的渗透压；参与体内蛋白质和糖类的代谢；调节体液的酸碱平衡；维持正常的神经兴奋性和心肌运动。

其实 $Na^+$ 和 $K^+$ 的生理功能远不止这些。如：钾能降低高钠引起的高血压，钠、钾可参与酶的合成，维持酶的作用，这些都是 $Na^+$ 和 $K^+$ 生理功能的重要体现。

## 第二节 碱土金属

扫码“学一学”

元素周期表中第 IIA 族的元素称为碱土金属，包括：铍（Be）、镁（Mg）、钙（Ca）、锶（Sr）、钡（Ba）、镭（Ra）六种元素。由于钙、锶、钡的氧化物溶于水既呈碱性又有“土性”（化学史上人们曾把在水中溶解度不大而又难熔融的金属氧化物称为土性），因此将本族元素称为碱土金属。

### 一、镁、钙的物理性质

钙和镁具有金属的通性，有良好的导电性，它们的密度、熔点和沸点较钾和钠高。镁

质软，成银白色；钙是银色的软金属，能用刀子切开，新切开的断面有金属光泽。

## 二、镁、钙的化学性质

镁、钙原子易失去最外层的2个电子形成+2价阳离子。镁单质能与热水反应生成氢气和相应的碱，而钙单质与冷水即可反应生成氢气和相应的碱，反应方程式如下所示：

$$Mg + 2H_2O \xlongequal{\triangle} Mg(OH)_2 + H_2\uparrow$$

$$Ca + 2H_2O \xlongequal{} Ca(OH)_2 + H_2\uparrow$$

由于镁、钙是活泼金属，它们能与大多数非金属反应，如它们极易在空气中燃烧，还能与卤素、氮气、氢气、二氧化碳等发生反应。如：

$$3Mg + N_2 \xlongequal{} Mg_3N_2$$

$$2Mg + CO_2 \xlongequal{点燃} 2MgO + C$$

## 三、镁、钙的化合物

**1. 氧化物** 镁在空气中燃烧时生成普通氧化物 MgO，钙在空气中燃烧生成普通氧化物、过氧化物甚至超氧化物。氧化钙（CaO），俗称生石灰。生石灰与水反应生成$Ca(OH)_2$。

$$CaO + H_2O \xlongequal{} Ca(OH)_2$$

**2. 氢氧化物** 氢氧化钙俗称熟石灰、消石灰、石灰水，是重要的建筑材料。

另外，实验室中常将二氧化碳通入澄清饱和石灰水中，查看能否将澄清的溶液变浑浊来鉴别二氧化碳气体的存在与否。反应如下：

$$CO_2 + Ca(OH)_2 \xlongequal{} CaCO_3\downarrow + H_2O$$

氢氧化镁的乳状悬浊液在医学上作为抑制酸剂和缓泻剂，氢氧化镁在工业上常用作填充型的阻燃剂。

**3. 镁盐和钙盐** 镁盐部分易溶于水，钙盐多数难溶于水，$CaCO_3$、$CaC_2O_4$、$CaCrO_4$、$Ca_3(PO_4)_2$等难溶于水，易溶于强酸。

硫酸镁（$MgSO_4$）与甘油调和用作外用消炎药；葡萄糖酸钙、磷酸氢钙、乳酸钙等钙盐药物常用于治疗急性钙缺乏症。

氯化钙（$CaCl_2$）可用于血钙降低引起的手足搐搦症以及肠绞痛、输尿管绞痛，低钙引起的荨麻疹、渗出性水肿，还可用于解救镁盐中毒和抗过敏。无水氯化钙是工业和实验室常用干燥剂，如用于氮气，氧气，氢气，氯化氢，二氧化硫等气体的干燥，但不能用来干燥乙醇和氨（它们会与氯化钙分别反应生成 $CaCl_2 \cdot 4C_2H_5OH$ 和 $CaCl_2 \cdot 8NH_3$）。

## 四、硬水及其软化

天然水中含有较多的钙、镁离子时称为硬水。如果含有的钙、镁离子以碳酸氢盐形式存在，这种水称为暂时硬水，加热煮沸后，碳酸氢盐分解，生成不溶性碳酸盐沉淀而除去。

$$Mg(HCO_3)_2 \xlongequal{\triangle} MgCO_3\downarrow + H_2O + CO_2\uparrow$$

$$Ca(HCO_3)_2 \xlongequal{\triangle} CaCO_3\downarrow + H_2O + CO_2\uparrow$$

如果含有的钙、镁离子以硫酸盐、氯化物形式存在，这种水称为永久硬水，加热时不能除去钙、镁离子。水中钙、镁离子的含量常用硬度来表示。硬水对日常生活和工业生产会造成不利影响甚至严重危害，在食品药品生产和卫生检验中要严格控制水的硬度。减少硬水中钙、镁离子含量的过程叫硬水软化。软化硬水的方法很多，有化学方法——石灰纯碱法，即在硬水中加入石灰、纯碱等，使水中溶解的钙、镁离子生成 $CaCO_3$、$Mg(OH)_2$ 沉淀而除去。还有离子交换法，水中的 $Ca^{2+}$、$Mg^{2+}$ 等被离子交换树脂吸附，离子交换树脂交换放出 $H^+$。离子交换树脂可再生并重复使用。

扫码“学一学”

## 第三节　铝及其化合物

铝是地壳中含量最多的金属，铝占地壳总量 7.73%，铝主要以铝土矿（主要成分为三氧化二铝，含少量氧化铁、二氧化硅）存在。

### 一、铝的物理性质

铝具有银白色金属光泽，密度较小；具有良好的导电性，导电性仅次于银和铜；它的导热性和延展性也很好。

### 二、铝的化学性质

铝是较活泼金属，能与非金属、酸、碱及氧化物反应。

**1. 与非金属反应**　铝与空气接触很快失去光泽，表面生成一层致密而坚固的氧化物薄膜，可保护内层铝不被继续氧化，这种现象叫钝化。利用铝的钝化原理工业上常用铝罐储运发烟硝酸。

**2. 铝的两性**　铝既能溶于稀盐酸和稀硫酸溶液，也易溶于强碱溶液，是两性金属。例如：

$$2Al + 6HCl = 2AlCl_3 + H_2\uparrow$$

$$2Al + 2NaOH + 6H_2O = 2Na[Al(OH)_4] + 3H_2\uparrow$$

**3. 与某些金属氧化物反应**　铝能从许多金属氧化物中夺取氧，表现出较强亲氧性。例如：

$$2Al + Fe_2O_3 = 2Fe + Al_2O_3$$

反应放出大量热，可达到很高的温度（约 3000℃）。铝粉和金属氧化物的混合物称为铝热剂，可用于钢轨的无缝焊接，还可用于制取难熔的金属如钒、铬、锰等。

### 三、铝的化合物

**1. 氧化铝（$Al_2O_3$）**　氧化铝是一种不溶于水的白色粉末，既能溶于酸又能溶于碱，是两性氧化物。

$$Al_2O_3 + 6HCl = 2AlCl_3 + 3H_2O$$

$$Al_2O_3 + 2NaOH + 3H_2O = 2Na[Al(OH)_4]$$

氧化铝又称矾土，在自然界中以晶体状态存在的氧化铝称为刚玉，其硬度仅次于金刚石。被人们称为红宝石的物体就是含有微量氧化铬的氧化铝晶体；蓝宝石是含有微量铁、钛氧化物的氧化铝晶体。

**2. 氢氧化铝［$Al(OH)_3$］**　氢氧化铝是一种白色胶状物质，几乎不溶于水，但能凝聚水中的悬浮物，并能吸附色素。氢氧化铝是两性氢氧化物，既能与强酸反应，也能与强碱反应。如：

$$Al(OH)_3 + 3HCl \longrightarrow AlCl_3 + 3H_2O$$

$$Al(OH)_3 + NaOH \longrightarrow Na[Al(OH)_4]$$

氢氧化铝在医药上用作抗酸药物，常制成氢氧化铝凝胶剂或氢氧化铝片剂，作用缓慢而持久。原因是它的碱性不强可中和过多胃酸，且 $Al(OH)_3$凝胶本身就能保护溃疡面，生成的氯化铝还具有收敛止血的功能。

**课堂互动**

胃舒平是治疗胃酸过多的常用药物,其中含有的有效成分是氢氧化铝,如何用离子方程式表示其治疗原理？碳酸氢钠也常用于做治疗胃酸过多,请说出与氢氧化铝相比较,用碳酸氢钠作为治疗胃酸过多的药物的优点和缺点？

**3. 铝盐** 十八水合硫酸铝［$Al_2(SO_4)_3 \cdot 18H_2O$］主要用于水的净化、造纸和媒染等方面；三氯化铝一般带有结晶水，如 $AlCl_3 \cdot 6H_2O$，它经过灼烧后变为 $Al_2O_3$；十二水合硫酸铝钾［$KAl(SO_4)_2 \cdot 12H_2O$］俗称明矾、白矾、钾明矾，溶于水，水解生成的$Al(OH)_3$溶胶具有吸附能力，广泛用于水的净化，明矾具有收敛作用，5～20g/L 的溶液可用于洗眼或含漱。

**拓展阅读**

铝会导致肾功能不好，易痴呆。研究人员对痴呆病人的研究发现，这类病人脑内有 30% 新皮层区的铝浓度大于 4 μg/g（干重），患者脑部神经元细胞核内，铝的含量为健康人的 4 倍，最大达 30 倍。如果随时间推移，铝在脑中逐渐积累，就会伤害神经元，使人的记忆力丧失。

## 第四节 铁、铬、锰

扫码“学一学”

### 一、铁及其化合物

铁在地壳中的含量仅次于氧、硅和铝，居第四位。

**（一）铁的物理性质**

铁具有灰白色金属光泽；有良好的延展性、导电、导热性能；有很强的铁磁性，属于磁性材料；纯铁质地软，如果铁与其他金属形成合金或者是掺有杂质的铁，通常硬度增大。

**（二）铁的化学性质**

铁是中等活泼的金属元素，能与非金属、酸、水、盐等发生化学反应，常见的氧化数为 +2 和 +3，其中 +3 氧化数的化合物较为稳定。

**1. 与水、酸、盐反应** 在潮湿空气中，铁很容易被腐蚀生成铁锈。铁能与盐酸、稀硫酸及稀硝酸作用生成亚铁盐或铁盐。在常温下，铁遇浓硫酸及浓硝酸产生钝化现象，可用铁制容器贮运浓硫酸和浓硝酸。铁能从比它活泼性弱的金属的盐溶液中置换出这种金属。

**2. 氧化还原性** 在碱性介质中，氢氧化亚铁具有还原性。空气中的 $O_2$ 就能氧化 $Fe(OH)_2$，故实验中往往得不到白色的 $Fe(OH)_2$ 沉淀，看到的是灰绿色的 $Fe(OH)_2$ 和 $Fe(OH)_3$ 的混合物，最后变为红褐色氢氧化铁沉淀：

$$4Fe(OH)_2 + O_2 + 2H_2O = 4Fe(OH)_3$$

在酸性介质中，$Fe^{3+}$ 离子为中强氧化剂，能与 $I^-$、$Sn^{2+}$、$SO_3^{2-}$ 等多种还原剂作用。例如，在分析化学中，用佛尔哈德法的返滴定测定 $I^-$ 时，应先加入过量的 $AgNO_3$ 标准溶液，再加铁铵矾指示剂，以防止 $Fe^{3+}$ 氧化 $I^-$，影响分析结果。

$$2Fe^{3+} + 2I^- = 2Fe^{2+} + I_2$$

（三）铁的化合物

**1. 铁的氧化物** $Fe_2O_3$ 有 $\alpha-Fe_2O_3$ 和 $\gamma-Fe_2O_3$ 两种不同的构型。$\alpha-Fe_2O_3$ 广泛用作红色颜料，用于制备铁氧体磁性材料。$\gamma-Fe_2O_3$ 是生产录音磁带的磁性材料。

FeO 是黑色晶体，不稳定，在空气里加热，就迅速被氧化成四氧化三铁。

$Fe_3O_4$（$FeO \cdot Fe_2O_3$）是一种有磁性的黑色晶体，俗称磁性氧化铁。其纳米材料，具有优异的磁性和宽频率范围的强吸收性，成为战略轰炸机、导弹的隐形材料。

**2. 铁盐** 七水合硫酸亚铁（$FeSO_4 \cdot 7H_2O$）俗称绿矾，它是一种天蓝色或浅绿色晶体；绿矾经过加热脱水可得到无水的 $FeSO_4$，无水硫酸亚铁可以制造除草剂、杀菌剂、木材防腐剂和助染剂等。

氯化铁（$FeCl_3$），无水氯化铁可以用铁与氯气加热直接反应制取，$FeCl_3$ 能引起蛋白质的迅速凝聚。所以在医疗上用作伤口止血剂；氯化铁带了结晶水可以形成 $FeCl_3 \cdot 6H_2O$，由于氯化铁容易水解，所以对 $FeCl_3 \cdot 6H_2O$ 加热脱水得不到 $FeCl_3$。

扫码“看一看”

扫码“看一看”

## 拓展阅读

### 铁与人体的健康

铁在人体中的含量只有 0.004%，微乎其微。但铁是组成血红蛋白的一个不可缺少的成分。人体中的铁，有 72% 以血红蛋白的形式存在。它是一种含铁的复合蛋白，是血液中红细胞的主要成分。血液运送氧气的重大使命，就是由血红蛋白承担的。

铁是一种变价元素。当铁从一种价态转变为另一种价态时，需要消耗（或放出）的能量极少，因而是血液中氧的良好载体。当血液进入肺部后，红细胞中的铁与呼吸作用吸进来的新鲜氧气相结合，铁将由低价变为高价；当血液进入到身体其他部位时，红细胞中的铁，由高价被还原为低价，并释放出氧气，供组织进行氧化反应。其实，血红蛋白的功能，并不限于运送氧气，还有运送二氧化碳和维持血液酸碱平衡的作用，这些功能也是与铁分不开的。

扫码“看一看”

扫码“看一看”

**3. $Fe^{2+}$ 和 $Fe^{3+}$ 的检验** $Fe^{3+}$ 能与硫氰化钾溶液形成血红色配合物，该反应是 $Fe^{3+}$ 的灵敏反应；$Fe^{2+}$ 能与铁氰化钾溶液生成蓝色沉淀，该反应常用来检验 $Fe^{2+}$ 存在。

亚铁盐溶液中加入硫氰酸钾溶液不出现血红色，若加入双氧水后，溶液中 $Fe^{2+}$ 被氧化成 $Fe^{3+}$ 后才能出现血红色。

## 二、铬及其化合物

### （一）铬（Ⅲ）的化合物

铬（Ⅲ）的化合物最稳定，常见的有 $Cr_2O_3$（俗称铬绿），$CrCl_3 \cdot 6H_2O$，$Cr_2(SO_4)_3 \cdot 18H_2O$ 等。$Cr_2O_3$ 和 $Cr(OH)_3$ 是两性物质，微溶于水，溶于酸生成 $Cr^{3+}$，溶于碱生成 $CrO_2^-$（亚铬酸根），在碱性溶液中，$H_2O_2$、$Cl_2$、$Br_2$ 等氧化剂能把亚铬酸盐氧化成铬酸盐。

$$Cr_2O_3 + 6H^+ \rightleftharpoons 2Cr^{3+} + 3H_2O$$

$$Cr_2O_3 + 2OH^- \rightleftharpoons 2CrO_2^- + H_2O$$

$$\underset{（绿色）}{2CrO_2^-} + 3H_2O_2 + 2OH^- \rightleftharpoons \underset{（黄色）}{2CrO_4^{2-}} + 4H_2O$$

$Cr^{3+}$ 在酸性溶液中的还原性很弱，只有 $KMnO_4$、$(NH_4)_2S_2O_8$（过硫酸铵）等很强的氧化剂才能将其氧化。

### （二）铬（Ⅵ）的化合物

常见的有 $CrO_3$、$K_2CrO_4$、$Na_2CrO_4$、$K_2Cr_2O_7$ 等。重铬酸钾（$K_2Cr_2O_7$）为橙红色晶体，易溶于水，有毒，强氧化剂；基准试剂 $K_2Cr_2O_7$ 常配制成标准溶液使用。在重铬酸钾浓溶液中加入浓硫酸，能析出深红色的 $CrO_3$（俗称铬酐），溶于水生成铬酸，铬酸是较强的酸。

$$K_2Cr_2O_7 + H_2SO_4 = K_2SO_4 + 2CrO_3\downarrow + H_2O$$

$$CrO_3 + H_2O = H_2CrO_4$$

$K_2CrO_4$ 是黄色晶体，易溶于水，有毒，强氧化剂。铬酸盐溶于酸后，存在如下平衡：

$$\underset{（橙红色）}{Cr_2O_7^{2-}} + H_2O \rightleftharpoons \underset{（黄色）}{2CrO_4^{2-}} + 2H^+$$

由平衡方程式可知：加酸平衡向左移动，溶液中 $Cr_2O_7^{2-}$ 浓度升高，溶液显橙红色；加碱平衡向右移动，溶液中 $CrO_4^{2-}$ 浓度升高，溶液显黄色。溶液的 $Cr_2O_7^{2-}$ 和 $CrO_4^{2-}$ 的相对浓度取决于溶液的 pH。

在中性或碱性溶液中，$Pb^{2+}$ 离子与铬酸钾（$K_2CrO_4$）反应生成黄色沉淀，沉淀在强酸和强碱溶液中溶解，可用铬酸钾法检验 $Pb^{2+}$ 离子的存在。

$$Pb(NO_3)_2 + K_2CrO_4 = 2KNO_3 + PbCrO_4\downarrow \text{黄色}$$

在酸性溶液中，重铬酸盐或铬酸盐能与 $H_2O_2$ 作用，生成蓝色的过氧化铬，此反应可用于鉴别 $CrO_4^{2-}$ 和 $Cr_2O_7^{2-}$ 离子。

$$4H_2O_2 + Cr_2O_7^{2-} + 2H^+ = 2CrO_5\text{（蓝色）} + 5H_2O$$

铬（Ⅵ）毒性很大，容易进入人体细胞，对肝、肾等内脏器官和 DNA 造成损伤，在人体内蓄积具有致癌性并可能诱发基因突变。“铬酸洗液”（重铬酸钾∶水∶浓硫酸 = 1∶2∶20）用于清洗玻璃仪器，也可以对不锈钢全面清洗钝化，清除各类油污、手印、浮锈等污垢，因此，铬酸洗液用完后要回收重复利用。

## 三、锰及其化合物

### （一）锰

锰是较活泼的金属，锰具有灰色金属光泽。块状的锰在空气中不易被氧化，但其表面上能生成一种氧化膜；粉末状的锰在空气中可被氧化，甚至达到燃烧的程度。锰可以形成 +2、+3、+4、+6、+7 氧化数的多种化合物，但以 +2、+4、+7 氧化数的化合物更为常见。

锰与 Fe、Co、Ni 等元素可制成合金。高锰钢是指锰与铁形成的合金中锰占 10% ~15% 的材料，它具有较高的硬度和耐磨性。

### 课堂互动

在通常条件下，锰以 +2 价最为稳定，从核外电子排布的角度解释为何 +2 价的锰比较稳定？

### （二）锰的化合物

**1. 锰（Ⅱ）化合物** 锰（Ⅱ）的重要化合物是可溶性锰盐，常见的有 $MnSO_4$、$MnCl_2$ 和 $Mn(NO_3)_2$。Mn（Ⅱ）化合物在碱性介质中还原性较强，例如当 $Mn^{2+}$ 离子与 $OH^-$ 离子作用时，可生成 $Mn(OH)_2$ 白色沉淀，放置片刻即被空气中的 $O_2$ 氧化，生成棕色的 $MnO(OH)_2$。

$$Mn^{2+} + 2OH^- = Mn(OH)_2\downarrow$$

$$2Mn(OH)_2 + O_2 = 2MnO(OH)_2$$

**2. 锰（Ⅳ）化合物** $MnO_2$ 在酸性介质中是强氧化剂。$MnO_2$ 与浓 $H_2SO_4$ 作用可生成 $O_2$。

$$2MnO_2 + H_2SO_4 = O_2\uparrow + 2MnSO_4 + 2H_2O$$

$MnO_2$ 在强碱性介质中可显示出还原性。例如：

$$3MnO_2 + 6KOH + KClO_3 \xlongequal{\triangle} 3K_2MnO_4 + 3H_2O + KCl$$

**3. 锰（Ⅵ）化合物** $MnO_4^{2-}$ 离子在强碱性介质中稳定，在酸性介质中发生歧化反应。

$$3MnO_4^{2-} + 4H^+ = 2MnO_4^- + MnO_2\downarrow + 2H_2O$$

**4. 锰（Ⅶ）的化合物** 锰（Ⅶ）化合物中最重要的是高锰酸钾，它是一种深紫色的晶体，易溶于水，溶液呈紫红色。在实验室，高锰酸钾因其强氧化性和溶液颜色鲜艳而常被用于氧化还原滴定中作为自身指示剂的滴定液。高锰酸钾在医药上可用于消毒、洗胃，在工业上用作漂白剂等。

（1）分解反应 $KMnO_4$ 晶体在常温下稳定，加热到 200℃ 以上时，分解放出 $O_2$，是实验室制备少量氧气的一种简便方法。

$$2KMnO_4 \xlongequal{\triangle} K_2MnO_4 + MnO_2 + O_2\uparrow$$

$KMnO_4$ 溶液不稳定，常温下缓慢地分解，生成棕色的 $MnO_2$ 沉淀，并放出 $O_2$。

$$4MnO_4^- + 4H^+ = 4MnO_2\downarrow + 3O_2\uparrow + 2H_2O$$

在光照射下上述反应加速进行，因此 $KMnO_4$ 溶液应保存在棕色瓶中。严禁与易燃物及金属粉末同放。

（2）强氧化性 $KMnO_4$ 是强氧化剂，其还原产物与溶液的酸碱性有关。例如，$KMnO_4$ 在酸性、中性和强碱性介质中与 $Na_2SO_3$ 的反应如下。

$$2MnO_4^- + 5SO_3^{2-} + 6H^+ = 2Mn^{2+} + 5SO_4^{2-} + 3H_2O$$

$$2MnO_4^- + 3SO_3^{2-} + H_2O = 2MnO_2\downarrow + 3SO_4^{2-} + 2OH^-$$

$$2MnO_4^- + SO_3^{2-} + 2OH^- = 2MnO_4^{2-} + SO_4^{2-} + H_2O$$

在分析化学中利用高锰酸钾在酸性溶液中能与许多还原性物质，如 $Fe^{2+}$、$C_2O_4^{2-}$、$AsO_4^{3-}$ 等反应，并可测定其含量。

$$MnO_4^- + 5Fe^{2+} + 8H^+ = Mn^{2+} + 5Fe^{3+} + 4H_2O$$

$$2MnO_4^- + 5C_2O_4^{2-} + 16H^+ = 2Mn^{2+} + 10CO_2\uparrow + 8H_2O$$

扫码“学一学”

# 第五节　铜、银、汞、锌

## 一、铜及其化合物

铜在周期表中的IB族，是人们早已知道的不活泼金属，它们在自然界中多以单质的形式存在。铜单质密度较大，且具有较高的熔点、沸点和良好的延展性、导热性、导电性。铜在干燥的空气中很稳定，在潮湿的空气中表面慢慢生成铜锈。

**1. 氧化亚铜**　$Cu_2O$难溶于水。溶液中形成的$Cu_2O$因晶粒大小不同颜色可由黄、橙黄到棕红。临床医学上用碱性酒石酸钾钠的铜（Ⅱ）盐溶液检查尿糖，就是利用生成$Cu_2O$沉淀的多少来判断尿糖含量。

**2. 氧化铜**　CuO是难溶于水的黑色固体，易溶于酸生成相应的盐。

**3. 氢氧化铜**　氢氧化铜是淡蓝色固体，受热时脱水变为黑色的CuO。$Cu(OH)_2$略显两性，易溶于酸，也能溶于浓的强碱溶液中，生成蓝紫色的$[Cu(OH)_4]^{2-}$配离子。

$$Cu(OH)_2 + 2OH^- = [Cu(OH)_4]^{2-}$$

$Cu(OH)_2$溶于氨水，生成深蓝色的$[Cu(NH_3)_4]^{2+}$配离子：

$$Cu(OH)_2 + 4NH_3 = [Cu(NH_3)_4]^{2+} + 2OH^-$$

### 拓展阅读

**铜与人体的健康**

铜是人体必需的微量元素之一。在人体中，有许多生物化学反应，都要有酶的催化，人体内至少有11种氧化酶含有铜离子。铜对体内铁的运输和利用，有着重要作用。 缺了它会造成血色素下降，这就是缺铜性贫血。另外缺铜会造成骨骼变脆、心血管功能紊乱、皮下出血等症状。

近几年科学研究表明，人体里的铜元素，对人体骨架的形成，也有着十分重要的作用。铜元素在机体组织发生癌变过程中还起着抑制作用。另外，铜还可预防心血管病、消炎抗风湿等作用。

## 二、银及其化合物

银的化学活泼性很差，在空气中比较稳定。纯银很软，银与铜制造的合金常用于某些电子元器件。

**1. 氧化银**　氧化银（$Ag_2O$）呈棕黑色，微溶于水，溶液显碱性。$Ag_2O$能溶于$HNO_3$溶液生成$AgNO_3$，也能溶于氨水生成$[Ag(NH_3)_2]^+$配离子。$Ag_2O$具有氧化性，能将CO氧化为$CO_2$。

$$Ag_2O + CO = 2Ag + CO_2$$

故$Ag_2O$和$MnO_2$、$Co_2O_3$、CuO的混合物常用于防毒面具中。

**2. 银盐** 银盐一个重要的特点是多数难溶于水，硝酸银（$AgNO_3$）是最重要的可溶性银盐。硝酸银在日光直接照射时逐渐分解。

$$2AgNO_3 \xlongequal{光照} 2Ag\downarrow + 2NO_2\uparrow + O_2\uparrow$$

因此硝酸银晶体或它的溶液应当保存在棕色瓶中。如果在 $AgNO_3$ 溶液中加入 NaOH，首先析出白色 AgOH，常温下 AgOH 极不稳定，立即脱水生成暗褐色 $Ag_2O$ 沉淀。

硝酸银遇蛋白质生成黑色的蛋白银，因此使用时不要接触皮肤。10% 的硝酸银溶液在医药上作消毒剂和防腐剂。

## 三、汞及其化合物

汞是不活泼金属，常温下以液态存在，容易挥发，汞蒸汽毒性很大，易引起人体慢性中毒。汞与硫或 $Hg^{2+}$ 会发生下列反应：

$$Hg + S = HgS$$

$$Hg^{2+} + Hg = Hg_2^{2+}$$

氯化汞与氨水反应，生成氯化氨基汞白色沉淀；氯化亚汞与氨水反应生成氯化氨基汞和汞，呈现出灰黑色的沉淀。

$$HgCl_2 + 2NH_3 = NH_4Cl + HgNH_2Cl\downarrow$$

$$Hg_2Cl_2 + 2NH_3 = NH_4Cl + Hg\downarrow + HgNH_2Cl\downarrow$$

上述反应可用于鉴定和区分 $Hg_2^{2+}$ 和 $Hg^{2+}$ 离子。

### 拓展阅读

**含汞废水的处理方法**

化学沉淀法：在含汞废水中加入 $Na_2S$ 或通入 $H_2S$，即可将 $Hg^{2+}$ 以硫化汞的形式除去。由于 HgS 可溶于过量 $Na_2S$ 中形成 $[HgS_2]^{2-}$，达不到去除 $Hg^{2+}$ 的目的，因此 $Na_2S$ 不能过量。可向含 $Hg^{2+}$ 废水中加入对水质影响不大的 $FeSO_4$，使其与过量的 $Na_2S$ 作用生成 FeS。控制适当的 pH，可使 FeS 与悬浮的 HgS 一起从废水中沉淀出来。

还原法：采用铁屑、铜屑、锌等金属做还原剂，使废水中的 $Hg^{2+}$ 还原为金属汞，再进行回收。

离子交换法：让废水流经离子交换树脂，汞被交换下来。该法是目前认为最好的除汞方法，但是此方法投资较大。

硫化汞（HgS）的天然矿物叫辰砂或朱砂，暗红色或鲜红色，有光泽，易碎，无臭，无味，难溶于水，也难溶于盐酸或硝酸，而溶于王水。朱砂外用能杀死皮肤细菌和寄生虫，另外它还有镇静、催眠作用,。

氯化汞（$HgCl_2$）能升华，俗称升汞，是白色晶体，微溶于水，有剧毒，内服 0.2 ~ 0.4g 可致死。在医药上可用作手术器械的消毒剂，也可用作防腐剂。中药称“白降丹”，用于治疗疔毒。

氯化氨基汞（$HgNH_2Cl$）又称“白降汞”，在医药上可制成软膏，用以治疗疥、癣等皮肤病。

氯化亚汞（$Hg_2Cl_2$）俗称甘汞，难溶于水，少剂量时无毒，内服可作轻泻剂，外用治疗慢性溃疡及皮肤病。氯化亚汞见光易分解，为了防止分解要用棕色玻璃瓶盛装 $Hg_2Cl_2$。

## 四、锌及其化合物

锌是最重要的生命必需金属元素之一，各种生命形式都需要锌。

锌是两性元素，既能与非氧化性酸作用放出氢气，又能溶于强碱溶液中：

$$Zn + H_2SO_4 = ZnSO_4 + H_2\uparrow$$

$$Zn + 2NaOH + 2H_2O = \underset{\text{四羟基合锌酸钠}}{Na_2[Zn(OH)_4]} + H_2\uparrow$$

氧化锌是锌在空气中加热至 500℃燃烧反应生成的，是不溶于水的白色粉末。氧化锌（ZnO）具有两性，既能溶于酸，又能溶于碱。氧化锌是常用药物，具有收敛和杀菌作用，也可作白色颜料。

氢氧化锌［$Zn(OH)_2$］，氢氧化锌是可溶性锌盐与碱作用制得的白色沉淀。氢氧化锌具有两性。

$$Zn(OH)_2 + 2HCl = ZnCl_2 + 2H_2O$$

$$Zn(OH)_2 + 2NaOH = Na_2ZnO_2 + 2H_2O$$

硫化锌（ZnS），硫化锌用可溶性锌盐溶液通入硫化氢制取。硫化锌与硫酸钡共沉淀形成的混合晶体 $ZnS \cdot BaSO_4$ 叫锌钡白，俗称立德粉，是一种优良的白色颜料。

### 拓展阅读

**用途广泛的金属材料——记忆合金**

记忆合金最令人鼓舞的应用是在航天技术中。1969 年 7 月 20 日，“阿波罗”11 号登月舱在月球着陆，实现了人类第一次登月旅行的梦想。宇航员登月后，在月球上放置了一个半球形的直径数米大的天线，用以向地球发送和接收信息。数米大的天线怎么能装在小小的登月舱里送上月球呢？原来天线就是用当时刚刚发明不久的记忆合金制成的。用极薄的记忆合金材料先在正常情况下按预定要求做好，然后降低温度把它压成一团，装进登月舱带上天去。放到月面上以后，在阳光照射下温度升高，当达到转变温度时，天线又“记”起了自己的本来面貌，变成一个巨大的半球形。

目前，金属材料的形状记忆效应和超弹性已广泛用于医学和生活各个领域。如制造血栓过滤器、脊柱矫形棒、接骨板、人工关节、人造心脏等等。还可以广泛地应用于各种自动调节和控制装置。形状记忆薄膜和细丝可能成为未来超微型机械手和机器人的理想材料。特别是它的质轻、高强度和耐蚀性使它备受各个领域青睐。

## 重点小结

1. 钠、钾氧化物可分为：普通氧化物、过氧化物和超氧化物三种类型。

2. 碳酸钠（$Na_2CO_3$）俗名纯碱或苏打，碳酸氢钠（$NaHCO_3$）俗称小苏打，十水合硫酸钠（$Na_2SO_4 \cdot 10H_2O$）俗称芒硝，十二水合硫酸铝钾［$KAl(SO_4)_2 \cdot 12\ H_2O$］俗称明矾，七水合硫酸亚铁（$FeSO_4 \cdot 7H_2O$）俗称绿矾。

3. 大多数钠盐和钾盐易溶于水，镁盐部分易溶于水，钙盐多数难溶于水；所谓“软化”就是降低硬水中的钙、镁等离子浓度，软化硬水的方法有加热法、化学法、离子交换法。

4. 锰是较活泼的金属，以 +2、+4、+7 氧化数的化合物更为常见；铜是不活泼金属，其常见化合物主要有 $CuO$、$Cu_2O$、$CuSO_4$ 等；铬（Ⅵ）、氯化汞（$HgCl_2$）会引起重金属中毒。

5. 铝、铁在冷的浓硫酸、浓硝酸中，其表面生成致密的氧化膜而产生钝化。

6. 铝、氧化铝、氢氧化铝、锌、氧化锌、氢氧化铝都具有两性。

## 目标检测

### 一、选择题

（一）单项选择题

1. 下列物质中含有金属健的是（　　）

A. 铜片　　B. 硫酸铜晶体　　C. 氧化铜　　D. 氯化铜

2. 最适合大量贮运浓硫酸和浓硝酸的容器是（　　）

A. 玻璃或陶瓷　　B. 铁和铝　　C. 铜和铁　　D. 玻璃和塑料

3. 下列金属氧化物呈黑色的是（　　）

A. 氧化亚铜　　B. 氧化铝　　C. 氧化铜　　D. 氧化锌

4. 在常温下，下列各组能相互作用使金属溶解的是（　　）

A. 铝和浓硝酸　　B. 铁和浓硫酸　　C. 铜和稀硝酸　　D. 金和稀硝酸

5. 下列关于氢氧化铝叙述错误的是（　　）

A. 氢氧化铝是一种不溶于水白色胶状物质

B. 氢氧化铝是两性氢氧化物

C. 氢氧化铝能凝聚水中的悬浮物，并能吸附色素

D. 氢氧化铝既能溶于氢氧化钠、盐酸，又能溶于氨水

6. 用铂丝蘸取少量 $CaCl_2$ 溶液在无色高温火焰中燃烧出现的颜色是（　　）

A. 黄绿　　B. 砖红　　C. 蓝色　　D. 黄色

7. 碱金属和碱土金属分别位于周期表的（　　）族

A. IA 和 IIA　　B. IB 和 IIB　　C. ⅥA 和ⅦA　　D. IA 和 IIB

8. 下列选项中元素原子半径最大且金属性最强的是（　　）

A. Mg　　B. Be　　C. Sr　　D. Ba

9. 下列选项中元素原子半径最小且金属性最弱的是（　　）

A. Na　　B. K　　C. Li　　D. Cs

10. 下列选项中对氢氧化钙俗称错误的是（　　）

A. 熟石灰　　B. 消石灰　　C. 石灰水　　D. 生石灰

11. 下列哪两种物质可以用于实验室制备过氧化氢（　　）

A. 过氧化钡和稀硫酸　　B. 氧化钠和水

C. 氧化钠和 $CO_2$　　D. 过氧化钠和 $CO_2$

12. 下列哪种物质可以用于防毒面具填料剂及高空飞行时的供氧剂（　　）

A. 氧化钡　　B. 氧化钠　　C. 碳酸钠　　D. 过氧化钠

13. 下列哪种措施可以检验 $Fe^{2+}$（　　）

A. 加入氨水后加热　　B. 加硫氰化钾

C. 加硫氰化钾后再加少量双氧水　　D. 加盐酸

14. 下列物质不显示两性的是（　　）

A. $Al(OH)_3$　　B. $Be(OH)_2$　　C. ZnO　　D. $Mg(OH)_2$

15. 硝酸银晶体或它的溶液应当保存在（　　）

A. 白色玻璃瓶　　B. 棕色玻璃瓶　　C. 白色塑料桶　　D. 没有特别要求

（二）多项选择题

1. 下列物质化学式和俗名吻合的有（　　）

A. $Na_2CO_3$俗名纯碱或苏打　　B. $NaHCO_3$俗称小苏打

C. $Na_2SO_4 \cdot 10H_2O$ 俗称芒硝　　D. ［$KAl(SO_4)_2$］俗称明矾

E. （$FeSO_4 \cdot 5H_2O$）俗称绿矾

2. 下列哪些物质应该保存在棕色玻璃瓶中（　　）

A. 硝酸银　　B. 氧化锌　　C. 硫酸钡

D. 高锰酸钾　　E. 苛性钠

3. 下列哪些物质显示两性（　　）

A. $Al(OH)_3$　　B. $Zn(OH)_2$　　C. ZnO

D. $Mg(OH)_2$　　E. $Cu(OH)_2$

4. 下列关于铁单质的化学性质说法正确的是（　　）

A. 可与非金属反应　　B. 可与盐酸反应

C. 可与稀硝酸反应　　D. 可与稀硫酸反应

E. 在潮湿的空气中生成铁锈

5. 下列哪些物质可与氢氧化铝反应（　　）

A. 盐酸　　B. NaOH　　C. 氨水　　D. $Mg(OH)_2$　　E. 稀硫酸

6. 下列关于哪些物质可以与铁单质发生反应（　　）

A. 浓硝酸　　B. 加热，浓硫酸　　C. 稀硝酸

D. 稀硫酸　　E. 干燥空气中的 $CO_2$

7. 下列说法正确的是（　　）

A. 二氧化锰黑色　　B. 高锰酸钾可直接配制标准溶液

C. $Hg_2Cl_2$俗称甘汞　　D. Cr（Ⅵ）有毒

E. 锰的主要化合价为 +2、+3、+4、+6 和 +7 价。

（狄敬旭）

扫码“练一练”

# 下篇　实训部分

## 实训室规则

### 一、实训室工作规则

1. 遵守纪律，保持肃静，集中思想，认真操作。

2. 仔细观察各种现象，并如实地详细记录在实训报告中。

3. 实训时应保持实训室和桌面清洁整齐，废纸、火柴梗和废液等应倒在废物缸内，严禁倒入水槽内，以防水槽淤塞和腐蚀，碎玻璃应放在废玻璃箱内回收。

4. 爱护国家财物，小心使用仪器和实训室设备，注意节约水和电。

5. 使用试剂时应注意下列几点：

（1）试剂应按规定量取用，如果书中未规定用量，应注意节约，尽量少用。

（2）取用固体试剂时，注意勿使其撒落在实训台上。

（3）试剂自瓶中取出后，不应倒回原瓶中，以免带入杂质而引起瓶中试剂变质。

（4）试剂瓶用过后，应立即盖上塞子，并放回原处，以免和其他瓶上的塞子搞错，混入杂质。

（5）同一滴管在未洗净时，不应在不同的试剂瓶中吸取溶液。

（6）实训教材中规定在实训做过后要回收的试剂，都应倒入回收瓶中。

6. 使用精密仪器时，必须严格按照操作规程进行操作，细心谨慎，避免粗枝大叶而损坏仪器。如发现仪器有故障，应立即停止使用并报告指导教师，及时排除故障。

7. 合理安排实训时间，中途不得擅自离开实训室。实训完毕后，师生进行实训小结。实训小结后，应将仪器洗刷干净，放回规定的位置、整理好桌面，把实训台揩净，并打扫地面，最后检查水龙头是否关紧。电插头或闸刀是否拉开。整理好各自的工作环境并报告老师，经检查认可后，方可离开实训室。实训室内一切物品（仪器试剂和产物等）不得带离实训室。

8. 值日生在实训课结束后，要对实训室进行全面整理清扫；倾倒废液，检查并关好水、电、煤气和门窗等。

9. 要根据实训教材的要求，认真写好书面实训报告，小结本次实训的成功和失败。

### 二、实训室安全规则

在实训过程中，每个人都应注意安全，安全规则如下。

1. 一切有毒气体或有恶臭的物质的实训，都应在通风橱中进行。

2. 一切易挥发的或易燃的物质的实训，都应在离火较远的地方进行，并应尽可能在通风橱中进行。

3. 使用酒精灯，应随用随点，不用时盖上灯罩。不要用已点燃的酒精灯去点燃别的酒精灯，以免酒精溢出而失火。

4. 加热试管时，不要将试管口指向自已和别人，也不要俯视正在加热的液体，以免溅出的液体把人烫伤。

5. 在闻瓶中气体的气味时，鼻子不能直接对着瓶口（或管口），而应用手把少量气体轻轻扇向自已的鼻孔。

6. 浓酸、浓碱具有强腐蚀性，切勿溅在衣服、皮肤、尤其眼睛上。稀释浓硫酸时，应将浓硫酸慢慢地注入水中，并不断搅动，切勿将水注入浓硫酸中、以免产生局部过热，使浓硫酸溅出，引起灼伤。

7. 每次实训后，应把手洗净，方可离开实训室。

## 三、实训中意外事故的处理

在实训中如果不慎发生意外事故，不要慌张，应沉着、冷静，迅速处理。

**1. 烫伤** 可用高锰酸钾或苦味酸溶液揩洗灼烧处，再搽上凡士林或烫伤油膏。

**2. 受强酸腐伤** 应立即用大量水冲洗，然后搽上碳酸氢钠油膏或凡士林。

**3. 受浓碱腐伤** 应立即用大量水冲洗，然后用柠檬酸或硼酸饱和溶液洗涤，再搽上凡士林。

**4. 割伤** 应立即用药棉揩净伤口，搽上龙胆紫药水，再用纱布包扎。如果伤口较大，应立即到医务室医治。

**5. 火灾** 如酒精、苯或醚等引起着火时，应立即用湿布或沙土等扑灭；如火势较大，可使用 $CCl_4$灭火器或 $CO_2$泡沫灭火器，但不可用水扑救，因水能和某些化学试剂（如金属钠）发生剧烈的反应而引起更大的火灾。如遇电气设备着火，必须使用 $CCl_4$灭火器，绝对不可用水或 $CO_2$泡沫灭火器。

**6. 触电** 遇有触电事故，首先应切断电源，然后在必要时，进行人工呼吸。

（张雪昀）

# 实训常用仪器简介

| 仪器图形与名称 | 主 要 用 途 | 使用方法及注意事项 |
| --- | --- | --- |
| 试管 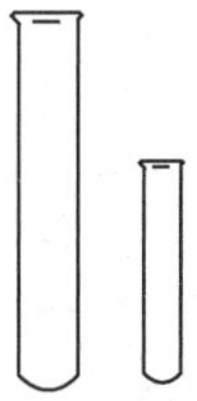 | 用作少量试剂的溶解或反应的仪器，也可收集少量气体、装配小型气体发生器 | 可直接加热，加热时外壁要擦干，用试管夹夹住或用铁夹固定在铁架台上；加热固体时，管口略向下倾斜，固体平铺在管底；加热液体时液体量不超过容积的1/3，管口向上倾斜，与桌面成45°，切忌管口对着人。装溶液时不超过试管容积的1/2 |
| 坩埚  | 用于高温灼烧固体试剂并用于称量，如测定结晶水合物中结晶水含量的实训 | 能耐1200～1400℃的高温。有盖，可防止试剂崩溅。坩埚可在泥三角上直接加热，热坩埚及盖要用坩埚钳夹取，热坩埚不能骤冷或溅水。热坩埚冷却时应放在干燥器中 |
| 烧杯  | 配制、浓缩、稀释、盛装、加热溶液，也可作较多试剂的反应容器、水浴加热器 | 加热时垫石棉网，外壁要擦干，加热液体时液体量不超过容积的1/2，不可蒸干，反应时液体不超过2/3，溶解时要用玻璃棒轻轻搅拌 |
| 烧瓶 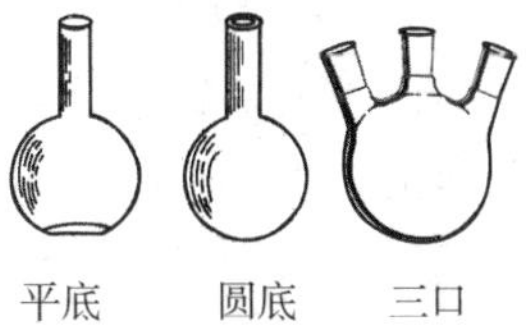 平底　圆底　三口 | 用作加热或不加热条件下较多液体参加的反应容器 | 平底烧瓶一般不做加热仪器，圆底烧瓶加热要垫石棉网，或水浴加热；液体量不超过容积的1/2；三口圆底烧瓶侧管插入温度计于溶液中，中间瓶口装滴液漏斗 |
| 蒸馏烧瓶 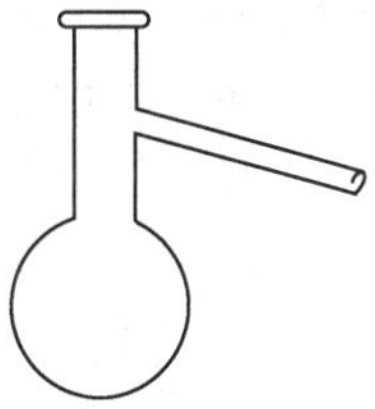 | 作液体混合物的蒸馏或分馏，也可装配气体发生器 | 加热要垫石棉网，要加碎瓷片防止暴沸，分馏时温度计水银球宜在支管口处 |
| 锥形瓶  | 滴定中的反应器，也可收集液体，组装洗气瓶 | 同圆底烧瓶。滴定时只振荡，因而液体不能太多，不搅拌 |

续表

| 仪器图形与名称 | 主要用途 | 使用方法及注意事项 |
| --- | --- | --- |
| 集气瓶<br>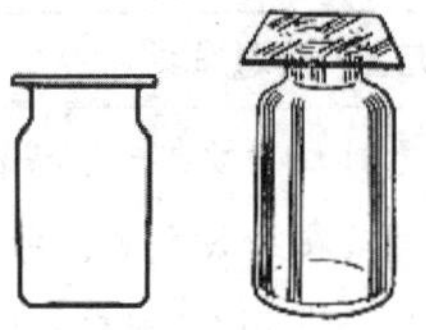 | 收集贮存少量气体，装配洗气瓶，气体反应器、固体在气体中燃烧的容器 | 不能加热，作固体在气体中燃烧的容器时，要在瓶底盛放少量水或一层细沙。瓶口磨砂（与广口瓶瓶颈磨砂相区别），用磨砂玻璃片封口 |
| 试剂瓶<br> | 放置试剂用。可分广口瓶和细口瓶，广口瓶用于盛放固体试剂（粉末或碎块状）；细口瓶用于盛放液体试剂 | 都是磨口并配有玻璃塞。有无色和棕色两种，见光分解需避光保存的一般使用棕色瓶。盛放强碱固体和溶液时，不能用玻璃塞，需用胶塞和软木塞。试剂瓶不能用于配制溶液，也不能用作反应器，不能加热。瓶塞不可互换 |
| 滴瓶<br>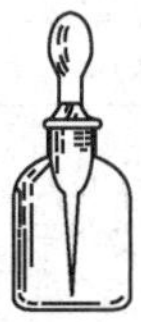 | 盛放少量液体试剂的容器。由滴管和滴瓶组成，滴管置于滴瓶内 | 滴瓶口为磨口，不能盛放碱液。有无色和棕色两种，见光分解需避光保存的（如硝酸银溶液）应盛放在棕色瓶内。酸和其他能腐蚀橡胶制品的液体（如液溴）不宜长期盛放在瓶内。滴管用毕应及时放回原瓶，切记！不可“串瓶” |
| 铁架台<br>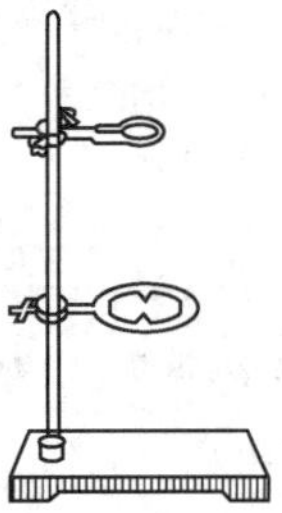 | 固定或放置反应容器；铁圈可代替漏斗架用于过滤 | 先调节好铁圈、铁夹的距离和高度，注意重心，防止放立不稳；用铁夹夹持仪器时，应以仪器不能转动为宜，不能过紧过松，过紧易夹破，过松易脱落；加热后的铁圈不能撞击或摔落在地，避免断裂 |
| 滴定管<br>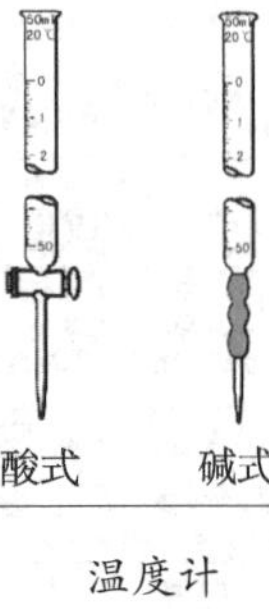<br>酸式　碱式 | 中和滴定（也可用于其他滴定）用，可准确量取液体体积，酸式滴定管盛酸性、氧化性溶液，碱式滴定管盛碱性、非氧化性溶液，二者不能互代 | 使用前要洗净并检查是否漏液，先润洗再装溶液，“0”刻度在上方，但不在最上；最大刻度不在最下。精确至0.1ml，可估读到0.01ml。读数时视线与凹液面相切 |
| 温度计<br> | 测定温度的量具，温度计有水银的和酒精的两种。常用的是水银温度计 | 使用温度计时要注意其量程，注意水银球部位玻璃极薄（传热快）不要碰着器壁，以防碎裂，水银球放置的位置要合适。如测液体温度时，水银球应置于液体中；做石油分馏实训时水银球应放在分馏烧瓶的支管处 |

续表

| 仪器图形与名称 | 主 要 用 途 | 使用方法及注意事项 |
| --- | --- | --- |
| 表面皿  | 盖在烧杯或蒸发皿上；作点滴反应器皿或气室用；盛放干净物品 | 不能直接用火加热，防止破裂；不能当蒸发皿用 |
| 长颈漏斗  | 装配反应器，便于注入反应液 | 下端应插入液面下，否则气体会从漏斗口跑掉 |
| 分液漏斗 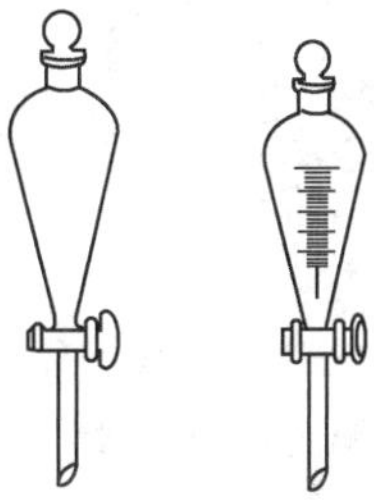 | 用于分离密度不同且互不相溶的液体；也可组装反应器，以随时加液体；也可用于萃取分液 | 使用前先检查是否漏液。分液时下层液体自下口放出，上层液体从上口倒出，放液时打开上盖或将塞上的凹槽对准上口小孔 |
| 干燥器  | 用于存放需要保持干燥的物品的容器。干燥器隔板下面放置干燥剂，需要干燥的物品放在适合的容器内，再将容器放于干燥器的隔板上 | 灼烧后的坩埚内试剂需要干燥时，须待冷却后再将坩埚放入干燥器中。干燥器盖子与磨口边缘处涂一层凡士林，防止漏气。干燥剂要适时更换。开盖时，要一手扶住干燥器，一手握住盖柄，稳稳平推 |
| 毛刷  | 以大小和用途表示，如试管刷。洗刷玻璃器皿 | 使用前检查顶部竖毛是否完整，避免顶端铁丝戳破玻璃仪器 |
| 药匙  | 有牛角、瓷质和塑料质三种，两端各有一勺，一大一小。药勺用于取固体试剂 | 根据试剂的需要量，可选用一端。药匙用毕，需洗净，用滤纸吸干后，再取另一种试剂 |
| 坩埚钳 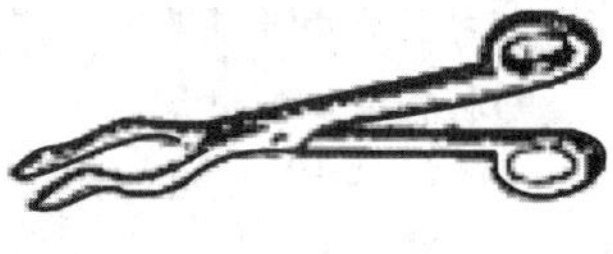 | 夹持坩埚和坩埚盖的钳子。也可用来夹持蒸发皿 | 当夹持热坩埚时，先将钳头预热，避免瓷坩埚骤冷而炸裂；夹持瓷坩埚或石英坩埚等质脆易破裂的坩埚时，既要轻夹又要夹牢 |

续表

| 仪器图形与名称 | 主要用途 | 使用方法及注意事项 |
| --- | --- | --- |
| 试管夹<br>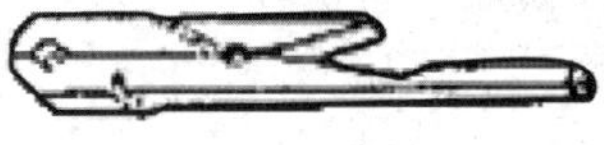 | 用于夹持试管进行简单加热的实训。一般为竹制品 | 夹持试管时，试管夹应从试管底部套入，夹于距试管口2~3厘米处。在夹持住试管后，右手要握住试管夹的长臂，右手拇指千万不要按住试管夹的短臂（即活动臂），以防拇指稍用力造成试管脱落打碎 |
| 研钵<br> | 用于研磨固体物质，使之成为粉末状。有玻璃、白瓷、玛瑙或铁制研钵。与研杵配合使用 | 不能加热，研磨时不能用力过猛或锤击。如果要制成混和物粉末，应将组分分别研磨后再混和，如二氧化锰和氯酸钾，应分别研磨后再混和，以防发生反应 |
| 称量瓶<br> | 需要准确称取一定量的固体样品时用 | 不能直接用火加热。盖与瓶配套，不能互换 |
| 石棉网<br> | 加热时垫在受热仪器与热源之间，能使受热物体均匀受热 | 用前检查石棉是否完好，石棉脱落的不能使用。不能与水接触或卷折 |
| 点滴板<br>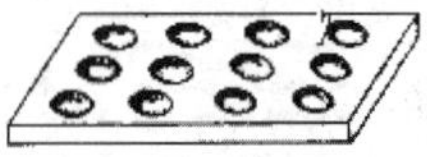 | 用作同时进行多个不需分离的少量沉淀反应的容器，根据生成的沉淀、以及反应溶液的颜色选用黑、白或透明点滴板 | 不能加热。不能用于含氢氟酸溶液和浓碱液的反应 |
| 冷凝管<br>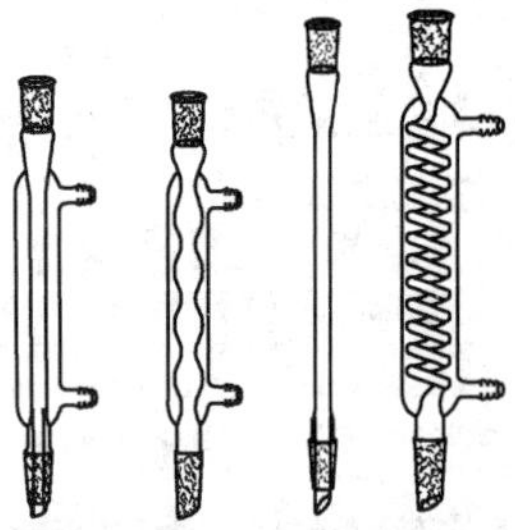<br>直形 球形 空气 蛇形 | 用于蒸馏装置中冷却蒸气。蒸馏沸点低于130℃的液体，用直形冷凝管。沸点高的液体且须加快蒸馏时，则用蛇形冷凝管 | 冷凝管下口为进水口，上口为出水口，且上端出水口应向上；用铁架台的铁夹夹住冷凝管的重心部位（约中上方）；蒸馏时，应先向冷凝管通冷水，再加热；蛇形冷凝管须垂直装置，切不可斜装 |
| 接液管<br> | 用于接收冷凝管中冷凝的液体 | 接液管与接收容器（如锥形瓶）间不可用塞子塞住；实训完毕，在拆除装置时，应先拆除接液管，后拆除冷凝管 |

续表

| 仪器图形与名称 | 主 要 用 途 | 使用方法及注意事项 |
| --- | --- | --- |
| 熔点测定管<br>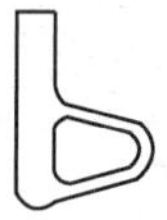 | 用于测量熔点的仪器 | 测定熔点时，熔点测定管应固定在铁架台上；应在熔点测定管的倾斜部分进行加热 |
| 分馏柱<br>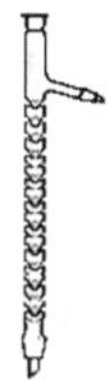 | 用于分馏时，冷却混合液的蒸气 | 使用时，分馏柱底部放一些玻璃丝以防止填充物下坠入蒸馏烧瓶中；分馏柱的填充物要保留一定的空隙 |
| 抽滤瓶和布氏漏斗<br>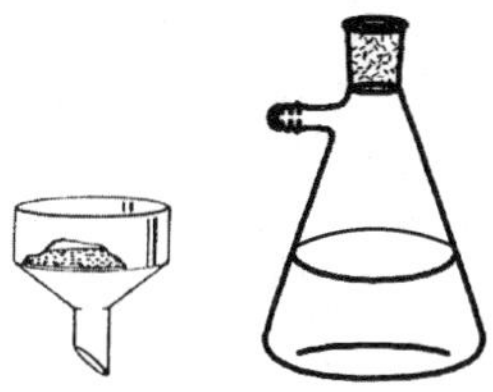 | 用于吸滤装置，使析出的晶体从母液中分离出来。吸滤瓶用于接收滤液 | 布氏漏斗以橡皮塞固定在抽滤瓶上，须紧密不漏气；布氏漏斗下端的缺口对着抽滤瓶的侧管；滤纸应小于布氏漏斗的底面；抽滤之前必须用同一种溶剂将滤纸湿润，使滤纸紧贴于布氏漏斗的底面 |
| 热水漏斗<br> | 用于趁热过滤 | 如果溶剂是水，可加热热水漏斗的侧管。若溶剂是可燃性的，则应先把漏斗中的水烧热，熄灭火焰后，才能过滤；过滤时，先用少量溶剂湿润滤纸，可避免滤纸过滤时因吸附溶剂而使结晶析出；滤纸折成菊花形，这样可减少过滤时析出结晶的机会<br>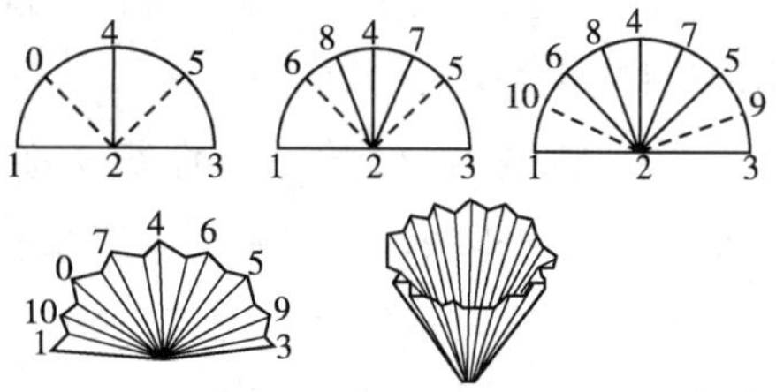 |
| 滴液漏斗<br>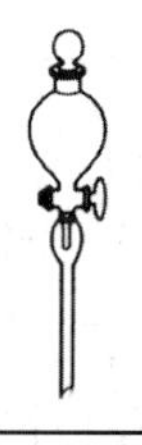 | 用来滴加某种试液或溶液 | 玻璃塞打开后才能开启活塞；使用前需检查是否漏水；用完后，应用水冲洗干净，玻璃塞用薄纸包裹后塞回；不能用手拿滴液漏斗的下端 |

（张雪昀）

# 实训指导

## 实训一　化学实训基本操作

### 一、实训目的

1. 认识基础化学实训常用仪器的名称、用途和使用方法；

2. 进行仪器洗涤、试剂取用、加热、称量、过滤、蒸发等基本操作。

### 二、实训用品

**1. 仪器**　试管、烧杯、量筒、漏斗、酒精灯、玻璃棒、胶头滴管、蒸发皿、铁架台、铁夹、铁圈、试管夹、试管架、试管刷、镊子、药匙、石棉网、托盘天平、吸量管、容量瓶等

**2. 试剂**　食盐、铬酸洗液、自来水、蒸馏水、乙醇

**3. 其他**　滤纸、火柴、去污粉、肥皂粉

### 三、实训内容与步骤

**（一）玻璃仪器的洗涤和干燥**

**1. 玻璃仪器的洗涤**　实训用过的试管、烧杯等玻璃仪器及导管、塞子等均应及时洗涤干净。洗涤方法应根据污物的性质、污染的程度和仪器的特点等具体情况加以选择，一般用以下几种方法洗涤玻璃仪器。

（1）用水洗涤　向仪器中加入约占容积1/4的自来水，震荡后将水倒掉。如果杂质是水溶性的，连续冲洗几次就可以干净。如果不易洗掉，可以用试管刷刷洗。刷洗时，试管刷应轻轻转动、上下移动，不能用力过猛以防底部被戳穿。然后用自来水冲洗几次，最后用蒸馏水淋洗2～3次。

（2）用去污粉或合成洗涤剂洗涤　如果用（1）方法难以洗净，可以用试管刷蘸去污粉刷洗（方法同上），然后用自来水和蒸馏水洗涤。

（3）铬酸洗液洗涤　遇到一些口小、管细的玻璃仪器，可采用重铬酸钾洗液洗涤。洗涤时，先向仪器中倒少量洗液，倾斜并转动仪器，使仪器内壁全部被洗液浸润，连续转动几次之后，将洗液倒回原瓶，再用自来水和蒸馏水洗涤。

铬酸洗液是重铬酸钾与浓硫酸混合而成的红色溶液，对有机物和油污的去除能力特别强，并具有很强的腐蚀性，所以，使用时谨防溅在衣服和皮肤上。被洗涤的仪器应尽量无水，以免冲稀洗液，降低洗涤效果。洗液可反复使用多次，直到用过的洗液变成绿色（表示洗液已经失效）。

（4）用其他试剂洗涤　如果对仪器内污物的性质比较熟悉，就可以更有针对性、更有效地进行洗涤。例如，仪器附有不溶于水的碱、碳酸盐、碱性氧化物等可用稀盐酸洗涤；附有铜、银痕迹可用硝酸洗涤；附有二氧化锰痕迹可用浓盐酸洗涤。

洗净的玻璃仪器，在内壁上应附着很均匀的水膜，它们不聚成水滴，也不成股流下。

**2. 常用玻璃仪器的干燥** 用于有机化学实训的玻璃仪器，除需要洗净外，常常还需要干燥。仪器的干燥程度要根据实训的要求，来选择不同的干燥方式。一般将洗净的玻璃仪器倒挂在专用试剂橱里，第二天使用，即可满足要求。有些无水操作实训，要让玻璃仪器放进专门干燥设备进行干燥。干燥玻璃仪器的方法有下列几种：

（1）自然风干　自然风干是指把已洗净的仪器放在干燥架上自然风干，这是常用且简单的方法。但必须注意：如玻璃仪器洗得不够干净，水珠不易流下，干燥较为缓慢，风干后会留有污迹。

（2）烘干　把玻璃仪器放入烘箱内烘干，仪器口向上。带有磨砂口玻璃塞的仪器，必须取出活塞再烘干。烘箱内的温度保持在 100 ~ 155℃片刻即可。已烘干的玻璃仪器最好先在烘箱内降至室温后再取出。切不可让很热的玻璃仪器沾上冷水，以免破裂。

（3）吹干　用气流烘干机或吹风机把仪器吹干。

（4）有机溶剂干燥　急用时可用有机溶剂协助干燥，即往仪器内依次注入少量乙醇或乙醚，然后转动仪器让溶剂在内壁流动，全部润湿后倒出，再用电吹风吹干以达到快速干燥的目的。

练习：洗涤常用玻璃仪器和烘干试管。

**（二）试剂的取用**

实训所用的试剂一律不能用口尝，不能直接用手拿，必须使用特定的工具取用。

**1. 固体试剂的取用** 取粉末状或小颗粒的试剂要用洁净的药匙。取用时，将试管倾斜或平放，把盛有试剂的药匙（或纸槽）小心送到试管底部，然后把试管竖立，使试剂全部落到试管底部，如实训图 1－1。

**2. 液体试剂的取用** 液体试剂通常盛放在细口的试剂瓶中。取用时，先把瓶塞拿下，倒放在桌面上，然后右手握住试剂瓶（手心握着标签），左手拿着试管，使试管倾斜与水平面成一定角度，把溶液缓慢地倒入试管，如实训图 1－2。倒完之后，立即盖好瓶塞，将试剂瓶放回原处。

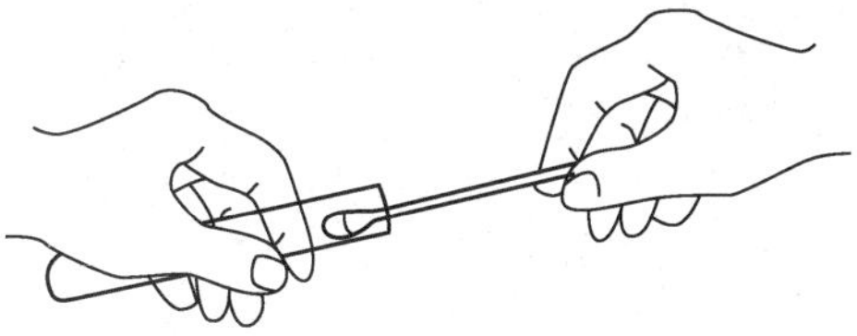

实训图 1－1　向试管内加入粉末药品

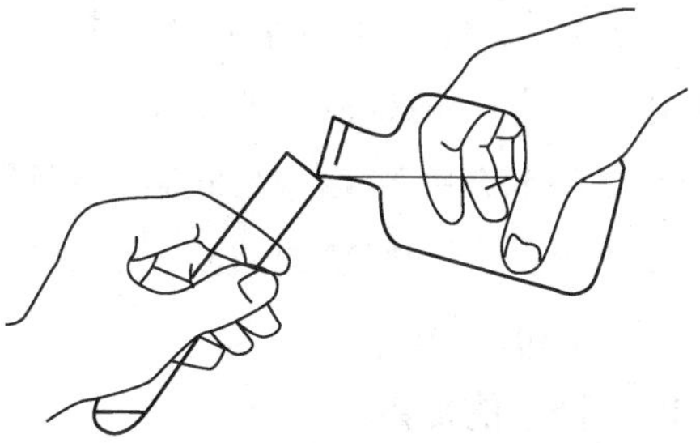

实训图 1－2　液体的倾倒

取用一定数量的液体试剂可选用合适规格的量筒（或量杯）量出体积。量取时，量筒必须放平稳，使视线与量筒内液体的凹月面的最低处在同一水平面，再读出所取液体的体积数，如实训图 1－3。

取用少量液体试剂时可用胶头滴管。使用胶头滴管时，先用拇指和食指挤压胶头，再把滴管的玻璃尖嘴插入试剂瓶液面以下，放松拇指和食指，液体就被吸入滴管里。把胶头滴管移出试剂瓶，垂直放到试管或其他容器的上方，再挤压胶头，使液体流出，如实训图 1－4。当胶头滴管吸有液体时，不要将尖嘴向上，以防液体倒流，腐蚀胶头并使试剂变质。

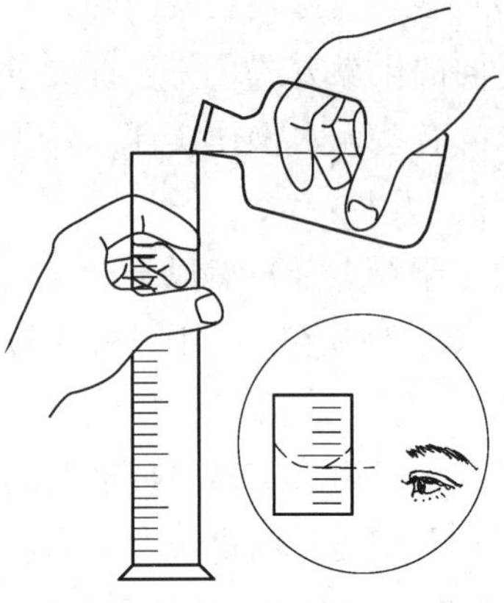

实训图 1－3　液体体积的量取

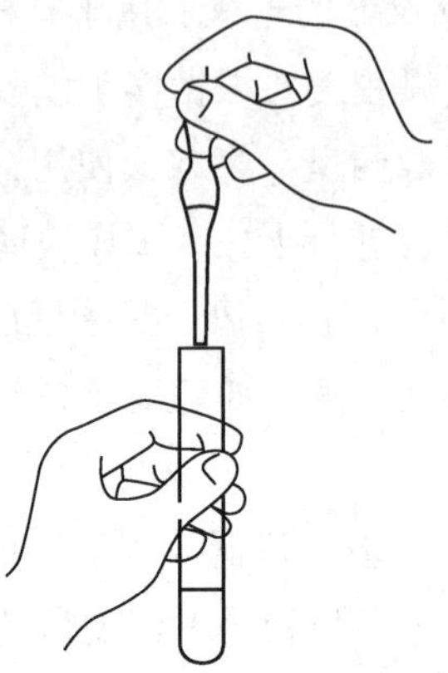

实训图 1－4　用滴管将试剂加入试管

练习：用滴管取液体试剂，直到能比较准确地估量所取液体的体积为止。

（三）物质的称量

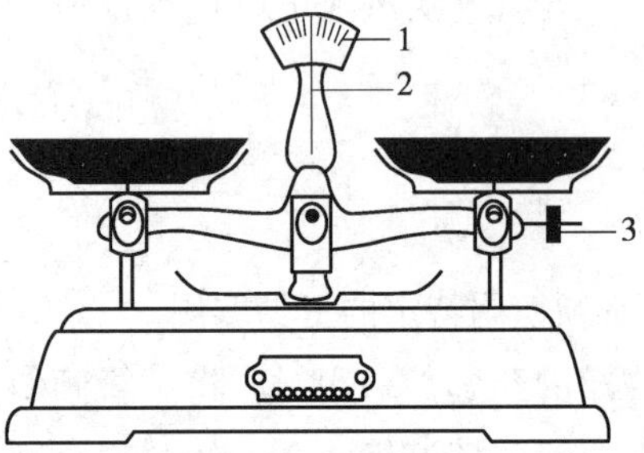


实训图 1－5　托盘天平

1. 标尺　2. 指针　3. 平衡调节螺丝

托盘天平是常用的称量器具，如实训图 1－5，用于精确度不高的称量，一般能称准到 0.1g 或 0.2g，使用方法和注意事项如下。

1. 称量前应先调整托盘天平的零点。即检查托盘天平的指针是否停在标尺的正中间。如果不在正中间位置，可调节平衡调节螺丝，使指针在标尺上左右摆动的格数相等，这样指针就能停在标尺的中间位置，这就是托盘天平的零点。

2. 称量时，通常左边放被称量的物品，右边放砝码，砝码必须用镊子夹取，应先放质量大的后加质量小的。添加砝码和调节托盘天平上的游码，使指针停在标尺的中间位置时，天平即处于平衡状态，此时指针所停的位置称为停点或平衡点。停点和零点相符时，砝码的质量加标尺刻度就是称量物品的质量。

3. 托盘天平不能称量热的物体。称量物不能直接放在托盘上，根据称量物的性能和要求，将称量物放在纸片上、表面皿或其他容器中称量。

4. 称量后，将砝码放回到砝码盒中，并使天平恢复原状。

练习：称粗盐 5g

（四）物质的加热

常用的加热仪器有酒精灯、酒精喷灯和煤气灯，这里主要介绍使用酒精灯加热的方法。

**1. 酒精灯的使用方法**　使用酒精灯以前，先检查灯芯，如果灯芯顶部已被烧焦或烧平，用镊子向上拉一下灯芯，剪去烧焦处。然后检查灯壶中的酒精（酒精以不少于其容积的 1/4，不多于其容积的 2/3 为宜），如果需加入酒精，应在点燃酒精灯以前借助漏斗往灯壶中添加，而不能向燃着的酒精灯里添加酒精。

点燃酒精灯时，绝对不能用燃着的酒精灯去点燃另一盏酒精灯，如实训图 1－6。

熄灭酒精灯时，不能用嘴吹，而必须用酒精灯帽直接盖住酒精灯的火焰，确认酒精灯火焰灭后，然后将灯帽盖好，以免酒精挥发。

**2. 加热的方法**　酒精灯的火焰分焰心、内焰、外焰三部分，如实训图 1－7。由于外焰燃烧得最充分，所以外焰的温度最高，加热物体时，应将物体放在外焰部分，如实训图1－8。

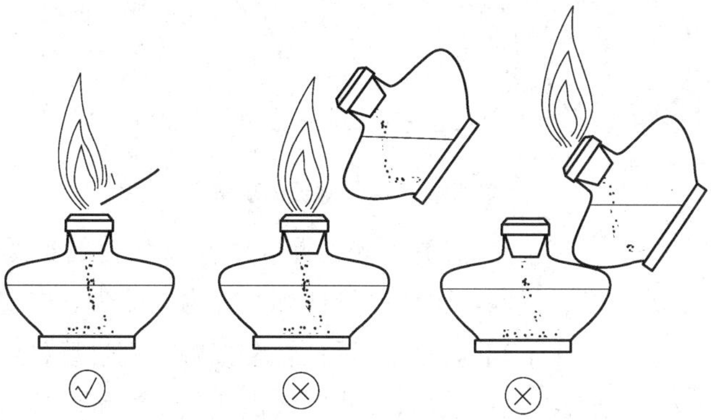

实训图1－6　酒精灯的点法

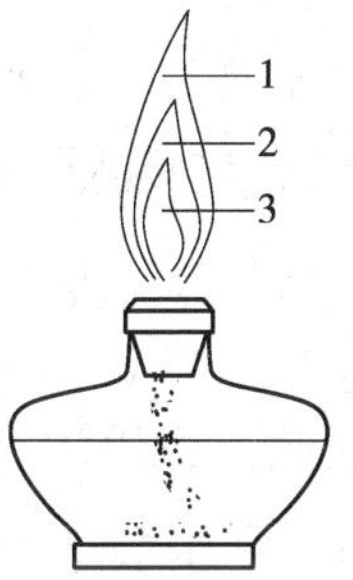


实训图1－7　酒精灯火焰的温度

1. 最高温　2. 高温　3. 低温

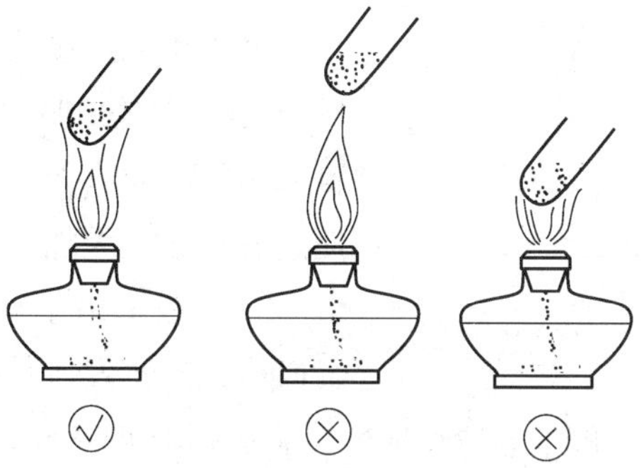

实训图1－8　使用酒精灯加热物体的方法

（1）用试管加热固态物质时，应把试管固定在铁架台上或用试管夹夹住，先均匀加热试管的各部位，再集中加热放试剂的部位。必须使试管口稍微向下倾斜，以免凝结在试管上的水倒流进灼热的试管底，使试管炸裂。

（2）用试管加热液体时，液体的体积不能超过试管的1/3，加热时应用试管夹，使试管与台面保持45°，试管口不能对着人，应先使试管均匀受热，再自上而下地加热液体，以防液体沸腾冲出。

（3）用烧杯、烧瓶加热试剂时，应将烧杯、烧瓶放在铁架台的铁圈上，铁圈上必须垫石棉网，以防受热不均造成容器炸裂。

**（五）物质的溶解、过滤和蒸发**

**1. 溶解**　溶解通常是指固体（或液体）与液体相混合而形成溶液的过程。

溶解过程中可采用研磨、振荡、搅拌、加热等措施加速溶解。溶解前要考虑好溶质与溶剂的加入顺序，一般情况都是把溶质加入到溶剂中。溶解过程中若有大量的热放出，应分次将溶质加入溶剂，边冷却边溶解。例如，在烧杯中溶解某固体时，应先把水倒入烧杯中，再将要溶解的固体逐渐加到水中，用玻璃棒沿烧杯壁轻轻搅动（必要时还可以加热），使固体完全溶解。

**2. 过滤**　过滤是使固体和液体分离的操作，常压过滤的过程如下。

（1）过滤器的准备　将一张圆形滤纸对折两次，打开成圆锥形，如实训图1－9。将滤纸一边为三层，一边为一层地放入漏斗，使滤纸的边缘比漏斗稍低，然后用少量蒸馏水将滤纸润湿，使它与漏斗紧贴在一起。漏斗与滤纸之间不能有气泡，否则会影响过滤速度。

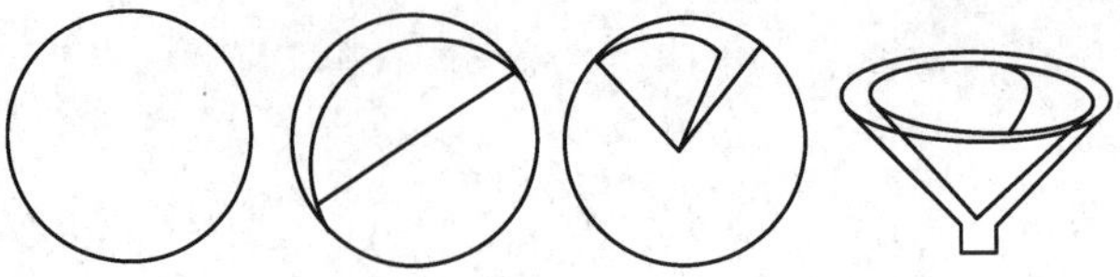

实训图 1－9 滤纸的准备

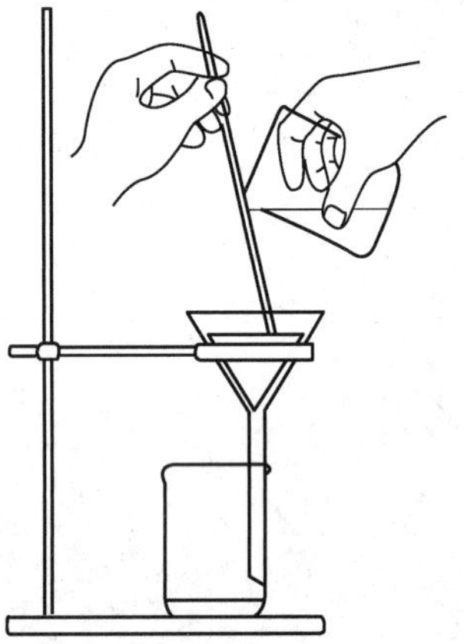

实训图 1－10 常压过滤

（2）过滤 先把漏斗放在铁架台的铁圈上，调整铁圈的高度，使漏斗下面的管伸到烧杯内，管尖紧贴烧杯内壁。然后将玻璃棒下端与三层滤纸处轻轻接触，把过滤的液体从烧杯口沿着玻璃棒缓慢地倒入漏斗，液面应低于滤纸的边缘，以防液体从滤纸与漏斗之间流下，如实训图 1－10。如果过滤后的滤液仍然混浊，应重新过滤一次。

常采用减压过滤的方法来加快过滤速度，装置如实训图 1－11 所示。它是由吸滤瓶、布氏漏斗和水泵组成，水泵一般装在自来水的水龙头上。由于水泵带走空气，使吸滤瓶中减压，从而使过滤速度大大加快。

3. 蒸发 为了从滤液中提取纯净的固体，先将滤液倒入蒸发皿中，把蒸发皿放在有石棉网的铁圈上，用酒精灯加热。同时，用玻璃棒不断搅拌滤液，直到快要蒸干时，停止加热。最后，利用余热将少量水蒸干，把固体收集起来，如实训图 1－12。

蒸发操作应注意：①蒸发皿中的溶液不得超过容器的 2/3，以免加热时溶液溅出；②蒸发皿一般应放在石棉网上加热。加热后的蒸发皿不能骤冷，以防炸裂。

练习：将称得的粗盐溶解、过滤和蒸发，提纯食盐。

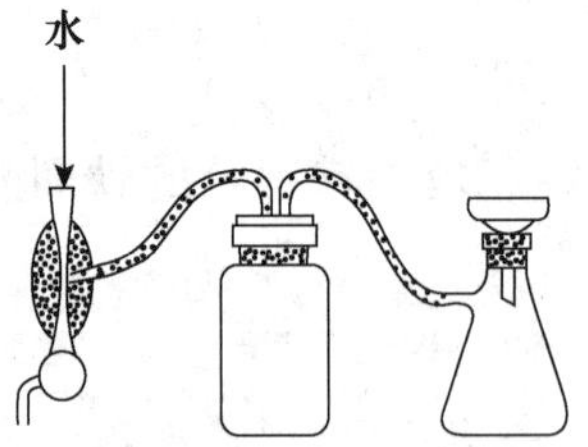


实训图 1－11 减压过滤

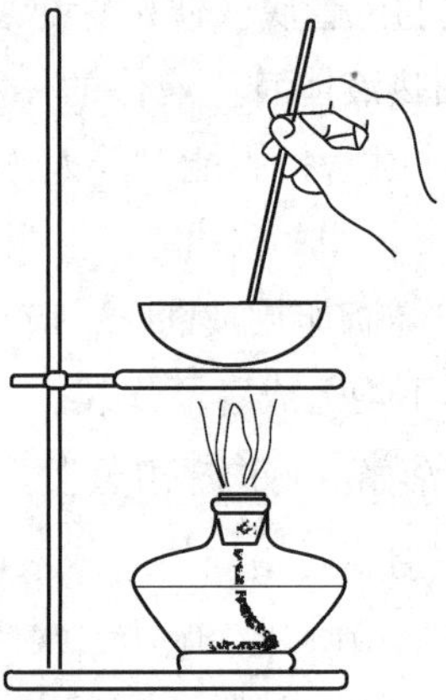

实训图 1－12 蒸发

（六）常用仪器的介绍

**1. 吸量管（移液管）** 吸量管是用来准确量取一定容积溶液的量具。根据吸量管有无分度，可将吸量管分为无分度吸量管（大肚吸量管）和有分度吸量管。

大肚吸量管是中间有一膨大部分（称为球部）的玻璃管，球部两端均为较细的管颈，上端管颈刻有一条环形标线，它属于完全流出式，即吸取溶液至标线处，全部流出，流出溶液的全部体积等于吸量管的标示容量。

移取液体前，应先将吸量管洗涤干净。一般是用洗耳球吸取洗液洗涤，也可将吸量管放在量筒内用洗液浸泡。然后用自来水和蒸馏水洗净。为确保所取的溶液浓度不变，还要用所取的溶液将吸量管润洗 2 ~3 次。

吸取溶液前要用吸水纸擦拭管尖。移取液体时，用右手的拇指和中指拿住吸量管的标线上方，将吸量管下端插入液面内 1cm 处，左手拿洗耳球，先挤压出球中的空气，再把球的尖嘴对准吸量管的管口，然后放松手指，使溶液吸入管内。当液体吸过标线以上时，迅速移去洗耳球，用食指按住管口，将吸量管提出液面，用滤纸擦拭吸量管外粘附的溶液，然后稍微放松食指，使管内液体慢慢流出。当液体弯月面与标线相切时，立即用食指按紧管口，使液体不再流出。

取出吸量管，将吸量管尖端靠在接受器的内壁上，放松食指让液体流出。放毕，让吸量管的尖端在器壁上停 15 秒，再把吸量管移开（管尖中还残留溶液设计时已计在标示容量之外，如无标示“吹”，不得吹出），如实训图 1 – 13。

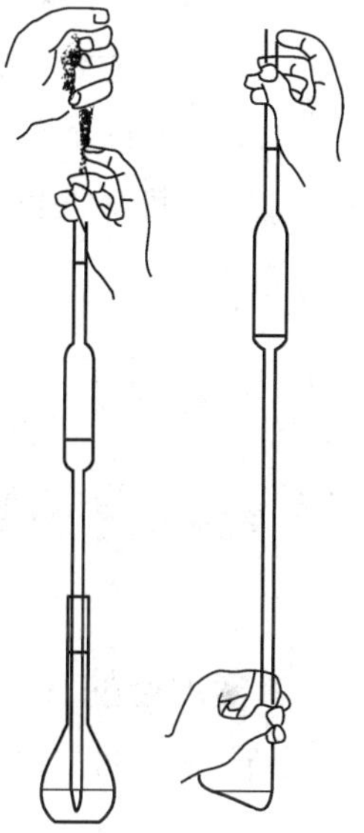

实训图 1 – 13　吸量管的使用

用完后的吸量管应洗净放好，如果尖嘴碰坏，则不能再用。

有分度吸量管的管壁刻有分度数字，表明液面到达某刻度时的容量，它的使用方法与无分度吸量管相似，此处不再赘述。

**2. 容量瓶**　容量瓶又叫量瓶，它是用来配制一定体积、一定物质的量浓度溶液的一件精密计量仪器，容量瓶形状为细颈、梨形、平底容器。带有磨砂玻璃瓶塞，其颈部刻有一条环形标线，标示液体在 20℃时定容到此时的体积数。容量瓶的规格以容积表示，常用为 50ml、100ml、1000ml 等多种。

使用容量瓶以前要进行磨口密合性试验。按标示容量将水注入瓶内，把口、塞擦干后将塞塞紧，用手轻压瓶塞将瓶颠倒，使塞向下，停留时间不少于 10s，共颠倒 10 次。然后用滤纸擦拭，检查是否有水渗出，无水渗出，方可使用。

配制溶液时，先将固体（或液体）在烧杯里溶解。然后将溶液沿玻璃棒转移到容量瓶中，如实训图 1 – 14。烧杯及玻璃棒均用少量蒸馏水淋洗 2 ~3 次，每次淋洗液也转移入容量瓶中，加蒸馏水至约 2/3 处，然后手拿容量瓶上端摇动容量瓶成圆周运动，使溶液初步混匀。最后加水至标线下 1cm 处，改用滴管逐滴加入，防止加水过量。盖好瓶塞，用左手食指按住瓶塞，右手托住瓶底，将容量瓶倒转数次，就能使溶液混匀，如实训图 1 – 15。

使用容量瓶应注意：①在容量瓶中配制溶液时，一定要将热的溶液冷却之后，再转移到容量瓶中；②不能将固体试剂或浓溶液直接放进容量瓶中配制溶液；③容量瓶只能用来配制溶液，不能用来贮存溶液，特别是不能用来贮存强碱溶液。

练习：用吸量管和容量瓶作稀释溶液练习。

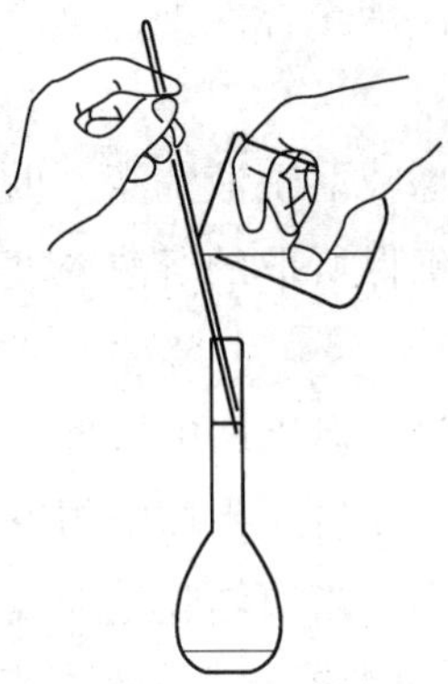

实训图 1－14　转移溶液

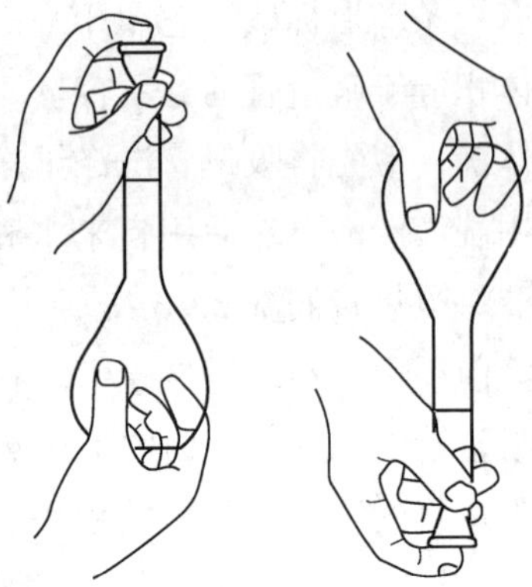

实训图 1－15　容量瓶中混匀溶液

## 四、问题与讨论

1. 怎样才能把玻璃仪器洗涤干净？
2. 取用固体和液体试剂时应注意什么？
3. 加热试管和烧杯时应注意什么？

（张雪昀）

# 实训二　药用氯化钠的制备

## 一、实训目的

1. 掌握药用氯化钠的制备方法
2. 掌握溶液中不同杂质的去除方法

## 二、实训用品

**1. 仪器**　天平、100ml 烧杯、蒸发皿、酒精灯

**2. 试剂**　粗食盐、1mol/L $BaCl_2$溶液、2mol/L NaOH 溶液、1mol/L $Na_2CO_3$溶液、2mol/L HCl 溶液

**3. 其他**　pH 试纸

## 三、实训原理

不溶性杂质可用过滤的方法去除。可溶性杂质可选择适当试剂，使它们生成难溶化合物的沉淀而去除。

1. 泥沙等不溶物的去除：将粗食盐溶解于水，过滤除去。

2. $SO_4^{2-}$的除去：加入稍微过量的 $BaCl_2$溶液，生成 $BaSO_4$沉淀而除去。

3. $Ca^{2+}$、$Mg^{2+}$、$Ba^{2+}$、$Fe^{3+}$的除去：加入适量的 NaOH 和 $Na_2CO_3$溶液，使其生成氢氧化物和碳酸盐沉淀除去。

4. 溶液中过量的$CO_3^{2-}$可加入盐酸中和。

5. 粗盐中 $K^+$ 和$NO_3^-$ 较少，由于 NaCl 的溶解度受温度影响不大，而 $KNO_3$、KCl 和 $NaNO_3$溶解度随温度降低而明显减小。故在加热蒸发浓缩时，NaCl 结晶出来，$K^+$、$NO_3^-$则留在母液中，可过滤除去。

## 四、实训内容与步骤

1. 用台秤称取市售粗食盐 10g，置于 100ml 小烧杯中，加入 80℃左右的热蒸馏水 30ml 并不断搅拌，使食盐全部溶解。

2. 趁热加入 1mol/L $BaCl_2$溶液 1.5～2.0ml，继续加热几分钟（使沉淀颗粒长大，易于过滤），冷却，过滤，除去 $BaSO_4$沉淀，保留滤液。

3. 将滤液加热至沸，加入 2mol/L NaOH 溶液 0.5ml，再滴加 1mol/L $Na_2CO_3$溶液约 2ml，至沉淀完全为止，过滤，弃去沉淀。

4. 在滤液中滴加 2mol/L HCl 溶液，加热，搅拌，赶尽 $CO_2$，用 pH 试纸检验，使溶液呈酸性（pH 约为 2～3）。

5. 将中和后的溶液小心移入蒸发皿，用小火蒸发并不断搅拌，以防止溶液或晶体溅出，约蒸去原体积的 3/4 时去火。稍冷却，将所得晶体过滤，用少量蒸馏水（约 2～3ml）洗涤两次，晶体置烘箱中，在 105℃烘干即得纯食盐。

6. 称重，计算产率：

$$\omega_{\text{NaCl}} = m_{\text{精}}/m_{\text{粗}} \times 100\%$$

## 五、问题与讨论

1. 可溶性杂质有那些？选择那些试剂使其生成沉淀而除去？

2. 在操作过程中如何能提高产率？为什么？

（张雪昀）

# 实训三　电子天平称量练习

## 一、实训目的

1. 掌握如何根据称样量选用适当精度的天平以及称量的方法和技巧。

2. 熟悉天平室的要求；学会正确使用、维护、保养电子天平；了解天平的基本知识。

3. 具备能独立根据称样量选择适宜级别的天平、准确称取规定量供试品并准确转移至容量瓶中、规范记录称量数据的全过程的能力。

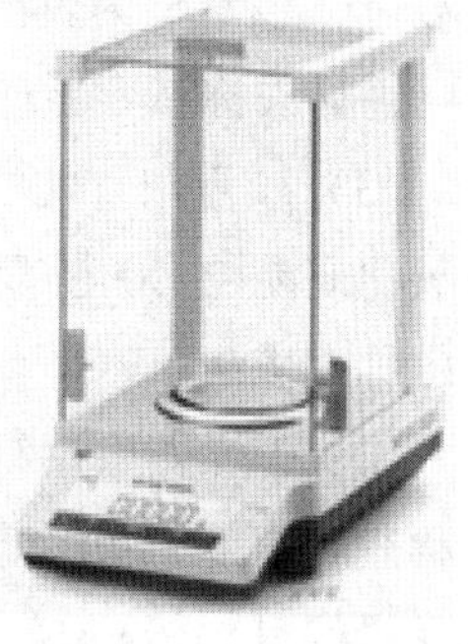

实训图 3－1　电子天平

## 二、实训用品

**1. 仪器**　电子天平（实训图 3－1）

**2. 试剂**　无水氯化钠固体

## 三、实训原理

**1. 电子天平使用前的准备**

（1）根据称取物质的量和称量精度的要求，选择适宜精度的天平。要求精密称定时，当取样量大于 100mg，选用感量为 0.1mg 的天平，在 100mg～10mg 选用感量为 0.01mg 的天平，小于 10mg 选用感量为 0.001mg 天平。

（2）选择好适宜的天平后，在使用天平前，应检查该天平的使用登记记录，了解天平前一次使用情况以及天平是否处于正常可用状态，并检查水准器内的气泡是否位于水准器圆的中心位置，否则应予调节使天平处于水平状态。

电子天平都有一个水准泡，水准泡必须位于液腔中央线，否则称量不准确。调好之后，应尽量不要搬动，否则水准泡可能发生偏移，又需重调。电子天平一般有 2 个调平底座，一般位于后面，也有位于前面的。旋转这两个调平底座，就可以调整天平水平。

单独旋转一个左或右调平底座，其实是调整天平的倾斜度，肯定可以将水准泡调到液腔中央线。关键是调哪一个调平底座。初学者可以这样判断，先手动倾斜天平，使水准泡达到液腔中央线，然后看调平底座，哪一个高了，或者低了，调整其中一个调平底座的高矮，就可以使水准泡移动到液腔中央线。

也可同时旋转两个调平底座，两手幅度必须一致，都须顺时针或者逆时针，让水准泡在液腔中央线前后移动，最终移动到液腔中央线。调平底座同时顺时针或者逆时针旋转，则天平倾斜度不变，这样水准泡就不会脱离液腔中央线，只要旋转方向没有问题，就肯定可以达到液腔中央线。

（3）接通电源，打开电源开关和天平开关，预热至少 30 分钟以上。

（4）如天平处于正常可用状态，必要时用软毛刷将天平盘上的灰尘轻刷干净。

**2. 称量方法** 常用的称量方法有直接称量法、增量法和减重法。

（1）直接称量法 此法是将称量物直接放在天平盘上直接称量物体的质量。如称量小烧杯的质量、容量器皿校正中称量某容量瓶的质量、重量分析实训中称量某坩埚的质量等，都使用这种称量法。

（2）增量法 此法用于称量某一固定质量的试剂（如基准物质）或样品。这种称量操作适于称量不易吸潮、在空气中能稳定存在的粉末状或小颗粒（最小颗粒应小于 0.1mg，以便容易调节其质量）样品。

①使用电子分析天平，打开天平后显 0.0000 时，在称盘上放入称量瓶或称量纸，称重为 $W_1$，然后轻按 RE－ZERO 键，显示消隐，随即显示“0.0000g”，称量纸质量已去除，即去皮重。

②用药匙轻轻将试剂置于称量纸中，称取所需要的量。试剂不可掉在容器或称量纸外。关天平门，轻按 RE－ZERO 键，显示消隐，随即显示“0.0000g”。

③开启天平门，将样品转移至接收容器中，再将称量纸放于秤盘上，关天平门，记录读数 W，该数值为负值，则称量的样品重量即为－W。

④移去称量容器或称量纸，轻按 OFF 键，显示器熄灭，清扫电子天平。

（3）减重法 此法用于称量一定质量范围的样品或试剂。在称量过程中样品易吸水、易氧化或易与 $CO_2$ 等反应时，可选择此法。由于称取样品的质量是由两次称量之差求得，故也称差减法。

①从干燥器中用纸带（或纸片）夹住称量瓶后取出称量瓶（注意：不要让手指直接触及称瓶和瓶盖），用纸片夹住称量瓶盖柄，打开瓶盖，用药匙加入适量样品（一般为称一份样品量的整数倍），盖上瓶盖。称出称量瓶加样品后的准确质量。

②将称量瓶从天平上取出，在接收容器的上方倾斜瓶身，用称量瓶盖轻敲瓶口上部使样品慢慢落入容器中，瓶盖始终不要离开接受器上方。当倾出的样品接近所需量（可从体积上估计或试重得知）时，一边继续用瓶盖轻敲瓶口，一边逐渐将瓶身竖直，使粘附在瓶口上的样品落回称量瓶，然后盖好瓶盖，准确称其质量。

③两次质量之差，即为样品的质量。按上述方法连续递减，可称量多份样品。有时一次很难得到合乎质量范围要求的样品，可重复上述称量操作1~2次。

## 四、实训内容与步骤

接通电源→打开电源开关和天平开关→预热→轻按RE ZERO键，显0.0000→在称盘上放入称量纸→关天平门→轻按RE ZERO键，调零→放称量物至显示屏数值在0.45-0.55g，关天平门→调零→开启天平门，将样品定量转移至容量瓶→放回称量纸→关天平门→读取负值→记录称量值→移去称量纸，轻按OFF键，显示器熄灭，清扫电子天平→填写天平使用记录。

## 五、实训数据记录与处理

<table>
<tr><td>样品编号</td><td colspan="2"></td><td>样品名称</td><td></td></tr>
<tr><td>温度</td><td colspan="2"></td><td>湿度</td><td></td></tr>
<tr><td>天平型号</td><td colspan="2"></td><td>天平编号</td><td></td></tr>
<tr><td rowspan="4">称量结果</td><td>编号</td><td colspan="3">称样量（g）</td></tr>
<tr><td>1</td><td colspan="3"></td></tr>
<tr><td>2</td><td colspan="3"></td></tr>
<tr><td>3</td><td colspan="3"></td></tr>
</table>

## 六、注意事项

1. 天平要定期校验并应在有效期内使用，一般校验周期为一年。
2. 要注意天平室的温湿度不能超过规定。
3. 天平室应洁净、安静，防止气流干扰。

## 七、问题与讨论

使用增量法、减重法称量的试剂有什么区别？

（董会钰　潘立新）

# 实训四　滴定分析基本操作练习

## 一、实训目的

1. 通过训练，使学生能正确的使用移液管完成溶液的规范移取。

2. 通过训练，使学生能正确、熟练、规范使用滴定管进行滴定，能正确判断滴定终点，并能准确读取和记录数据。

## 二、实训用品

**1. 仪器**　20ml移液管、酸式滴定管、碱式滴定管、锥形瓶

**2. 试剂**　盐酸溶液（0.1mol/L）、氢氧化钠溶液（0.1 mol/L）、甲基橙指示液、酚酞指示液

## 三、实训原理

滴定管分酸式滴定管和碱式滴定管两种。除碱性溶液用碱式滴定管外，其他溶液一般

都用酸式滴定管。

酸式滴定管下端有一个玻璃活塞，用以控制溶液的滴出速度。使用前先取出活塞用滤纸吸干，然后用手指粘少量凡士林油在塞子的两头涂一薄层（见实训图4－1），将活塞塞好并转动，使活塞与塞槽接触地方呈透明状态。检查如不漏水，用橡皮圈将活塞与管身系牢即可洗涤使用。

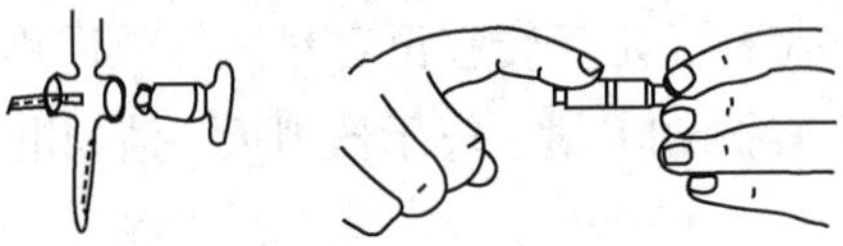

实训图4－1　玻璃活塞涂凡士林油

碱式滴定管的下端有胶管连接带有尖嘴的小玻璃管，胶管内装一个圆玻璃球，用以堵住溶液。使用时，左手拇指和食指捏住玻璃球部位稍上的地方，向一侧挤压胶管，使胶管和玻璃球间形成一条缝隙，溶液即可流出。

**1. 洗涤**　滴定管在使用前用洗液润洗后，用自来水润洗三次，再用蒸馏水洗涤三次。然后用少量（每次5～8ml）滴定溶液洗三遍，以保证不影响滴定液的浓度。

**2. 装溶液**　将溶液加到滴定管刻度“0”以上，排出滴定管尖嘴气泡，将酸式滴定管稍倾斜，左手迅速打开活塞，使溶液冲击赶出气泡后，再使活塞开启变小，调至液面弯月面正好与0.00刻度线相切。如碱式滴定管应将胶管向上弯曲，用两指挤压玻璃球，使溶液从尖嘴喷出，气泡随之逸出（见实训图4－2）。继续边挤压边放下胶管，气泡便可全部排除，然后再调至0.00刻线。

**3. 滴定**　使用酸式滴定管滴定时，右手拇指、食指和中指拿住锥形瓶的颈部（如实训图4－3所示），使滴定管下端伸入瓶口内约1～2cm。左手拇指，食指和中指控制玻璃活塞，转动活塞使溶液滴出。右手持锥形瓶沿同一方向做圆周摇动，使溶液混合均匀。开始滴定时，液体滴出可快一些，但应成滴而不成流。溶液出现瞬间颜色变化，随着瓶子的摇动很快消失。当接近终点时，颜色变化消失较慢，这时应逐滴滴入溶液，摇匀后由溶液颜色变化再决定是否滴加溶液。最后控制液滴悬而不落，用锥形瓶内壁将溶液沾下（相当于半滴），用洗瓶冲洗锥形瓶内壁，摇匀，如颜色变化不再消失，即为终点。

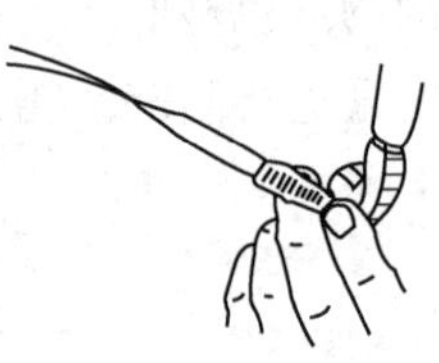

实训图4－2　碱式滴定管赶气泡的方法

实训图4－3　滴定操作手法

**4. 读数**　读数不准确是产生误差的一个重要原因，读数时，要使视线与液面保持水平，滴定管每一大格为1ml，一小格为0.1ml，要读到小数点后第二位数。

（1）装满或放出溶液后，必须等1～2min，使附着在内壁的溶液流下来，再进行读数。

如果放出来溶液的速度较慢（例如，滴定到最后阶段，每次只加半滴溶液时），等0.5～1min即可读数。读数前要检查一下管壁是否挂水珠，滴定管尖嘴是否有气泡。

（2）对于无色或浅色溶液，应读取弯月面下缘最低点，读数时，视线在弯月面下缘最低点处，且与液面成水平（实训图4－4）；对高锰酸钾等颜色较深的溶液，可读液面两侧的最高点。此时，视线应与该点成水平。注意初读数与终读数采用同一标准。

（3）为了便于读数，可在滴定管后衬一黑白两色的读数卡，将读数卡衬在滴定管背后，使黑色部分在弯月面下约1mm左右，弯月面的反射层即全部成为黑色（实训图4－5）。读此黑色弯月面下缘的最低点。但对深色溶液而须读两侧最高点时，可以用白色卡片作为背景。

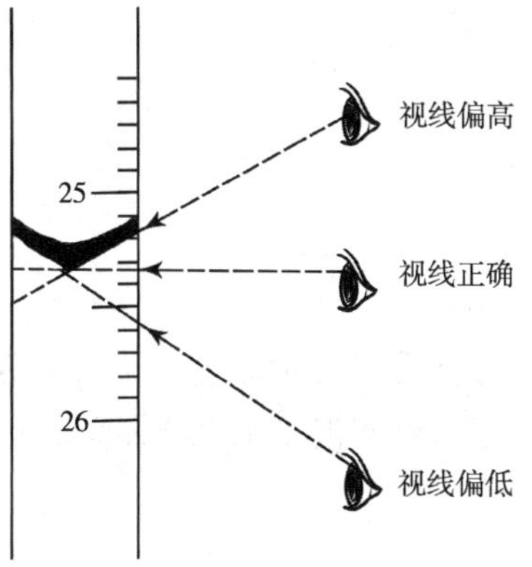


实训图4－4　读数时视线位置

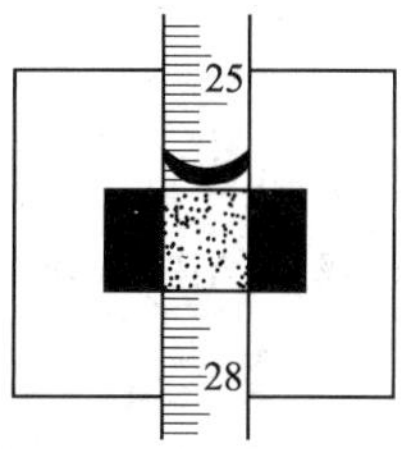


实训图4－5　放读数卡读数

（4）若为乳白板蓝线衬背滴定管，应当取蓝线上下两尖端相对点的位置读数。

## 四、实训内容与步骤

**1. 盐酸溶液滴定氢氧化钠溶液**　用移液管量取20ml氢氧化钠溶液于锥形瓶中，加入2滴甲基橙指示液，用酸式滴定管盛装盐酸溶液，滴定至溶液由黄色变为橙色，然后再加几滴氢氧化钠溶液使溶液变成黄色，用盐酸溶液滴定至变为橙色，如此反复练习，直至能做到滴入半滴盐酸溶液刚好使溶液由黄色变为橙色。

**2. 氢氧化钠溶液滴定盐酸溶液**　用移液管量取20ml盐酸于锥形瓶中，加入2d酚酞指示液，用碱式滴定管盛装氢氧化钠溶液，滴定至溶液由无色变为粉红色，然后再加几滴使盐酸溶液变成无色，用氢氧化钠溶液滴定至变为粉红色，如此反复练习，直至能做到滴入半滴氢氧化钠溶液刚好使溶液由无色变为粉红色。

## 五、实训数据记录与处理

| | | | | |
|---|---|---|---|---|
| 盐酸滴定氢氧化钠 | $V_{NaOH}$（ml） | | | |
| | $V_{HCl}$（ml） | | | |
| 氢氧化钠滴定盐酸 | $V_{HCl}$（ml） | | | |
| | $V_{NaOH}$（ml） | | | |

## 六、问题与讨论

1. 锥形瓶使用前是否干燥，为什么？

2. 在滴定分析中，滴定管、容量瓶、移液管和锥形瓶这几种仪器中，哪些仪器要用待装溶液润洗3次？

3. 甲基橙、酚酞指示液的变色范围是多少？

4. 若滴定结束时发现滴定管下端挂溶液或有气泡应如何处理？

（董会钰　潘立新）

## 实训五　酸碱滴定液的配制和标定

### 一、实训目的

1. 理解盐酸和氢氧化钠的配制和标定原理。
2. 会正确使用甲基红－溴甲酚绿混合指示剂。
3. 掌握酸碱滴定液的配制和标定方法。

### 二、实训用品

**1. 仪器**　量筒、试剂瓶、锥形瓶、滴定管、移液管、称量瓶、电子天平等。

**2. 试剂**　浓盐酸（AR）、饱和 NaOH 溶液、甲基红－溴甲酚绿指示剂、酚酞指示剂。

### 三、实训原理

HCl 和 NaOH 是最常见的酸碱滴定液。由于浓盐酸易挥发，氢氧化钠易吸收空气中的 $CO_2$ 和水分，都不能直接配制，只能粗配后再标定，才能获得准确浓度的滴定液。

**1. HCl 的配制与标定原理**

市售浓盐酸的 $c_B \approx 12mol/L$，配 1L0.1mol/LHCl 需取浓盐酸的体积为：

$$12V = 0.1 \times 1,\ V \approx 0.0083L \approx 8.3\ ml$$

标定 HCl 常用的基准物质有无水碳酸钠和硼砂，若用无水碳酸钠标定，反应如下：

$$2HCl + Na_2CO_3 = 2NaCl + H_2O + CO_2\uparrow$$

**2. NaOH 的配制与标定原理**

氢氧化钠饱和溶液的 $c_B \approx 20mol/L$，配 0.5L0.1mol/LNaOH 需取饱和氢氧化钠的体积为：

$$20V = 0.1 \times 0.5,\ V \approx 0.0025L \approx 2.5\ ml$$

用已标定过的盐酸标定氢氧化钠，反应如下：

$$HCl + NaOH = NaCl + H_2O$$

### 四、实训内容与步骤

**1. 0.1mol/LHCl 溶液的配制与标定**

（1）0.1mol/LHCl 溶液的配制　用洁净小量筒量取市售浓 HCl9.0ml，倒入试剂瓶中，加纯化水稀释至约 1000ml，摇匀密塞，待标定。

（2）HCl 溶液的标定　精密称取在 270～300℃干燥至恒重的基准无水 $Na_2CO_3$ 约 0.11～0.13g 共 3 份，分别置于 250ml 锥形瓶中，加 50ml 纯化水溶解后，加甲基红－溴甲酚绿混合指示剂 10 滴，用待标定的 HCl 溶液滴定至溶液由绿色变紫红色，煮沸约 2 分钟，冷却至室温，继续滴定至暗紫色，即为终点。记录消耗 HCl 溶液的体积，计算 HCl 溶液的准确浓度。按下式计算 HCl 溶液的浓度。

$$c_{HCl} = \frac{2\ m_{Na_2CO_3} \times 10^3}{V_{HCl} \times M_{Na_2CO_3}}$$

**2. 0.1mol/LNaOH 溶液的配制与标定**

（1）0.1mol/LNaOH 溶液的配制　取 2.8ml 澄清饱和 NaOH 溶液，放入试剂瓶中，加新煮沸过的冷纯化水稀释至约 500ml，摇匀密塞，待标定。

（2）NaOH 溶液的标定　准确移取标定过的盐酸滴定液 20.00mL 于锥形瓶中，加入酚酞指示剂 2 滴，用待标定的氢氧化钠溶液滴定至溶液出现淡红色（30 秒不褪色）即为滴定终点，记录滴定前后的体积，计算 NaOH 浓度。

$$c_{NaOH} = \frac{c_{HCl} \times V_{HCl}}{V_{NaOH}}$$

## 五、实训数据记录与处理

**1. 0.1mol/L HCl 标准溶液的标定**

| 项目 \ 次数 | 1 | 2 | 3 |
|---|---|---|---|
| 基准碳酸钠（g） | | | |
| HCl 的初读数（ml） | | | |
| HCl 的终读数（ml） | | | |
| 消耗 HCl 的体积（ml） | | | |
| HCl 的浓度（mol/L） | | | |
| 相对平均偏差 | | | |

**2. 0.1mol/L NaOH 标准溶液的标定**

| 项目 \ 次数 | 1 | 2 | 3 |
|---|---|---|---|
| NaOH 的初读数（ml） | | | |
| NaOH 的终读数（ml） | | | |
| 消耗 NaOH 的体积（ml） | | | |
| NaOH 的浓度（mol/L） | | | |
| 相对平均偏差 | | | |

## 六、问题与讨论

1. 滴定中哪些仪器要润洗？
2. 盐酸滴定近终点时为何要煮沸？
3. 标定氢氧化钠时，为何是氢氧化钠滴加到盐酸中，反之会有何影响？

（俞晨秀　吴　晟）

# 实训六　缓冲溶液的配制与性质

## 一、实训目的

1. 理解缓冲溶液的原理，加深对缓冲溶液性质的认识。
2. 学会缓冲公式的计算。
3. 掌握缓冲溶液的配制方法。

## 二、实训用品

**1. 仪器** 烧杯、试管、10ml 吸量管、50ml 量筒

**2. 药品** HCl（0.1 mol/L）、pH = 5 的 HCl 溶液、NaOH（0.1 mol/L）、pH = 9 的 NaOH 溶液、HAc（0.1 mol/L）、NaAc（0.1 mol/L）、$NH_3 \cdot H_2O$（0.1 mol/L）、$NH_4Cl$（0.1 mol/L）、$NaH_2PO_4$（0.1 mol/L）、$Na_2HPO_4$（0.1 mol/L）以及精密 pH 试纸

## 三、实训原理

由弱酸及其盐（如 HAc – NaAc）或弱碱及其盐（如 $NH_3 \cdot H_2O - NH_4Cl$）组成的混合溶液，能在一定程度上对抗外加的少量强酸、强碱或水的稀释作用，而本身的 pH 值变化不大，这种溶液叫做缓冲溶液。缓冲溶液的 pH 值可用下式计算：

$$pH = pK_a + \lg \frac{c_{共轭碱}}{c_{共轭酸}}$$

缓冲溶液的总浓度和缓冲比是影响缓冲容量的主要因素。配制缓冲溶液的一般步骤：1. 根据要求选择适当的缓冲对，尽量使 pKa 更加接近所需配制溶液的 pH；2. 分别配制初始浓度相同的弱酸及共轭碱的溶液备用，要求浓度在 0.05 ~ 0.5 mol/L 之间；3. 计算所需弱酸及共轭碱溶液的体积，按计算结果配成所需的缓冲溶液；4. 用酸度计测定并调节溶液的 pH 值。

## 四、实训内容与步骤

**1. 缓冲溶液的配制** 配制总体积为 20ml 的缓冲溶液。通过计算，将配制的下列 3 种缓冲溶液所需要的各组分的体积填入表中。

按照计算的用量，用 10ml 吸量管、50ml 量筒配制相应的缓冲溶液并混合均匀。用精密 pH 试纸测定它们的 pH 填入下表，试比较实验值和理论值是否相符。

| 缓冲溶液 | pH 理论值 | 各组分体积（计算） | | pH 实际值 |
|---|---|---|---|---|
| A | 5 | 醋酸 | | |
| | | 醋酸钠 | | |
| B | 7 | 磷酸二氢钠 | | |
| | | 磷酸氢二钠 | | |
| C | 9 | 氨水 | | |
| | | 氯化铵 | | |

**2. 缓冲溶液的性质**

（1）取 4 支试管，2 支加入 5ml 的 pH = 5 的 A 缓冲溶液，另 2 支加入 5ml 的 pH = 5 的 HCl 溶液。按下表顺序加入 0.1mol/L 的 HCl 或 NaOH 溶液各 3 滴，用精密 pH 试纸测定 pH 值。

| 试管号 | 溶　液 | 加入酸或者碱 | 实测 pH 值 | pH 的改变值 |
|---|---|---|---|---|
| 1 | pH = 5 的 A 缓冲溶液 | 3 滴 HCl | | |
| 2 | pH = 5 的 HCl 溶液 | 3 滴 HCl | | |
| 3 | pH = 5 的 A 缓冲溶液 | 3 滴 NaOH | | |
| 4 | pH = 5 的 HCl 溶液 | 3 滴 NaOH | | |

（2）取4支试管，2支加入5ml的pH =7的B缓冲溶液，另2支加入5ml的蒸馏水。重复上述实验步骤，用精密pH试纸测定pH值。

| 试管号 | 溶　液 | 加入酸或者碱 | 实测pH值 | pH的改变值 |
|---|---|---|---|---|
| 1 | pH =7的B缓冲溶液 | 3滴HCl | | |
| 2 | 蒸馏水 | 3滴HCl | | |
| 3 | pH =7的B缓冲溶液 | 3滴NaOH | | |
| 4 | 蒸馏水 | 3滴NaOH | | |

（3）取4支试管，2支加入5ml的pH =9的C缓冲溶液，另2支加入5ml的pH =9的NaOH溶液。重复上述实验步骤，用精密pH试纸测定pH值。

| 试管号 | 溶　液 | 加入酸或者碱 | 实测pH值 | pH的改变值 |
|---|---|---|---|---|
| 1 | pH =9的C缓冲溶液 | 3滴HCl | | |
| 2 | pH =9的NaOH溶液 | 3滴HCl | | |
| 3 | pH =9的C缓冲溶液 | 3滴NaOH | | |
| 4 | pH =9的NaOH溶液 | 3滴NaOH | | |

（4）取4支试管，依次加入pH =5的A缓冲溶液、pH =5的HCl溶液、pH =9的C缓冲溶液和pH =9的NaOH溶液各1ml，然后在各试管中加入10ml蒸馏水，混合后用精密pH试纸测定pH值。

| 试管号 | 溶　液 | 加入水 | 实测pH值 |
|---|---|---|---|
| 1 | pH =5的A缓冲溶液1ml | 10ml | |
| 2 | pH =5的HCl溶液1ml | 10ml | |
| 3 | pH =9的C缓冲溶液1ml | 10ml | |
| 4 | pH =9的NaOH溶液1ml | 10ml | |

## 五、问题与讨论

1. 缓冲溶液的pH值由哪些因素决定？
2. 为什么缓冲溶液具有缓冲能力？

（俞晨秀　吴　晟）

# 实训七　药用硼砂含量的测定

## 一、实训目的

1. 理解间接滴定的原理。
2. 学会间接滴定操作步骤。
3. 掌握测定药用硼砂含量的方法。

## 二、实训用品

**1. 仪器**　锥形瓶、酸式滴定管、碱式滴定管、电子天平、量筒、电炉

**2. 试剂** HCl 滴定液（0.1mol/L）、NaOH 滴定液（0.1mol/L）、药用硼砂、0.05% 甲基橙指示剂、酚酞指示剂、中性甘油

## 三、实训原理

硼砂具有一定的碱性，与 HCl 滴定液的反应如下：

$$Na_2B_4O_7 + 2HCl + 5H_2O = 2NaCl + 4H_3BO_3$$

反应中的硼酸－硼砂是缓冲对，会使 HCl 与硼砂的反应不能进行完全，终点的观察也受影响，因此不能用 HCl 滴定液直接滴定，故在《中国药典》（2020 年版）采用间接滴定法测定药用硼砂的含量。即在上述溶液中加入甘油，甘油与硼酸反应生成甘油硼酸，再用 NaOH 滴定液与甘油硼酸发生定量反应，根据消耗 NaOH 滴定液的量，间接计算药用硼砂的含量。由反应可知：

1mol 硼砂相当于 4mol 硼酸，也相当于 4mol 甘油硼酸，还相当于 4mol 氢氧化钠。

## 四、实训内容与步骤

精密称取 0.4g 的药用硼砂 3 份，分别置于锥形瓶中，加纯化水约 25ml 溶解，加甲基橙指示剂 1 滴，用 HCl 滴定液滴定至溶液由黄色变为橙红色，煮沸 2 分钟，冷却，如溶液呈黄色，继续滴定至溶液为橙红色，加中性甘油（取甘油 80ml，加水 20ml 与酚酞指示剂 1 滴，用 0.1mol/LNaOH 滴定液滴定至粉红色）80ml 与酚酞指示剂 8 滴，用 NaOH 滴定液滴定至显粉红色，记录 NaOH 滴定液消耗的体积。按下式计算硼砂（$Na_2B_4O_7 \cdot 10H_2O$）的含量：

$$Na_2B_4O_7 \cdot 10H_2O\% = \frac{c_{NaOH} V_{NaOH} M_{Na_2B_4O_7 10H_2O} \times 10^{-3}}{4\, m_s} \times 100\%$$

## 五、实训数据记录与处理

| 次数<br>项目 | 1 | 2 | 3 |
|---|---|---|---|
| 硼砂的 $m_s$（g） | | | |
| NaOH 的浓度（mol/L） | | | |
| NaOH 的初读数（ml） | | | |
| NaOH 的终读数（ml） | | | |
| 消耗 NaOH 的体积（ml） | | | |
| $Na_2B_4O_7 \cdot 10H_2O\%$ | | | |
| $Na_2B_4O_7 \cdot 10H_2O\%$ 的平均值 | | | |
| 相对平均偏差 | | | |

## 六、问题与讨论

1. 若硼砂失去部分结晶水结果会有什么影响？
2. 如果不加中性甘油结果会有什么影响？

（俞晨秀　吴　晟）

## 实训八　食醋中总酸量的测定

### 一、实训目的

1. 理解总酸度的测定原理。
2. 学会食醋中总酸量的计算方法。
3. 掌握食醋中总酸量的测定方法。

### 二、实训用品

**1. 仪器**　锥形瓶、碱式滴定管、移液管、容量瓶等

**2. 试剂**　食醋样品、NaOH 滴定液（0.1mol/L）、酚酞指示剂

### 三、实训原理

食醋中除主要成分醋酸外，还有少量其他弱酸，如乳酸等。因此用氢氧化钠滴定时，凡是 $cK_a \geq 10^{-8}$ 的弱酸都可以被滴定，滴定的结果是总酸量，习惯上用 g/100mL 来表示。

### 四、实训内容与步骤

准确吸取食醋 10.00ml 于 250ml 容量瓶中，用新煮沸并放冷的蒸馏水稀释至刻度。再吸取稀释后的食醋 25ml 于锥形瓶中，平行吸取 3 份，分别加酚酞指示剂 2 滴，用 0.1mol/l NaOH 滴定液滴定至粉红色，30s 不褪色，记录 NaOH 滴定液消耗的体积。食醋的总酸量按醋酸的质量浓度 $\rho_B$ 计算，计算如下：

$$\text{食醋的总酸量}\ \rho_{HAc}\ (\text{g/100mL}) = \frac{c_{NaOH}V_{NaOH}M_{HAc}\times 10^{-3}}{V_{样品}\times\frac{25.00}{250.00}}\times 100$$

### 五、实训数据记录与处理

| 项目＼次数 | 1 | 2 | 3 |
|---|---|---|---|
| 食醋取样量（ml） | | | |
| NaOH 的浓度（mol/L） | | | |
| NaOH 的初读数（ml） | | | |
| NaOH 的终读数（ml） | | | |
| 消耗 NaOH 的体积（ml） | | | |
| 食醋的总酸量 $\rho_{HAc}$（g/L） | | | |
| 食醋的总酸量 $\rho_{HAc}$ 的平均值（g/L） | | | |
| 相对平均偏差 | | | |

### 六、问题与讨论

1. 若蒸馏水没有除 $CO_2$，对测定结果会有什么影响？
2. 食醋不稀释直接滴定，对测定有什么影响？

（俞晨秀　吴　晟）

# 实训九　生理盐水中氯化钠含量的测定

## 一、实训目的

1. 学会 $AgNO_3$滴定液的配制和标定。
2. 掌握莫尔法测定的原理和方法。
3. 熟悉莫尔法确定终点的条件。

## 二、实训用品

**1. 仪器**　分析天平，50ml 棕色酸碱两用或酸式滴定管，25ml 移液管，250ml 锥形瓶

**2. 试剂**　NaCl 基准试剂（110℃干燥至恒重后置于干燥器中冷却备用）、固体 $AgNO_3$（A. R 级）、$K_2CrO_4$指示剂、生理盐水

## 三、实训原理

采用莫尔法测定生理盐水中氯化钠的含量是比较常用的方法之一，此方法是在中性或弱碱性（pH 6.5～10.5）溶液中，以 $K_2CrO_4$为指示剂，用 $AgNO_3$滴定液进行滴定。$Ag^+$首先与 $Cl^-$生成 AgCl 白色沉淀，接近终点时稍过量的 $AgNO_3$滴定液即与指示剂中的$CrO_4^{2-}$ 生成 $Ag_2CrO_4$砖红色沉淀，指示终点。

滴定反应：

$$Ag^+ + Cl^- \rightleftharpoons AgCl\downarrow \text{（白色）} \qquad Ksp = 1.77\times10^{-10}$$

终点反应：

$$2Ag^+ + CrO_4^{2-} \rightleftharpoons Ag_2CrO_4\downarrow \text{（砖红色）} \qquad Ksp = 1.12\times10^{-12}$$

如有铵盐存在时 PH 6.5～7.2 最适宜。

## 四、实训内容与步骤

**（一）0.1mol/L$AgNO_3$滴定液的配制和标定**

**1. 配制**　称取 8.5g 固体 $AgNO_3$于小烧杯中，加适量的蒸馏水搅拌溶解后全部转入 500ml 量筒并用纯化水稀释至 500ml 刻线，混匀后储于棕色试剂瓶中，放置暗处保存备用。

**2. 标定**　精确称取 NaCl 基准试剂 0.11g～0.13 g 于 250ml 锥形瓶中，加 50ml 蒸馏水和 $K_2CrO_4$指示剂 1ml，在不断摇动下，用 $AgNO_3$滴定液滴定至溶液呈砖红色即为终点。平行测定 3 次，计算 $AgNO_3$滴定液的准确浓度。硝酸银浓度的计算公式：

$$c(AgNO_3) = \frac{m\ (NaCl)}{M\ (NaCl)\ \times V\ (AgNO_3)}\times 1000$$

**（二）生理盐水中氯化钠含量的测定**

精确吸取已稀释的生理盐水 25.00ml 于 250ml 锥形瓶中，加 25ml 纯化水和 5% $K_2CrO_4$溶液 1ml，在不断摇动下，用 $AgNO_3$滴定液滴定至溶液呈砖红色，保持 30s 不褪，即为终点。平行测定 3 次，计算生理盐水中氯化钠含量。氯化钠含量的计算公式：

$$c(NaCl) = \frac{c\ (AgNO_3)\ \times V\ (AgNO_3)}{V\ (NaCl)}$$

## 五、实训数据记录与处理

表 1　0.1mol/L $AgNO_3$滴定液的标定数据记录

| 实训次数 | Ⅰ | Ⅱ | Ⅲ |
|---|---|---|---|
| NaCl 基准试剂的质量（g） | | | |
| $AgNO_3$滴定液体积（mL） | | | |
| $AgNO_3$滴定液浓度（mol/L） | | | |
| 平均浓度（$\overline{C}$） | | | |
| 平均偏差（$\overline{d}$） | | | |
| 相对平均偏差（$\overline{Rd}$） | | | |

表 2　生理盐水中氯化钠含量测定数据记录

| 实训次数 | Ⅰ | Ⅱ | Ⅲ |
|---|---|---|---|
| 生理盐水体积（mL） | | | |
| $AgNO_3$滴定液体积（mL） | | | |
| 生理盐水中氯化钠含量（NaCl%） | | | |
| 生理盐水中氯化钠平均含量 | | | |
| 平均偏差（$\overline{d}$） | | | |
| 相对平均偏差（$\overline{Rd}$） | | | |

## 六、问题与讨论

1. $K_2CrO_4$为指示剂的浓度太大或太小，对测定 $Cl^-$有何影响？
2. 莫尔法测定 $Cl^-$时，溶液的 pH 应控制在什么范围？为什么？
3. 滴定过程中为什么终点前出现 AgCl 沉淀，终点时出现 $Ag_2CrO_4$沉淀？

（李明梅）

# 实训十　自来水中钙镁离子含量的测定

## 一、实训目的

1. 学会 EDTA－2Na 的配制和标定方法。
2. 学会水的总硬度及钙离子（$Ca^{2+}$）、镁离子（$Mg^{2+}$）含量测定方法。
3. 掌握铬黑 T 和钙指示剂的应用和终点颜色变化。

## 二、实训用品

**1. 仪器**　酸式滴定管、容量瓶、烧杯、试剂瓶、锥形瓶、移液管、电子天平

**2. 试剂**　乙二胺四乙酸二钠盐（AR）；铬黑 T 指示剂、钙指示剂、稀盐酸、甲基红指示剂、氨试液、氨－氯化铵缓冲液（pH ＝ 10）、水样

## 三、实训原理

通常把钙、镁离子的总浓度看作水的总硬度。测定水的硬度，实际上就是测定水中钙、镁离子的总量，再把测得的钙、镁离子量折算成碳酸钙（$CaCO_3$）或氧化钙（CaO）的质量，以表示水的总硬度。

硬度的表示方法尚未统一，可以每升水中含有$CaCO_3$的 mg 数表示。国家《生活饮用水卫生标准》规定，总硬度（以$CaCO_3$计）限值为 450mg/L。另外一种被普遍使用的水硬度表示方法为德国度（ld），其含义为 1L 水中含有相当于 10mg 的 CaO，其硬度即为 1 个德国度。硬度是工业用水的重要指标，是水处理的重要依据，而配位滴定法则是水的硬度测定的常用方法。

纯度高的 EDTA－2Na 可采用直接法配制，但因它略有吸湿性，所以配制之前，应先在 80℃以下干燥至恒重。

水的总硬度测定时，取一定量水样调节 pH ＝ 10，以铬黑 T 为指示剂，用 EDTA－2Na 标准溶液直接滴定水中 $Ca^{2+}$ 和 $Mg^{2+}$。其反应式如下：

滴定前　$Mg^{2+} + HIn^{2-} = MgIn^{-} + H^{+}$

滴定时　$Ca^{2+} + H_2Y^{2-} = CaY^{2-} + 2H^{+}$　　$Mg^{2+} + H_2Y^{2-} = MgY^{2-} + 2H^{+}$

终点时　$Mgln^{-}$（酒红色）$+ H_2Y_2 = MgY^{2-}$（蓝色）$+ HIn^{2-} + H^{+}$

$Ca^{2+}$ 含量测定，先用 NaOH 调节 pH ＝ 12，使 $Mg^{2+}$ 以 $Mg(OH)_2$ 沉淀掩蔽，再以钙指示剂指示终点，用 EDTA－2Na 标准溶液滴定 $Ca^{2+}$。

$Mg^{2+}$ 含量是由等体积水样 $Ca^{2+}$、$Mg^{2+}$ 总量减去 $Ca^{2+}$ 含量求得。

## 四、实训内容与步骤

**1. EDTA－2Na 标准溶液（0.05mol/L）制备**　称取干燥至恒重的 EDTA－2Na 约 0.2g，精密称定，于 50ml 干净的小烧杯中，加适量纯化水溶解后，转移至干净的 250ml 容量瓶中，再用适量纯化水淌洗烧杯 3－5 次，分别转移至容量瓶中，用纯化水定容至 250ml，摇匀，即得。浓度按下式计算

$$c_{EDTA-2Na} = \frac{m \times 10^3}{M_{EDTA-2Na} \times V}$$

**2. 水的总硬度的测定**　移取水样 50.00ml 置于锥形瓶中，加 5ml 三乙醇胺，加氨－氯化胺缓冲液（pH ＝ 10）5ml 及铬黑 T 指示剂少许，用 EDTA－2Na 滴定液滴定至溶液由酒红色变为纯蓝色，记录 EDTA－2Na 用量 $V_1$（ml）。水的总硬度（g/ml）计算公式：

$$\rho = \frac{c_{EDTA-2Na} V_1 M_{CaCO_3} \times 10^3}{V_{水样}}$$

**3. $Ca^{2+}$、$Mg^{2+}$ 含量分别测定**　移取水样 50.00ml，置于锥形瓶中，加 5ml 三乙醇胺，摇匀。加 2ml 10% NaOH 使镁离子形成沉淀，摇匀后，加钙指示剂少许，用 EDTA－2Na 标准溶液滴定至溶液由红色变为纯蓝色，记录 EDTA－2Na 用量 $V_2$（ml）。水中钙和镁的质量体积浓度计算公式

$$\rho_{Ca} = \frac{c_{EDTA-2Na} V_2 M_{Ca} \times 10^3}{V_{水样}} \text{（mg/L）}$$

$$\rho_{Mg} = \frac{c_{EDTA-2Na} (V_1 - V_2) M_{Mg} \times 10^3}{V_{水样}} \text{（mg/L）}$$

## 五、实训数据记录与处理

| 测定序号 | 1 | 2 | 3 |
|---|---|---|---|
| $V_1$（ml） | | | |
| $V_2$（ml） | | | |
| $\rho_{Ca}$（g/ml） | | | |
| $\rho_{Ca平均}$（g/ml） | | | |
| $\rho_{Mg}$（g/ml） | | | |
| $\rho_{Mg平均}$（g/ml） | | | |

## 六、问题与讨论

**1.** 取水样量和 EDTA－2Na 标准溶液浓度可随水的总硬度大小而变化。

**2.** 铬黑 T 指示剂、钙指示剂均采用固体指示剂。

**3.** 水样中的微量 $Fe^{3+}$、$Cu^{2+}$、$Al^{3+}$、$Ni^{2+}$、$Co^{2+}$ 等对金属指示剂有封闭现象，需要加掩蔽剂掩蔽这些干扰离子。

（陈晓姣）

# 实训十一　$Na_2S_2O_3$ 滴定液的配制与标定

## 一、实训目的

**1.** 掌握 $Na_2S_2O_3$ 滴定液的配制与标定方法。

**2.** 掌握间接碘量法标定 $Na_2S_2O_3$ 滴定液准确浓度的方法和正确使用碘量瓶。

**3.** 掌握淀粉指示剂的终点颜色的判断。

## 二、实训用品

**1. 仪器**　25ml 酸式滴定管、250ml 碘量瓶、电子分析天平、托盘天平、称量瓶、50ml 量筒、500ml 棕色试剂瓶

**2. 试剂**　基准 $K_2Cr_2O_7$、KI 固体、5 g/L 淀粉指示剂、$Na_2S_2O_3$ 晶体、$Na_2CO_3$、3mol/l $H_2SO_4$

## 三、实训原理

因市售 $Na_2S_2O_3 \cdot 5H_2O$ 晶体中一般含有少量 S、$Na_2SO_4$、$Na_2SO_3$ 等杂质，因此常用间接配制法配制 $Na_2S_2O_3$ 滴定液，并放置在暗处 8～14 天后标定。

通常用基准物质 $K_2Cr_2O_7$，首先在酸性溶液中 $K_2Cr_2O_7$ 与 KI 作用生成定量的 $I_2$，再用待标定的 $Na_2S_2O_3$ 溶液滴定生成的 $I_2$。淀粉溶液作指示剂。

$$Cr_2O_7^{2-} + 6I^- + 14H^+ = 2Cr^{3+} + 3I_2 + 7H_2O$$

$$I_2 + 2S_2O_3^{2-} = 2I^- + S_4O_6^{2-}$$

$$c_{Na_2S_2O_3} = \frac{6m_{K_2Cr_2O_7} \times 10^3}{V_{Na_2S_2O_3} \times M_{K_2Cr_2O_7}}$$

其中 $V_{Na_2S_2O_3}$单位为 ml。

## 四、实训内容与步骤

**1. 0.1 mol/L$Na_2S_2O_3$溶液的配制** 称取13g $Na_2S_2O_3 \cdot 5H_2O$（AR）置于250ml 烧杯中，加入新煮沸并冷却的蒸馏水（驱除 $O_2$、$CO_2$，杀死微生物）溶解，加入 $Na_2CO_3$约0.1g，用相同蒸馏水稀释至500 ml，转入棕色试剂瓶中，放置在暗处8～14天。

**2. 0.1 mol/L $Na_2S_2O_3$滴定液的标定** 精确称取在120℃干燥至恒重的基准 $K_2Cr_2O_7$ 0.09～0.10g（准确至±0.0001g），置于碘量瓶中，加蒸馏水50ml，加 KI 2g，轻轻振摇使其溶解，再加3mol/L$H_2SO_4$10ml，摇匀、密封，在暗处放置5～10min。加蒸馏水100ml 稀释（并冲洗碘量瓶内壁和瓶塞），用 $Na_2S_2O_3$滴定液滴定至终点（浅黄绿色）时，加淀粉指示剂2ml，继续滴定至蓝色消失，溶液呈亮绿色即为终点。平行测定3次。

本实训主要误差来源是：①$I_2$易挥发；②$I^-$在酸性条件下易被空气氧化，因此，加入过量的 KI 生成 $I_3^-$ 离子，减少 $I_2$的挥发；避免光照、控制溶液的酸度且不能剧烈振摇，以避免 $I_2$的挥发或 $I^-$被氧化。

## 五、实训数据记录与处理

| 项　目 | 测定次数 | | |
|---|---|---|---|
| | 1 | 2 | 3 |
| $m_{K_2Cr_2O_7}$（g） | | | |
| $V_{Na_2S_2O_3}$（ml） | | | |
| $c_{Na_2S_2O_3}$（mol/L） | | | |
| $\bar{c}_{Na_2S_2O_3}$（mol/L） | | | |
| $R\bar{d}$（%） | | | |

## 六、问题与讨论

1. 为什么配制0.1 mol/L$Na_2S_2O_3$溶液时要加入 $Na_2CO_3$？

2. 反应完成后，为什么还要再加水稀释？

（燕来敏）

# 实训十二　高锰酸钾滴定液的配制与标定

## 一、实训目的

1. 掌握 $KMnO_4$溶液的配制与标定方法、自动催化反应。

2. 了解 $KMnO_4$自身指示剂的特点。

## 二、实训用品

**1. 仪器** 电子分析天平、滴定管（25ml）1支、锥形瓶（250ml）3个

**2. 试剂** $Na_2C_2O_4$基准试剂（在105～115℃条件下烘干至恒重备用）、$H_2SO_4$溶液（3 mol/L）、$KMnO_4$

## 三、实训原理

市售 $KMnO_4$常含有少量 $MnO_2$和其他杂质，$KMnO_4$溶液还能自行分解，热、光、酸、碱等外界条件的变化都会促进其分解，因而 $KMnO_4$标准溶液不能直接配制。为配制较稳定的 $KMnO_4$溶液，通常按下列方法配制和保存。

1. 可称取稍多于理论量的 $KMnO_4$，并溶解在一定体积的蒸馏水中。

2. 将配制好的溶液加热煮沸，冷却后储存于棕色瓶中，放置数天，使溶液中可能存在的还原性物质完全氧化。

3. 用微孔玻璃漏斗过滤除去析出的 $MnO_2$沉淀。

4. 将过滤后的 $KMnO_4$溶液储存于棕色瓶中，存放于暗处，以待标定。使用经久放置的 $KMnO_4$溶液时，应重新标定其浓度。

标定 $KMnO_4$溶液的基准物质相当多，如 $(NH_4)_2Fe(SO_4)_2$、$Na_2C_2O_4$、$H_2C_2O_4 \cdot 2H_2O$、$As_2O_3$和纯金属铁丝等。其中以 $Na_2C_2O_4$较为常用，因为它容易提纯，性质稳定，不含结晶水。$Na_2C_2O_4$在 105 ~ 110℃烘干约 2 h，冷却后使用。

在 $H_2SO_4$溶液（保持 $H^+$浓度约为 0.5 ~ 1 mol/L）中，$MnO_4^-$ 和 $C_2O_4^{2-}$ 的反应如下

$$5C_2O_4^- + 2MnO_4^- + 16H^+ \xlongequal{} 2Mn^{2+} + 10\,CO_2\uparrow + 8H_2O$$

由于在室温下反应缓慢，为使该反应能定量地、较快地进行，需控制如下的滴定条件：

（1）温度　控制温度为 70 ~ 85℃时进行滴定，温度不宜过高，若高于 90℃，会使部分 $H_2C_2O_4$发生分解。

（2）酸度　$KMnO_4$的还原产物与溶液的酸度有关。滴定开始时，一般将酸的浓度控制在 0.5 ~ 1.0 mol/L。

（3）滴定速度　由于 $MnO_4^-$ 和 $C_2O_4^{2-}$ 的反应是自动催化反应，滴定开始时，加入的第一滴 $KMnO_4$溶液褪色缓慢，所以开始滴定时，滴定速度要慢些，在滴入的 $KMnO_4$紫红色没有褪去以前，不要加入第二滴，否则加入的 $KMnO_4$溶液来不及与 $C_2O_4^{2-}$ 反应，而在热的酸性溶液中发生分解。

（4）滴定终点　滴定至化学计量点时，稍微过量的滴定剂 $KMnO_4$（约 $10^{-6}$ mol/L）呈现微红色指示终点的到达。$KMnO_4$法滴定终点不太稳定，这是由于空气中的还原性气体及尘埃等杂质可以使 $KMnO_4$缓慢分解，粉红色消失，故 30s 不褪色即可认为已达终点。

$KMnO_4$滴定液的浓度计算：

$$c_{KMnO_4} = \frac{2}{5} \times \frac{m_{Na_2C_2O_4} \times 10^3}{V_{KMnO_4} M_{Na_2C_2O_4}}$$

其中 $V_{KMnO_4}$单位为 ml。

## 四、实训内容与步骤

**1. 0.02 mol/L $KMnO_4$溶液的配制**　称取 1.6g 固体 $KMnO_4$，溶解在蒸馏水中，稀释至 500ml。将配制好的溶液加热煮沸 15min，冷却后储存于棕色瓶中，放置暗处静置数天，使溶液中可能存在的还原性物质完全氧化。用微孔玻璃漏斗过滤除去析出的 $MnO_2$沉淀。将过滤后的 $KMnO_4$溶液储存于棕色瓶中，存放于暗处。

**2. $KMnO_4$溶液的标定**　准确称取 0.15 ~ 0.2g（准确至 ±0.0001g）$Na_2C_2O_4$基准物质，置于 250ml 锥形瓶中，向其中加入 100ml 新煮沸过的冷蒸馏水再加入 10ml 3 mol/L $H_2SO_4$溶液，振摇，溶解，然后将锥形瓶置于水浴上加热至 75 ~ 85℃（刚好冒蒸气），趁热用待标

定的 $KMnO_4$溶液滴定至溶液呈微红色并保持 30s 不退色即为终点。平行滴定 3 份。根据标定消耗的 $KMnO_4$溶液的体积和 $Na_2C_2O_4$的量，计算 $KMnO_4$溶液的浓度。

由于 $KMnO_4$溶液开始反应速度很慢，$KMnO_4$紫色不易褪去，可加入 2～3 滴 1mol/L$MnSO_4$溶液为催化剂，以加快反应速度。

## 五、实训数据记录与处理

| 项　目 | 测定次数 | | |
|---|---|---|---|
| | 1 | 2 | 3 |
| $m_{Na_2C_2O_4}$ (g) | | | |
| $V_{KMnO_4}$ (ml) | | | |
| $c_{KMnO_4}$ (mol/L) | | | |
| $\bar{c}_{KMnO_4}$ (mol/L) | | | |
| $R\bar{d}$ (%) | | | |

## 六、问题与讨论

1. 配制 $KMnO_4$溶液应注意些什么？用基准物质 $Na_2C_2O_4$标定 $KMnO_4$时，应在什么条件下进行？

2. 配制 $KMnO_4$溶液时，过滤后的滤器上粘附的物质是什么？应选用什么试剂清洗好？

3. 标定 $KMnO_4$溶液时，如何控制滴定速度？为什么？

（燕来敏）

# 实训十三　硫酸铜含量的测定

## 一、实训目的

1. 熟悉间接碘量法测定 $CuSO_4$ 含量的原理。

2. 掌握间接碘量法的操作方法及减小误差的方法。

3. 掌握间接滴定法实训结果计算方法。

## 二、实训用品

**1. 仪器**　分析天平、酸碱两用滴定管（25ml）、锥形瓶（250ml）、吸量管（10ml）、洗耳球、洗瓶等

**2. 试剂**　0.1 mol/L $Na_2S_2O_3$ 溶液；6 mol/L HAc；20% KI 溶液；100g/LKSCN 溶液；5g/L 淀粉指示剂；$CuSO_4 \cdot 5H_2O$

## 三、实训原理

胆矾（$CuSO_4 \cdot 5H_2O$）是农药波尔多液的主要原料，$CuSO_4$属于重金属盐，有毒，在医学上可用作催吐剂，现在认为毒性太大，但仍然是世界卫生组织列出的一种解毒剂。胆矾中铜含量一般采用间接碘量法测定。在弱酸性条件下，加入过量 KI，$Cu^{2+}$可以与过量的 KI 反应，生成 CuI 沉淀，并析出与 $Cu^{2+}$相当计量的 $I_2$，以淀粉为指示剂，用 $Na_2S_2O_3$标准溶液滴定。反应式为：

$$2Cu^{2+} + 5I^{-} \xlongequal{} 2CuI\downarrow + I_3^{-}$$

$$I_2 + 2S_2O_3^{2-} \xlongequal{} 2I^{-} + S_4O_6^{2-}$$

过量的 KI 可使 $Cu^{2+}$完全还原，$I^{-}$不仅是 $Cu^{2+}$还原剂，还是 $Cu^{2+}$的沉淀剂和$I_2$的配位剂。既提高了 $Cu^{2+}/Cu^{+}$电对的条件电势，有利于反应进行；又使$I_2$生成$I_3^{-}$ 以防止$I_2$的挥发，减少$I_2$的损失。

间接碘量法测定 $Cu^{2+}$时，为防止 $Cu^{2+}$水解，必须在弱酸性（pH = 3 ~ 4）或中性介质中进行，通常用 HAc 调节溶液的酸度。若试样中同时含有 $Fe^{3+}$时，也可将$I^{-}$氧化为$I_2$，干扰 $Cu^{2+}$的测定。通常用 $NH_4HF_2$控制溶液的 pH = 3 ~ 4，而且，同时将 $Fe^{3+}$转化为$FeF_6^{3-}$ 而掩蔽，或加入 NaF 掩蔽，以消除其对 $Cu^{2+}$测定的干扰。

CuI 沉淀表面易吸附少量$I_2$，而这部分$I_2$不与淀粉作用，使淀粉指示剂的蓝色提前消失。为此，在临近终点时加入 KSCN，使 CuI 转化为溶解度更小的 CuSCN，而 CuSCN 沉淀不吸附$I_2$，从而使被 CuI 吸附的那部分$I_2$释放出来，使测定的准确度提高。

$CuSO_4 \cdot 5H_2O$ 的含量（质量分数）计算：

$$w_{CuSO_4 \cdot 5H_2O}\% = \frac{c_{Na_2S_2O_3} V_{Na_2S_2O_3} M_{CuSO_4 \cdot 5H_2O} \times 10^{-3}}{m_s}$$

其中 $V_{Na_2S_2O_3}$单位为 ml。

## 四、实训内容与步骤

**1. 溶解** 准确称取 $CuSO_4 \cdot 5H_2O$ 约 0.5g，置于 250ml 锥形瓶中，加入 50 ml 蒸馏水溶解，加入 4ml6 mol/L HAc 溶液，调节溶液的 pH = 3 ~ 4。

**2. 滴定** 加 10 ml20% KI 溶液，立即用 0.1 mol/L$Na_2S_2O_3$溶液滴定，滴定至浅黄色时，再加 2ml5g/L 淀粉指示剂，继续滴定，滴定至浅蓝色后，加入 10 mlKSCN 溶液，继续滴定至蓝色消失。根据 $Na_2S_2O_3$标准溶液的浓度及消耗的体积计算 $CuSO_4 \cdot 5H_2O$ 的含量（质量分数）。

注意事项如下。

（1）滴定要避光、快速进行，并且不能剧烈振摇，以避免$I_2$的挥发或$I^{-}$被氧化。

（2）KI 不可同时加入平行操作的数份样品溶液中，应加入 KI 后立即滴定。

（3）滴定时，溶液由棕红色逐渐变为浅黄色，浅黄色时已接近终点，此时应及时加入淀粉指示剂。

（4）KSCN 溶液只能在临近终点时加入，否则，溶液中大量存在的$I_2$可能氧化 $SCN^{-}$，从而影响测定的准确度。

## 五、实训数据记录与处理

| 项　目 | 测定次数 | | |
|---|---|---|---|
| | 1 | 2 | 3 |
| $m_{CuSO_4 \cdot 5H_2O}$（g） | | | |
| $c_{Na_2S_2O_3}$（mol/L） | | | |
| $V_{Na_2S_2O_3}$（ml） | | | |
| $w_{CuSO_4 \cdot 5H_2O}$（%） | | | |
| $\overline{w}_{CuSO_4 \cdot 5H_2O}$（%） | | | |
| $R\bar{d}$（%） | | | |

## 六、问题与讨论

1. $CuSO_4 \cdot 5H_2O$ 易溶于水，为什么还要加入 HAc？

2. 加入 KI 起什么作用？是否需要准确加入？若将 KI 同时加入 3 份待测溶液中，然后依次滴定，实训结果如何？

3. 滴定时为什么不能过早加入淀粉指示剂？

（燕来敏）

# 实训十四　常见金属离子和非金属离子的鉴定

## 一、实训目的

1. 掌握常见阴离子、阳离子的鉴定方法。

2. 学会离子鉴定的基本操作。

## 二、实训用品

**1. 仪器**　试管、离心试管、点滴板、表面皿、酒精灯

**2. 试剂**　氯化铵溶液、6 mol/L NaOH、$CaCl_2$试液、$(NH_4)_2C_2O_4$、6 mol/L HAc、6mol/L HCl、镁试剂（对硝基偶氮间苯二酚）、$AlCl_3$ 试液、6 mol/L 氨水、$FeSO_4$ 试液、$K_3[Fe(CN)_6]$、$FeCl_3$试液、$NH_4SCN$ 溶液、$CuSO_4$试液、15mol/L 氨水、$(NH_4)_2Hg(SCN)_4$试剂、$CoCl_2$、$ZnSO_4$试液、$AgNO_3$ 试液、6mol/L $HNO_3$、NaCl 溶液、4mol/L 硝酸、4mol/L 氨水、$Na_2S$ 溶液、$Pb(Ac)_2$试纸、$Na_2S_2O_3$溶液、$Na_2SO_4$溶液、$BaCl_2$溶液、$FeSO_4$溶液、$NaNO_3$溶液、$Na_3PO_4$溶液

## 三、实训原理

利用各类阴、阳离子的特性反应进行鉴别。

## 四、实训步骤

### （一）阳离子的鉴定

**1. $NH_4^+$ 的鉴定**　取一大一小干燥的两个表面皿，在大的表面皿中心滴加 3 滴氯化铵溶液，再滴入 3 滴 6 mol/L 的 NaOH 溶液，立即用贴有湿润的红色石蕊试纸的小表面皿盖在上面，做成气室，观察试纸的颜色变化。写出有关化学反应方程式。

**2. $Ca^{2+}$的鉴定**　取 $CaCl_2$试液 1～2 滴于离心试管中，加 $(NH_4)_2C_2O_4$溶液 2 滴，生成白色的 $CaC_2O_4$沉淀，离心分离。将沉淀分装在两支试管中，一支试管中加 6mol/L Hac 溶液数滴，沉淀不溶；另一试管中加 6mol/L HCl 溶液数滴，沉淀溶解。

**3. $Mg^{2+}$的鉴定**　取 $MgCl_2$试液 1 滴于点滴板上，加 6mol/L NaOH 溶液 1 滴，加镁试剂（对硝基偶氮间苯二酚）1～2 滴，即生成天蓝色沉淀。

**4. $Al^{3+}$的鉴定**　取 $AlCl_3$试液 2～3 滴于离心试管中，加铝试剂 2 滴，加 6mol/L 氨水呈碱性，在水浴上加热，生成红色絮状沉淀。

**5. $Fe^{2+}$的鉴定**　取 $FeSO_4$试液 1 滴于点滴板上，加 $K_3[Fe(CN)_6]$ 试剂 2 滴，即生成深蓝色沉淀（滕氏蓝）。反应需在酸性溶液中进行。

**6. $Fe^{3+}$的鉴定** 取$FeCl_3$试液1滴于点滴板上，加$NH_4SCN$溶液2滴，溶液呈深红色。

**7. $Cu^{2+}$的鉴定** 取$CuSO_4$试液滴于离心试管中，加15 mol/L氨水2滴，溶液立即呈深蓝色。

**8. $Zn^{2+}$的鉴定** 在点滴板上滴入$(NH_4)_2Hg(SCN)_4$试剂和0.2g/L $CoCl_2$各1滴，搅拌，并无沉定生成。再滴入$ZnSO_4$试液1滴，迅速生成天蓝色沉淀。

（二）阴离子的鉴定

**1. $Cl^-$的鉴定** 取2支试管，各加入NaCl溶液2ml，向每支试管中滴加3滴$AgNO_3$溶液，观察有什么现象？再在上述一支试管中加入4mol/L硝酸5滴，另一支试管中加入4mol/L氨水5滴，观察沉淀是否溶解。写出有关化学反应方程式。

**2. $S^{2-}$的鉴定** 取1支试管，加入$Na_2S$溶液1ml，再加入6mol/L盐酸1ml，将湿润的Pb（Ac)$_2$试纸盖在试管口上，微热后，观察试纸是否变黑。

**3. $S_2O_3^{2-}$ 的鉴定** 取1支试管，加入$Na_2S_2O_3$溶液2ml，滴加$AgNO_3$溶液至产生白色沉淀，沉淀颜色逐渐变深，最后变为黑色。

**4. $SO_4^{2-}$ 的鉴定** 取$Na_2SO_4$溶液2ml于试管中，滴加$BaCl_2$溶液5滴，观察现象，再滴加少量6mol/L盐酸并加热，观察白色沉淀是否溶解。写出有关化学反应方程式。

**5. $NO_3^-$ 的鉴定** 在试管中加入10滴新制的$FeSO_4$溶液，5滴$NaNO_3$溶液摇匀，试管斜持，沿试管壁慢慢加入少量浓硫酸，观察出现棕色环。

**6. $PO_4^{3-}$ 的鉴定** 在试管中加入7~8滴$Na_3PO_4$溶液、滴加0.1mol/L的$AgNO_3$溶液2滴，观察现象。再滴加6mol/L硝酸8滴，观察现象。

## 五、问题与讨论

1. 如何鉴别失去标签的无水$BaC1_2$、$CaCl_2$、$A1C1_3$三瓶白色固体，设计鉴别方法与步骤。

2. 鉴定氯离子时，为什么加入的是硝酸？

（刘俊宁）

# 附　　录

## 一、常用计量单位换算

### 1. 长度单位的换算因式

$1km = 10^3 m = 10^4 dm = 10^5 cm = 10^6 mm$

lnm（纳米）$=10^{-9}m$

lpm $=10^{-12}m$

### 2. 体积单位的换算因式

1L（升）$=1dm^3 = 10^{-3}m^3$

lml（毫升）$= lcm^3 = 10^{-3}dm^3 = 10^{-6}m^3$

### 3. 质量单位换算因式

1t（吨）=1000 kg

1kg =1000g =1 公斤

1g =1000mg

1 克拉 =200mg

### 4. 能量单位换算因式

1kJ =1000J

lcal（卡）=4. 184J

### 5. 温度的换算因式

热力学温度（T）=273. 15 + t（℃）

### 6. 压强单位的换算因式

latm（大气压）=101325Pa

1mmHg（毫米汞柱）=133. 322Pa

latm =760mmHg

## 二、相对原子质量

| 元素 | 符号 | 相对原子质量 | 元素 | 符号 | 相对原子质量 | 元素 | 符号 | 相对原子质量 |
|---|---|---|---|---|---|---|---|---|
| 银 | Ag | 107. 87 | 汞 | Hg | 200. 59 | 铑 | Rh | 102. 91 |
| 铝 | Al | 26. 982 | 钬 | HO | 164. 93 | 钌 | Ru | 101. 07 |
| 氩 | Ar | 39. 948 | 碘 | I | 126. 90 | 硫 | S | 32. 066 |
| 砷 | As | 74. 922 | 铟 | In | 114. 82 | 锑 | Sb | 121. 76 |
| 金 | Au | 196. 97 | 铱 | Ir | 192. 22 | 钪 | Sc | 44. 956 |
| 硼 | B | 10. 811 | 钾 | K | 39. 098 | 硒 | Se | 78. 96 |
| 钡 | Ba | 137. 33 | 氪 | Kr | 83. 80 | 硅 | Si | 28. 086 |
| 铍 | Be | 9. 0122 | 镧 | La | 138. 91 | 钐 | Sm | 150. 36 |
| 铋 | Bi | 208. 98 | 锂 | Li | 6. 941 | 锡 | Sn | 118. 71 |
| 溴 | Br | 79. 904 | 镥 | Lu | 174. 97 | 锶 | Sr | 87. 62 |

续表

| 元素 | 符号 | 相对原子质量 | 元素 | 符号 | 相对原子质量 | 元素 | 符号 | 相对原子质量 |
|---|---|---|---|---|---|---|---|---|
| 碳 | C | 12.011 | 镁 | Mg | 24.305 | 钽 | Ta | 180.95 |
| 钙 | Ca | 40.078 | 锰 | Mn | 54.938 | 铽 | Tb | 158.9 |
| 镉 | Cd | 112.41 | 钼 | Mo | 95.94 | 碲 | Te | 127.60 |
| 铈 | Ce | 140.12 | 氮 | N | 14.007 | 钍 | Th | 232.04 |
| 氯 | Cl | 35.453 | 钠 | Na | 22.990 | 钛 | Ti | 47.867 |
| 钴 | Co | 58.933 | 铌 | Nb | 92.906 | 铊 | Tl | 204.38 |
| 铬 | Cr | 51.996 | 钕 | Nd | 144.124 | 铥 | Tm | 168.93 |
| 铯 | Cs | 132.91 | 氖 | Ne | 20.180 | 铀 | U | 238.03 |
| 铜 | Cu | 63.546 | 镍 | Ni | 58.693 | 钒 | V | 50.942 |
| 镝 | Dy | 162.50 | 镎 | Np | 237.05 | 钨 | W | 183.84 |
| 铒 | Er | 167.26 | 氧 | O | 15.999 | 氙 | Xe | 131.29 |
| 铕 | Eu | 151.96 | 锇 | Os | 190.23 | 钇 | Y | 88.906 |
| 氟 | F | 18.998 | 磷 | P | 30.974 | 镱 | Yb | 173.04 |
| 铁 | Fe | 55.845 | 铅 | Pb | 207.2 | 锌 | Zn | 65.39 |
| 镓 | Ga | 69.723 | 钯 | Pd | 106.42 | 锆 | Zr | 91.224 |
| 钆 | Gd | 157.25 | 镨 | Pr | 140.91 | | | |
| 锗 | Ge | 72.61 | 铂 | Pt | 195.08 | | | |
| 氢 | H | 1.0079 | 镭 | Ra | 226.03 | | | |
| 氦 | He | 4.0026 | 铷 | Rb | 85.468 | | | |
| 铪 | Hf | 178.49 | 铼 | Re | 186.21 | | | |

## 三、常见化合物的相对分子质量

| 分子式 | 相对分子质量 | 分子式 | 相对分子质量 |
|---|---|---|---|
| $AgBr$ | 187.77 | $Ba(OH)_2$ | 171.34 |
| $AgCl$ | 143.22 | $BaSO_4$ | 233.39 |
| $AgI$ | 234.77 | $BaC_2O_4$ | 225.35 |
| $AgCN$ | 133.89 | $BaCrO_4$ | 253.32 |
| $Ag_2CrO_4$ | 331.73 | $CaO$ | 56.08 |
| $AgNO_3$ | 169.87 | $CaCO_3$ | 100.09 |
| $AgSCN$ | 165.95 | $CaC_2O_4$ | 128.10 |
| $Al_2O_3$ | 101.96 | $CaCl_2$ | 110.99 |
| $Al(OH)_3$ | 78.00 | $CaCl_2 \cdot H_2O$ | 129.00 |
| $Al_2(SO_4)_3$ | 342.14 | $CaCl_2 \cdot 6H_2O$ | 219.08 |
| $As_2O_3$ | 197.84 | $Ca(NO_3)_2$ | 164.09 |
| $As_2O_5$ | 229.84 | $CaF_2$ | 78.08 |
| $As_2S_3$ | 246.02 | $Ca(OH)_2$ | 74.09 |
| $As_2S_5$ | 310.14 | $CaSO_4$ | 136.14 |
| $CuSCN$ | 121.62 | $Ca_3(PO_4)_2$ | 310.18 |
| $C_6H_{12}O_6 \cdot H_2O$（葡萄糖） | 198.17 | $CO_2$ | 44.01 |

续表

| 分子式 | 相对分子质量 | 分子式 | 相对分子质量 |
|---|---|---|---|
| $C_{10}H_{10}N_4O_2S$（磺胺嘧啶） | 250.28 | $CCl_4$ | 153.82 |
| $C_{11}H_{12}N_4O_2S$（磺胺甲基嘧啶） | 264.28 | $Cr_2O_3$ | 151.99 |
| $C_{11}H_{12}N_4O_3S$（磺胺甲氧嗪） | 280.30 | $CuO$ | 79.55 |
| $C_7H_{10}O_2N_4S \cdot H_2O$（磺胺咪） | 232.26 | $CuS$ | 95.61 |
| $C_9H_9O_2N_3S_2$（磺胺噻唑） | 255.31 | $CuSO_4$ | 159.60 |
| $C_6H_7O_3NS$（对氨基苯磺酸） | 173.19 | $CuSO_4 \cdot 5H_2O$ | 249.68 |
| $C_{15}H_{21}N_3O \cdot 2H_3PO_4$（磷酸伯氨喹） | 455.34 | $HI$ | 127.91 |
| $C_{13}H_{20}N_2O_2 \cdot HCI$（盐酸普鲁卡因） | 272.77 | $HBr$ | 80.91 |
| $C_{10}H_{13}O_2N$（非那西丁） | 179.22 | $HCN$ | 27.03 |
| $C_{10}H_{15}NO \cdot HCI$（盐酸麻黄碱） | 201.70 | $H_2SO_3$ | 82.07 |
| $C_6H_5O_7Na_3 \cdot 2H_2O$（枸橼酸钠） | 294.10 | $H_2SO_4$ | 98.07 |
| $C_8H_9O_2N \cdot H_2O$（对羧基苄胺） | 169.18 | $Hg_2Cl_2$ | 472.09 |
| $BaCl_2$ | 208.24 | $HgCl_2$ | 271.50 |
| $BaCl_2$　$2H_2O$ | 244.27 | $KAl(SO_4)_2 \cdot 12H_2O$ | 474.38 |
| $BaCO_3$ | 197.34 | $C_4H_6O_3$（醋酐） | 102.09 |
| $BaO$ | 155.33 | $C_7H_6O_2$（苯甲酸） | 122.12 |
| $FeO$ | 71.85 | $KBrO_3$ | 167.09 |
| $Fe_2O_3$ | 159.69 | $KCl$ | 74.55 |
| $Fe_2O_4$ | 231.54 | $KClO_3$ | 122.55 |
| $Fe(OH)_3$ | 106.87 | $KClO_4$ | 138.55 |
| $FeSO_4$ | 151.90 | $K_2CO_3$ | 138.21 |
| $FeSO_4 \cdot H_2O$ | 169.92 | $KCN$ | 65.12 |
| $FeSO_4 \cdot 7H_2O$ | 278.01 | $K_2CrO_4$ | 194.19 |
| $Fe_2(SO_4)_3$ | 299.87 | $K_2Cr_2O_7$ | 294.18 |
| $FeSO_4 \cdot (NH_4)_2SO_4 \cdot 6H_2O$ | 392.13 | $KHC_2O_4 \cdot H_2O$ | 146.14 |
| $H_3BO_3$ | 61.83 | $KHC_2O_4 \cdot H_2C_2O_4 \cdot 2H_2O$ | 254.19 |
| $HCOOH$ | 46.03 | $KHC_8H_4O_4$（邻苯二甲酸氢钾） | 204.22 |
| $H_2C_2O_4$ | 90.04 | $KHCO_3$ | 100.12 |
| $H_2C_2O_4 \cdot 2H_2O$ | 126.07 | $KH_2PO_4$ | 136.09 |
| $HC_2H_3O_2$（HAc） | 60.05 | $KHSO_4$ | 136.16 |
| $HCl$ | 36.46 | $KI$ | 166.00 |
| $H_2CO_3$ | 62.03 | $KIO_3$ | 214.00 |
| $HClO_4$ | 100.46 | $KIO_3 \cdot HIO_3$ | 389.91 |
| $HNO_2$ | 47.01 | $KMnO_4$ | 158.03 |
| $HNO_3$ | 63.01 | $K_2O$ | 92.20 |

续表

| 分子式 | 相对分子质量 | 分子式 | 相对分子质量 |
|---|---|---|---|
| $H_2O$ | 18.02 | KOH | 56.11 |
| $H_2O_2$ | 34.02 | KSCN | 97.18 |
| $H_3PO_4$ | 98.00 | $K_2SO_4$ | 174.26 |
| $H_2S$ | 34.08 | $KNO_2$ | 85.10 |
| HF | 20.01 | $KNO_3$ | 101.10 |
| $MnO_2$ | 86.94 | $MgCl_2$ | 95.21 |
| $Na_2B_4O_7 \cdot 10H_2O$ | 381.37 | $MgCO_3$ | 84.31 |
| NaBr | 102.89 | MgO | 40.30 |
| $NaBiO_3$ | 279.97 | $Mg(OH)_2$ | 58.32 |
| $Na_2CO_3$ | 105.99 | $MgNH_4PO_4$ | 137.32 |
| $Na_2C_2O_4$ | 134.00 | $Mg_2P_2O_7$ | 222.55 |
| $NaC_2H_3O_2$（NaAc） | 82.03 | $MgSO_4 \cdot 7H_2O$ | 246.47 |
| $NaC_7H_5O_2$（苯甲酸钠） | 144.13 | MnO | 70.94 |
| KBr | 119.00 | $SO_3$ | 80.06 |
| NaCl | 58.44 | $(NH_4)_2SO_4$ | 132.14 |
| NaCN | 49.01 | $(NH_4)_2C_2O_4 \cdot H_2O$ | 142.11 |
| $Na_2H_2Y \cdot 2H_2O$（EDTA 钠盐） | 372.24 | $(NH_4)_2HPO_4$ | 132.06 |
| $NaHCO_3$ | 84.01 | $(NH_4)_3PO_4 \cdot 12MoO_3$ | 1876.35 |
| NaI | 149.89 | $P_2O_5$ | 141.95 |
| $Na_2O$ | 61.98 | PbO | 223.20 |
| NaOH | 40.00 | $PbO_2$ | 239.20 |
| $Na_2S$ | 78.04 | $PbCl_2$ | 278.11 |
| $Na_2SO_3$ | 126.04 | $PbSO_4$ | 303.26 |
| $Na_2SO_4$ | 142.04 | $PbCrO_4$ | 323.19 |
| $Na_2S_2O_3$ | 158.10 | $Pb(CH_3COO)_2 \cdot 3H_2O$ | 379.34 |
| $Na_2S_2O_3 \cdot 5H_2O$ | 248.17 | $SiO_2$ | 60.08 |
| $Na_2HPO_4 \cdot 12H_2O$ | 358.14 | $SO_2$ | 64.06 |
| $NaNO_2$ | 69.00 | $WO_3$ | 231.85 |
| $NaNO_3$ | 85.00 | $SnO_2$ | 150.69 |
| $NH_3$ | 17.03 | $SnCl_2$ | 189.60 |
| $NH_4Cl$ | 53.49 | $SnCO_3$ | 178.71 |
| $NH_4Fe(SO_4)_2 \cdot 12H_2O$ | 482.18 | ZnO | 81.38 |
| $NH_3 \cdot H_2O$ | 35.05 | $ZnSO_4$ | 161.44 |
| $NH_4SCN$ | 76.12 | $ZnSO_4 \cdot 7H_2O$ | 187.55 |

## 四、常见弱酸和弱碱在水中的解离常数（298.15K）

| 名称 | 分子式 | 解离常数 | pK |
|---|---|---|---|
| 氢氟酸 | $HF$ | $3.54\times10^{-4}$ | 3.45 |
| 氢氰酸 | $HCN$ | $4.93\times10^{-10}$ | 9.31 |
| 次溴酸 | $HBrO$ | $2.06\times10^{-9}$ | 8.69 |
| 次氯酸 | $HClO$ | $3.0\times10^{-8}$ | 7.53 |
| 次碘酸 | $HIO$ | $2.3\times10^{-11}$ | 10.64 |
| 碘酸 | $HIO_3$ | $1.69\times10^{-1}$ | 0.77 |
| 高碘酸 | $HIO_4$ | $2.3\times10^{-2}$ | 1.64 |
| 亚硝酸 | $HNO_2$ | $7.1\times10^{-4}$ | 3.16 |
| 过氧化氢 | $H_2O_2$ | $2.4\times10^{-12}$ | 11.62 |
| 亚硫酸 | $H_2SO_3$ | $K_1=1.23\times10^{-2}$ | 1.91 |
| | | $K_2=6.6\times10^{-8}$ | 7.18 |
| 碳酸 | $H_2CO_3$ | $K_1=4.3\times10^{-7}$ | 6.37 |
| | | $K_2=5.61\times10^{-11}$ | 10.25 |
| 铬酸 | $H_2CrO_4$ | $K_1=1.8\times10^{-1}$ | 0.74 |
| | | $K_2=3.20\times10^{-7}$ | 6.49 |
| 氢硫酸 | $H_2S$ | $K_1=9.5\times10^{-8}$ | 7.02 |
| | | $K_2=1.30\times10^{-14}$ | 13.9 |
| 砷酸 | $H_3AsO_4$ | $K_1=5.8\times10^{-3}$ | 2.24 |
| | | $K_2=1.1\times10^{-7}$ | 6.96 |
| | | $K_3=3.2\times10^{-12}$ | 11.50 |
| 磷酸 | $H_3PO_4$ | $K_1=7.52\times10^{-3}$ | 2.12 |
| | | $K_2=6.23\times10^{-8}$ | 7.21 |
| | | $K_3=2.2\times10^{-13}$ | 12.66 |
| 醋酸 | $CH_3COOH$ | $1.76\times10^{-5}$ | 4.75 |
| 甲酸 | $HCOOH$ | $1.80\times10^{-4}$ | 3.75 |
| 苯甲酸 | $C_6H_5COOH$ | $6.46\times10^{-5}$ | 4.19 |
| 苯酚 | $C_6H_5OH$ | $1.1\times10^{-10}$ | 9.95 |
| 草酸 | $H_2C_2O_4$ | $K_1=5.9\times10^{-2}$ | 1.23 |
| | | $K_2=6.4\times10^{-5}$ | 4.19 |

续表

| 名称 | 分子式 | 解离常数 | pK |
|---|---|---|---|
| 酒石酸 | $H_2C_4H_4O_6$ | $K_1 = 9.2 \times 10^{-4}$ | 3.036 |
| | | $K_2 = 4.31 \times 10^{-5}$ | 4.366 |
| 柠檬酸 | $H_3C_6H_5O_7$ | $K_1 = 7.44 \times 10^{-4}$ | 3.13 |
| | | $K_2 = 1.73 \times 10^{-5}$ | 4.76 |
| | | $K_3 = 4.0 \times 10^{-7}$ | 6.40 |
| 氨水 | $NH_3 \cdot H_2O$ | $1.76 \times 10^{-5}$ | 4.75 |
| 氢氧化银 | AgOH | $1.1 \times 10^{-4}$ | 3.96 |
| 氢氧化锌 | $Zn(OH)_2$ | $9.6 \times 10^{-4}$ | 3.02 |
| 氢氧化铅 | $Pb(OH)_2$ | $9.6 \times 10^{-4}$ | 3.02 |
| 氢氧化钙 | $Ca(OH)_2$ | $K_1 = 3.74 \times 10^{-3}$ | 2.43 |
| | | $K_2 = 4.0 \times 10^{-2}$ | 1.40 |
| 羟胺 | $NH_2OH$ | $9.1 \times 10^{-9}$ | 8.04 |
| 苯胺 | $C_6H_5NH_2$ | $4.6 \times 10^{-10}$ | 9.34 |
| 乙二胺 | $H_2NCH_2CH_2NH_2$ | $K_1 = 8.5 \times 10^{-5}$ | 4.07 |
| | | $K_2 = 7.1 \times 10^{-8}$ | 7.15 |

## 五、不同温度时常用标准缓冲溶液的 pH

| 温度 | **0.05mol/L** 草酸三氢钾 | **0.05mol/L** 邻苯二甲酸氢钾 | **0.025mol/L** $KH_2PO_4 + K_2HPO_4$ | **0.01mol/L** 硼酸 |
|---|---|---|---|---|
| 0 | 1.67 | 4.01 | 6.98 | 9.64 |
| 5 | 1.67 | 4.00 | 6.95 | 9.40 |
| 10 | 1.67 | 4.00 | 6.92 | 9.33 |
| 15 | 1.67 | 4.00 | 6.90 | 9.28 |
| 20 | 1.68 | 4.00 | 6.88 | 9.23 |
| 25 | 1.68 | 4.01 | 6.86 | 9.18 |
| 30 | 1.68 | 4.02 | 6.85 | 9.14 |
| 35 | 1.69 | 4.02 | 6.84 | 9.10 |
| 40 | 1.69 | 4.04 | 6.84 | 9.07 |

## 六、常用缓冲溶液的配制

| 序号 | 缓冲溶液 | 配制方法 |
|---|---|---|
| 1 | 乙醇－醋酸铵缓冲液（pH3.7） | 取5mol/L醋酸溶掖15.0ml，加乙醇60ml和水20ml，用10mol/L氢氧化铵溶液调节pH值至3.7，用水稀释至1000ml，即得 |
| 2 | 枸橼酸盐缓冲液（pH6.2） | 取2.1%枸橼酸水溶液，用50%氢氧化钠溶液调节pH值至6.2，即得 |
| 3 | 枸橼酸－磷酸氢二钠缓冲液（pH4.0） | 甲液：取枸橼酸21g或无水枸橼酸19.2g，加水使溶解成1000ml，置冰箱内保存。乙液：取磷酸氢二钠71.63g，加水使溶解成1000ml。取上述甲液61.45ml与乙液38.55ml混合，摇匀，即得 |
| 4 | 氨－氯化铵缓冲液（pH8.0） | 取氯化铵1.07g，加水使溶解成100ml，再加稀氨溶液（1→30）调节pH值至8.0，即得 |
| 5 | 醋酸－醋酸钠缓冲液（pH3.6） | 取醋酸钠5.1g，加冰醋酸20ml，再加水稀释至250ml，即得 |
| 6 | 醋酸－醋酸钠缓冲液（pH3.7） | 取无水醋酸钠20g，加水300ml溶解后，加溴酚蓝指示液lml及冰醋酸60~80ml，至溶液从蓝色转变为纯绿色，再加水稀释至1000ml，即得 |
| 7 | 醋酸－醋酸钠缓冲液（pH3.8） | 取2mol/L醋酸钠溶液13ml与2mol/L醋酸溶液87ml，加每1ml含铜1mg的硫酸铜溶液0.5ml，再加水稀释至1000ml，即得 |
| 8 | 醋酸－醋酸钠缓冲液（pH4.5） | 取醋酸钠18g，加冰醋酸9.8ml，再加水稀释至1000ml，即得 |
| 9 | 醋酸—醋酸钠缓冲液（pH4.6） | 取醋酸钠5.4g，加水50ml使溶解，用冰醋酸调节pH值至4.6，再加水稀释至100ml，即得 |
| 10 | 醋酸－醋酸铵缓冲液（pH4.5） | 取醋酸铵7.7g，加水50ml溶解后，加冰醋酸6ml与适量的水使成100ml，即得 |
| 11 | 磷酸盐缓冲液（pH6.5） | 取磷酸二氢钾0.68g，加0.1mol/L氢氧化钠溶液15.2ml，用水稀释至100ml，即得 |
| 12 | 磷酸盐缓冲液（pH6.6） | 取磷酸二氢钠1.74g、磷酸氢二钠2.7g与氯化钠1.7g，加水使溶解成400ml，即得 |
| 13 | 磷酸盐缓冲液（含胰酶）（pH6.8） | 取磷酸二氢钾6.8g，加水500ml使溶解，用0.1mol/L氢氧化钠溶液调节pH值至6.8；另取胰酶10g，加水适量使溶解，将两液混合后，加水稀释至1000ml，即得 |
| 14 | 磷酸盐缓冲液（pH7.0） | 取磷酸二氢钾0.68g，加0.1mol/L氢氧化钠溶液29.1ml，用水稀释至100ml，即得 |
| 15 | 磷酸盐缓冲液（pH7.3） | 取磷酸氢二钠1.9734g与磷酸二氢钾0.2245g，加水使溶解成1000ml，调节pH值至7.3，即得 |
| 16 | 磷酸盐缓冲液（pH7.4） | 取磷酸二氢钾1.36g，加0.lmol/L氢氧化钠溶液79ml，用水稀释至200ml，即得 |
| 17 | 磷酸盐缓冲液（pH7.8~8.0） | 取磷酸氢二钾5.59g与磷酸二氢钾0.41g，加水使溶解成1000ml，即得 |

## 七、常见难溶化合物的溶度积常数（298.15K）

| 难溶化合物 | $K_{sp}$ | 难溶化合物 | $K_{sp}$ |
|---|---|---|---|
| $AgCl$ | $1.77\times10^{-10}$ | $Ag_2CO_3$ | $8.64\times10^{-12}$ |
| $AgBr$ | $5.35\times10^{-13}$ | $BaCO_3$ | $2.58\times10^{-9}$ |
| $AgI$ | $8.5\times10^{-17}$ | $CaCO_3$ | $8.7\times10^{-9}$ |
| $AuCl$ | $2.0\times10^{-13}$ | $CdCO_3$ | $1.0\times10^{-12}$ |
| $AuCl_3$ | $3.2\times10^{-25}$ | $CoCO_3$ | $1.40\times10^{-13}$ |
| $PbI_2$ | $1.39\times10^{-8}$ | $PbCO_3$ | $7.4\times10^{-14}$ |
| $PbBr_2$ | $6.60\times10^{-6}$ | $CuCO_3$ | $1.4\times10^{-10}$ |
| $CuI$ | $1.27\times10^{-12}$ | $FeCO_3$ | $3.2\times10^{-11}$ |
| $Hg_2Cl_2$ | $1.43\times10^{-18}$ | $Li_2CO_3$ | $8.15\times10^{-4}$ |
| $Hg_2I_2$ | $5.2\times10^{-29}$ | $MgCO_3$ | $6.82\times10^{-6}$ |
| $MgF_2$ | $5.16\times10^{-11}$ | $MnCO_3$ | $2.24\times10^{-11}$ |
| $FeS$ | $6.3\times10^{-18}$ | $NiCO_3$ | $1.42\times10^{-7}$ |
| $Cu_2S$ | $2.5\times10^{-48}$ | $SrCO_3$ | $5.60\times10^{-10}$ |
| $Ag_2S$ | $6.3\times10^{-50}$ | $ZnCO_3$ | $1.46\times10^{-10}$ |
| $CuS$ | $8.5\times10^{-45}$ | $Ag_2C_2O_4$ | $5.40\times10^{-12}$ |
| $Hg_2S$ | $1.0\times10^{-47}$ | $BaC_2O_4$ | $1.6\times10^{-7}$ |
| $HgS$（红） | $4.0\times10^{-53}$ | $CaC_2O_4$ | $2.57\times10^{-9}$ |
| $HgS$（黑） | $1.6\times10^{-52}$ | $PbC_2O_4$ | $4.8\times10^{-10}$ |
| $CdS$ | $8.0\times10^{-27}$ | $SrC_2O_4\cdot H_2O$ | $1.60\times10^{-7}$ |
| $MnS$ | $2.5\times10^{-10}$ | $SrC_2O_4$ | $2.2\times10^{-5}$ |
| $PbS$ | $8.0\times10^{-28}$ | $ZnC_2O_4\cdot 2H_2O$ | $1.38\times10^{-9}$ |
| $Ag_2SO_4$ | $1.20\times10^{-5}$ | $AgOH$ | $2.0\times10^{-8}$ |
| $BaSO_3$ | $5.0\times10^{-10}$ | $Au(OH)_3$ | $5.5\times10^{-46}$ |
| $BaSO_4$ | $1.08\times10^{-10}$ | $Bi(OH)_3$ | $4.0\times10^{-31}$ |
| $BaS_2O_3$ | $1.6\times10^{-5}$ | $Cd(OH)_2$ | $2.5\times10^{-14}$ |
| $CaSO_4$ | $4.93\times10^{-5}$ | $Co(OH)_2$ | $1.6\times10^{-15}$ |
| $Hg_2SO_4$ | $6.5\times10^{-7}$ | $Co(OH)_3$ | $1.6\times10^{-44}$ |
| $PbSO_4$ | $2.53\times10^{-8}$ | $Cr(OH)_3$ | $6.3\times10^{-31}$ |
| $SrSO_4$ | $3.44\times10^{-7}$ | $CuOH$ | $1.0\times10^{-14}$ |
| $Ag_2CrO_4$ | $1.12\times10^{-12}$ | $Cu(OH)_2$ | $2.2\times10^{-20}$ |
| $Ag_2Cr_2O_7$ | $2.0\times10^{-7}$ | $Fe(OH)_2$ | $1.64\times10^{-14}$ |
| $CaCrO_4$ | $7.1\times10^{-4}$ | $Fe(OH)_3$ | $2.64\times10^{-39}$ |
| $PbCrO_4$ | $2.8\times10^{-13}$ | $Hg(OH)_2$ | $3.0\times10^{-26}$ |
| $BaCrO_4$ | $1.17\times10^{-10}$ | $Mg(OH)_2$ | $5.61\times10^{-12}$ |
| $CuCrO_4$ | $3.6\times10^{-6}$ | $Mn(OH)_2$ | $1.9\times10^{-13}$ |
| $Ag_3PO_4$ | $8.89\times10^{-17}$ | $Sn(OH)_2$ | $5.45\times10^{-27}$ |
| $Ba(PO_4)_2$ | $3.4\times10^{-23}$ | $Sn(OH)_4$ | $1.0\times10^{-56}$ |
| $Ca(PO4)_2$ | $2.07\times10^{-33}$ | $Zn(OH)_2$ | $3.0\times10^{-17}$ |
| $Pb_3(PO_4)_2$ | $8.0\times10^{-40}$ | $Pb(OH)_2$ | $1.43\times10^{-20}$ |
| $Cu_3(PO_4)_2$ | $1.40\times10^{-37}$ | $Pb(OH)_4$ | $3.2\times10^{-44}$ |
| $CaHPO_4$ | $1.0\times10^{-7}$ | $Ca(OH)_2$ | $5.02\times10^{-6}$ |
| $AgI$ | $8.5\times10^{-17}$ | $Al(OH)_3$ | $1.3\times10^{-33}$ |
| $AgIO_3$ | $3.17\times10^{-8}$ | $CuCN$ | $3.47\times10^{-20}$ |
| $CuBr$ | $6.27\times10^{-9}$ | $CuCl$ | $1.72\times10^{-7}$ |

## 八、常见配合物的稳定常数（298.15K）

| 序号 | 配位体 | 金属离子 | 配位体数目 $n$ | $\lg K_{稳}$ |
|---|---|---|---|---|
| 1 | $NH_3$ | $Ag^{+}$ | 1, 2 | 3.24, 7.05 |
| | | $Au^{3+}$ | 4 | 10.3 |
| | | $Cd^{2+}$ | 1, 2, 3, 4, 5, 6 | 2.65, 4.75, 6.19, 7.12, 6.80, 5.14 |
| | | $Co^{2+}$ | 1, 2, 3, 4, 5, 6 | 2.11, 3.74, 4.79, 5.55, 5.73, 5.11 |
| | | $Co^{3+}$ | 1, 2, 3, 4, 5, 6 | 6.7, 14.0, 20.1, 25.7, 30.8, 35.2 |
| | | $Cu^{+}$ | 1, 2 | 5.93, 10.86 |
| | | $Cu^{2+}$ | 1, 2, 3, 4, 5 | 4.31, 7.98, 11.02, 13.32, 12.86 |
| | | $Fe^{2+}$ | 1, 2 | 1.4, 2.2 |
| | | $Hg^{2+}$ | 1, 2, 3, 4 | 8.8, 17.5, 18.5, 19.28 |
| | | $Mn^{2+}$ | 1, 2 | 0.8, 1.3 |
| | | $Ni^{2+}$ | 1, 2, 3, 4, 5, 6 | 2.80, 5.04, 6.77, 7.96, 8.71, 8.74 |
| | | $Pd^{2+}$ | 1, 2, 3, 4 | 9.6, 18.5, 26.0, 32.8 |
| | | $Pt^{2+}$ | 6 | 35.3 |
| | | $Zn^{2+}$ | 1, 2, 3, 4 | 2.37, 4.81, 7.31, 9.46 |
| 2 | $Br^{-}$ | $Ag^{+}$ | 1, 2, 3, 4 | 4.38, 7.33, 8.00, 8.73 |
| | | $Bi^{3+}$ | 1, 2, 3, 4, 5, 6 | 2.37, 4.20, 5.90, 7.30, 8.20, 8.30 |
| | | $Cd^{2+}$ | 1, 2, 3, 4 | 1.75, 2.34, 3.32, 3.70 |
| | | $Ce^{3+}$ | 1 | 0.42 |
| | | $Cu^{+}$ | 2 | 5.89 |
| | | $Cu^{2+}$ | 1 | 0.30 |
| | | $Hg^{2+}$ | 1, 2, 3, 4 | 9.05, 17.32, 19.74, 21.00 |
| | | $In^{3+}$ | 1, 2 | 1.30, 1.88 |
| | | $Pb^{2+}$ | 1, 2, 3, 4 | 1.77, 2.60, 3.00, 2.30 |
| | | $Pd^{2+}$ | 1, 2, 3, 4 | 5.17, 9.42, 12.70, 14.90 |
| | | $Rh^{3+}$ | 2, 3, 4, 5, 6 | 14.3, 16.3, 17.6, 18.4, 17.2 |
| | | $Sc^{3+}$ | 1, 2 | 2.08, 3.08 |
| | | $Sn^{2+}$ | 1, 2, 3 | 1.11, 1.81, 1.46 |
| | | $Tl^{3+}$ | 1, 2, 3, 4, 5, 6 | 9.7, 16.6, 21.2, 23.9, 29.2, 31.6 |
| | | $U^{4+}$ | 1 | 0.18 |
| | | $Y^{3+}$ | 1 | 1.32 |
| 3 | $Cl^{-}$ | $Ag^{+}$ | 1, 2, 4 | 3.04, 5.04, 5.30 |
| | | $Bi^{3+}$ | 1, 2, 3, 4 | 2.44, 4.7, 5.0, 5.6 |
| | | $Cd^{2+}$ | 1, 2, 3, 4 | 1.95, 2.50, 2.60, 2.80 |
| | | $Co^{3+}$ | 1 | 1.42 |
| | | $Cu^{+}$ | 2, 3 | 5.5, 5.7 |
| | | $Cu^{2+}$ | 1, 2 | 0.1, -0.6 |
| | | $Fe^{2+}$ | 1 | 1.17 |
| | | $Fe^{3+}$ | 2 | 9.8 |
| | | $Hg^{2+}$ | 1, 2, 3, 4 | 6.74, 13.22, 14.07, 15.07 |
| | | $In^{3+}$ | 1, 2, 3, 4 | 1.62, 2.44, 1.70, 1.60 |

续表

| 序号 | 配位体 | 金属离子 | 配位体数目 $n$ | $\lg K_{稳}$ |
|---|---|---|---|---|
| | | $Pb^{2+}$ | 1，2，3 | 1.42，2.23，3.23 |
| | | $Pd^{2+}$ | 1，2，3，4 | 6.1，10.7，13.1，15.7 |
| | | $Pt^{2+}$ | 2，3，4 | 11.5，14.5，16.0 |
| | | $Sb^{3+}$ | 1，2，3，4 | 2.26，3.49，4.18，4.72 |
| | | $Sn^{2+}$ | 1，2，3，4 | 1.51，2.24，2.03，1.48 |
| | | $Tl^{3+}$ | 1，2，3，4 | 8.14，13.60，15.78，18.00 |
| | | $Th^{4+}$ | 1，2 | 1.38，0.38 |
| | | $Zn^{2+}$ | 1，2，3，4 | 0.43，0.61，0.53，0.20 |
| | | $Zr^{4+}$ | 1，2，3，4 | 0.9，1.3，1.5，1.2 |
| 4 | $CN^-$ | $Ag^+$ | 2，3，4 | 21.1，21.7，20.6 |
| | | $Au^+$ | 2 | 38.3 |
| | | $Cd^{2+}$ | 1，2，3，4 | 5.48，10.60，15.23，18.78 |
| | | $Cu^+$ | 2，3，4 | 24.0，28.59，30.30 |
| | | $Fe^{2+}$ | 6 | 35.0 |
| | | $Fe^{3+}$ | 6 | 42.0 |
| | | $Hg^{2+}$ | 4 | 41.4 |
| | | $Ni^{2+}$ | 4 | 31.3 |
| | | $Zn^{2+}$ | 1，2，3，4 | 5.3，11.70，16.70，21.60 |
| 5 | $F^-$ | $Al^{3+}$ | 1，2，3，4，5，6 | 6.11，11.12，15.00，18.00，19.40，19.80 |
| | | $Be^{2+}$ | 1，2，3，4 | 4.99，8.80，11.60，13.10 |
| | | $Bi^{3+}$ | 1 | 1.42 |
| | | $Co^{2+}$ | 1 | 0.4 |
| | | $Cr^{3+}$ | 1，2，3 | 4.36，8.70，11.20 |
| | | $Cu^{2+}$ | 1 | 0.9 |
| | | $Fe^{2+}$ | 1 | 0.8 |
| | | $Fe^{3+}$ | 1，2，3，5 | 5.28，9.30，12.06，15.77 |
| | | $Ga^{3+}$ | 1，2，3 | 4.49，8.00，10.50 |
| | | $Hf^{4+}$ | 1，2，3，4，5，6 | 9.0，16.5，23.1，28.8，34.0，38.0 |
| | | $Hg^{2+}$ | 1 | 1.03 |
| | | $In^{3+}$ | 1，2，3，4 | 3.70，6.40，8.60，9.80 |
| | | $Mg^{2+}$ | 1 | 1.30 |
| | | $Mn^{2+}$ | 1 | 5.48 |
| | | $Ni^{2+}$ | 1 | 0.50 |
| | | $Pb^{2+}$ | 1，2 | 1.44，2.54 |
| | | $Sb^{3+}$ | 1，2，3，4 | 3.0，5.7，8.3，10.9 |
| | | $Sn^{2+}$ | 1，2，3 | 4.08，6.68，9.50 |
| | | $Th^{4+}$ | 1，2，3，4 | 8.44，15.08，19.80，23.20 |
| | | $TiO^{2+}$ | 1，2，3，4 | 5.4，9.8，13.7，18.0 |
| | | $Zn^{2+}$ | 1 | 0.78 |
| | | $Zr^{4+}$ | 1，2，3，4，5，6 | 9.4，17.2，23.7，29.5，33.5，38.3 |

续表

| 序号 | 配位体 | 金属离子 | 配位体数目 $n$ | $\lg K_{稳}$ |
|---|---|---|---|---|
| 6 | $I^-$ | $Ag^+$ | 1，2，3 | 6.58，11.74，13.68 |
| | | $Bi^{3+}$ | 1，4，5，6 | 3.63，14.95，16.80，18.80 |
| | | $Cd^{2+}$ | 1，2，3，4 | 2.10，3.43，4.49，5.41 |
| | | $Cu^+$ | 2 | 8.85 |
| | | $Fe^{3+}$ | 1 | 1.88 |
| | | $Hg^{2+}$ | 1，2，3，4 | 12.87，23.82，27.60，29.83 |
| | | $Pb^{2+}$ | 1，2，3，4 | 2.00，3.15，3.92，4.47 |
| | | $Pd^{2+}$ | 4 | 24.5 |
| | | $Tl^+$ | 1，2，3 | 0.72，0.90，1.08 |
| | | $Tl^{3+}$ | 1，2，3，4 | 11.41，20.88，27.60，31.82 |
| 7 | $OH^-$ | $Ag^+$ | 1，2 | 2.0，3.99 |
| | | $Al^{3+}$ | 1，4 | 9.27，33.03 |
| | | $As^{3+}$ | 1，2，3，4 | 14.33，18.73，20.60，21.20 |
| | | $Be^{2+}$ | 1，2，3 | 9.7，14.0，15.2 |
| | | $Bi^{3+}$ | 1，2，4 | 12.7，15.8，35.2 |
| | | $Ca^{2+}$ | 1 | 1.3 |
| | | $Cd^{2+}$ | 1，2，3，4 | 4.17，8.33，9.02，8.62 |
| | | $Ce^{3+}$ | 1 | 4.6 |
| | | $Ce^{4+}$ | 1，2 | 13.28，26.46 |
| | | $Co^{2+}$ | 1，2，3，4 | 4.3，8.4，9.7，10.2 |
| | | $Cr^{3+}$ | 1，2，4 | 10.1，17.8，29.9 |
| | | $Cu^{2+}$ | 1，2，3，4 | 7.0，13.68，17.00，18.5 |
| | | $Fe^{2+}$ | 1，2，3，4 | 5.56，9.77，9.67，8.58 |
| | | $Fe^{3+}$ | 1，2，3 | 11.87，21.17，29.67 |
| | | $Hg^{2+}$ | 1，2，3 | 10.6，21.8，20.9 |
| | | $In^{3+}$ | 1，2，3，4 | 10.0，20.2，29.6，38.9 |
| | | $Mg^{2+}$ | 1 | 2.58 |
| | | $Mn^{2+}$ | 1，3 | 3.9，8.3 |
| | | $Ni^{2+}$ | 1，2，3 | 4.97，8.55，11.33 |
| | | $Pa^{4+}$ | 1，2，3，4 | 14.04，27.84，40.7，51.4 |
| | | $Pb^{2+}$ | 1，2，3 | 7.82，10.85，14.58 |
| | | $Pd^{2+}$ | 1，2 | 13.0，25.8 |
| | | $Sb^{3+}$ | 2，3，4 | 24.3，36.7，38.3 |
| | | $Sc^{3+}$ | 1 | 8.9 |
| | | $Sn^{2+}$ | 1 | 10.4 |
| | | $Th^{3+}$ | 1，2 | 12.86，25.37 |
| | | $Ti^{3+}$ | 1 | 12.71 |
| | | $Zn^{2+}$ | 1，2，3，4 | 4.40，11.30，14.14，17.66 |
| | | $Zr^{4+}$ | 1，2，3，4 | 14.3，28.3，41.9，55.3 |

续表

| 序号 | 配位体 | 金属离子 | 配位体数目 *n* | $\lg K_{稳}$ |
|---|---|---|---|---|
| 8 | $NO_3^-$ | $Ba^{2+}$ | 1 | 0.92 |
| | | $Bi^{3+}$ | 1 | 1.26 |
| | | $Ca^{2+}$ | 1 | 0.28 |
| | | $Cd^{2+}$ | 1 | 0.40 |
| | | $Fe^{3+}$ | 1 | 1.0 |
| | | $Hg^{2+}$ | 1 | 0.35 |
| | | $Pb^{2+}$ | 1 | 1.18 |
| | | $Tl^{+}$ | 1 | 0.33 |
| | | $Tl^{3+}$ | 1 | 0.92 |
| 9 | $P_2O_7^{4-}$ | $Ba^{2+}$ | 1 | 4.6 |
| | | $Ca^{2+}$ | 1 | 4.6 |
| | | $Cd^{3+}$ | 1 | 5.6 |
| | | $Co^{2+}$ | 1 | 6.1 |
| | | $Cu^{2+}$ | 1，2 | 6.7，9.0 |
| | | $Hg^{2+}$ | 2 | 12.38 |
| | | $Mg^{2+}$ | 1 | 5.7 |
| | | $Ni^{2+}$ | 1，2 | 5.8，7.4 |
| | | $Pb^{2+}$ | 1，2 | 7.3，10.15 |
| | | $Zn^{2+}$ | 1，2 | 8.7，11.0 |
| 10 | $SCN^-$ | $Ag^{+}$ | 1，2，3，4 | 4.6，7.57，9.08，10.08 |
| | | $Bi^{3+}$ | 1，2，3，4，5，6 | 1.67，3.00，4.00，4.80，5.50，6.10 |
| | | $Cd^{2+}$ | 1，2，3，4 | 1.39，1.98，2.58，3.6 |
| | | $Cr^{3+}$ | 1，2 | 1.87，2.98 |
| | | $Cu^{+}$ | 1，2 | 12.11，5.18 |
| | | $Cu^{2+}$ | 1，2 | 1.90，3.00 |
| | | $Fe^{3+}$ | 1，2，3，4，5，6 | 2.21，3.64，5.00，6.30，6.20，6.10 |
| | | $Hg^{2+}$ | 1，2，3，4 | 9.08，16.86，19.70，21.70 |
| | | $Ni^{2+}$ | 1，2，3 | 1.18，1.64，1.81 |
| | | $Pb^{2+}$ | 1，2，3 | 0.78，0.99，1.00 |
| | | $Sn^{2+}$ | 1，2，3 | 1.17，1.77，1.74 |
| | | $Th^{4+}$ | 1，2 | 1.08，1.78 |
| | | $Zn^{2+}$ | 1，2，3，4 | 1.33，1.91，2.00，1.60 |
| 11 | $S_2O_3^{2-}$ | $Ag^{+}$ | 1，2 | 8.82，13.46 |
| | | $Cd^{2+}$ | 1，2 | 3.92，6.44 |
| | | $Cu^{+}$ | 1，2，3 | 10.27，12.22，13.84 |
| | | $Fe^{3+}$ | 1 | 2.10 |
| | | $Hg^{2+}$ | 2，3，4 | 29.44，31.90，33.24 |
| | | $Pb^{2+}$ | 2，3 | 5.13，6.35 |

续表

| 序号 | 配位体 | 金属离子 | 配位体数目 $n$ | $\lg K_{稳}$ |
|---|---|---|---|---|
| 12 | $SO_4^{2-}$ | $Ag^+$ | 1 | 1.3 |
| | | $Ba^{2+}$ | 1 | 2.7 |
| | | $Bi^{3+}$ | 1，2，3，4，5 | 1.98，3.41，4.08，4.34，4.60 |
| | | $Fe^{3+}$ | 1，2 | 4.04，5.38 |
| | | $Hg^{2+}$ | 1，2 | 1.34，2.40 |
| | | $In^{3+}$ | 1，2，3 | 1.78，1.88，2.36 |
| | | $Ni^{2+}$ | 1 | 2.4 |
| | | $Pb^{2+}$ | 1 | 2.75 |
| | | $Pr^{3+}$ | 1，2 | 3.62，4.92 |
| | | $Th^{4+}$ | 1，2 | 3.32，5.50 |
| | | $Zr^{4+}$ | 1，2，3 | 3.79，6.64，7.77 |
| 13 | en | $Ag^+$ | 1，2 | 4.70，7.70 |
| | | $Cd^{2+}$（20℃） | 1，2，3 | 5.47，10.09，12.09 |
| | | $Co^{2+}$ | 1，2，3 | 5.91，10.64，13.94 |
| | | $Co^{3+}$ | 1，2，3 | 18.7，34.9，48.69 |
| | | $Cr^{2+}$ | 1，2 | 5.15，9.19 |
| | | $Cu^+$ | 2 | 10.8 |
| | | $Cu^{2+}$ | 1，2，3 | 10.67，20.0，21.0 |
| | | $Fe^{2+}$ | 1，2，3 | 4.34，7.65，9.70 |
| | | $Hg^{2+}$ | 1，2 | 14.3，23.3 |
| | | $Mg^{2+}$ | 1 | 0.37 |
| | | $Mn^{2+}$ | 1，2，3 | 2.73，4.79，5.67 |
| | | $Ni^{2+}$ | 1，2，3 | 7.52，13.84，18.33 |
| | | $Pd^{2+}$ | 2 | 26.90 |
| | | $V^{2+}$ | 1，2 | 4.6，7.5 |
| | | $Zn^{2+}$ | 1，2，3 | 5.77，10.83，14.11 |
| 14 | EDTA | $Ag^+$ | 1 | 7.32 |
| | | $Al^{3+}$ | 1 | 16.11 |
| | | $Ba^{2+}$ | 1 | 7.78 |
| | | $Be^{2+}$ | 1 | 9.3 |
| | | $Bi^{3+}$ | 1 | 22.8 |
| | | $Ca^{2+}$ | 1 | 11.0 |
| | | $Cd^{2+}$ | 1 | 16.4 |
| | | $Co^{2+}$ | 1 | 16.31 |
| | | $Co^{3+}$ | 1 | 36.0 |
| | | $Cr^{3+}$ | 1 | 23.0 |
| | | $Cu^{2+}$ | 1 | 18.7 |
| | | $Fe^{2+}$ | 1 | 14.83 |
| | | $Fe^{3+}$ | 1 | 24.23 |
| | | $Ga^{3+}$ | 1 | 20.25 |

续表

| 序号 | 配位体 | 金属离子 | 配位体数目 $n$ | $\lg K_{稳}$ |
|---|---|---|---|---|
| | EDTA | $Hg^{2+}$ | 1 | 21.80 |
| | | $In^{3+}$ | 1 | 24.95 |
| | | $Li^{+}$ | 1 | 2.79 |
| | | $Mg^{2+}$ | 1 | 8.64 |
| | | $Mn^{2+}$ | 1 | 13.8 |
| | | Mo（V） | 1 | 6.36 |
| | | $Na^{+}$ | 1 | 1.66 |
| | | $Ni^{2+}$ | 1 | 18.56 |
| | | $Pb^{2+}$ | 1 | 18.3 |
| | | $Pd^{2+}$ | 1 | 18.5 |
| | | $Sc^{2+}$ | 1 | 23.1 |
| | | $Sn^{2+}$ | 1 | 22.1 |
| | | $Sr^{2+}$ | 1 | 8.80 |
| | | $Th^{4+}$ | 1 | 23.2 |
| | | $TiO^{2+}$ | 1 | 17.3 |
| | | $Tl^{3+}$ | 1 | 22.5 |
| | | $U^{4+}$ | 1 | 17.50 |
| | | $VO^{2+}$ | 1 | 18.0 |
| | | $Y^{3+}$ | 1 | 18.32 |
| | | $Zn^{2+}$ | 1 | 16.4 |
| | | $Zr^{4+}$ | 1 | 19.4 |

## 九、EDTA 滴定部分金属离子的最低 pH

| 金属离子 | $\lg K_{稳}$ | pH（近似值） | 金属离子 | $\lg K_{稳}$ | pH（近似值） |
|---|---|---|---|---|---|
| $Mg^{2+}$ | 8.69 | 9.7 | $Zn^{2+}$ | 16.50 | 3.9 |
| $Ca^{2+}$ | 10.96 | 7.5 | $Pb^{2+}$ | 18.04 | 3.2 |
| $Mn^{2+}$ | 14.04 | 5.2 | $Ni^{2+}$ | 18.62 | 3.0 |
| $Fe^{2+}$ | 14.33 | 5.1 | $Cu^{2+}$ | 18.80 | 2.9 |
| $Al^{3+}$ | 16.13 | 4.2 | $Hg^{2+}$ | 21.80 | 1.9 |
| $Co^{2+}$ | 16.31 | 4.0 | $Sn^{2+}$ | 22.11 | 1.7 |
| $Cd^{2+}$ | 16.46 | 3.9 | $Fe^{3+}$ | 25.10 | 1.0 |

## 十、部分电对的标准电极电势（298.15K）

| 电极反应 | $\varphi^\theta(V)$ | 电极反应 | $\varphi^\theta(V)$ |
|---|---|---|---|
| $Al^{3+}+3e \rightleftharpoons Al$ | -1.6630 | $H_3PO_4+2H^++2e \rightleftharpoons H_3PO_3+H_2O$ | -0.2760 |
| $AsO_4^{3-}+2H_2O+2e \rightleftharpoons AsO_2^-+4OH^-$ | -0.6700 | $2H_2O+2e \rightleftharpoons H_2+2OH^-$ | -0.8277 |
| $AgI+e \rightleftharpoons Ag+I^-$ | -0.1520 | $HSn_2^-+H_2O+2e \rightleftharpoons Sn+3OH^-$ | -0.9090 |
| $AgBr+e \rightleftharpoons Ag+Br^-$ | 0.0710 | $H_2+2e \rightleftharpoons 2H^-$ | -2.2300 |
| $AgCl+e \rightleftharpoons Ag+Cl^-$ | 0.2220 | $H_2AlO_3^-+H_2O+3e \rightleftharpoons Al+4OH^-$ | -2.3300 |
| $Ag^++e \rightleftharpoons Ag$ | 0.7990 | $H_3PO_3+2H^++2e \rightleftharpoons H_3PO_2+H_2O$ | -0.4990 |
| $Ag_2S+2e \rightleftharpoons 2Ag+S^{2-}$ | -0.6910 | $4HSO_3^-+8H^++6e \rightleftharpoons S_4O_6^{2-}+6H_2O$ | 0.5100 |
| $Ba^{2+}+2e \rightleftharpoons Ba$ | -2.9050 | $HNO_2+H^++e \rightleftharpoons NO+H_2O$ | 1.0000 |
| $Br_2+2e \rightleftharpoons 2Br^-$ | 1.0650 | $HBrO+H^++2e \rightleftharpoons Br^-+H_2O$ | 1.3400 |
| $BrO_3^-+6H^++6e \rightleftharpoons Br^-+3H_2O$ | 1.4400 | $IO_3^-+3H_2O+6e \rightleftharpoons I^-+6OH^-$ | 0.2500 |
| $2BrO_3^-+12H^++10e \rightleftharpoons Br_2+6H_2O$ | 1.4820 | $I_2+2e \rightleftharpoons 2I^-$ | 0.5355 |
| $BiO^++2H^++3e \rightleftharpoons Bi+H_2O$ | 0.3200 | $IO_3^-+6H^++6e \rightleftharpoons I^-+3H_2O$ | 1.1900 |
| $Br_3^-+2e \rightleftharpoons 3Br^-$ | 1.0500 | $I_3+3e \rightleftharpoons 3I^-$ | -0.3382 |
| $BrO^-+H_2O+2e \rightleftharpoons Br^-+2OH^-$ | 0.7610 | $In^{3+}+3e \rightleftharpoons In$ | 0.5360 |
| $2BrO^-+2H_2O+2e \rightleftharpoons Br_2+4OH^-$ | 0.4500 | $K^++e \rightleftharpoons K$ | -0.9310 |
| $BrO_3^-+3H_2O+6e \rightleftharpoons Br^-+6OH^-$ | 0.6100 | $MnO_4^-+4H^++3e \rightleftharpoons MnO_2(s)+2H_2O$ | 1.6790 |
| $Ca^{2+}+2e \rightleftharpoons Ca$ | -2.8660 | $MnO_4^-+2H_2O+3e \rightleftharpoons MnO_2(s)+4OH^-$ | 0.5950 |
| $Cr^{3+}+e \rightleftharpoons Cr^{2+}$ | -0.7440 | $MnO_4^-+8H^++5e \rightleftharpoons Mn^{2+}+4H_2O$ | 1.5070 |
| $2CO_2+2H^++2e \rightleftharpoons H_2C_2O_4$ | -0.4900 | $MnO_4^-+e \rightleftharpoons MnO_4^{2-}$ | 0.5580 |
| $Cu_2O+H_2O+2e \rightleftharpoons 2Cu+2OH^-$ | -0.3600 | $Mo^{6+}+e \rightleftharpoons Mo^{5+}$ | 0.5300 |
| $CrO_4^{2-}+4H_2O+3e \rightleftharpoons Cr(OH)_3+5OH^-$ | -0.1300 | $MnO_2(s)+4H^++2e \rightleftharpoons Mn^{2+}+2H_2O$ | 1.2240 |
| $Cu^{2+}+e \rightleftharpoons Cu^+$ | 0.1530 | $Mn^{2+}+2e \rightleftharpoons Mn$ | -1.1850 |
| $Cu^{2+}+2e \rightleftharpoons Cu$ | 0.3400 | $Mg^{2+}+2e \rightleftharpoons Mg$ | -2.3720 |
| $Cu^++e \rightleftharpoons Cu$ | 0.5200 | $Na^++e \rightleftharpoons Na$ | -2.7100 |
| $ClO_3^-+3H_2O+6e \rightleftharpoons Cl^-+5OH^-$ | 0.6300 | $NO_3^-+2H^++e \rightleftharpoons NO_2+H_2O$ | 0.8000 |
| $Cr_2O_7^{2-}+14H^++6e \rightleftharpoons 2Cr^{3+}+7H_2O$ | 1.3330 | $NO_2+H^++e \rightleftharpoons HNO_2$ | 1.0700 |
| $Cl_2+2e \rightleftharpoons 2Cl^-$ | 1.3590 | $NO_3^-+3H^++2e \rightleftharpoons HNO_2+H_2O$ | 0.9340 |
| $2ClO_4^-+16H^++14e \rightleftharpoons Cl_2+8H_2O$ | 1.3900 | $Ni^{2+}+2e \rightleftharpoons Ni$ | -0.2570 |
| $ClO_3^-+6H^++6e \rightleftharpoons Cl^-+3H_2O$ | 1.4510 | $NO_3^-+4H^++3e \rightleftharpoons NO+2H_2O$ | 0.9570 |
| $2ClO_3^-+12H^++10e \rightleftharpoons Cl_2+6H_2O$ | 1.4700 | $O_2+2H_2O+4e \rightleftharpoons 4OH^-$ | 0.4010 |
| $Ce^{3+}+3e \rightleftharpoons Ce$ | -2.3360 | $O_2+2H^++2e \rightleftharpoons H_2O_2$ | 0.6820 |
| $ClO_4^-+2H^++2e \rightleftharpoons ClO_3^-+H_2O$ | 1.1890 | $O_2+4H^++4e \rightleftharpoons 2H_2O$ | 1.2280 |
| $ClO^-+H_2O+2e \rightleftharpoons Cl^-+2OH^-$ | 0.8100 | $O_3+2H^++2e \rightleftharpoons O_2+H_2O$ | 2.0700 |
| $Cu^{2+}+I^-+e \rightleftharpoons CuI(s)$ | 0.8600 | $O_2+H_2O+2e \rightleftharpoons HO_2^-+HO^-$ | -0.0760 |
| $Co^{2+}+2e \rightleftharpoons Co$ | -0.2800 | $PbO_2(s)+SO_4^{2-}+4H^++2e \rightleftharpoons PbSO_4+2H_2O$ | 1.6913 |

续表

| 电极反应 | $\varphi^{\theta}(V)$ | 电极反应 | $\varphi^{\theta}(V)$ |
|---|---|---|---|
| $Cr^{2+} + 2e \rightleftharpoons Cr$ | -0.9130 | $PbO_2(s) + 4H^+ + 2e \rightleftharpoons Pb^{2+} + 2H_2O$ | 1.4550 |
| $Cd^{2+} + 2e \rightleftharpoons Cd$ | -0.4030 | $Pb^{2+} + 2e \rightleftharpoons Pb$ | -0.1262 |
| $CNO^- + H_2O + 2e \rightleftharpoons CN^- + 2OH^-$ | -0.9700 | $PbSO_4(s) + 2e \rightleftharpoons Pb + SO_4^{2-}$ | 0.3588 |
| $Ce^{4+} + e \rightleftharpoons Ce^{3+}$ | 1.7200 | $Pb^{4+} + 2e \rightleftharpoons Pb^{2+}$ | 1.6940 |
| $F_2(g) + 2H^+ + 2e \rightleftharpoons 2HF$ | 3.0530 | $SO_4^{2-} + H_2O + 2e \rightleftharpoons 2OH^- + SO_3^{2-}$ | -0.9300 |
| $Fe^{3+} + e \rightleftharpoons Fe^{2+}$ | 0.7710 | $2SO_3^{2-} + 3H_2O + 4e \rightleftharpoons 6OH^- + S_2O_3^{2-}$ | -0.5800 |
| $[Fe(CN)_6]^{3-} + e \rightleftharpoons [Fe(CN)_6]^{4-}$ | 0.3580 | $Sn^{2+} + 2e \rightleftharpoons Sn$ | -0.1360 |
| $Fe^{2+} + 2e \rightleftharpoons Fe$ | -0.4470 | $Sn^{4+} + 2e \rightleftharpoons Sn^{2+}$ | 0.1510 |
| $F_2 + 2e \rightleftharpoons 2F^-$ | 2.8700 | $SO_4^{2-} + 4H^+ + 2e \rightleftharpoons H_2O + H_2SO_3$ | 0.1700 |
| $Ga^{2+} + 2e \rightleftharpoons Ga$ | -0.5490 | $S_4O_6^{2-} + 2e \rightleftharpoons 2S_2O_3^{2-}$ | 0.0800 |
| $Hg_2^{2+} + 2e \rightleftharpoons 2Hg$ | 0.7973 | $S + 2H^+ + 2e \rightleftharpoons H_2S$ | 0.1420 |
| $H_2O_2 + 2H^+ + 2e \rightleftharpoons 2H_2O$ | 1.7760 | $S_2O_8^{2-} + 2e \rightleftharpoons 2SO_4^{2-}$ | 2.0100 |
| $HClO_2 + 2H^+ + 2e \rightleftharpoons HClO + H_2O$ | 1.6450 | $4SO_2(l) + 4H^+ + 6e \rightleftharpoons S_4O_6^{2-} + 2H_2O$ | 0.5100 |
| $2HClO + 2H^+ + 2e \rightleftharpoons Cl_2 + 2H_2O$ | 1.6110 | $2SO_2(l) + 2H^+ + 4e \rightleftharpoons S_2O_3^{2-} + H_2O$ | 0.4000 |
| $2HgCl_2 + 2e \rightleftharpoons Hg_2Cl_2(s) + 2Cl^-$ | 0.6300 | $SbO^+ + 2H^+ + 3e \rightleftharpoons Sb + H_2O$ | 0.2120 |
| $Hg_2SO_4 + 2e \rightleftharpoons 2Hg + SO_4^{2-}$ | 0.6125 | $SO_4^{2-} + 4H^+ + 2e \rightleftharpoons 2H_2O + SO_2$ | 0.1700 |
| $H_5IO_6 + H^+ + 2e \rightleftharpoons IO_3^- + 3H_2O$ | 1.6010 | $SO_3^{2-} + 3H_2O + 4e \rightleftharpoons 6OH^- + S$ | -0.6600 |
| $2HBrO + 2H^+ + 2e \rightleftharpoons Br_2 + 2H_2O$ | 1.5960 | $Se + 2e \rightleftharpoons Se^{2-}$ | -0.9240 |
| $H_3AsO_4 + 2H^+ + 2e \rightleftharpoons HAsO_2 + 2H_2O$ | 0.5600 | $SeO_3^{2-} + 3H_2O + 4e \rightleftharpoons Se + 6OH^-$ | -0.3660 |
| $HClO + H^+ + 2e \rightleftharpoons Cl^- + H_2O$ | 1.4820 | $Sn(OH)_6^{2-} + 2e \rightleftharpoons HSnO_2^- + H_2O + 3OH^-$ | -0.9300 |
| $2HIO + 2H^+ + 2e \rightleftharpoons I_2 + 2H_2O$ | 1.4390 | $Se + 2H^+ + 2e \rightleftharpoons H_2Se$ | -0.3990 |
| $HgCl_4^{2-} + 2e \rightleftharpoons Hg + 4Cl^-$ | 0.4800 | $S + 2e \rightleftharpoons S^{2-}$ | -0.4763 |
| $Hg_2Cl_2(s) + 2e \rightleftharpoons 2Hg + 2Cl^-$ | 0.2681 | $Sb + 3H^+ + 3e \rightleftharpoons SbH_3$ | -0.5100 |
| $HAsO_2 + 3H^+ + 3e \rightleftharpoons As + 2H_2O$ | 0.2480 | $Sr^{2+} + 2e \rightleftharpoons Sr$ | -2.8990 |
| $Hg_2Br_2 + 2e \rightleftharpoons 2Hg + 2Br^-$ | 0.1392 | $SO_3^{2-} + 3H_2O + 4e \rightleftharpoons S_2O_3^{2-} + 6OH^-$ | -0.5710 |
| $HIO + H^+ + 2e \rightleftharpoons H_2O + I^-$ | 0.9870 | $TiO^{2+} + 2H^+ + e \rightleftharpoons Ti^{3+} + H_2O$ | 0.1000 |
| $2H^+ + 2e \rightleftharpoons H_2$ | 0.0000 | $Tl^+ + e \rightleftharpoons Tl$ | -0.3360 |
| $HPbO_2^- + H_2O + 2e \rightleftharpoons Pb + 3OH^-$ | -0.5370 | $VO^{2+} + 2H^+ + e \rightleftharpoons V^{2+} + H_2O$ | 0.3370 |
| $H_2O_2 + 2e \rightleftharpoons 2OH^-$ | 0.8800 | $VO_2^+ + 2H^+ + e \rightleftharpoons VO^{2+} + H_2O$ | 0.9910 |
| $H_2O + O_2 + 2e \rightleftharpoons HO_2^- + OH^-$ | -0.0760 | $Zn^{2+} + 2e \rightleftharpoons Zn$ | -0.7678 |
| $Hg^{2+} + 2e \rightleftharpoons Hg$ | 0.8510 | $ZnO_2^{2-} + 2H_2O + 2e \rightleftharpoons Zn + 4OH^-$ | -1.2150 |

# 目标检测参考答案

## 第一章　原子结构

### 一、单项选择题

1. C　2. D　3. B　4. B　5. C　6. B　7. C　8. A　9. C　10. A
11. A　12. C　13. C　14. B　15. D

### 二、多项选择题

1. ABCDE　2. ACD　3. CE　4. BD　5. BC

### 三、简答题

1. $n$ 是主量子数,用来描述电子离原子核的远近;l 是角量子数,用于描述原子轨道和电子云的形状;$m$ 是磁量子数,用于描述电子云(或原子轨道)在空间的伸展方向;$m_s$ 是自旋量子数,表示电子的自旋方向,自旋方向只有 2 个,即顺时针方向和逆时针方向。

2. 该元素的原子序数是 9,为氟元素。

3. 电子间存在斥力,当两电子运动方向相反时斥力最小,所以一个轨道只能容纳两个运动方向相反的电子(最多只能是两个,超过则斥力不平衡会排斥到其他轨道)。

4. 铁为 26 号元素,元素在周期表中位于第四周期Ⅷ族;由于 $Fe^{2+}$ 的价电子 $3d^6$ 失去一个电子可形成 $3d^5$ 半充满稳定结构,所以 $Fe^{2+}$ 易被氧化成 $Fe^{3+}$。

## 第二章　分子结构

### 一、选择题

(一)单项选择题

1. B　2. B　3. A　4. D　5. C　6. B　7. B　8. C　9. D　10. D

(二)多项选择题

1. ABCD　2. ABCE　3. AB　4. ABCDE　5. ABCD
6. AD　7. ABDE　8. BE　9. ABE　10. ABCE

### 二、简答题

1. 根据价键理论:H 原子有一个未成对电子,两个 H 各拿一个电子形成一对共用电子对,同时二者都满足 K 层 2 电子稳定结构,所以 $H_2$ 能稳定存在;而一个 He 原子本身 K 层就已经是 2 电子稳定结构了,所以不能形成双原子分子。

2. 价键理论能说明共价键的形成和解释共价键的方向性和饱和性,但不能说明多原子分子的空间构型;杂化轨道理论认为,C 原子采用 $sp^3$ 等性杂化方式,形成 4 个等同的 $sp^3$ 杂化轨道,杂化轨道的夹角为 109°28′;与 H 原子成键时,C 原子每个 $sp^3$ 杂化轨道的大头与 H 原子中成单电子的 1s 原子轨道以"头碰头"的方式发生重叠,形成 4 个 $sp^3-s$ 的 σ 键,因此,$CH_4$ 分子的空间构型是正四面体。

3. HCl、$NH_3$、$H_2O$ 是极性分子,$I_2$、$CH_4$、$CCl_4$ 是非极性分子。因此 HCl、$NH_3$ 易溶于水,$I_2$、$CH_4$ 易溶于 $Cl_4$。

## 第三章　溶液和胶体溶液

### 一、选择题

(一)单项选择题

1. C　2. B　3. D　4. D　5. A　6. C　7. B　8. A　9. D　10. B
11. D　12. B　13. D　14. B　15. B　16. C　17. D　18. A　19. D　20. C
21. C　22. D　23. A　24. A　25. D　26. C　27. B　28. A

(二)多项选择题

1. ACE　2. AD　3. BCDE　4. ABE　5. ABD
6. ABE

### 二、计算题

1. $\rho_B = 50g/L$；$c_B = 0.60mol/L$　2. 33.3ml　3. 54.3ml　4. 20ml　5. 315.8ml
6. (1)600mmol/L,高渗溶液　(2)300mmol/L,等渗溶液
7. $\omega_B = 10\%$；$c_B = 1.83\ mol/L$；$\rho_B = 107g/L$　8. (1)34mmol；(2)136mmol
9. 59.9g/mol

## 第四章　化学反应速率与化学平衡

### 一、选择题

(一)单项选择题

1. A　2. D　3. B　4. C　5. C　6. C　7. B　8. D　9. B　10. D
11. A　12. B　13. A

(二)多项选择题

1. AB　2. BD　3. ABD　4. AC　5. ABC
6. ABE　7. AE　8. BE

### 二、写出下列各反应的平衡常数表达式

1. $K_C = \frac{[SO_3]^2}{[SO_2]^2[O_2]}$　2. $K_C = \frac{[CO][H_2]}{[H_2]O}$

3. $K_C = [Ba^{2+}][so_4^{2-}]$　4. $K_C = \frac{[CH_3CI][HCl]}{[CH_4][Cl_2]}$

### 三、简答题（略）

### 四、计算题

$K_C = 41.7$

## 第五章　定量分析基础

### 一、选择题

(一)单项选择题

1. C　2. C　3. C　4. A　5. B　6. C　7. B　8. A　9. A　10. C
11. B　12. A　13. C　14. D　15. D　16. D　17. D　18. C　19. A　20. A

(二)多项选择题

1. BCDE　2. BCDE　3. BD　4. ABCD　5. ABCDE
6. ABCDE　7. ABCDE

二、计算题

1. 99.13%　0.02%　0.02%　0.02%　0.02%　2. 0.1936mol/L　3. 42.08%
4. 36.75%

## 第六章　酸碱平衡和酸碱滴定法

一、选择题

(一)单项选择题

1. C　2. B　3. B　4. A　5. C　6. C　7. D　8. B　9. A　10. D
11. C　12. B　13. B　14. A　15. B　16. C　17. B　18. D　19. B　20. C

(二)多项选择题

1. BC　2. ABCD　3. AB　4. ABCD　5. ABCE

二、计算题

1. 解:(1)多元弱碱的 pH 计算按照第一步解离近似计算,查表得 $H_2CO_3$ 的 $K_{a2}=5.61\times10^{-12}$,则 $K_{b1}=K_w/K_{a2}=1.78\times10^{-3}$,由于 $c/K_{b1}>500$,$cK_{b1}\geqslant20K_w$,则:

$$[OH^-]=\sqrt{K_{b1}\times c}=\sqrt{1.78\times10^{-3}\times0.1}\approx1.33\times10^{-2}mol/L$$

$$pH=-\lg\frac{K_w}{[OH^-]}=-\lg7.52\times10^{-13}\approx12.12$$

(2)充分反应后 HCl 过量,设反应前各自体积都为 V L,则:

$$c_{HCl}=\frac{0.05V-0.03V}{2V}=0.01mol/L$$

$[H^+]=0.01mol/L$,因此 pH = 2

(3)设混合前碱的体积为 V L,则混合以后弱碱的浓度为:

$$c=\frac{0.010V}{2V}=0.005mol/L$$

由于 $c/K_b>500$,根据一元弱碱的$[OH^-]$近似计算公式可得:

$$[OH^-]=\sqrt{K_b\times c}=\sqrt{1.0\times10^{-8}\times0.005}\approx7.1\times10^{-6}mol/L$$

$$pH=-\lg\frac{K_w}{[OH^-]}=-\lg1.41\times10^{-8}\approx7.85$$

(4)混合后碱过量,设酸碱的体积均为 V L,则:

$$[OH^-]=\frac{0.1V-0.01V}{2V}\approx0.045mol/L$$

$$pH=-\lg\frac{K_w}{[OH^-]}=-\lg2.22\times10^{-13}\approx12.65$$

(5)混合后形成 HAc – NaAc 缓冲溶液,其中:

$$c_{HAc}=\frac{0.10\times0.20-0.050\times0.20}{0.10+0.050}\approx0.070mol/L$$

$$c_{NaAc}=\frac{0.050\times0.20}{0.10+0.050}\approx0.070mol/L$$

所以使用缓冲溶液的 pH 计算公式为：

$$pH = pKa + \lg \frac{c_{NaAc}}{c_{HAc}} = 4.75 + \lg \frac{0.070}{0.070} = 4.75$$

2. 解：由于乳酸是一元弱酸，可用$[H^+] = \sqrt{K_a c}$计算。当 pH = 2.41，则$[H^+] = 3.89 \times 10^{-3}$mol/L，所以：

$$c = \frac{[H^+]^2}{K_a} = \frac{(3.72 \times 10^{-3})^2}{1.37 \times 10^{-4}} \approx 0.11\text{mol/L}$$

3. 解：血浆样品中溶解的 $HCO_3^-$ 和 $CO_2$ 实质就是 $HCO_3^-$ 和 $H_2CO_3$ 缓冲溶液。

因为$[CO_2] + [HCO_3^-] = 28.5$mmol/L，所以利用缓冲溶液公式：

$$pH = pKa + \lg \frac{c_{共轭碱}}{c_{共轭酸}} = 6.10 + \lg \frac{[HCO_3^-]}{28.5 - [HCO_3^-]} = 7.48$$

解得：$[HCO_3^-] \approx 27.3$ mmol/L，$[CO_2] \approx 1.2$ mmol/L

4. 解：查 $M_{C_8H_5O_4K} = 204.22$g/mol，邻苯二甲酸氢钾与 NaOH 反应的摩尔比是 1∶1，所以：

$$c_{NaOH} = \frac{m_{C_8H_5O_4K}}{V_{NaOH} M_{C_8H_5O_4K}} \times 10^3$$

$$c_{NaOH} = \frac{0.4515}{20.10 \times 204.22} \times 10^3 = 0.1100\text{mol/L}$$

5. 解：因为 $V_2 > V_1$，反应生成的酸性物质多于碱性物质，所以该混合碱为 $NaHCO_3 + Na_2CO_3$。$NaHCO_3$反应消耗的体积 = $V_2 - V_1$、$Na_2CO_3$反应消耗盐酸的体积 = $V_1 \times 2$：

$$HCl + NaHCO_3 = NaCl + H_2O + CO_2\uparrow$$

$$2HCl + Na_2CO_3 = 2NaCl + H_2O + CO_2\uparrow$$

$$Na_2CO_3\% = \frac{\frac{1}{2} c_{HCl} 2V_1 \times M_{Na_2CO_3} \times 10^{-3}}{m_s} \times 100\% = 66.25\%$$

$$NaHCO_3\% = \frac{c_{HCl}(V_2 - V_1) \times M_{NaHCO_3} \times 10^{-3}}{m_s} \times 100\% = 24.50\%$$

$$杂质\% = 100\% - 66.25\% - 24.50\% = 9.25\%$$

## 第七章　沉淀溶解平衡与沉淀滴定法

### 一、选择题

（一）单项选择题

| | | | | | | | | | |
|---|---|---|---|---|---|---|---|---|---|
| 1. B | 2. D | 3. B | 4. A | 5. C | 6. B | 7. A | 8. C | 9. D | 10. C |
| 11. B | 12. D | 13. A | 14. C | 15. B | 16. A | 17. B | 18. B | 19. B | 20. D |

（二）多项选择题

| | | | | |
|---|---|---|---|---|
| 1. BCE | 2. CD | 3. ABCD | 4. BCDE | 5. ABDE |

### 三、计算题

1. $7.04 \times 10^{-5}$mol/L

2. $1.06 \times 10^{-10}$

3. $PbI_2$中 $c(Pb^{2+}) = 1.28 \times 10^{-3}$ mol/L

$PbSO_4$中 $c(Pb^{2+}) = 1.35 \times 10^{-4}$ mol/L

4. $$c(AgNO_3) = \frac{0.1536\text{g}/58.44\text{g/mol}}{(19.86 - 0.03) \times 10^{-3}\text{L}} = 0.1325\text{mol/L}$$

5. $$m(NaCl) = 0.1400\text{mol/L} \times (22.38 - 0.01) \times 10^{-3}\text{L} \times 58.44\text{g/mol} = 0.1830\text{g}$$

$$NaCl\% = \frac{0.1830\text{g}}{0.2000\text{g}} \times 100\% = 91.50\%$$

## 第八章　配合物与配位滴定法

**一、选择题**

(一)单项选择题

1. D　2. D　3. D　4. B　5. C　6. D　7. B　8. D　9. C　10. D

11. A　12. A

(二)多项选择题

1. ABCDE　2. BCD　3. AD　4. BCE　5. ABCDE

6. ABCDE

**二、略**

**三、计算题**

1. 32.24%　2. 99.80%

## 第九章　氧化还原反应与氧化还原滴定法

**一、单项选择题**

1. B　2. D　3. C　4. A　5. C　6. B　7. A　8. C　9. D　10. C

11. A　12. B　13. C　14. B　15. D

**二、判断题**

1. √　2. ×　3. √　4. √　5. √　6. √　7. ×　8. ×　9. ×　10. √

**三、计算题**

1. 0.74%　2. 0.1752mol/L　3. 0.0981g

## 第十章　常见非金属元素及其化合物

**一、选择题**

(一)单项选择题

1. D　2. B　3. C　4. A　5. C　6. B　7. D　8. C　9. A　10. A

11. A　12. C　13. A　14. D　15. B　16. A　17. B　18. B　19. D　20. C

(二)多项选择题

1. BCD　2. ABD　3. ABD　4. AC　5. AE

**二、完成并配平下列反应方程式(略)**

**三、简答题(1234 略)**

5. A、$Na_2S_2O_3$　B、$SO_2$　C、S　D、$Na_2SO_4$　E、$BaSO_4$

$$Na_2S_2O_3 + 2HCl = 2NaCl + S\downarrow + SO_2\uparrow + H_2O$$

$$5SO_2 + 2KMnO_4 + 2H_2O = K_2SO_4 + 2MnSO_4 + 2H_2SO_4$$

$$Na_2S_2O_3 + 4Cl_2 + 5H_2O = 2NaCl + 2H_2SO_4 + 6HCl$$

$$H_2SO_4 + BaCl_2 = BaSO_4\downarrow + 2HCl$$

## 第十一章 常见金属元素及其化合物

### 一、选择题

(一)单项选择题

1. A　2. B　3. C　4. C　5. A　6. B　7. A　8. D　9. C　10. D
11. A　12. D　13. C　14. D　15. B

(二)多项选择题

1. ABC　2. AD　3. ABC　4. ABCDE　5. ABCE
6. BCD　7. ACDE

# 参考文献


[1]张雪昀．药用化学基础(一)——无机化学[M].2版．北京:中国医药科技出版社,2016.

[2]牛秀明,林珍．无机化学[M].3版．北京:人民卫生出版社,2018.

[3]华彤文,王颖霞,卞江,等．普通化学原理[M].4版．北京:北京大学出版社,2018.

[4]傅春华,黄月君．基础化学[M].3版．北京:人民卫生出版社,2018.

[5]李田霞,燕来敏．无机及分析化学[M]．北京:化学工业出版社,2017.

[6]董会钰．无机及分析化学[M]．咸阳:西北农林科技大学出版社,2015.

[7]国家药典委员会．中华人民共和国药典2020年版[S]．北京:中国医药科技出版社,2020.

[8]刘耘,周磊．无机及分析化学[M]．北京:化学工业出版社,2015.

[9]冉启文,黄月君．分析化学[M].3版．北京:中国医药科技出版社,2017.

[10]蔡自由,叶国华．无机化学[M].3版．北京:中国医药科技出版社,2017.

[11] 李雪华, 陈朝军．基础化学[M].9版．北京: 人民卫生出版社, 2018.

[12]黄时中．原子结构理论[M]．北京: 高等教育出版社, 2016.

[13]林珍,潘志斌．化学基础与分析技术[M]．北京:中国医药科技出版社,2017.

[14]柴逸峰,邸欣．分析化学[M].8版．北京:人民卫生出版社,2017.

[15]池雨芮．基础化学[M].2版．北京:化学工业出版社,2016.

[16]王秀萍,刘世纯,常平．实用分析化验工读本[M].4版．北京:化学工业出版社,2016.

[17]靳丹虹,分析化学[M]．北京:中国医药科技出版社,2015.

[18]冯务群．无机化学[M].3版．北京:人民卫生出版社,2014.

[19]刘丹赤．基础化学[M]．北京:中国轻工业出版社,2014.

[20]潘国石,陈哲洪．分析化学[M].3版．北京:人民卫生出版社,2014.

[21]张梅,池玉梅．分析化学[M]．北京:中国医药科技出版社,2014.